WERKSTATTWISSEN FÜR **HOLZWERKER**

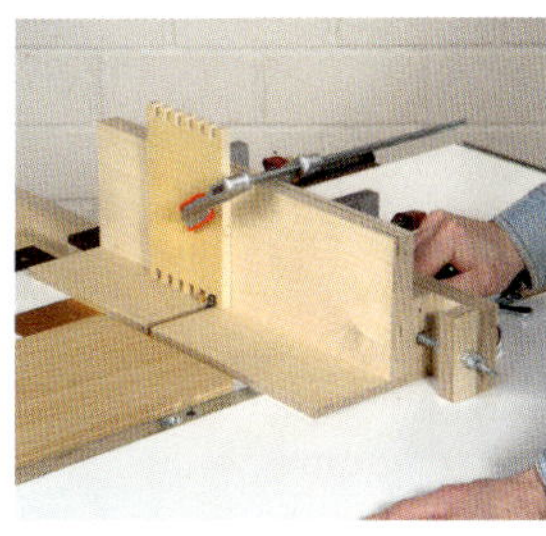

Guido Henn

Handbuch Frästische

Grundlagen – Techniken – Eigenbau

HolzWerken

Impressum

„Handbuch Frästische – Grundlagen – Techniken – Eigenbau“
1. Auflage 2022, korrigierter Nachdruck 2022

Fotos, Zeichnungen, Videos: Guido Henn
Kontakt zum Autor: www.hobbywood.de

Produziert von PrintMediaNetwork, Oldenburg
Printed in Europe

ISBN 978-3-7486-0504-1
Best.-Nr. 21816

HolzWerken
Ein Imprint von Vincentz Network GmbH & Co. KG
Plathnerstr. 4c
30175 Hannover
www.holzwerken.net

Das Arbeiten mit Holz, Metall und anderen Materialien bringt schon von der Sache her das Risiko von Verletzungen und Schäden mit sich. Autor und Verlag können nicht garantieren, dass die in diesem Buch beschriebenen Arbeitsvorhaben von jedermann sicher auszuführen sind. Vor Inangriffnahme der Projekte hat der Ausführende zu prüfen, ob er die Handhabung der notwendigen Werkzeuge und Maschinen beherrscht. Autor und Verlag übernehmen keine Verantwortung für eventuell entstehende Verletzungen, Schäden oder Verlust, seien sie direkt oder indirekt durch den Inhalt des Buches oder den Einsatz der darin zur Realisierung der Projekte genannten Werkzeuge entstanden.

Weitere Materialien kostenlos online verfügbar!

http://www.holzwerken.net/bonus

Ihr exklusiver Bonus an Informationen!
Zusätzlich zu diesem Buch bietet Ihnen *HolzWerken* Bonus-Materialien zum Download an.
Scannen Sie den QR-Code oder geben Sie den Buch Code unter www.holzwerken.net/bonus ein und erhalten Sie kostenfreien Zugang zu Ihren persönlichen Bonus-Materialien!

Buch-Code: TE1141

Inhalt

Detaillierte Inhaltsverzeichnisse finden Sie jeweils am Kapitelanfang.

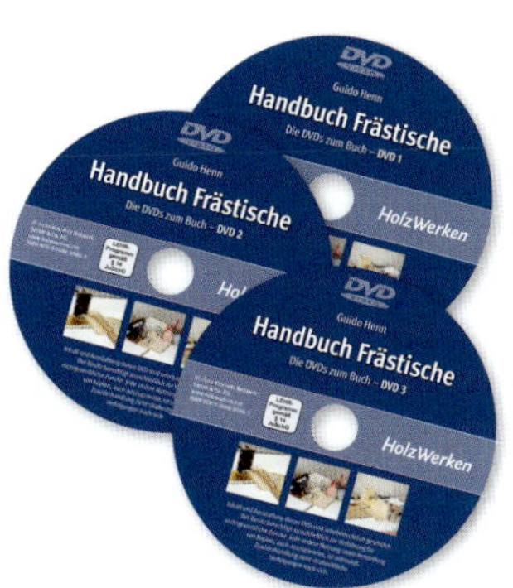

Die Videos zum Buch – Inhaltsübersicht (Gesamtspieldauer 4 Std. und 17 Min.)

DVD 1 von 3 (ca. 76 Min.)
Im ersten Video zeige ich Ihnen das sichere Nuten, Falzen und Schlitzen von kurzen und schmalen Werkstücken. Auch das Fügen von Plattenkanten und das Bündigfräsen von Anleimern wird ausführlich erklärt. Im zweiten Video geht es dann darum, was man mit einem schwenkbaren Fräslift so alles anstellen kann.

1. Nuten – Falzen – Schlitzen (ca. 60 Min.)

2. Schwenkbarer Fräslift (ca. 16 Min.)

DVD 2 von 3 (ca. 94 Min.)
Im ersten Video stelle ich Ihnen unterschiedliche Verleimfräser vor und wie man damit präzise Ergebnisse erzielt. Das sichere und präzise Einsetzfräsen ohne Rückschlaggefahr wird ebenfalls ausführlich gezeigt. Im zweiten Video dreht sich alles um die Bearbeitung von kreisrunden und frei geschweiften Bauteilen.

1. Verleimfräsen – Einsetzfräsen (ca. 55 Min.)

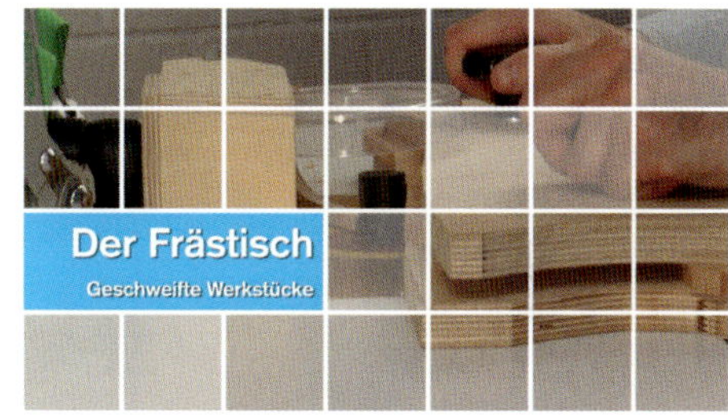

2. Geschweifte Werkstücke (ca. 39 Min.)

DVD 3 von 3 (ca. 87 Min.)
Die Herstellung von Überblattungen, Schlitz und Zapfen, Fingerzinken und offenen Schwalbenschwanzzinken zeige ich Ihnen im ersten Video. Und dass man einen Frästisch auch für sehr anspruchsvolle Fräsaufgaben einsetzen kann, wie z. B. den Bau einer Zimmertür im Landhausstil, erfahren Sie im zweiten Video.

1. Holzverbindungen herstellen (ca. 62 Min.)

2. Zimmertür im Landhausstil (ca. 25 Min.)

Sie haben keinen DVD Player?
Die Videos können Sie auch online ansehen unter
vinc.li/fraestische

Noch mehr begleitende Videos zum Frästisch auf dem YouTube-Kanal von HolzWerken

Begleitend zu den Videos auf den drei Buch-DVDs möchte ich Ihnen auch noch die folgenden sechs Videos auf dem YouTube-Kanal der Zeitschrift HolzWerken wärmstens ans Herz legen. Das sind noch mal weit über eine Stunde Videomaterial zu speziellen Bauplanthemen und Frästisch-Erweiterungen aus dem vorliegenden Buch, die leider nicht mehr auf die DVDs passten. Einfach den Videotitel ins YouTube-Suchfenster eingeben und schon gelangen Sie direkt zum Video.

1. Einsteiger-Frästisch (Videotitel: Dieser Frästisch kostet nicht viel!) ca. 8 Min.
2. Splitterzungen und Kehlbretter (Videotitel: Kein Mut zur Lücke!) ca. 14 Min.
3. Falzkopf mit Wendeplatten (Videotitel: Schwere Geschütze: Falzköpfe für den Frästisch) ca. 15 Min.
4. Falzkopf als Bündigfräser (Videotitel: Freie Formen auf dem Frästisch per Anlaufring) ca. 13 Min.
5. Multifunktionale Andruckvorrichtung (Videotitel: Perfekte Führung: Andruckvorrichtung für den Frästisch) ca. 18 Min.
6. Anbauplatte (Videotitel: Horizontal-Frästisch bauen in einer Minute – dank Anbauplatte) ca. 12 Min.

Ein Leben ohne Frästisch ist zwar möglich, aber sinnlos!

Bereits in meiner Tischlerausbildung Mitte der 80er Jahre hat mich die kleine handgeführte Oberfräse (eine Elu MOF 96) regelrecht in ihren Bann gezogen. Wie schnell und vor allem gleichmäßig man mit diesem handlichen Maschinchen eine Kante abrunden oder anfasen konnte, war einfach traumhaft. Und da der Wohnstil in den 80er Jahren noch vielfach von „Eiche-P43-rustikal-gebeizt" geprägt war, konnte man mit dieser Oberfräse und einem kugelgelagerten Schaftfräser auch ausgezeichnet die üppig geschweiften Blenden einer Wohnzimmerschrankwand profilieren. Genau das war in unserer Tischlerei immer die Aufgabe der Lehrlinge, weil die erstens noch nicht an die große Tischfräse durften und zweitens diese mächtige Maschine fast ständig für schwere Fräsarbeiten, wie beispielsweise den Bau von Türen und Fenstern belegt war. Mit fünf Leuten und nur einer Tischfräse in der Werkstatt musste man sich also schon zwangsläufig etwas einfallen lassen.

Was mich damals schon recht schnell genervt hat, war, dass man mit der handgeführten Oberfräse quasi im Blindflug arbeitet. Die Sicht auf die geschweifte Kante samt Fräser war eher bescheiden und bei schmalen Leisten und Blenden kam auch noch die Kippgefahr der Maschine hinzu. Das gab es auf der Tischfräse nicht und schnell war klar, das 750-Watt-Maschinchen wird auf den Kopf gestellt. Also wurde fix ein Loch für den Fräser in eine Sperrholzplatte gebohrt und mittig darunter die Oberfräse festgeschraubt – fertig war mein allererster Frästisch. Sicherheitstechnisch war da natürlich noch jede Menge Luft nach oben, aber ein Brett mit Loch ist nun mal die einfachste und zugleich günstigste Art, um eine handgeführte Oberfräse stationär zu betreiben.

Interessanterweise wurde diese simple Frästisch-Lösung auch gerne von meinen Kollegen genutzt und mein Großvater (der Betriebsinhaber) hat dann auch zügig eine weitere Maschine angeschafft, damit man nicht ständig umbauen musste. Man kann also getrost sagen, dass auch damals schon ein Trend hin zur Zweit- oder Drittfräse erkennbar war. So hatten wir in unserer Tischlerei jedenfalls schon vor mehr als 35 Jahren neben der großen und leistungsfähigen Tischfräse auch einen kleinen und einfachen Frästisch für leichtere Fräsarbeiten im Einsatz.

Heutzutage bietet der Handel deutlich stärkere Oberfräsen an und bei einer Leistung von bis zu 2600 Watt (z. B. Mafell LO65Ec), was etwa 3,5 PS entspricht, kann von kleinem Frästischchen überhaupt nicht mehr die Rede sein. Auch das Fräsersortiment hat sich dieser Leistungsfähigkeit angepasst und so gibt es immer mehr Schaftfräser, die man ausschließlich stationär in einem Frästisch einsetzen darf. Oft entstammt dabei die Ursprungsidee der großen Tischfräse. Es ist also nicht verwunderlich, dass mit zunehmender Leistungsfähigkeit von Maschine und Fräser leider auch auf einem Frästisch die Verletzungsgefahr stark angestiegen ist. Deshalb möchte ich Ihnen mit diesem Buch auf etwa 300 Seiten, sowie mehr als 1650 Bildern und Zeichnungen und über fünf Stunden Videomaterial auf den drei beiliegenden DVDs (und sechs weiteren Videos auf HolzWerkenTV!) eine wirklich umfassende Anleitung an die Hand geben, mit der Sie zukünftig alle Frästischarbeiten nicht nur erfolgreich, sondern auch absolut sicher durchführen können.

Und eines kann ich Ihnen schon jetzt versprechen: Das Arbeiten auf einem Frästisch macht mächtig viel Spaß und die schier unbegrenzten Anwendungsmöglichkeiten können einen immer wieder aufs Neue begeistern. Ich kann Sie also nur ermutigen, diese Vielfalt auch für Ihre eigenen Holzprojekte zu nutzen und ich bin mir sicher, dass auch Sie schon nach kurzer Zeit sagen werden: „Ein Leben ohne Frästisch ist zwar möglich, aber sinnlos!"

In diesem Sinne wünsche Ich Ihnen mit dem Frästisch viel Spaß und allzeit unfallfreies Arbeiten.

Herzlichst Ihr,
Guido Henn

Frästische, Zubehör und Schaftfräser im Buch

Ein Frästisch ist das mit Abstand nützlichste und vielseitigste Zubehör für eine Oberfräse. Kein anderes, handgeführtes Elektrowerkzeug lässt sich so schnell und vor allem auch kostengünstig stationär betreiben. Wer also bereits eine Oberfräse und ein paar Schaftfräser besitzt, braucht nur noch eine einfache Multiplexplatte samt Anschlagleiste und schon kann es losgehen. Wie man so einen einfachen und extrem günstigen Einsteiger-Frästisch Schritt für Schritt nachbaut, zeige ich Ihnen natürlich in diesem Buch ab der Seite 226. Und wenn Sie nach einiger Zeit das „Frästisch-Fieber" so richtig gepackt hat, dann finden Sie in diesem Buch ab Seite 236 auch noch eine ausführliche Bauanleitung für einen Premium-Frästisch, in dem meine über dreißigjährige Erfahrung im Umgang mit Frästischen und der großen Tischfräse steckt. Die multifunktionale Anbauplatte, die blitzschnell einzustellende Andruckvorrichtung oder die genialen auswechselbaren Splitterzungen und Kehlbretter sind nur einige der zahlreichen praktischen Details, die diesen Frästisch wirklich einzigartig machen und die Sie so nirgends kaufen können.

Ich weiß natürlich auch, dass nicht jeder Lust und Zeit hat sich einen kompletten Frästisch selbst zu bauen. Deshalb stelle ich Ihnen im Buch auch eine kleine und feine Auswahl an hochwertigem Frästischzubehör vor, die in Verarbeitungsqualität und Anwendungskomfort Maßstäbe setzen. Vor allem die Produkte der Fa. Incra möchte ich hier besonders hervorheben. Auch wenn ich ein Freund von Tüfteleien und Eigenbauten bin, diese Produkte lassen sich nicht mehr in einem vertretbaren Aufwand und der nötigen Fertigungsqualität selbst herstellen. Das muss man neidlos anerkennen und so habe auch ich alle Incra Produkte in diesem Buch regulär im Handel gekauft und nichts davon wurde mir kostenlos zur Verfügung gestellt. Deshalb kann ich Ihnen auch versichern, dass ich den Kauf bis heute nicht bereut und bisher auch keine vergleichbaren Produkte entdeckt habe.

Letztlich ist es natürlich Ihre ganz persönliche Entscheidung, ob Sie den Frästisch lieber komplett selbst bauen, fertig kaufen oder einfach mit hochwertigen, gekauften Komponenten ergänzen. Um den sicheren Umgang und die korrekte Arbeitsweise auf einem Frästisch zu erlernen, spielt das jedenfalls keine Rolle. Denn alle im Buch vorgestellten Techniken und Anwendungen können Sie auf nahezu jedem Frästisch durchführen. Auch die vielen Vorrichtungen im Buch lassen sich mit leichten Veränderungen auf fast jedem Frästisch sicher und erfolgreich einsetzen.

Wenn man ein wirklich umfassendes Frästischbuch schreiben möchte, dann benötigt man aber auch zwangsläufig spezielle Produkte, die in einer voll ausgestatten Tischlerei bereits von anderen Maschinen, wie beispielsweise der großen Tischfräse, abgedeckt werden. Diese Produkte zu kaufen, nur um sie im Buch vorstellen zu können, ist aufgrund der doch relativ geringen Verkaufszahlen eines solchen Fachbuches wirtschaftlich nicht vertretbar. Deshalb bin ich froh, dass mir auch für dieses Buch wieder zwei Firmen interessante Produkte zur Verfügung gestellt haben. Die Fa. Sauter GmbH aus Hersching lieferte mir zu Testzwecken ihren schwenkbaren Fräslift OFL3.0 zusammen mit einem Suhner Fräsmotor. Und damit erst gar keine Spekulationen aufkommen: Ich habe natürlich Beides nach dem Test wieder zurückgeschickt! Weiterhin hat mir die Fa. AKE Knebel GmbH & Co. KG aus Balingen einige Schaftfräser des italienischen Herstellers CMT zur Verfügung gestellt. Auf diesem Weg möchte ich mich noch einmal bei beiden Firmen ganz herzlich für die wirklich angenehme und völlig unkomplizierte Zusammenarbeit bedanken. **In diesem Zusammenhang möchte Ihnen ausdrücklich versichern, dass kein einziger Hersteller oder Händler auch nur den geringsten Einfluss auf den Buchinhalt oder die Videos genommen hat.** Sie können sich also auch bei diesem Buch sicher sein, dass Sie eine ehrliche und völlig unabhängige Beratung bekommen und ich nur Produkte und Vorgehensweisen zeige, die ich auch selbst täglich in meiner Tischlerei einsetze. Und Sie können mir glauben, dass ich in den letzten dreißig Berufsjahren auch sehr viele zweifelhafte und sogar gefährliche Produkte in der Werkstatt hatte, deren Vorstellung ich Ihnen lieber erspare. Vielmehr möchte ich, dass Sie, liebe Leserinnen und Leser, von meiner langjährigen Erfahrung profitieren. Sollte mir das mit dem vorliegenden Buch gelingen, hat sich der riesige Aufwand, der in einem solchen Buchprojekt und dem umfangreichen Videomaterial steckt, jedenfalls gelohnt. Und mein größter Wunsch wäre, dass dieses Frästischbuch als ständiger Begleiter auch einen festen Platz in Ihrer Werkstatt findet.

Präzision und Verarbeitung vom Feinsten: Der LS-Positioner der Fa. Incra ist ein multifunktionales Fräsanschlagsystem der absoluten Spitzenklasse mit einer Einstellgenauigkeit von sagenhaften 0,05 mm (mehr dazu ab S. 294).

Tischfräse oder Frästisch: Warum nicht beides?

Leider wird ein Frästisch immer gerne als Bastellösung abgetan, mit der Hobby-Holzwerker für „kleines Geld“ eine große Tischfräse nachbauen wollen. Auch wenn sich beide Maschinen in Grundaufbau und Handhabung sehr ähnlich sind, so hat trotzdem jede von ihnen ihre Spezialgebiete. Und wer die jeweiligen Unterschiede, Möglichkeiten und Besonderheiten kennt (s. Bildfolge), der wird schnell feststellen, dass sich Frästisch und Tischfräse hervorragend ergänzen.

Dass ein Frästisch aber nicht nur etwas für Hobby-Holzwerker und Bastler ist, kann man schon alleine daran erkennen, dass es immer mehr namhafte Hersteller gibt (z. B. Fa. Martin oder Fa. Felder), die ihre großen und leistungsfähigen Tischfräsen mit sogenannten Hochgeschwindigkeitsspindeln (mit mind. 16.000 U/min) ausstatten, in die man auch Schaftfräser einspannen kann. Das ist vor allem bei geringen Platzverhältnissen in der Werkstatt eine tolle Option, die ich nur jedem wärmstens ans Herz legen kann.

Aber auch Einzel-Frästische für den Profibereich findet man in Deutschland. So bietet die Fa. RUWI sogenannte „mobile Tischfräsen“ in verschiedenen Ausbaustu-

Wenn es um extreme Leistungsfähigkeit gepaart mit einer hohen Spanabnahme geht, dann ist meine große Tischfräse (Martin T 21 Bj. 1978) genau in ihrem Element und es ist eine wahre Freude damit zu arbeiten.

Schnell mal ein geschweiftes Brett etwas abrunden ist auf der großen Tischfräse recht aufwändig. Neben dem großen Profilmesserkopf benötigt man auch zwingend einen Anlaufring, der im …

… Durchmesser exakt zum Rundungsprofil passt. Das ist leider selten der Fall und daher nutze ich zum Abrunden oder Anfasen von Holzkanten fast ausschließlich Schaftfräser mit Kugellager.

Auch sehr kleine Werkstücke lassen sich mit Schaftfräsern unkompliziert und absolut sicher auf einem einfachen Frästisch abrunden, indem man sie in eine solche Holzzwinge einspannt. Aufgrund der geringen Durchmesser kann man Schaftfräser aber auch in sehr engen Radien einsetzen. Das bietet vor allem …

… Vorteile, wenn man filigrane und enge Schablonenkonturen abfahren und kopieren möchte. Denn von Bündigfräsern mit nur 12,7 mm Durchmesser kann man auf einer großen Tischfräse nur träumen und die Fräsung ist dank Spiralschneiden unübertroffen sauber und spiegelglatt!

fen an. Die kleinste Variante besitzt ein solides Stahlgehäuse, eine überschaubare Tischgröße von nur 520 x 430 mm, sowie ein kleines Fräsmotörchen von gut 1000 Watt und schlägt bereits mit 2500 Euro zu Buche. Preislich wohl eher was für den Profi und dort scheint es dann auch einen Markt für solche Frästische zu geben.

Ehrlich gesagt wundert mich das überhaupt nicht. Denn vor allem im hochwertigen Möbel- und Innenausbau kann ein Frästisch eine große Hilfe sein. Ich persönlich nutze beispielsweise den Frästisch mit etwa 70% deutlich häufiger als meine große Tischfräse (nur 30%). Allerdings lässt mein selbst gebauter Premium-Frästisch (Bauplan ab Seite 236) mit all seinen Erweiterungen auch keine Wünsche mehr offen. Und mit einer Tischgröße von 1050 x 610 mm, sowie einer starken 2200 Watt Profi-Oberfräse stellt er jede Kauflösung, sowohl in Leistungsfähigkeit, als auch in den Anwendungsmöglichkeiten locker in den Schatten. Aber selbst mit dem extrem günstigen und einfach nachzubauenden Einsteiger-Frästisch (Bauplan ab S. 226) können Sie bereits eine Vielzahl interessanter Fräsarbeiten durchführen, mit denen Sie den eigenen Möbelbau um völlig neue Möglichkeiten bereichern können. Sollten Sie dann später doch noch den Wunsch nach einer leistungsfähigen Tischfräse verspüren, so wird Ihnen dieser Frästisch ganz sicher auch weiterhin noch gute Dienste leisten. Aber das Beste: Sie haben durch die Erfahrungen, die Sie auf dem Frästisch sammeln durften, bereits ein Gespür für das sichere Fräsen entwickelt, das Ihnen auch im Umgang mit einer großen Tischfräse von Nutzen sein wird.

Ich bin jedenfalls froh, dass ich zwischen diesen beiden tollen Maschinen wählen kann und mich nicht nur für eine entscheiden muss. Das würde mir nämlich sehr schwer fallen.

Eingesetzte Eintauchfräsungen mit einem Nutfräser zur Herstellung von Langlöchern ist die Paradedisziplin eines Frästisches (s. a. S. 116). Mit einer solchen selbstgebauten Spannzwinge lassen ...

... sich absolut sicher und wiederholgenau selbst kleinste Werkstücke (hier 82 x 37 mm) bearbeiten. Auf einer Tischfräse mit ihren großen Fräswerkzeugen wäre das jedenfalls unmöglich!

Die schnellste, sicherste und präziseste Art offene Schwalbenzinken herzustellen, bietet der Frästisch. Einfach die Fräserhöhe einstellen, Werkstück mittig über dem Schablonenkamm ausrichten und ...

... schon kann man losfräsen. Als Profi freue ich mich immer wieder, dass ich auf diese Weise auch bezahlbare Möbel mit klassischen Holzverbindungen herstellen und anbieten kann.

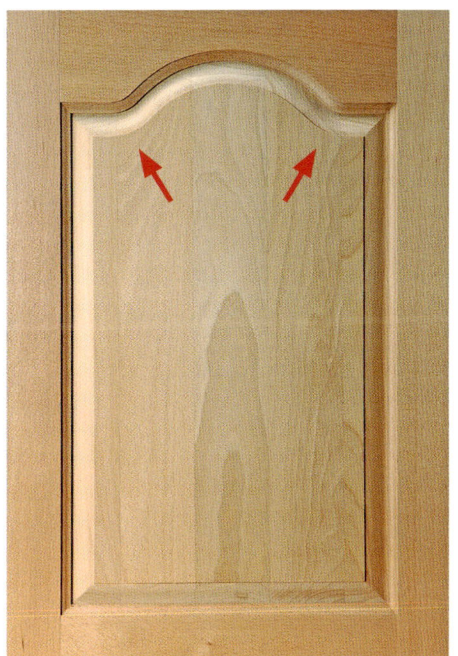

Große Abplattfräser (rechts außen mit Ø 200 mm) sind nicht nur Respekt einflößend, sondern leider auch oft zu groß, um bei filigranen Möbeltüren stimmige Proportionen mit engen Radien (Pfeile) zu erzeugen. Hier liefern die deutlich kleineren Abplattfräser für den Frästisch mit nur 50 bis max. 86 mm Durchmesser überzeugendere Ergebnisse.

Kapitel 1

Die Grundlagen im Umgang mit einem Frästisch

Die Grundlagen im Umgang mit einem Frästisch

Wen das Fräsfieber mit der handgeführten Oberfräse erst einmal gepackt hat, der träumt früher oder später auch davon, seine Maschine stationär unter einen Frästisch einzubauen. Wer aber das erste Mal seinen neuen Frästisch benutzt, merkt schnell, dass sich die stationäre Arbeit mit einer Oberfräse von der handgeführten in einigen Dingen grundlegend unterscheidet.

Die geänderte Vorschubrichtung, der Fräsanschlag mit seinen Einstellmöglichkeiten, die deutlich schwierigere Einstellung der Fräserhöhe und nicht zuletzt der Einsatz vieler sicherheitsrelevanter Zubehöre können schnell die anfängliche Euphorie in Frust umschlagen lassen. Und da Sie auf einem Frästisch die Werkstücke von Hand am Fräser vorbei schieben, ist auch das Verletzungsrisiko deutlich höher, als bei einer mit beiden (!) Händen geführten Oberfräse.

Es ist daher extrem wichtig, sich vor dem ersten Einsatz zunächst einmal mit den Grundlagen im Umgang mit einem Frästisch vertraut zu machen. Denn es gibt auf dem Frästisch nicht nur ein deutlich höheres Verletzungsrisiko, sondern auch jede Menge Fehlerquellen, die es zu vermeiden gilt. „Learning by doing" ist beim Frästisch jedenfalls keine gute Idee und kann schnell in der Notaufnahme des Krankenhauses enden.

Damit Ihnen genau das nicht passiert, gehen wir auf den folgenden Seiten gemeinsam alle wichtigen Grundlagen und möglichen Fehlerquellen Schritt für Schritt durch. Denn nur wer die Risiken kennt und mit Umsicht, Sachverstand und der nötigen Disziplin darauf reagiert, wird nicht nur sicher und unfallfrei, sondern auch erfolgreich Holzwerken. Mit diesem Wissen sind Sie dann auf dem besten Weg, ein Fräsprofi zu werden.

1. Die Vorschubrichtung

Egal ob Sie Falze, Nuten oder Profile anfräsen möchten, auf einem Frästisch wird das Werkstück immer von rechts nach links am Fräsanschlag vorbei geschoben. Nur so wird das Werkstück entgegen der Fräserrotation den Schneiden zugeführt. Der Fachmann spricht dabei vom Gegenlauffräsen (s. Infokasten rechte Seite). Das sogenannte Gleichlauffräsen, bei dem das Werkstück in die gleiche Richtung bewegt wird, in die sich auch der Fräser dreht, führt zu extremen Rückschlägen und ist daher auf Frästischen ausnahmslos verboten.

Eigentlich eine einfache Regel, die man sich mit den Regeln des Straßenverkehrs auch gut merken kann: Rechts hat Vorfahrt! Leider gibt es jedoch ein paar wenige knifflige Situationen (s. Bildfolge 1 bis 8), bei denen man auf jeden Fall noch einmal genauer hinschauen sollte, bevor man mit dem Fräsen beginnt.

Eine dieser Anwendungen ist beispielsweise das Verbreitern einer Nut. Es reicht nämlich schon aus, den Fräsanschlag für den zweiten Fräsgang in die falsche Richtung zu verschieben und schon fräst man nicht mehr im Gegenlauf, sondern plötzlich im Gleichlauf. Zum Verbreiten einer Nut muss der Fräsanschlag beim zweiten Fräsgang immer vom Fräser weg nach hinten verschoben werden. Auf diese Weise schieben Sie das Werkstück dann wieder gegen die Laufrichtung des Fräsers und es wird dabei auch automatisch fest gegen den Fräsanschlag gezogen (s. Bild 1–2 auf der rechten Seite).

Eine weitere knifflige Anwendung ist das Nuten von Rahmenhölzern, bei denen die Nut später genau in der Kantenmitte verlaufen soll. Dazu benötigen Sie einen Nutfräser, dessen Durch-

Freie Fahrt von rechts! Während eine handgeführte Oberfräse von links nach rechts an der Werkstückkante vorbeigeführt wird, führt man beim Frästisch das Werkstück immer von rechts nach links am Fräser vorbei. Zusätzliche Andruckvorrichtungen sorgen auch bei großen Werkstücken für den richtigen Anpressdruck auf die Tischfläche und verhindern gleichzeitig, dass die Finger von oben in den laufenden Fräser greifen können (mehr dazu auf Seite 38).

messer etwas kleiner ist als die gewünschte Nutbreite (aber größer als die halbe Nutbreite!). Da wir in diesem Fall nicht den Anschlag verschieben, sondern das Werkstück drehen, wird der Fräser diesmal auf den rechten Teil der Nut eingestellt (Bild 3 nächste Seite). Wird das Werkstück nach dem ersten Frägang gedreht, ergibt sich wieder die gleiche Frässituation wie in Bild 2: Der linke Teil der Nut ist weggefräst und es wird nun der rechte Teil bearbeitet (Bild 4 nächste Seite).

Besonderer Vorsicht bedarf es, wenn Sie ein geschweiftes Werkstück am Kugellager eines Fräsers entlangführen möchten (s. Bild 6–7). Das Kugellager kann nämlich – im Gegensatz zum festen Fräsanschlag – ringsum als Anschlag genutzt werden. Das Werkstück kann dazu von jeder beliebigen Stelle aus dem Kugellager zugeführt werden. Doch sobald es das erste Mal dicht am Kugellager anliegt und die Fräserschneiden greifen, dürfen Sie es nur noch im Uhrzeigersinn am Kugellager entlangführen.

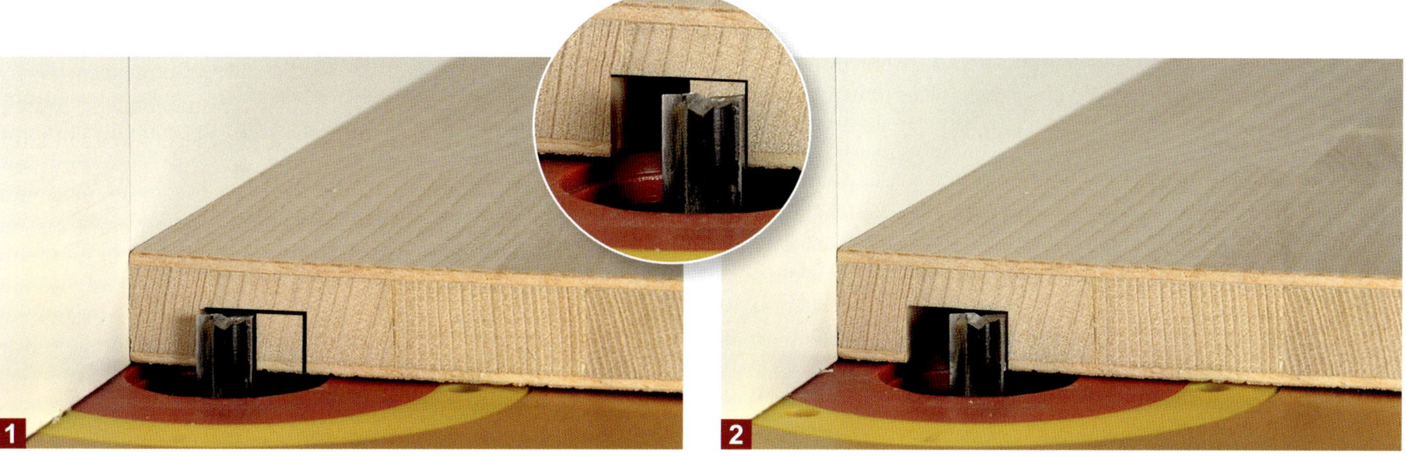

1 Breitere Nuten als der Fräserdurchmesser stellen Sie in zwei Frägängen her. Achten Sie darauf den Fräsanschlag so einzustellen, dass beim ersten Frägang der linke Teil der Nut herausgefräst wird.

2 Anschließend verschieben Sie den Anschlag so weit nach hinten, dass Sie auch den rechten Teil der Nut ausfräsen können. So fräsen Sie dann wieder gegen die Laufrichtung des Fräsers.

Fräsen Sie immer im Gegenlauf – das Fräsen im Gleichlauf ist extrem gefährlich!

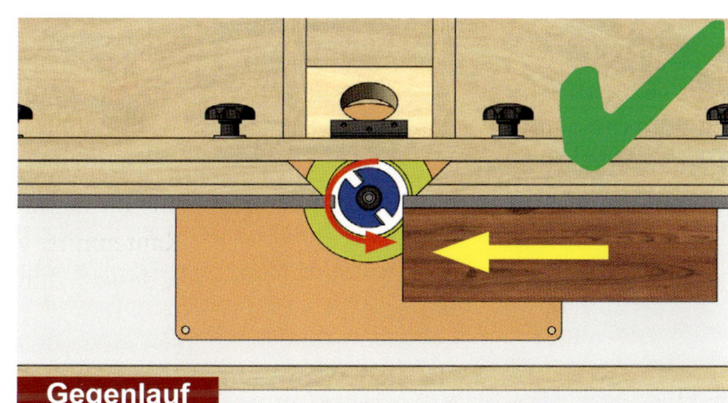

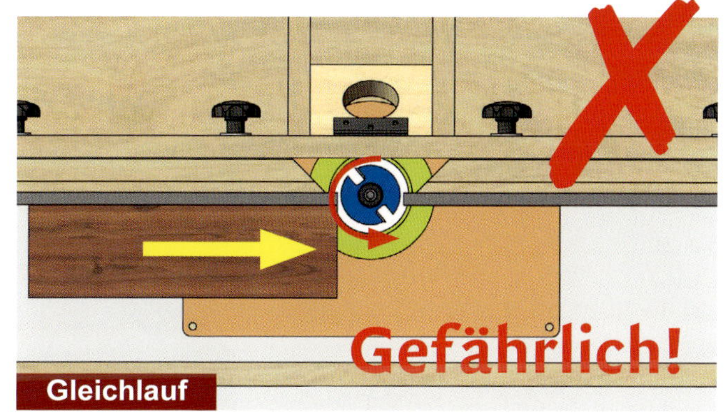

Das Werkstück darf nur entgegen der Fräserrotation den Schneiden zugeführt werden. Der Fachmann spricht dabei vom Gegenlauffräsen (Grafik links). Beim sogenannten Gleichlauffräsen, bei dem das Werkstück in die gleiche Richtung wie der Fräser bewegt wird, können die Hände das Werkstück nicht sicher festhalten und es droht ein hohes Verletzungsrisiko. Beim Aufspannen von Scheibennutfräsern darauf achten, dass die Schneiden nach rechts zeigen.

Um eine Nut genau in der Kantenmitte zu platzieren, den Fräsanschlag so einstellen, dass der Fräser zunächst den rechten Teil der Nut fräst bzw. rechts über der Mittellinie vorsteht (kleines Bild).

Anschließend nur noch das Werkstück drehen und mit der gleichen Einstellung die Nut verbreitern. So befindet sich die Nut automatisch in der Kantenmitte.

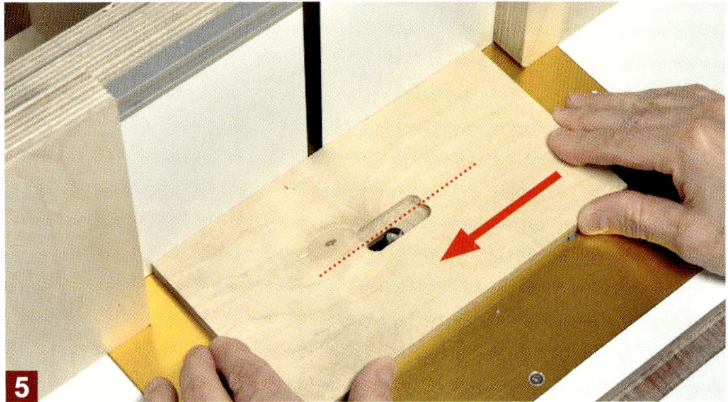

Mit einem 10-mm-Nutfräser können Sie auch sehr gut einen 17-mm-Schlitz für eine Kopierhülse einfräsen. Den Fräser dazu wieder auf den rechten Teil der Nut (vordere Schlitzhälfte) einstellen. Die Fräserhöhe stellen Sie minimal höher als die halbe Brettdicke ein. Das hat den Vorteil, dass der Fräser zu …

… keiner Zeit über das Brett herausragt. Dadurch sinkt deutlich die Verletzungsgefahr beim Einschwenken der Brettfläche in den Fräser. Mit insgesamt vier Nutfräsungen ergibt sich auf diese Weise die gewünschte Schlitzbreite passend zur Kopierhülse (mehr zum Einsetzfräsen s. S. 108).

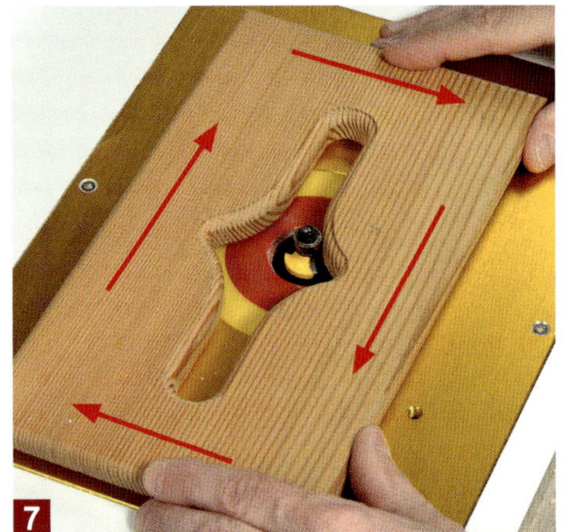

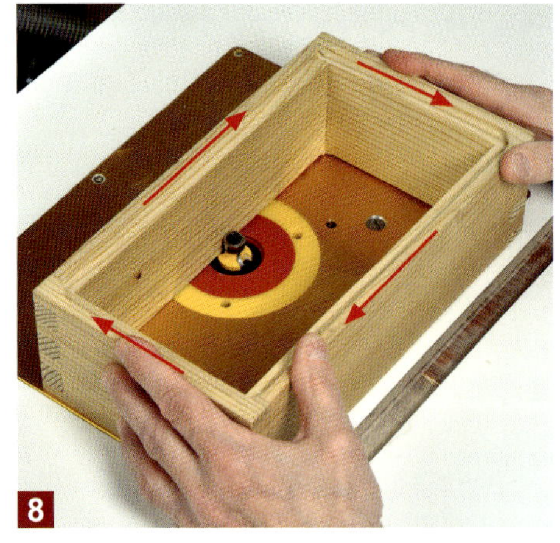

Vorschubrichtung bei Fräsern mit Kugellager: Sobald das Werkstück am Kugellager des Abrundfräsers anliegt, wird es im Uhrzeigersinn am Kugellager entlanggeführt. Dabei spielt es keine Rolle, ob Sie zuerst an der vorderen Werkstückkante (Bild 7) oder wie bei diesem Kästchen (Bild 8) an der hinteren Kante beginnen. Nur wenn das Werkstück in Pfeilrichtung – also im Uhrzeigersinn – am Kugellager vorbeigeführt wird, fräsen Sie im sicheren Gegenlauf. Gefährliche Rückschläge sind dann nicht zu befürchten.

2. Die optimale Vorschubgeschwindigkeit und Spanabnahme

Drehzahl und Schnittgeschwindigkeit (dazu später mehr) sind neben einem scharfen Fräser verantwortlich für ein sauberes Fräsbild. Aber auch die Vorschubgeschwindigkeit beeinflusst die Qualität einer Fräsung. Denn wenn Sie ein Werkstück zu langsam am Fräser vorbei schieben, erhalten Sie aufgrund der Reibungshitze hässliche dunkle Brandstellen. Ist die Vorschubgeschwindigkeit jedoch zu hoch, sind Ausrisse, eine raue Fräsoberfläche oder deutlich sichtbare Frässchläge zu erwarten.

In diesem Zusammenhang sollten Sie auch die Spanabnahme, oder besser gesagt, die Menge an Spänen, die Sie mit einem Arbeitsgang abnehmen, immer im Blick behalten. Denn bei einer hohen Spanabnahme braucht man unweigerlich mehr Vorschubkraft. Das erhöht nicht nur die Unfallgefahr, sondern führt dann auch meistens dazu, dass man das Werkstück deutlich zu langsam am Fräser vorbei schiebt, mit der Folge, dass Brandstellen entstehen können. Wird dagegen nur sehr wenig abgenommen, lässt sich das Werkstück auch wieder schneller am Fräser vorbeischieben. Aber nicht übertreiben, denn – wie schon gesagt – auch ein zu schneller Vorschub kann die Fräsung negativ beeinflussen. Hier die optimale Vorschubgeschwindigkeit herauszufinden setzt leider ein wenig Erfahrung voraus, die ein Anfänger in aller Regel noch nicht hat. Es ist also völlig normal, dass die ersten Fräsversuche etwas zaghafter ausfallen und man dies auch den Werkstücken ansieht. Doch mit jeder Fräsung wächst Ihr Selbstvertrauen und eine gewisse Routine stellt sich ein. Vor allem der Einsatz verschiedener Vorschubhilfen (s. übernächste Seite) machen das Fräsen nicht nur deutlich sicherer, sondern sie helfen auch dabei, einen konstanten, gleichmäßigen Vorschub zu erzielen. Machen Sie also regen Gebrauch davon!

Solche Brandflecken entstehen vor allem im Bereich des Stirnholzes, wenn das Werkstück zu langsam am Fräser vorbei geschoben wird. Vermeiden können Sie das auch, wenn Sie die Fräsung nicht in einem Arbeitsgang heraus fräsen, sondern ganz zum Schluss nur noch etwa einen halben Millimeter Material wegnehmen.

Zwei Probleme, die vor allem bei Stirnfräsungen sehr häufig auftreten:

1. Weil das Werkstück zu langsam am Fräser vorbei geschoben wurde, sind dunkle Brandstellen entstanden (roter Pfeil). Durch einen zügigen und konstanten Vorschub oder eine geringere Spanabnahme lässt sich das vermeiden.
2. Am Ende der Stirnfräsung sind immer mehr oder weniger starke Ausrisse (blauer Pfeil) zu befürchten. Wird das Werkstück ringsum profiliert, sollte man immer mit den Stirnkanten beginnen. Beim abschließenden Fräsen der Längskanten werden die Ausrisse dann in aller Regel sauber weggefräst.

Bei einem Schrankdeckel, der an der Rückkante nicht profiliert werden soll (Bild unten rechts), können Sie solche Ausrisse vermeiden, indem Sie einfach ein Winkelbrett dicht an der Deckelrückkante anliegend zusammen mit dem Werkstück am Anschlag vorbei schieben. Das Winkelbrett fungiert dabei als Splitterholz und sollte mindestens so dick sein, wie die Profilierungshöhe bzw. eingestellte Fräserhöhe.

Das Winkelbrett verlängert außerdem die kurze Werkstückkante und sorgt so nicht nur für einen gleichmäßigen Vorschub, sondern verhindert auch, dass die vordere Brettkante zwischen die Anschlagbacken gelangt.

Große Profile immer in mehreren Etappen ausfräsen und zum Schluss nur noch einen „kleinen Hauch" von einem halben Millimeter wegnehmen, dann erhalten Sie saubere Fräsflächen, die Sie nur minimal nachschleifen müssen.

Saubere Nutkanten – kein Problem!

Hässliche ausgerissene Nutkanten (s. Bild rechts) erhalten Sie nicht nur bei stumpfen Fräserschneiden, sondern auch bei einem zu schnellen Vorschub. Wenn Sie zudem noch die komplette Nuttiefe in einem Arbeitsgang herstellen, sind Ausrisse selbst beim Einsatz eines großen Scheibennutfräsers quasi vorprogrammiert. Denn dieser Fräser besitzt leider nur angeschliffene Hauptschneiden. Ihm fehlen die bei großen Nutfräsern für die Tischfräse üblichen Vorschneider. Mit etwas Geduld und einem simplen Trick erzielen Sie aber auch mit einem Scheibennutfräser absolut ausrissfreie Nutkanten (s. Bildfolge unten).

Fräsen Sie im ersten Schritt die Nut nur maximal ein bis zwei Millimeter tief. Bei dieser geringen Spanabnahme sind normalerweise keine Ausrisse zu erwarten. Wenn Sie das Werkstück auch mit der gegenüberliegenden Fläche auf den Tisch legen und ein weiteres Mal bearbeiten, sitzt die Nut auch …

… automatisch in der Kantenmitte (Bild 2). Erst jetzt stellen Sie die endgültige Nuttiefe ein. Da die kritischen Holzfasern bereits durchtrennt wurden, ist kein Ausriss mehr zu erwarten und Sie erhalten eine präzise und ausrissfreie Nut (Bild 3). Ein Unterschied wie Tag und Nacht!

Die wichtigsten Vorschubhilfen

„Ich bin ersetzbar – deine Hand nicht!“ Dieser mahnende Satz zierte früher so manchen Schiebestock und es gibt wohl keinen gestandenen Holzwerker, der ihn nicht schon mal gelesen hat. Lesen ist jedoch nur der erste Schritt in der Unfallverhütung, im zweiten Schritt gilt es, das Gelesene auch zu befolgen und regelmäßig anzuwenden. Eine regelmäßige Anwendung setzt aber voraus, dass sicherheitsrelevante Teile nicht nur einfach zu bedienen sind, sondern sich auch stets gut sichtbar und griffbereit direkt an der Maschine befinden. Eine längere Suche nach einem Schiebestock oder einer anderen Vorschubhilfe verleitet im hektischen Arbeitsalltag dazu, es „nur dieses eine Mal“ (und danach ganz sicher noch zahlreiche weitere Male) ohne Vorschubhilfe zu versuchen. Machen Sie sich immer bewusst, dass wir ein Handwerk ausüben und in diesem Wort bereits das wichtigste Hilfsmittel zur Ausübung dieser Tätigkeit genannt wird – unsere Hände! Und nicht vergessen: Eine passende Vorschubhilfe sorgt stets für einen konstanten und gleichmäßigen Vorschub und verhindert so dunkle Brandstellen, die man mühsam nacharbeiten müsste.

Die Hände

Wenn sich die Hände weit genug aus dem Gefahrenbereich des Fräsers befinden und die nötigen Schutz- und Andruckvorrichtungen eingesetzt wurden, dann spricht nichts dagegen, größere Werkstücke (z. B. Platten, Füllungen etc.) ohne Vorschubhilfen ausschließlich von Hand am Fräsanschlag vorbei zu schieben. Die Werkstückbreite (Pfeil) sollte dann aber mindestens der zweifachen Handbreite entsprechen. Schmälere Werkstücke sollten Sie nur mit einer zu Anwendung und Werkstück passenden Vorschubhilfe am Fräser vorbei schieben. Welche Möglichkeiten es dazu gibt, erfahren Sie auf der nächsten Seite.

Achten Sie beim Vorschieben mit der Hand immer auf eine geschlossene Handhaltung ohne abgespreizte Finger. Der größte Teil der rechten Hand liegt dabei flach auf dem Werkstück und nur der Handballen an der Rückkante des Werkstücks ist für den Vorschub verantwortlich. Die linke Hand hält das Werkstück dicht an den Anschlagflächen.

Der Schiebestock

Der Schiebestock ist sehr dünn und kann daher auch an schmalen Stellen (z. B. zwischen Anschlag und Andruckvorrichtung) ganz hervorragend eingesetzt werden. Er besitzt am unteren Ende eine Ausklinkung für das Werkstück. Es kann so sicher nach vorne geschoben, aber nur im hinteren Bereich auch fest auf den Maschinentisch gedrückt werden. Trotz dieser Einschränkung sollte sich an jeder Maschine stets griffbereit ein Schiebestock befinden.

Mit dem Schiebestock lässt sich das Werkstück zwar nach vorne schieben, aber nicht komplett auf die Tischfläche drücken. Ein zusätzlicher Andruckbogen ist daher Pflicht!

Die Zuführlade

Bei flächigen Werkstücken ist eine solche Zuführlade, die man auch beim Abrichthobel einsetzt, jedem Schiebestock haushoch überlegen. Durch die aufgeleimte Anschlagkante (Pfeil) am Ende der Zuführlade ergibt sich dabei immer ein konstanter Werkstücktransport gepaart mit einem optimalen Druck auf die Tischfläche. Diese Zuführlade ist schnell gebaut und macht an Materialkosten allerhöchstens 5 Euro aus.

So sieht man es oft in amerikanischen Videos. Ein Schiebebrett (engl. Pushblock) mit rutschfester Unterlage drückt das Werkstück auf die Tischfläche. Je nach Qualität der Unterlage oder bei Staub auf dem Werkstück kann der Werkstücktransport aber stocken und das Schiebebrett sogar abrutschen. Wenn schon Pushblock, dann sollten Sie den der Firma Microjig mit Smart Hook (ab etwa 35 Euro) oder den „Grabber PLUS“ von Milescraft kaufen.

Das Winkelbrett

Ein Winkelbrett ist – wie der Name schon sagt – ein einfaches genau rechtwinklig zugeschnittenes Brett. Dieses Brett dient in erster Linie dazu, schmale Stirnkanten (z. B. Rahmenhölzer, schmale Füllungen etc.) sicher und genau im rechten Winkel am Anschlag vorbei zu schieben. Dazu wird das Werkstück dicht gegen die vordere Winkelbrettkante gelegt und beides zusammen am Fräsanschlag vorbeigeführt. Das Winkelbrett verlängert dabei die kurze Werkstückkante und sorgt so für eine sichere und präzise Führung von schmalen Werkstücken.

Um diese Aufgabe zuverlässig zu erfüllen, sollten die Kantenlängen eines Winkelbretts mindestens 250 mm betragen. Optimal ist es, wenn Winkelbrett und Werkstück die gleiche Dicke haben, dann lässt sich beides auch perfekt unter einer Andruckvorrichtung hindurch schieben. Damit Sie das Winkelbrett bequem nach vorne am Anschlag vorbei schieben können, schrauben Sie eine einfache Holzleiste (150 x 40 x 20) als Handgriff leicht schräg auf die Brettfläche. Komfortabler, aber auch etwas teurer, sind sogenannte Wechselgriffe (z. B. Quickly Schiebegriff der Fa. Aigner) aus Kunststoff (s. Bild rechts).

Mit einem solchen Wechselgriff können Sie blitzschnell jedes rechtwinklig zugeschnittene Weichholz-Restbrett zum Winkelbrett umfunktionieren. Nehmen Sie dazu keine Harthölzer oder Plattenwerkstoffe, unter Beidem würde nicht nur der Wechselgriff, sondern auch die Fräserschneide leiden.

Ein Winkelbrett kann auch in vielen Fällen den Einsatz des Queranschlags ersetzen. So können Sie beispielsweise auch Schlitz- und Zapfenfräsungen sehr gut mit einem Winkelbrett ausführen. Und da das Winkelbrett immer dicht an der Rückkante des Werkstücks anliegt, müssen Sie dort auch keine Ausrisse befürchten. Dabei sollten Sie das Winkelbrett aber nur in Kombination mit einem Vorsatzbrett einsetzen, sonst besteht die Gefahr, dass ein schmales Werkstück vom Fräser in die Anschlaglücke gezogen wird (s. Bildfolge nächste Seite).

Der Einsatz einer durchgehenden Anschlagfläche (hier durch zwei höhenverstellbare Splitterzungen) ist bei schmalen oder kurzen Werkstücken quasi Pflicht. Zusammen mit dem Winkelbrett kann das Werkstück stets sicher am Fräser entlanggeführt werden. Auf diese Weise können Sie auch niemals zu viel, sondern nur zu wenig weg fräsen. Und da kann man ja bekanntlich noch mal nachfräsen (Andruckvorrichtung wurde nur fürs Foto entfernt!).

Wenn Sie an eine Brettkante eine dünne Holzleiste anschrauben, die etwa 5 mm übersteht (Pfeil), dann können Sie dasselbe Winkelbrett auch zum Vorschieben benutzen, um die Längskanten von kurzen Werkstücken zu bearbeiten. Dabei wird das Werkstück nicht nur vom Winkelbrett bzw. der Leiste vorgeschoben, sondern auch gleichzeitig immer dicht gegen die Anschlagfläche gedrückt (Andruckvorrichtung wurde nur fürs Foto entfernt!).

Die Schiebeplatte

Auf der Seite 256 zeige ich Ihnen den Bau einer klappbaren Andruckvorrichtung bestehend aus Druckschild und Andruckschuh (s. a. Bild rechts). Diese Vorrichtung sorgt nicht nur für einen optimalen Druck auf das Werkstück, sondern schirmt auch gleichzeitig den gesamten vorderen Bereich des Fräswerkzeugs ab, so dass es quasi unmöglich ist, mit den Fingern in die Fräserschneiden zu gelangen. Es gibt keinen besseren Schutz bei der Arbeit auf einem Frästisch, als diese Andruckvorrichtung und daher sollten Sie – wann immer es die Anwendung erlaubt – regen Gebrauch davon machen.

Damit man diese Vorrichtung auch optimal nutzen kann, habe ich passend dazu noch eine simple Schiebeplatte entworfen (Bauanleitung und Maße s. S. 266). Denn vor allem bei schmalen Werkstücken passt ein einfacher Schiebestock nicht mehr zwischen Fräsanschlag und Druckschild hindurch. Hier bietet die Schiebeplatte mit ihrem großen Griff deutlich mehr Komfort und ist auch problemlos bei vielen anderen Andruckvorrichtungen einsetzbar. Meine Empfehlung lautet daher: Ergänzend zum Schiebestock unbedingt noch eine Schiebeplatte bauen! Mit der können Sie dann ganz entspannt jedes noch so kleine und schmale Werkstück an der klappbaren Andruckvorrichtung vorbei schieben. Und ich verspreche Ihnen: Bereits nach dem ersten Einsatz der Schiebeplatte erleben Sie mal wieder einen dieser Aha-Momente, bei dem Ihnen unweigerlich folgender Satz durch den Kopf schießt: Wie konnte ich nur die ganze Zeit ohne dieses Hilfsmittel auskommen?

Alles fest im Griff! Mit der Schiebeplatte ist jederzeit ein sicherer, konstanter und gleichmäßiger Werkstückvorschub gewährleistet. Diese Vorschubhilfe ist quasi ein absolutes Muss beim Einsatz einer selbstgebauten Andruckvorrichtung aus Druckschild und Druckschuh. Da die Schiebeplatte aus einer 5 mm dünnen Sperrholzplatte hergestellt ist, kann man das Druckschild problemlos bis auf 6 mm Abstand zur Frästischoberfläche absenken. So lassen sich auch sehr dünne und schmale Werkstücke noch sicher vorschieben. Aufgrund der langen Anlagekante (Pfeile) lässt sich die Schiebeplatte auch sehr gut beim Einsatz eines Andruckbogens oder bei Druckrollen als Vorschubhilfe benutzen.

Vorschubhilfen für kleinste Werkstücke

Eine selbstgebaute Spannzwinge ist genau das Richtige um kurze filigrane Werkstücke am Anschlag vorbeizuschieben. Zwischen die massiven, rechtwinkligen Spannarme lassen sich selbst kleinste Werkstücke kraftvoll und sicher einspannen. Damit sind auch perfekte Eintauchfräsungen möglich (s. S. 118). Die Bauanleitung finden Sie im Handbuch Oberfräse ab Seite 274.

Die Ursprungsidee zur selbstgebauten Spannzwinge stammt von der oben abgebildeten Parallelzwinge aus Holz. Denn auch mit der können Sie ganz hervorragend kleinste Werkstücke sicher festspannen, um sie dann am Fräser vorbei zu schieben. Diese Holzzwingen sind wahre Tausendsassas und je nach Größe bereits ab etwa 12 Euro erhältlich. Bei dem Preis ein absolutes Muss!

Der Contermax – eine sinnvolle kommerzielle Vorschubhilfe für den Frästisch

Mit etwa 120 Euro (Stand 2021) ist der Contermax nicht gerade ein Schnäppchen, aber angesichts der Verarbeitung und den Anwendungsmöglichkeiten wirklich jeden Cent wert. Er stellt die wohl schnellste und sicherste Art dar, an die Stirnkanten von Querfriesen ein Konterprofil zu fräsen. Und das Beste: Sie benötigen dazu weder einen Queranschlag noch ein Vorsatzbrett.

Obwohl der Contermax in erster Linie für Konterprofilfräsungen entwickelt wurde, können Sie damit auch sehr gut Zapfen oder Profile an Schmalkanten fräsen. Er lässt sich aber auch wie eine Spannzwinge (s. oben) einsetzen, mit dem Sie dann kleine Werkstücke sicher am Fräser vorbei schieben können.

Die Funktionsweise ist wirklich simpel: Schrauben Sie zuerst ein Restholz (am besten aus Weichholz) in gleicher Werkstückdicke als Splitterholz auf. Danach stellen Sie das Splitterholz mithilfe der Schiebeleiste (blauer Pfeil) und des Langlochs auf die gewünschte Werkstückbreite ein. Zum Schluss legen Sie nur noch das Werkstück zwischen Klemmbacke (roter Pfeil) und Splitterholz und fixieren es mit dem Drehknopf (gelber Pfeil), der die Klemmung auslöst. Contermax samt Werkstück werden dann einfach dicht am Fräsanschlag anliegend am Fräser vorbeigeführt. Die Hände befinden sich dabei zu keiner Zeit im Gefahrenbereich des Fräsers (s. Bild unten rechts und Seite 203).

3. Der geteilte Fräsanschlag und seine Anschlaglücke

Da es viele verschiedene Fräserdurchmesser gibt, macht es Sinn, einen Fräsanschlag immer mit zwei verschiebbaren Anschlagbacken auszustatten. Diese Anschlagflächen lassen sich seitlich nach links oder rechts verschieben. Auf diese Weise können Sie das spitze zum Fräser hin zeigende Ende so nah wie möglich an die Fräserschneiden heran schieben. Das hat den Vorteil, dass die Lücke in der Mitte des Fräsanschlags so gering wie möglich gehalten wird, damit kürzere Werkstücke nicht in die Lücke gezogen werden. Trotzdem kann die Lücke je nach Fräserdurchmesser so groß sein, dass die vordere Werkstückkante in diesen Spalt gerät (s. Bild rechts). Je schmäler und kürzer das Werkstück ist, umso größer ist diese Gefahr. Ein Winkelbrett oder ein sogenanntes Vorsatzbrett können das wirkungsvoll verhindern. Sie bieten darüber hinaus auch noch weitere nützliche Vorteile, wie beispielsweise beim Fräsen von Konterprofilen oder beim Anfräsen eines Zapfens. Auch die Ausrissgefahr können Sie durch den Einsatz eines Vorsatzbretts auf ein Minimum reduzieren. Beide Helfer sind im Nu hergestellt und sollten daher bei keinem Frästisch fehlen.

Verschiebbare Anschlagbacken immer bis etwa 3 mm an die Fräserschneiden heranführen. **Als Faustregel gilt:** Das Werkstück sollte immer mindestens dreimal so lang sein wie die Lücke zwischen den Anschlagbacken!

Arbeiten mit einem Winkelbrett

Schieben Sie das Winkelbrett dicht hinter das Werkstück und halten Sie beides fest zusammen. Das Winkelbrett bildet jetzt mit dem Werkstück quasi eine Einheit und verlängert auf diese Weise die kurze Werkstückkante. Wenn Sie ein Werkstück ringsum profilieren möchten, dann sollten Sie zuerst immer mit einer Stirnkante (1) beginnen. Sollte dabei ein Ausriss entstehen, wird der im nächsten Schritt, wenn Sie das Werkstück gegen den Uhrzeigersinn auf die nächste Längskante (2) drehen, wieder sauber weggefräst. Dann wieder …

… eine Stirnkante (3) und ganz zum Schluss wieder eine Längskante (4) bearbeiten. Auf diese Weise erhalten Sie ein perfekt profiliertes Brett ohne Ausrisse. Kleiner Hinweis: Um diese Füllung herzustellen, wird das Brett vor dem Profilieren zunächst mit einem zum Profil passenden ringsum laufenden Falz versehen. Der Profi spricht hier vom Abplatten einer Füllung, mehr Infos dazu auf S. 64.

Winkelbrett auch bei Fräsern mit Kugellager einsetzen

Hat der Fräser ein Kugellager (wie bei diesem Konterprofilfräser) kann das Werkstück in der Lückenmitte am Kugellager anliegen. Dazu wird die Kugellagerfläche mit einem Lineal genau auf die Oberfläche der Anschlagbacken eingestellt.

Trotz Kugellager ist bei schmalen Werkstücken zusätzlich der Einsatz eines Winkelbretts unbedingt erforderlich. Nur mit einem ausreichend großen Winkelbrett lässt sich das schmale Rahmenholz sicher und absolut rechtwinklig am Fräser vorbei …

… führen. Außerdem fungiert das Winkelbrett auch wieder als Ausreißschutz.
Wichtig: Die Andruckvorrichtung wurde nur für die Fotos entfernt. Arbeiten Sie niemals ohne eine wirksame Fräserabdeckung.

Arbeiten mit durchgehenden Anschlagflächen (Vorsatzbrett).

Für einen Fräsanschlag mit zwei verschiebbaren Anschlagbacken sollte ein Werkstück mindestens dreimal so lang sein, wie die Lücke im Fräsanschlag. Diese Mindestlänge brauchen Sie, um ein Werkstück gefahrlos von der einen Anschlagbacke am laufenden Fräser vorbei bis zur nächsten Anschlagbacke zu schieben, ohne dass es vom Fräser in die Anschlaglücke gezogen wird. Wenn also beispielsweise die Lücke zwischen beiden Anschlagbacken 50 mm beträgt, muss das Werkstück mindestens 150 mm lang sein. Auch die meisten Andruckvorrichtungen können nur Werkstücke mit einer bestimmten Mindestlänge sicher am Fräsanschlag andrücken, so dass Sie zum Fräsen kurzer Werkstücke oder schmaler Stirnkanten für eine durchgehende Anschlagfläche sorgen müssen.

Am einfachsten lässt sich das realisieren, wenn Sie vor die Anschlagflächen ein Brett aus MDF oder Multiplex mit Hebelzwingen festspannen. Ein solches Brett wird in der Fachsprache als Vorsatz- oder Vorsetzbrett bezeichnet (beide Ausdrücke sind gebräuchlich).

Vorsatzbrett mit Nullfuge senkt die Ausrissgefahr

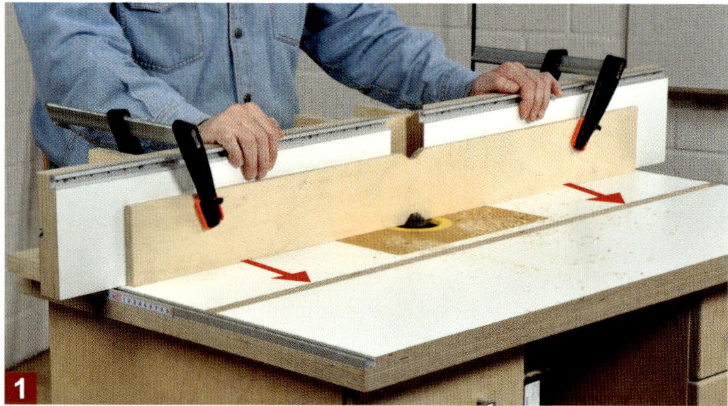

Spannen Sie ein mindestens 12 mm dickes Sperrholz- oder Multiplexbrett mit zwei Hebelzwingen vor den Fräsanschlag. Schalten Sie die Fräse ein und schieben Sie dann den Fräsanschlag samt Vorsatzbrett von hinten in den laufenden Fräser.

Die rechte Fräserschneide (Pfeil) kann beim Austritt aus dem Werkstück auch mal ein größeres Stück aus der Holzkante herausreißen. Da jedoch das Vorsatzbrett exakt die gleiche Aussparung hat wie das Fräserprofil (quasi eine Nullfuge), arbeitet das Vorsatzbrett genauso wie ein Splitterholz.

3 Das hat vor allen Dingen große Vorteile, wenn das Profil nicht über die gesamte Kantenlänge gefräst werden soll. Denn bei solchen Einsetzfräsungen sind sonst an den Ein- und Austrittskanten des Profils (Pfeile) häufig Ausrisse zu erwarten, die man dann mühsam ausflicken muss. Wie dieses Einsetzfräsen genau funktioniert erfahren Sie ab Seite 113.

Wenn Sie die Anschlagbacken an den Enden mit T-Nutschienen erweitern, dann können Sie die Fräserlücke blitzschnell mit einem solchen Kehlbrett verschließen. Das ist höhenverstellbar und da es aus Multiplex ist, kann man dort auch problemlos reinfräsen. Bei Bedarf lässt es sich auch leicht gegen ein Neues austauschen. Den dazu nötigen Umbau der Fräsbacken zeige ich Ihnen ausführlich ab der Seite 254.

Fräsanschlag zusammen mit dem Queranschlag nutzen

Möchten Sie den Fräsanschlag zusammen mit dem Queranschlag einsetzen, dann (und nur dann!) muss der Fräsanschlag genau parallel zur Tischnut eingestellt werden. Er wird dabei als Tiefenbegrenzung für den Zapfen bzw. zum Festlegen der Zapfenlänge benutzt. Sie können diese Parallelität zwar auch mit einem Meterstab einstellen, aber mit einem Kombinationswinkel geht das Ganze deutlich schneller und präziser. Dazu legen Sie einfach den verschiebbaren Anschlag des Kombi-Winkels in die Tischnut und führen das Lineal vorsichtig bis zur Schneide (Bild 1). Um Beschädigungen an der Schneide zu vermeiden, können Sie das Linealende auch mit etwas Tesafilm® bekleben. Lesen Sie nun an der Linealskala den Wert ab und addieren Sie die gewünschte Zapfenlänge hinzu. Verschieben Sie danach den Anschlag auf diesen Wert und arretieren Sie ihn dort.

Benutzen Sie zum Fräsen eines Zapfens unbedingt wieder ein Vorsatzbrett. Mithilfe des fest arretierten Kombi-Winkels können Sie nun die beiden Anschlagseiten genau parallel zur Tischnut einstellen (Bild 2). Um den Zapfen anzufräsen, schieben Sie das Rahmenholz mithilfe des Queranschlags in mehreren Schritten über einen breiten Falz- oder Nutfräser, bis die Stirnkante am Vorsatzbrett anliegt. Danach das Holz drehen und auch die andere Zapfenflanke ausfräsen (Bild 3).

1

2

3

Fräsanschlag bei Bedarf drehen

Es kann durchaus schon mal vorkommen, dass Sie für eine weit von der Werkstückkante entfernte Fräsung (z. B. Nut) den Fräsanschlag so weit nach hinten schieben müssen, dass er keine ausreichende Auflage- bzw. Befestigungsmöglichkeit mehr hat. Wenn Sie beim Bau des Frästisches die Fräserposition gedrittelt haben (s. Bild 2), können Sie nun einfach den Fräsanschlag drehen und ihn von der Vorderseite einschieben. Diese Zweidrittel-Position werden Sie aber eher selten nutzen. Dafür bietet standardmäßig die Eindrittel-Position eine schöne große Auflagefläche für das Werkstück. Dieser Positionswechsel ist übrigens einer der Gründe, warum ich die T-Nutschienen ganz außen über die gesamte Schmalkante der Tischfläche positioniert habe. Das hat sich in der langjährigen Praxis bisher bestens bewährt und so würde ich es immer wieder machen.

Beim Premium-Frästisch beträgt der Abstand von Fräsermitte bis Anschlagfläche etwa 85 mm, danach greifen die Schrauben in der T-Nut nicht mehr.

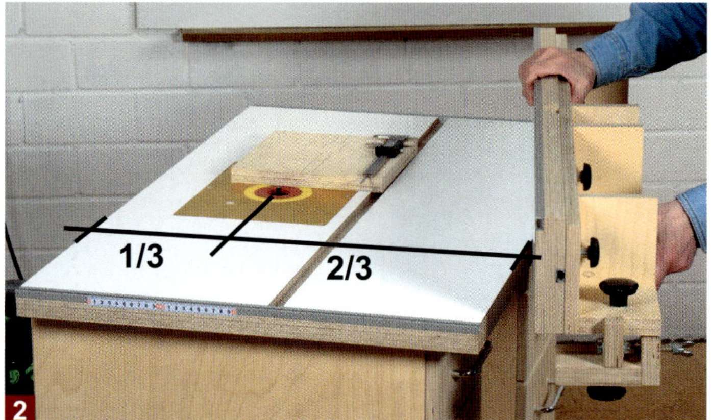

Sollte das nicht reichen, den Fräsanschlag einfach drehen und von der Vorderseite einschieben. Der maximal einstellbare Abstand beträgt dann 295 mm.

Universelle Fräsanschlag-Feineinstellung für (fast) jeden Frästisch

Obwohl diese Feineinstellung perfekt zum mobilen Frästisch aus meinem Handbuch Oberfräse passt, kann man sie leicht abgewandelt auch bei anderen selbstgebauten Frästischen problemlos einsetzen. Denn in der Regel bestehen solche Feineinstellungen immer aus zwei Teilen: Einem fest mit dem Anschlag verbundenen Holzteil und einem auf der Tischfläche verschieb- und arretierbaren Holzteil. Die Herstellung ist nicht sonderlich kompliziert und die Kosten liegen bei etwa 5 Euro. Also Grund genug, sich endlich diesen Luxus auch für den eigenen Frästisch zu gönnen – Sie werden es nicht bereuen!

Übrigens: Für den Premium-Frästisch habe ich eine spezielle Feineinstellung entworfen. Die finden Sie auf Seite 252.

Bild 1: Für das Tischteil fräsen Sie in ein 12 mm dickes Multiplexbrett eine 6-mm-Nut. Dann in das 18 mm dicke Multiplexbrett eine M8er Gewindemuffe eindrehen. Zum Schluss einfach beide Teile zu einem Winkel verleimen und verschrauben.

Bild 2: Für das Anschlagteil bohren Sie zuerst ein 15 mm großes und ca. 5 mm tiefes Sackloch für den Schraubenkopf und anschließend das passende 8 mm Durchgangsloch für das Gewinde der M8 x 100 mm Sechskantschraube.

Das Anschlagteil wird mit Flach- oder Runddübel fest an den Anschlagaufbau geleimt. Wichtig: Nicht mit der Anschlagbacke verleimen, denn die muss sich weiterhin nach links und rechts verschieben lassen! Eine M6er Gewindemuffe etwa 20 bis 25 mm von der hinteren Tischkante entfernt eingebohrt, sorgt für die Arretierung des Tischteils.

Damit die Feineinstellung richtig funktioniert, müssen Sie zuerst die Flügelmutter (1) an der Feineinstellung festziehen, danach erst wird die Flügelmutter (2) am Anschlag gelöst. Jetzt lässt sich mithilfe der Flügelmutter (3) und der M8er Sechskantschraube der Anschlag sehr präzise und feinfühlig in beide Richtungen verschieben.

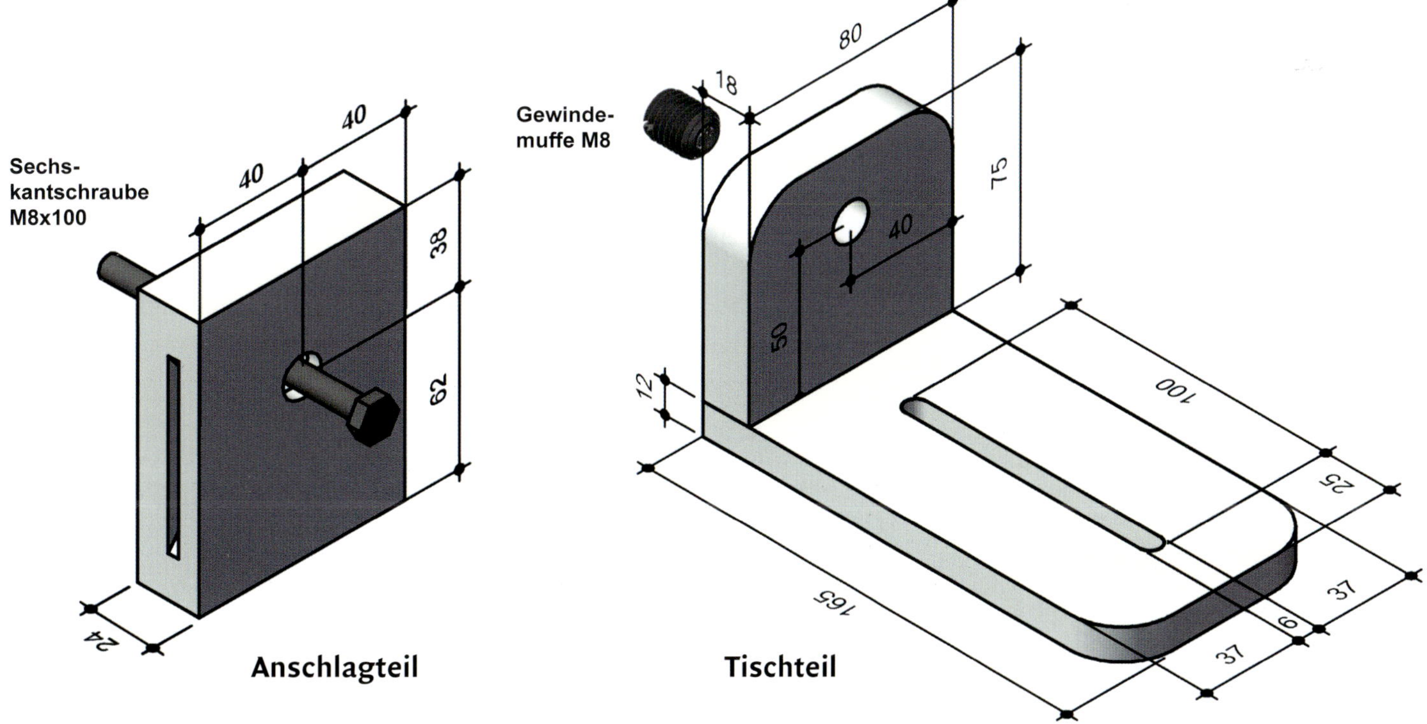

4. Fräserdurchmesser, Drehzahl und Schnittgeschwindigkeit

Ein perfektes Fräsergebnis erhalten Sie nur, wenn Sie auch den zur Anwendung passenden Fräser einsetzen. Und hier sollten Sie sich einen wichtigen Grundsatz merken: **Je größer der Fräser, umso besser ist die Fräsung!**

Klar, zum Nuten muss es ein zur Nut passender oder kleinerer Fräser sein. Aber zum Falzen sollten Sie immer den größten Fräser einsetzen, den Ihre Fräsersammlung hergibt. Denn ein großer Fräserdurchmesser bedeutet erstens eine höhere Schnittgeschwindigkeit und zweitens einen flacheren Austrittswinkel der Fräserschneiden. Beides ist verantwortlich für ein sauberes Fräsbild ohne Ausrisse.

Für die Bearbeitung von Massivhölzern (Hart- oder Weichholz) liegt die optimale Schnittgeschwindigkeit beim Fräsen mit Hartmetall bestückten Schneiden zwischen 40 bis maximal 70 m/s. Doch Vorsicht: Bei einer zu hohen Schnittgeschwindigkeit kann es schnell zu einer Überhitzung der Schneiden kommen, und es besteht eine erhöhte Bruchgefahr des Fräsers bzw. seiner Schneiden. Bei Fräsern bis 50 mm Durchmesser müssen Sie jedoch keine Angst haben, solange die Oberfräse nicht mehr als 24.000 U/min macht. Die Schnittgeschwindigkeit würde in diesem Fall bei optimalen 62,8 m/s liegen. Sie können also getrost alle Fräser, die kleiner als 50 mm sind, mit der vollen Drehzahl betreiben. Dabei spielt es keine Rolle, ob Sie Weich- oder Harthölzer bearbeiten möchten. Erst bei Fräsern über 50 mm müssen Sie die Drehzahl an ihrer Oberfräse reduzieren. Auf gar keinen Fall dürfen Sie aber die auf dem Fräserschaft aufgedruckte maximale Drehzahl (n-max) überschreiten. Wer sich zum Thema Drehzahl und Schnittgeschwindigkeit noch ausführlicher informieren möchte, der findet alles Wissenswerte dazu kompakt und übersichtlich auf der nächsten Doppelseite.

Beim Falzen kommt es auf die Größe an!

Mit einem 10-mm-Nutfräser können Sie selbstverständlich auch einen Falz herstellen. Geht die Falztiefe jedoch weit über die Hälfte des Fräserdurchmessers hinaus, ist der Austrittswinkel der Fräserschneide so steil, dass mit extremen Ausrissen zu rechnen ist. Außerdem lässt die Qualität der Fräsung aufgrund der geringen Schnittgeschwindigkeit sehr zu wünschen übrig.

Nutfräser sind oft nur bis zu einem Durchmesser von maximal 35 mm erhältlich. Diese Größe reicht aber in den meisten Fällen völlig aus, um einen deutlich saubereren Falz herzustellen als mit dem 10-mm-Nutfräser. Aufgrund des flacheren Austrittswinkels der Schneiden ist auch kein allzu großer Ausriss zu erwarten. Wurde in die Fräserspitze zudem noch eine Hartmetallschneide …

… eingelötet (Pfeile), besitzt auch die Falzfläche, die mit der Stirnschneide bearbeitet wurde, eine sehr saubere Fräsoberfläche. Größere Fräser gibt es in der Regel nur mit 12-mm-Fräserschaft. Dieser Schaft ist extrem formstabil, was sich auch in einer hohen Laufruhe des gesamten Fräsers widerspiegelt. Solche Fräser vertragen deshalb auch eine deutlich höhere Spanabnahme pro Fräsgang.

Mit seinen 50 mm Durchmesser erreicht dieser Falzkopf eine optimale Schnittgeschwindigkeit. Die rasiermesserscharfen Wendeschneiden hinterlassen eine extrem saubere und spiegelglatte Oberfläche. Auch sehr hohe und tiefe Falze (hier 29 x 25 mm) gelingen mit diesem Fräser in mehreren Frässchritten …

… ohne auch nur den geringsten Ausriss. Da das Wendemesser ringsum – also auch im oberen Bereich (Pfeil) – Schneidkanten besitzt, wird auch das Anfräsen von extrem tiefen Fälzen und Zapfen mit diesem Falzkopf zum reinsten Vergnügen. Dieser Fräser ist ein Muss für jeden Frästischbesitzer (s. a. S. 45)!

Großer Scheibennutfräser für saubere und ausrissfreie Nuten

Wann immer es die Anwendungssituation zulässt, sollten Sie anstelle eines stirnschneidenden Nutfräsers (links) besser einen Scheibennutfräser (rechts) einsetzen. Denn aufgrund des großen Scheibendurchmessers hat beispielsweise dieser Fräser eine zehnfach höhere Schnittgeschwindigkeit als der kleine Nutfräser und somit auch ein viel besseres Fräsbild. Die auswechselbaren Frässcheiben gibt es in Dicken von 1,5 bis 6,35 mm und mit bis zu 75 mm Durchmesser. Den dazu passenden Aufnahmedorn gibt es sowohl mit als auch ohne Kugellager.

1 Passen die Scheiben nicht durch den Einlegering, dann sollten Sie zuerst nur den Aufnahmedorn ohne Scheibe in die Maschine stecken und festziehen.

2 Danach die Einlegeringe in die Aluplatte einclipsen und erst ganz zum Schluss die gewünschte Scheibe aufstecken und mit Mutter und U-Scheibe fixieren.

3 Das gibt dem Werkstück nicht nur deutlich mehr Auflagefläche im Bereich der Scheibe, sondern verbessert auch maßgeblich die Absaugleistung.

Drehzahl und Schnittgeschwindigkeit

Auf hochwertigen Schaftfräsern ist in aller Regel auch die maximal zulässige Höchstdrehzahl angegeben. Diesen Wert dürfen Sie auf gar keinen Fall überschreiten, da sonst neben einer erhöhten Lärmbelästigung auch eine starke Überhitzung der Schneiden droht. Dabei kann es dann zu einem gefährlichen Materialbruch des Werkzeugs kommen. Aber auch eine zu niedrig eingestellte Drehzahl kann sehr gefährlich sein, da sich dabei die Rückschlaggefahr erhöht. Außerdem verschlechtert sich auch das Fräsbild bzw. die Qualität der Fräsung.

Wenn Sie sich einmal ihre Schaftfräser diesbezüglich etwas genauer anschauen, werden Sie schnell feststellen, dass die Drehzahlangaben immer abhängig vom Fräserdurchmesser sind. Bei großen Fräsern finden Sie niedrigere Drehzahlangaben, als bei Kleineren. Der Grund dafür ist einfach: Die Außenschneiden eines großen 80 mm Abplattfräsers entwickelt bei gleicher Drehzahleinstellung eine doppelt so hohe Umfangsgeschwindigkeit (Schnittgeschwindigkeit), wie ein Fräser mit nur 40 mm Durchmesser. Das liegt daran, dass die Außenschneiden des großen Fräsers mit jeder Umdrehung eine deutlich längere (nämlich doppelte) Strecke zurücklegen, als die des kleinen Fräsers. Möchten Sie jetzt, dass beide Fräser bei jeder Umdrehung die gleiche Strecke zurücklegen, dann geht das nur, indem Sie die Drehzahl beim Einsatz des kleinen Fräsers erhöhen. Und zwar genau um das Doppelte, weil der große Fräser mit 80 mm auch doppelt so groß ist, wie der Kleine mit 40 mm. Wenn Sie also die optimale Schnittgeschwindigkeit für einen bestimmten Werkzeugdurchmesser einstellen möchten, geht das nur und ausschließlich durch die Veränderung der Drehzahl an der Maschine.

Generell gilt bei der Bearbeitung von Massivhölzern auf großen stationären Tischfräsen eine Mindestschnittgeschwindigkeit von 40 m/s und eine Höchstschnittgeschwindigkeit von maximal 70 m/s. Das bedeutet: Die Außenschneiden des Fräsers legen pro Sekunde eine Strecke von mindestens 40 m und höchstens 70 m zurück. Bei einer Oberfräse, bei der Sie beispielsweise eine maximale Drehzahl von 24.000 U/min einstellen können, erreichen Sie die Mindestschnittgeschwindigkeit von 40 m/s erst ab einem Fräserdurchmesser von 32 mm. Auf dem Frästisch oder der handgeführten Oberfräsen setzt man aber häufig kleinere Nut- und Profilfräser ein, mit denen man diese Mindestschnittgeschwindigkeit unmöglich erreichen kann. Um das zu kompensieren und mit kleineren Fräsern trotzdem eine saubere Fräsung zu bekommen, muss man den Vorschub und die Spanabnahme reduzieren. Das heißt also im Klartext: Werkstück langsamer am Fräser vorbei schieben und nicht zu viel Material in einem Fräsgang wegnehmen (s. a. Infos S. 15). Dadurch wird weniger Material zerspant, die Fräsung wird sauberer und letztlich reduziert sich damit auch die Rückschlaggefahr. Viel Material in nur einem Arbeitsgang sauber abzufräsen ist und bleibt nun mal die Domäne der großen stationären Tischfräsen und wer genau darauf Wert legt, der kommt an dieser extrem leistungsfähigen Maschine auch nicht vorbei. Alle anderen werden auch auf einem Frästisch mit etwas mehr Geduld perfekte Fräsergebnisse erzielen.

Die Drehzahleinstellung (Schnittgeschwindigkeit) sollte aber auch zum Material (Weich- und Hartholz, Plattenwerkstoffe etc.) und zum Schneidenwerkstoff (HS oder HW) passen. Beispielsweise vertragen HW-Schneiden höhere Schnittgeschwindigkeiten

Werkstoff und Schneide = passender Schnittgeschwindigkeitsbereich

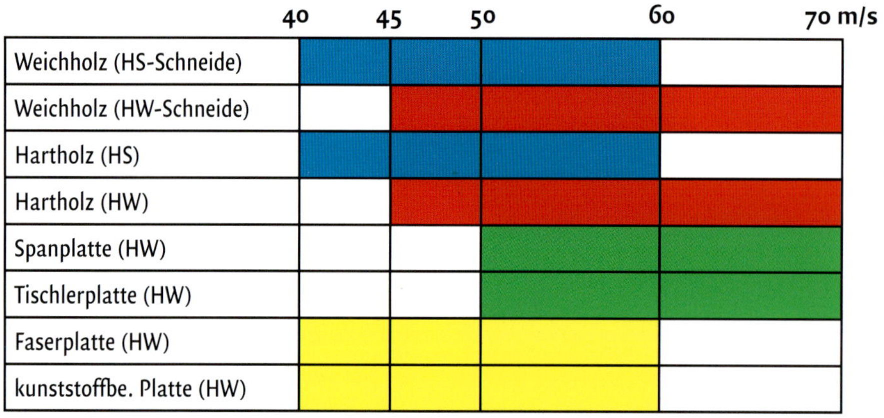

	40	45	50	60	70 m/s
Weichholz (HS-Schneide)					
Weichholz (HW-Schneide)					
Hartholz (HS)					
Hartholz (HW)					
Spanplatte (HW)					
Tischlerplatte (HW)					
Faserplatte (HW)					
kunststoffbe. Platte (HW)					

Unterscheidung nach Art der Anwendung:

1. Langsamere Schnittgeschwindigkeit 40–45 m/s bei komplizierten Fräsungen mit geringem Vorschub wie Einsetzfräsen und Schablonenfräsen.
2. Mittlere Schnittgeschwindigkeit 45–55 m/s bei einfachen, durchgehenden Fräsungen mit schnellerem Vorschub.

als die weniger robusten HS-Schneiden. Beim zu verarbeitenden Material sieht es ähnlich aus. Denn für Span- und Tischlerplatten gelten andere optimale Schnittgeschwindigkeiten, als es beispielsweise bei Hartfaser- und kunststoffbeschichteten Platten der Fall ist (s. a. Tabelle linke Seite unten). Und möchten Sie neben Holz auch NE-Metalle (z. B. Aluminium) oder Kunststoffe (z. B. Acrylglas) fräsen, dann lässt sich die optimale Drehzahleinstellung meist nur mit einer Testfräsung zweifelsfrei ermitteln.

Bei den Tests kann man sehr gut mit einer mittleren Drehzahl von etwa 16.000 U/min beginnen (z. B. Drehzahlstufe 3). Bei wärmeempfindlichen Materialien, wie beispielsweise Acrylglas, müssen Sie unbedingt zusätzlich noch auf einen konstanten und nicht zu langsamen Vorschub achten. Wenn das bei einer komplexen Werkstückform einmal nicht möglich ist, dann sollten Sie besser die Drehzahl nochmals deutlich reduzieren und mit der niedrigsten Drehzahlstufe beginnen.

Schnittgeschwindigkeit entweder präzise oder schnell im Kopf ausrechnen

1. Die genaue Formel:
Die Schnittgeschwindigkeit (V_C) in m/s können Sie nach folgender Formel berechnen (d = Fräserdurchmesser und n = Drehzahl):

$$V_C = \frac{d\ (\text{in m}) \times 3{,}14 \times n}{60}$$

Beispieldaten:
Fräser Ø d = 60 mm = 0,06 m
Drehzahl n = 16000 U/min

Rechnung:
0,06 x 3,14 x 16000 = 3014,4 diesen Wert durch 60 geteilt ergibt: **50,24** (Schnittgeschwindigkeit in m/s)

2. Die Faustformel:
Wer die Schnittgeschwindigkeit ohne Taschenrechner schnell und einfach im Kopf ausrechnen möchte, benutzt folgende Faustformel:

$$V_C = r\ (\text{in cm}) \times (n/1000)$$

Beispieldaten wie links:
Fräser Ø d = 60 mm = Radius 30 mm bzw. 3 cm
Drehzahl n = 16000 U/min geteilt durch 1000 = 16

Rechnung:
3 x 16 = 48 (Schnittgeschwindigkeit in m/s)
Dieser Wert entspricht bis auf etwa 5 % dem Wert aus der genauen Formel: 48 plus 5% (=2,4) ergibt exakt **50,4** m/s.

Fräserdurchmesser – optimale Drehzahl

In der Tabelle finden Sie ausgehend vom Fräserdurchmesser die nötige Drehzahl, mit der Sie die für Massivholz optimale Schnittgeschwindigkeit von etwa 50 m/s erreichen.

Fräserdurchmesser	Drehzahl (U/min)
30 mm	32.000
40 mm	24.000
50 mm	19.000
60 mm	16.000
70 mm	14.000
80 mm	12.000
90 mm	10.000

Und hier die passende Formel dazu:

$$n = \frac{60 \times 50\ \text{m/s}}{d\ (\text{in m}) \times 3{,}14}$$

Grau ist alle Theorie, denn in der Praxis ist es fast unmöglich die Drehzahl auf einen exakten Wert einzustellen. Viele Oberfräsen besitzen dazu nur kleine Stellräder (Pfeil), auf denen lediglich Drehzahlstufen angegeben sind. Selbst ein Skalenzeiger fehlt oft, so dass man hier die Drehzahl nur grob schätzen und einstellen kann. Das reicht in den meisten Fällen aber vollkommen aus.

5. Fräserhöhe präzise einstellen und überprüfen

Nichts ist ärgerlicher als ein falsch gefrästes Werkstück aufgrund eines dummen Mess- oder Einstellungsfehlers. Jeder weiß: Was einmal abgefräst wurde ist unwiderruflich verloren – da hilft dann auch kein Jammern. Was wirklich hilft bei der exakten Einstellung eines Fräsers, ist erstens eine präzise Verstellmöglichkeit des Fräsanschlags (s. vorherige Seiten), zweitens eine ebenso präzise Höhenverstellung der Oberfräse und drittens die Möglichkeit, diese beiden Einstellungen mit geeigneten Messhilfen auch am Fräswerkzeug ablesen zu können.

Nur wenige Oberfräsen besitzen bereits von Haus aus eine gut funktionierende Höhenverstellung von oben durch die Tischplatte. Für alle anderen Fräsen bietet sich neben einer Selbstbaulösung auch ein sogenannter Oberfräsenlift an (s. a. S. 216). Ein vernünftiger Fräslift beginnt allerdings erst bei etwa 300 Euro. Mit etwas mehr Komfort kann der Fräslift aber auch leicht über 500 Euro und mehr ausmachen. Dafür würden Sie bereits die kraftvolle und nahezu unverwüstliche Oberfräse Trend T 11 mit integrierter Höhenverstellung bekommen (s. Bild rechts). Auf keinen Fall sollten Sie zugunsten eines Fräslifts an der Qualität und Leistungsfähigkeit der Oberfräse sparen. Denn die Maschine ist und bleibt die wichtigste Komponente eines Frästisches.

Aber egal für was Sie sich letztlich entscheiden, eines dürfen Sie nie vergessen: Wenn Sie die Fräserhöhe eingestellt haben, dann

Die Trend T 11 bietet alles, was man am Frästisch wirklich benötigt: Eine große Grundplattenöffnung für Fräser mit bis zu 86 mm Durchmesser, eine exzellente Feineinstellung der Fräserhöhe direkt von oben durch die Tischplatte und einen unverwüstlichen Industriemotor mit kraftvollen 2000 Watt, der über Sanftanlauf, Konstantelektronik und einen Drehzahlbereich von 8.000 bis 20.000 U/min verfügt. Außerdem gibt es für Fräserschäfte von 6 bis 12,7 mm auch die passende Spannzange, so dass Sie nahezu jeden auf dem Weltmarkt befindlichen Fräser einspannen können.

Nur zwei Einstellelemente beeinflussen das Fräsergebnis

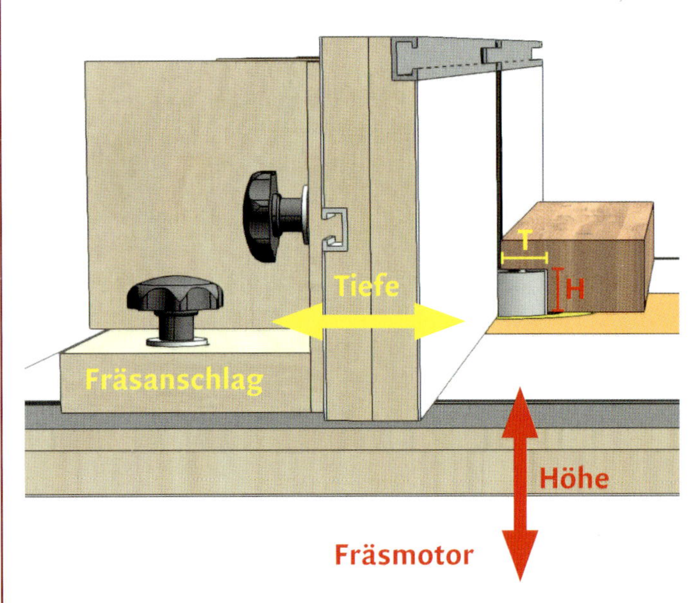

Neben dem höhenverstellbaren Fräsmotor samt eingespanntem Fräser ist der Fräsanschlag das wichtigste Einstellelement eines Frästisches. Denn alle Einstellungen zum Fräsen von geraden (!) Werkstücken werden ausschließlich über diese beiden Elemente vorgenommen. Mit der Höhenverstellung des Fräsmotors legen Sie fest, wie weit der Fräser aus dem Arbeitstisch herausragt und in welcher Höhe (roter Bereich) die Fräserschneide auf die Werkstückkante trifft. Durch Vor- und Zurückschieben des Fräsanschlags stellen Sie dann ein, wie tief (gelber Bereich) die Fräserschneide in die Werkstückkante eindringt. Der Frästisch bietet aber noch einen ganz besonderen Vorteil: Bei stirnschneidenden Fräsern ohne Kugellager (z. B. Nutfräser) können die Fräsungen und Abstände zur Kante beliebig tief sein.

müssen Sie die Einstellungsposition immer fest arretieren, sonst könnte der Fräser durch Maschinenvibrationen leicht absinken. Beim Oberfräsenlift befindet sich die Arretierung meist direkt oben neben der Höhenverstellung. Arbeitet man ohne Lift, muss man leider etwas umständlicher unter den Tisch greifen, um die Oberfräse wieder an den Säulen festzuklemmen.

Zur Überprüfung der Fräsereinstellung sollten Sie sich noch ein geeignetes Messinstrument anschaffen, oder sich eine geeignete Lösung selbst bauen. Auf der Seite 34 stelle ich Ihnen dazu den Selbstbau einer Messbrücke mit Digitalanzeige vor. Außerdem ist es immer ratsam, zur exakten Überprüfung der Fräsereinstellung noch eine Probefräsung vorzunehmen und die Maße am besten mit einem Messschieber zu überprüfen (s. Infokasten auf der nächsten Seite). Wenn Sie jedoch schon zur Einstellung der Maschine eine digitale Messbrücke eingesetzt haben, wird die Probefräsung in den allermeisten Fällen bereits dem gewünschten Ergebnis entsprechen.

Einstellung der Fräserhöhe mit einfachen Selbstbaulösungen

Extrem günstig und trotzdem äußerst präzise. Ein Scherenwagenheber (Bild links) unter der Oberfräse ist die mit Abstand einfachste und günstigste Möglichkeit eine Oberfräse samt Fräser zehntelmillimetergenau aus der Tischplatte anzuheben oder abzusenken. Wem das Gewinde bzw. die Einstellung des Wagenhebers zu „grob“ ist, der kann auch eine feinere Gewindestange (s. Bild rechts mit einem M14-Gewinde) zusammen mit einer ebenfalls sehr günstigen Selbstbaulösung einsetzen. Wichtig ist bei beiden Varianten, dass die Vorrichtung nicht direkt gegen das Kunststoffgehäuse der Oberfräse drückt. Eine einfache Holzplatte mit Schrauben, die nur auf die Schrauben im Gehäuse drücken, reicht dazu völlig aus (Pfeile).

Diese Messwerkzeuge und Messhilfen dürfen in keiner Werkstatt fehlen

Der Kombinationswinkel ist ein Tausendsassa und kann auch hervorragend zum Einstellen des Fräsers benutzt werden. Das hochpräzise Stahllineal besitzt neben einer Millimeter- auch eine Halbmillimeterskala.

Messbrücken lassen sich besser ablesen und liefern beim Ausmessen des Schneidenüberstands zur Anschlagfläche deutlich präzisere Ergebnisse. Man kann sie günstig aus Kunststoff kaufen oder aus stabilem Multiplex selbst bauen (s. S. 34).

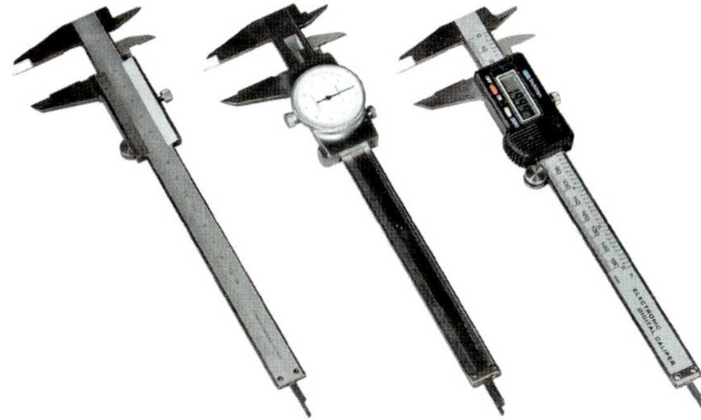

Mit dem Messschieber können Sie die Einstellungen des Fräsers direkt am gefrästen Werkstück überprüfen. Sie arbeiten je nach Modell auf den Hundertstelmillimeter genau und sind daher dem Meterstab oder Bandmaß haushoch überlegen.

Der Messschieber – eine große Hilfe bei Fräsarbeiten

Der Messschieber (auch Schieblehre genannt) ist zwar ein Universalmesswerkzeug, wird aber in den meisten Fällen zum Messen von Dicken benutzt. Er kann aber auch sehr gut für kleinere (meist bis 150 mm) Innen- und Außenmessungen sowie Tiefenmessungen eingesetzt werden (z. B. von Fälzen, Nuten und Bohrungen). Nicht so bekannt, aber dafür nicht minder hilfreich, ist die Möglichkeit der Stufenmessung. Die Genauigkeit reicht dabei je nach Modell von 0,1 bis 0,01 mm und ist dadurch vor allen Dingen zum Einstellen von Maschinen hervorragend geeignet. Im Handel werden, neben der klassischen Schieblehre mit Noniusablesung, vermehrt Schieblehren mit Digitalanzeige angeboten. Das Ablesen des Nonius bereitet nämlich nicht nur dem Einsteiger oft große Probleme. Auch für Brillenträger kann diese Ablesemöglichkeit ein großes Handicap darstellen, weil die Zahlen nur sehr klein und dadurch schlecht ablesbar sind. Die wenigsten Ableseprobleme bereiten digitale Messschieber. Hier wird das komplette Maß auf den Hundertstelmillimeter genau und schön groß im Ablesefenster dargestellt. Dadurch eignen sich diese Modelle nicht nur sehr gut für Brillenträger, sondern auch Messschieber-Neulinge werden an den digitalen Schieblehren ihre Freude haben. Ein weiterer Pluspunkt der digitalen Modelle ist aber auch, dass man sie auf jeder beliebigen Stelle auf Null justieren kann.

Vertrauen ist gut – Kontrolle ist besser: Die vier Messfunktionen einer Schieblehre

Egal, wie aufwendig Sie den Fräser vorher eingestellt haben, eine Probefräsung an einem Restholz ist unerlässlich. Auch wenn der Meterstab für viele Aufgaben völlig ausreicht, so stößt er beim Nachmessen einer Fräsung ganz schnell an seine (Ablese-) Grenzen. Mit einem digitalen Messschieber lassen sich Fräsungen nicht nur präziser abgreifen, sondern auch ablesen. Mit seinen vier Messfunktionen können Sie auch komplexe Werkstücke präzise ausmessen.

Für Außenmessungen wird das Werkstück zwischen den beweglichen und festen Messschenkel „eingeklemmt“.

Am wenigsten bekannt ist die Möglichkeit der Stufenmessung. Dazu wird der feste Messschenkel in den Falz gelegt und der darunter liegende bewegliche Schenkel gegen die Außenkante des Werkstücks geschoben.

Innenmessung

Bild oben: Bei Innenmessungen – wie beispielsweise einer Nut – werden die beiden Kreuzschnäbel in der Nut auseinandergeschoben.

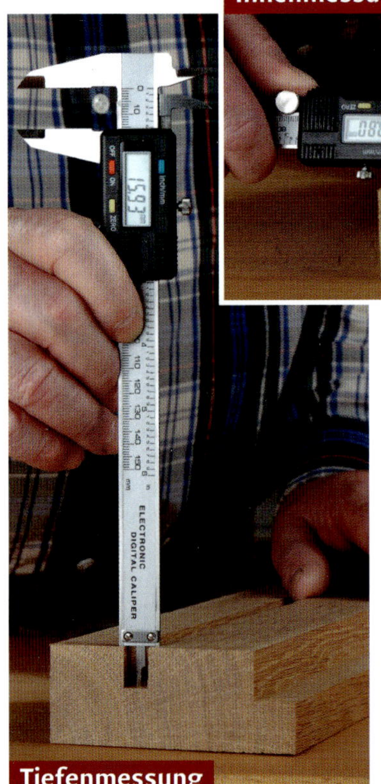

Bild links: Für eine Tiefenmessungen liegt das Schienenende auf dem Werkstück auf, während der innenliegende Tiefenmessstab (Fühler) nach unten bis zum Grund geschoben wird.

Eine digitale Messbrücke ganz einfach selbst bauen

Eine Messbrücke mit digitaler Anzeige ist nicht nur auf den Hundertstelmillimeter (!) genau, sondern diesen Hundertstelmillimeter kann man auch exakt auf der Anzeige ablesen. Vor allem für die älteren Brillenträger unter uns Holzwerkern ist dieser Ablesekomfort ein wahrer Segen. Und wer einmal mit dieser Messbrücke gearbeitet hat, will nie wieder darauf verzichten. Ein weiterer Vorteil ist, dass sich der bewegliche Teil der Messbrücke an jeder Position mit der „Zero"-Taste auf „0" stellen lässt. So wird vor jedem Messvorgang zuerst die Messbrücke auf den Maschinentisch gestellt, dann der Messstab samt Winkelstück auf die Tischfläche abgesenkt und die Zero-Taste gedrückt. So kalibriert können Sie die Messbrücke sowohl zum exakten Ausmessen der Fräserhöhe, als auch der Fräsertiefe einsetzen (s. Bilder unten).

Das wichtigste Bauteil dieser Messbrücke ist – neben der Schieblehre – ein kleines unscheinbares Winkelstück aus weichem Aluminium am Ende des beweglichen Messschenkels (s. a. Infos auf der nächsten Seite). Dieses Winkelstück stellt den Berührungspunkt zu den Fräserschneiden dar. Damit Sie die Vorzüge des Winkelstücks auch komplett ausnutzen können, sollte das Ende des Tastschenkels genau mit der rückseitigen Fläche der Messbrücke abschließen. Wenn Sie dann die Messbrücke dicht an die Anschlagfläche legen, können Sie mit dem Schenkelende genau die Schneidenhöhe ablesen, die sich exakt in der Flucht zur Anschlagfläche befindet. Das ist vor allem beim Einstellen von schrägen Schneiden (z. B. Verleimfräser) ein großer Vorteil.

Für den Bau dieser Messhilfe benötigen Sie neben einer digitalen Schieblehre (ca. 10 bis 15 Euro), einem kurzen Stück eines Aluwinkels noch ein 24 mm dickes Multiplexbrett. Achten Sie beim Kauf der Schieblehre darauf, dass sich der Batteriedeckel auf der Vorderseite direkt unter der Digitalanzeige befindet. Dann können Sie später auch problemlos den Deckel öffnen und die Batterie tauschen.

Die Bildfolge auf den nächsten Seiten wird Sie Schritt für Schritt durch den Bauprozess führen, so dass einem erfolgreichen Nachbau nichts mehr im Wege steht. Und eines ist sicher: Bereits nach dem ersten Einsatz der Messbrücke werden Sie sich fragen, wie Sie die ganze Zeit nur ohne diese Messhilfe auskommen konnten. Also worauf warten Sie noch? Bringen Sie ihre Fräsergebnisse auf das nächste (digitale) Level.

Das Einstellen von Fräshöhe und Frästiefe ist einer der wichtigsten Arbeitsschritte auf einem Frästisch. Denn hier können Sie schon vorab die Weichen für ein präzises Fräsergebnis stellen. Um sich jede Menge Frust und Ärger zu ersparen, setzen Sie dazu am besten eine digitale Messbrücke ein. Und wenn die mit einem wichtigen Detail ausgestattet ist, verlieren selbst komplizierteste Einstellsituation ihren Schrecken – versprochen!

Das entscheidende Detail zu den Kauflösungen ist der Tastschenkel

Das Herzstück der Messhilfe ist ein einfaches Winkelstück aus Alu. Um das ganze Potenzial ausnutzen zu können, sollte der lange Tastschenkel genau bis zur Tischfläche reichen bzw. dort dicht aufliegen, wenn Sie die Messbrücke flach auf den Frästisch legen. Das Ende des Schenkels unbedingt scharfkantig lassen und nicht runden, damit man auch bestimmte Teile eines komplexen Profils präzise abgreifen kann (kleines Bild).

In der Regel reicht eine „Brückenweite" von 160 mm für den Einsatz auf einem Frästisch völlig aus. Sie können aber auch problemlos die Weite bzw. den Abstand zwischen den Standfüßen erhöhen. Beachten Sie aber, dass damit auch die gesamte Messhilfe größer und unhandlicher wird. Wägen Sie daher ab, wie häufig Sie diesen größeren Messbereich auch tatsächlich benötigen. Ansonsten dürften die Maße in der Zeichnung (s. S. 37) für die meisten digitalen Schieblehren passen, lediglich die Gehäusemaße und evtl. die Messstabbreite (Nutbreite) könnten je nach Modell und Hersteller ein wenig variieren. Bei meinem Schieblehrenmodell war eine Nutbreite von 17 mm und eine Nuttiefe von 9 mm optimal. Als Plattenmaterial eignet sich am besten eine 24 mm dicke Multiplexplatte.

Der lange Tastschenkel kann nicht nur von oben, sondern auch von unten an die Fräserschneide herangeführt werden. Wenn Sie bei der ersten Messung die Zero-Taste drücken, können Sie auf diese Weise sogar die Schneidendicke ausmessen. Bei dem weichen Aluminium sind in der Regel keine Schäden an den Schneiden zu befürchten. Sie können den Tastschenkel aber auch zusätzlich noch mit einem dünnen Klebestreifen versehen.

Mit dem dünnen und langen Tastschenkel können Sie auch tief in den Fräser hinein messen. Das ist z. B. bei der Einstellung eines Verleimfräsers sehr hilfreich. Denn die genaue Werkstückmitte lässt sich bei diesem Fräser leider nicht an den Außenspitzen der einzelnen Scheiben ablesen, da sie sich im Inneren des Fräsers auf der Schneidenschräge befindet.

Und so wird die Messbrücke gebaut

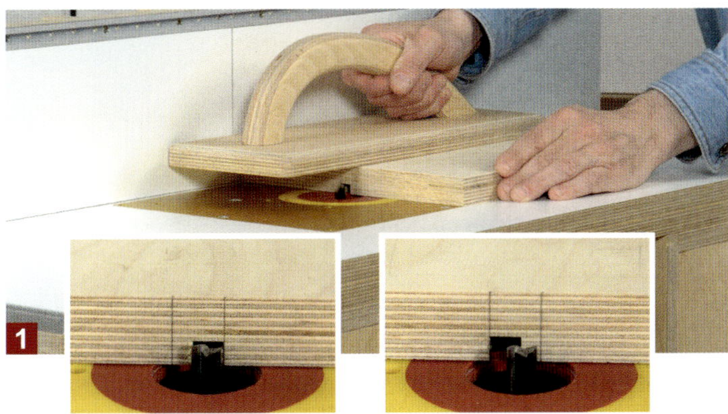
1. Frässchritt 2. Frässchritt

Fräsen Sie zuerst in das 220 x 220 mm große und 24 mm dicke Multiplexbrett genau mittig eine Nut, die etwa einen Millimeter breiter ist als der Messstab ihrer Schieblehre. Der Stab muss sich später in der Nut problemlos bewegen lassen (s. Bild re.). Bei der Nuttiefe reichen maximal 9 mm völlig aus. Dabei sollten Sie darauf achten, dass sich das Batteriefach auf der Vorderseite der Schieblehre zum späteren Batteriewechsel noch gut öffnen lässt. Die Nut fräsen Sie am besten auf einem Frästisch mit einem 10-mm-Nutfräser heraus. Fräsen Sie in zwei Etappen und drehen Sie das Brett nach der ersten Fräsung einmal um 180 Grad. So verläuft die Nut auch automatisch in der Brettmitte.

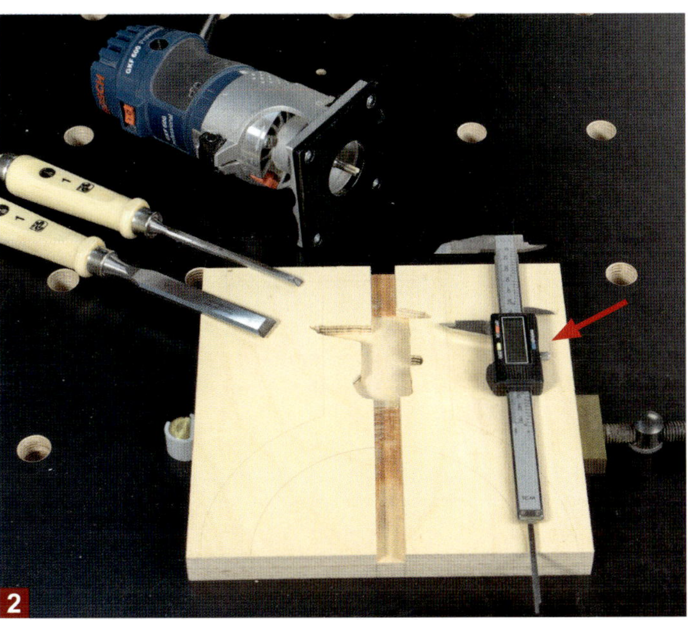

Im nächsten Schritt legen Sie die Schieblehre auf die Nut und zeichnen sich die Umrisse des Gehäuses mit der Anzeige und den beiden festen Messschnäbeln auf das Brett. Dann fräsen Sie mit einer Oberfräse und einem 6-mm-Nutfräser den Teil innerhalb der Umrisse frei Hand heraus. Den Rest arbeiten Sie am besten mit einem Stechbeitel nach. Ein klein wenig Luft ringsum zwischen Gehäuse und Aussparung sind aber kein Problem. In der Regel müssen Sie das Gehäuse (abhängig vom Modell der Schieblehre) auch etwas tiefer als die Nut heraus fräsen. Der Messstab darf aber später nicht in der Nut aufliegen. Er muss links, rechts und unterhalb der Nut noch etwas Luft haben, damit er sich jederzeit noch leicht bewegen lässt. Testen Sie das immer wieder, indem Sie die Schieblehre in die Aussparung legen. Achten Sie auch darauf, dass die Schraube (Pfeile) zur Arretierung des Messstabs komplett gelöst ist!

Der Tastwinkel wird aus einem Aluwinkel (30 x 30 mm) hergestellt. Dazu sägen Sie zuerst am Parallelanschlag der Tischkreissäge in die Stirnkante zwei kurze (etwa 30 mm) Längsschnitte (Pfeile). Wichtig: Den Parallelanschlag so einstellen, dass der längere Messschenkel später auch genau bis zur Rückseite der Messbrücke reicht. Für den kürzeren Schenkel reichen 15 mm aber völlig aus, um den Winkel später mit zwei Schrauben am Messstab zu befestigen.
Zum Schluss sägen Sie einfach ein 20 mm langes Stück vom Aluwinkel ab.

4 Erst wenn die Aussparung zur Schieblehre passt, sägen Sie mit einer Stichsäge (oder Bandsäge) die Außenform der Messbrücke aus. Die Schnittkanten glätten Sie anschließend mit einer Schleifhülse zusammen mit einer im Bohrständer eingespannten Bohrmaschine. Zum Schluss werden alle Kanten noch mit einem Abrundfräser (max. R=5 mm) entschärft.

5 Der dünne schmale Tiefenmessstab wird bei der Messbrücke nicht benötigt und würde sogar stören. Aus diesem Grund wird der Stab komplett herausgefahren, in einen Schraubstock eingeklemmt und mit einer Eisensäge abgesägt. Bei der Gelegenheit sollten Sie dann auch die spitzen Messschenkel und Kreuzschnäbel mit einer Feile runden, damit man sich daran nicht verletzen kann.

6 Am Ende des Messstabs befindet sich die Auszugsperre, die verhindert, dass man das Gehäuse samt Anzeige vom Stab abziehen kann. Schrauben Sie die Sperre ab und nutzen Sie die Schrauben und das hintere Teil mit den beiden passenden Gewinden, um daran das Winkelstück aus Alu zu befestigen. Das vordere Teil (Pfeil) wird nicht mehr benötigt. Da Schieblehren in aller Regel gehärtet sind, ist es recht schwierig die Löcher im Stab aufzubohren, um größere Schrauben einsetzen zu können.

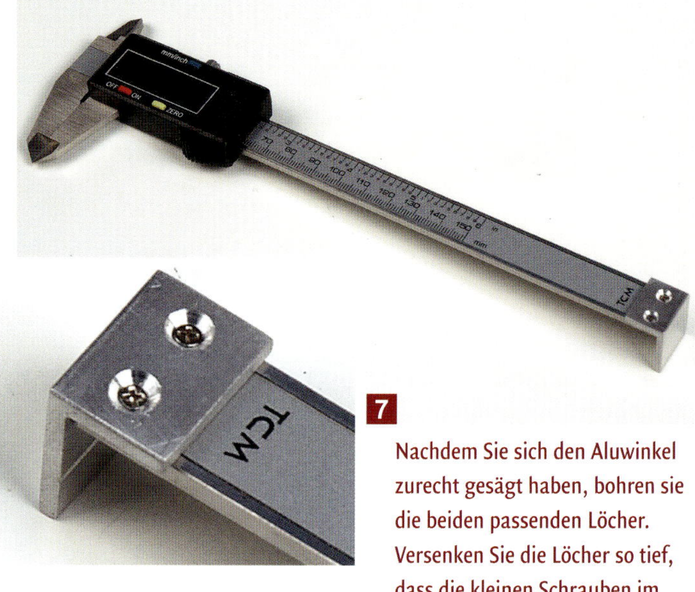

7 Nachdem Sie sich den Aluwinkel zurecht gesägt haben, bohren sie die beiden passenden Löcher. Versenken Sie die Löcher so tief, dass die kleinen Schrauben im hinteren Gewindeteil noch gut greifen und den Aluwinkel vernünftig fixieren.

8

Schneiden Sie als nächstes einen Streifen doppelseitiges Klebeband ab und kleben Sie es auf die Rückseite des Gehäuses auf. Dieses Klebeband gibt es auch in extra stark klebend und ist für unsere Zwecke am besten geeignet. Denn das Gehäuse muss später fest in der Aussparung sitzen und darf sich dort nicht bewegen, sonst sind keine genauen Messungen möglich!

9

Im letzten Schritt legen Sie die Schieblehre mit dem Klebeband vorsichtig in die Aussparung, aber noch nicht mit dem Klebeband am Holz anliegend! Halten Sie die Schieblehre dabei an den Enden fest und versuchen Sie sie gleichmäßig in der Aussparung und Nut auszurichten, bevor Sie dann endgültig Druck auf das Gehäuse und das Klebeband geben. Eine Korrektur ist bei einem extra starken Klebeband nicht mehr möglich!

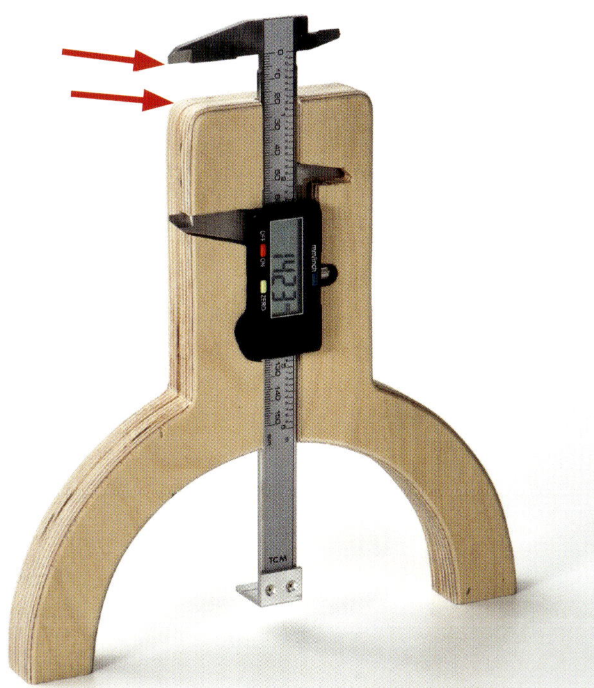

Wenn Sie den Messstab samt Aluwinkel auf die Tischfläche absenken, sollte zwischen dem oberen Anschlagschenkel (Pfeil) und der oberen Brettkante (Pfeil) noch etwas Luft bleiben. Beachten Sie das unbedingt, wenn Sie die Schieblehre ohne Klebeband zur Probe einmal in die Aussparung legen.

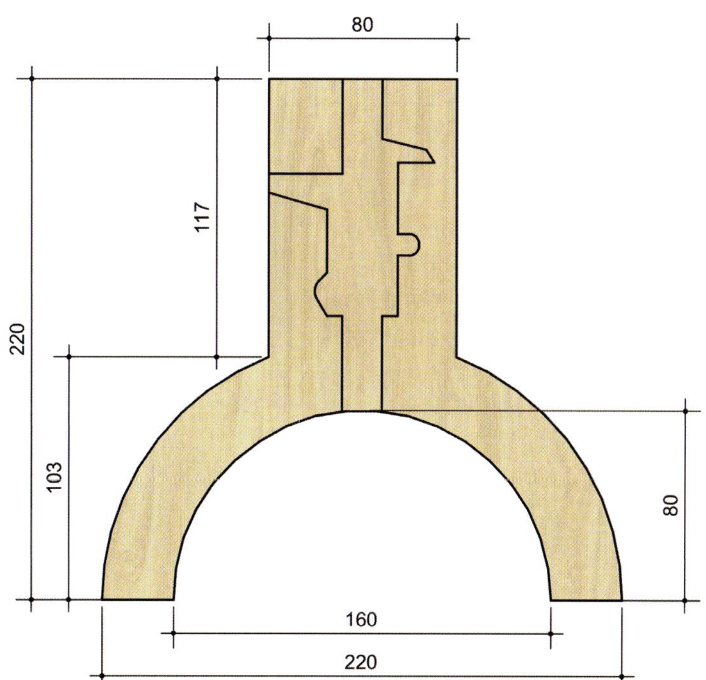

Sollte nämlich kein Spalt bleiben und der Anschlagschenkel bereits auf der Brettkante aufliegen, brauchen Sie das Brett im oberen Bereich nur etwas zu kürzen und schon ist das Problem erledigt. Mit einer festgeklebten Schieblehre ist das leider nicht mehr möglich.

6. Werkstücke präzise und sicher führen

Ein wirklich entspanntes und sicheres Gefühl beim Fräsen bekommen Sie nur, wenn die Hände erst gar nicht in den Gefahrenbereich des Fräsers gelangen können. Und hier kommen die sogenannten Andruckvorrichtungen ins Spiel. Sie klemmen das Werkstück quasi ein und drücken es nicht nur fest auf den Maschinentisch, sondern auch gleichzeitig dicht an den Fräsanschlag. Um diese Arbeit müssen Sie sich also nicht mehr kümmern und Sie können sich ganz und gar auf das gleichmäßige Vorschieben des Werkstücks konzentrieren – mehr nicht! Außerdem wird der gesamte vordere Fräserbereich (der mit den messerscharfen Schneiden) von der Andruckvorrichtung komplett verdeckt. Und wenn etwas verdeckt ist, dann kann man da auch nicht mehr mit den Händen bzw. Fingern reinkommen. Das leuchtet ein und Sie werden sich jetzt sicher fragen: Ist die Lösung denn wirklich so einfach, um sicher und gefahrlos auf einem Frästisch zu arbeiten? Meine Antwort, kurz und knapp: Ja! Und ergänzend möchte ich noch einen Satz hinzufügen: Eine Andruckvorrichtung macht die Arbeit nicht nur sicherer, sondern sie wird damit auch präziser und gleichmäßiger. Und das bedeutet konkret: Sie müssen weniger nacharbeiten.

Wenn Ihr Frästisch also noch nicht über eine solche Andruckvorrichtung verfügt, dann sollten Sie das als Erstes unbedingt noch nachrüsten. Der Handel bietet dazu bereits fertige Andruckfedern ab etwa 20 Euro pro Stück an, die auch als Rückschlagsicherung fungieren. Einige sehr interessante Modelle stelle ich Ihnen auf der übernächsten Seite noch ausführlicher vor. Trotzdem empfehle ich Ihnen für den Druck von oben auf die Tischfläche in jedem Fall noch einen Andruckbogen oder die auf der rechten Seite unten abgebildete Andruckvorrichtung. Die können Sie sich für gerade mal 5 Euro Materialkosten ganz leicht aus Hartholz (z. B. Buche) selbst herstellen und dann auch problemlos beim Einsetzfräsen verwenden.

Dieses Trio aus Andruckbögen und -federn deckt nahezu alle Anwendungen ab. Die Herstellung ist recht einfach und die Kosten sind sehr gering. Gemessen an den Funktionen und den Ergebnissen, die Sie damit erzielen können, ist das Ganze ein wahres Schnäppchen und sollte nirgends fehlen!

Wichtig: Kein Druck auf den Fräserbereich! Andruckvorrichtungen sollten Sie immer so platzieren, dass sie vor und hinter dem Fräser Druck ausüben. Vor allem bei dünnen und schmalen Werkstücken sollte der Druck weder seitlich auf die Lücke zwischen den Anschlagbacken noch von oben direkt auf den Fräser erfolgen. Aus diesem Grund liegen auch die Druckpunkte des Andruckbogens etwa 100 mm auseinander. Stellen Sie den Anpressdruck nur so hoch ein, dass sich das Werkstück noch bequem schieben lässt.

Deutlich schneller und komfortabler als jede Andruckfeder lässt sich ein solcher klappbarer Frässchutz mit Andruckvorrichtung einstellen. Mit etwas Übung sind beide Druckmodule in knapp einer Minute komplett auf Werkstückbreite und -stärke eingestellt. Die passende Bauanleitung dazu finden Sie ab Seite 256. **Mein Tipp: Unbedingt nachbauen!** Es gibt mit Sicherheit keine bessere Andruckvorrichtung auf dem Markt!

Einsatz von Andruckbogen und Andruckfeder

Nachdem Sie den Fräser eingestellt haben, befestigen Sie zuerst den oberen Andruckbogen am Fräsanschlag. Mit zwei gleich dicken Holzleisten geht die Einstellung besonders einfach.

Erst danach schieben Sie die Andruckfeder gegen die beiden Holzleisten. Die Holzleisten dabei nur bis zur ersten bzw. letzten Feder einschieben. Diese Federn sollen sich jetzt nur leicht biegen (s. kleine Bilder).

Die Leiste wird nun fest von den Andruckvorrichtungen eingeklemmt und obwohl ein großer Falz herausgefräst wird, müssen Sie nicht befürchten, dass das Werkstück abkippen könnte. Selbst von der fertig gefrästen Winkelleiste könnten Sie auf diese Weise noch einen „kleinen Hauch" abfräsen.

Zum Einsetzfräsen braucht es eine Anlaufkante

Beim Einsetzfräsen ist es wichtig, dass sich die Andruckvorrichtung beim Einschwenken des Werkstücks in den Fräser automatisch und ohne weiteres Handanlegen nach oben bewegt. Das erreichen Sie beispielsweise bei dieser Andruckvorrichtung mit einer 45° schrägen „Anlaufkante" (s. Bild 1 + 2). Diese schräge Kante wirkt quasi wie eine Rampe und wird vom Werkstück automatisch angehoben. Auch ein Andruckbogen mit angeschrägten oder gerundeten Druckkanten bietet den gleichen Effekt. Andruckfedern sind zum Einsetzfräsen völlig ungeeignet und sollten nicht verwendet werden.

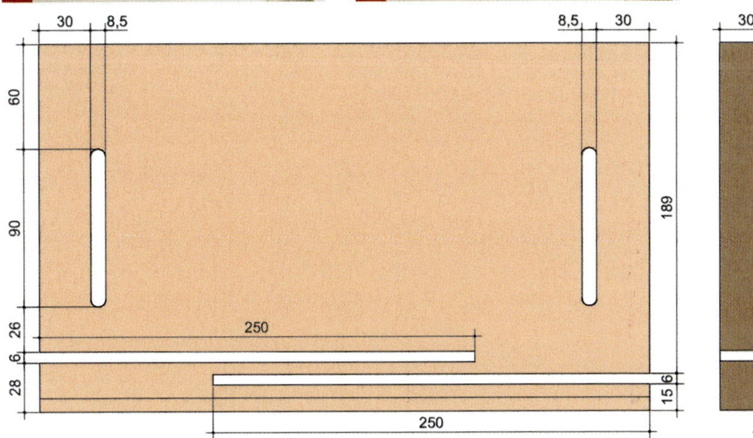

Interessante kommerzielle Andruckvorrichtungen

Wenn Sie sich für eine Kauflösung entscheiden, dann sollte ihr Frästisch auch über eine geeignete Befestigungsmöglichkeit verfügen, um die Federkämme schnell, sicher und bombenfest in der gewünschten Position zu montieren. Dazu befinden sich fast immer zwei Montagemöglichkeiten im Lieferumfang: Erstens zwei Hammerkopfschrauben zum Einsatz in T-Nutschienen am Fräsanschlag (s. Bild 1) und zweitens eine Klemmschiene, die man in der Tischnut einsetzen kann, in der auch der Queranschlag läuft (s. Bild 1, 2 und 3).

Die meisten Federkämme werden auch im Doppelpack mit einem Distanz- bzw. Zwischenstück angeboten. Da man sowieso mehr als einen Federkamm benötigt, spart man hier ein paar Euro und hat gleich einen perfekten Kippschutz bei hohen Werkstücken (s. Bild 2).

1 Um eine Winkelleiste perfekt und sicher zu falzen, benötigen Sie zwei Federn auf der Tischfläche und zwei am Fräsanschlag (für eine bessere Sicht auf den Fräser wurde hier eine entfernt). Zudem müssen Sie die vier Andruckfedern mit ihren Federspitzen immer einigermaßen parallel zur Andruckfläche einstellen. Einmal eingeschoben, halten ...

2 ... die um 60° schräg nach vorne zeigenden Andruckfedern das Werkstück sicher gegen Rückschläge fest. Es kann dann ausschließlich nach vorne weitergeschoben werden. Um hohe Werkstücke sicher am Anschlag vorbei zu führen, können auch zwei Federkämme mit einem Distanzstück übereinander angeordnet werden.

3 Die Klemmschiene passt in jede etwa 19 mm breite und 10 mm tiefe Nut. Eine solche Nut können Sie natürlich auch in ihren Fräsanschlag einfräsen und dort den Federkamm sicher mit der Klemmschiene befestigen. Sie können den Federkamm in der Nut dann genauso wie bei einer T-Nutschiene vor und zurück sowie in der Höhe verstellen.

Die Alternative zu Plastikfedern: Ein flexibler, lasergeschnittener Schaumstoff mit Top-Rückschlagschutz

Mit etwa 35 Euro für die Einzelversion und knapp 70 Euro für die Doppelpackung mit Distanzstück belegen diese Druckkämme der Fa. BOW-Products ganz klar das obere Preissegment. Sie besitzen keine Plastikfedern, sondern auswechselbare flexible Kämme aus zwei unterschiedlich harten Schaumstoffkernen. Dieses Material soll laut Hersteller die Rückschlaggefahr gegenüber Plastikfedern um das Fünffache verringern. Die lasergeschnittenen Hartschaumfedern sollen zudem die Vibrationen auf das Werkstück besser abfedern. Was mich aber auf jeden Fall begeistert hat: Das Einstellen und Dosieren des Anpressdrucks gestaltet sich deutlich einfacher als bei den Modellen mit Plastikfedern. Auch der Widerstand beim Vorschieben des Werkstücks ist geringer und macht das Arbeiten angenehmer.

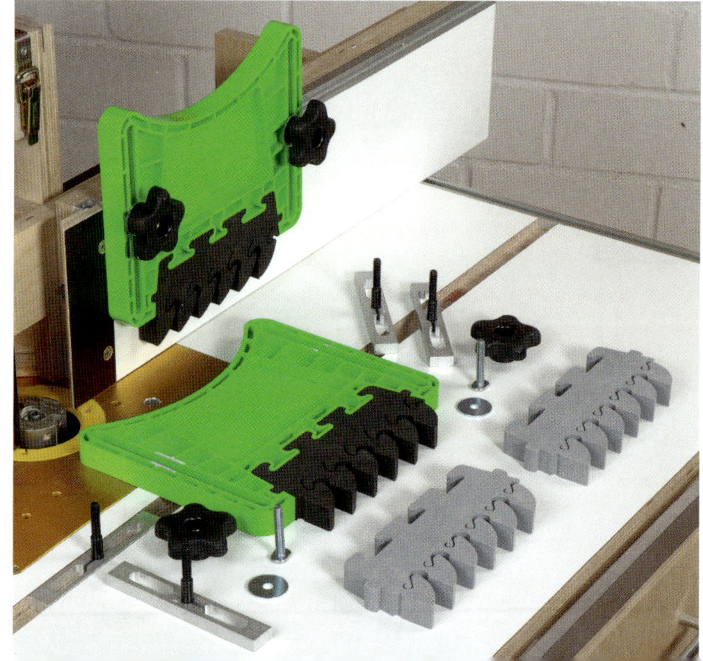

Die Federspitzen besitzen eine ausgeklügelte Schnittform. Der Freiraum zwischen den einzelnen Federn ist so gewählt, dass sie sich bei einem Rückschlag (rote Pfeilrichtung) gegenseitig abstützen. So erreicht man trotz der hohen Flexibilität des Schaumstoffkerns einen höheren Rückschlagschutz als es bei Plastikfedern der Fall ist. Einen etwa doppelt so hohen Rückschlagschutz halte ich hier für realistisch. Sie müssen also erst gar nicht so viel Druck auf die Federn geben, um einen wirkungsvollen Rückschlagschutz zu erhalten, wie man es beispielsweise von Plastik- oder Holzfedern gewohnt ist.

Das Beste an dem gesamten Konzept sind die austauschbaren Schaumstofffedern. Dazu wird neben dem schwarzen Standardkamm auch noch ein weicherer, flexibler grauer Kamm (Ultralight) angeboten, der vor allem beim Doppelpack-Kamm zum Einsatz kommt. Falls Sie also mal in den Schaumstoff reinfräsen, müssen Sie lediglich einen Ersatzkamm im Zweierpack für knapp 20 Euro kaufen. Außerdem sind angesichts des weichen Schaumstoffes keinerlei Beschädigungen am Fräswerkzeug zu befürchten. Der lasergeschnittene Kamm passt perfekt und ist in Sekundenschnelle gewechselt.

Im Lieferumfang sind passende Hammerkopfschrauben, mit denen man die Druckkämme blitzschnell in nahezu jede T-Nutschiene – auch die beliebten mit 8 mm Innenmaß – sicher befestigen kann. Damit sich die Druckkämme auch flach auf der Tischfläche fixieren lassen, sind noch spezielle Klemmschienen enthalten für 19 mm breite Tischnuten. In meiner 19,5 mm breiten Tischnut funktionierten die Klemmschienen ebenfalls.

Über die langen, gerade verlaufenden Langlöcher können Sie den Anpressdruck sehr bequem einstellen und auch recht feinfühlig dosieren: Einfach das Werkstück unter die Schaumstofffedern legen, den Druckkamm leicht andrücken und mit den beiden Sterngriffen fixieren – fertig. Aufgrund der Größe können Sie diese Druckkämme auch bei sehr hohen Anschlagbacken von bis zu 200 mm noch sicher in den T-Nutschienen befestigen.

Die Schaumstoff-Druckkämme können auch sehr gut zusammen mit herkömmlichen Plastikfeder-Druckkämmen eingesetzt werden. Das spart erhebliche Kosten und man genießt trotzdem die Vorteile der Schaumstofffedern. Wichtig ist nur, dass man die Druckkämme immer paarweise einsetzt. Also entweder beide Schaumstoffkämme horizontal oder vertikal, aber nicht gemischt in einer Reihe mit den Plastikfeder-Druckkämmen.

Andruckrollen mit integriertem Rückschlagschutz

Wenn Sie eine Andruckvorrichtung suchen, die das Werkstück nicht nur auf die Tischfläche, sondern auch gleichzeitig dicht an den Fräsanschlag drückt, dann sollten Sie sich die „Clear Cut Stock Guides" der kanadischen Fa. JessEm einmal genauer anschauen (erhältlich bei www.feinewerkzeuge.de). Auch wenn der Kaufpreis von etwa 110 Euro (Stand 2021) für die beiden Andruckrollen erst einmal für Schnappatmung sorgt, darf man nicht vergessen, dass diese beiden Rollen gleich die Arbeit von vier Andruckfedern übernehmen. Und die können je nach Hersteller und Qualität auch schon locker über 80 Euro ausmachen. Dafür sind die beiden Andruckrollen deutlich schneller und einfacher einzustellen als vier Andruckfedern. Aber auch die Verarbeitungsqualität der massiven Bauteile ist wirklich beeindruckend. Die schwarzen Rollenhalter sind aus gefrästem Aluminium hergestellt, die Rollen aus gehärtetem Stahl und die Einstellschrauben aus Edelstahl. Die Reibringe auf den Rollen sind aus strapazierfähigem Urethan gegossen und bieten einen sehr guten Halt auf nahezu jeder Oberfläche, egal ob rau, staubig oder spiegelglatt.

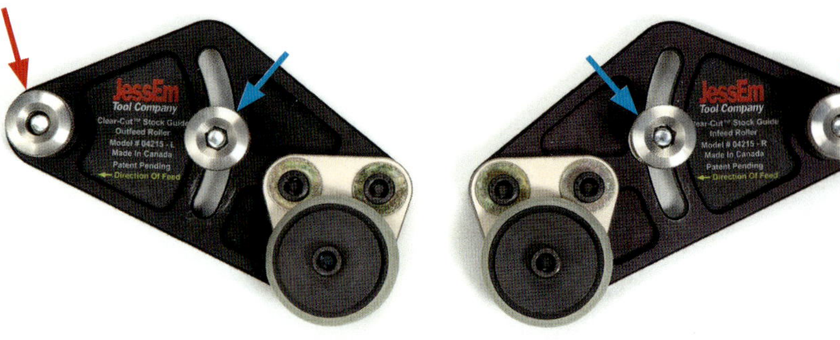

Es gibt eine rechte Einlaufrolle und eine linke Auslaufrolle. Das dürfen Sie bei der Montage nicht verwechseln, weil sich nur dann das Werkstück unter den Rollen einschieben lässt und es auch automatisch an den Anschlag gedrückt wird. Beide Andruckrollen müssen also immer zueinander zeigen, dadurch kann man sie auch sehr nah am Frägsgeschehen platzieren. Die Arretierung erfolgt mit der äußeren Achsschraube (roter Pfeil) und die Höheneinstellung durch das gebogene Langloch mithilfe der Klemmschraube (blauer Pfeil).

Funktionsweise und Einsatz der Andruckrollen

1 Die Andruckrollen lassen sich mit den rückseitigen Sechskantschrauben in allen T-Nuten mit einem Innenmaß ab 6,35 mm (1/4 Zoll) bis etwa 7 mm befestigen. Sind die Nuten breiter wie beispielsweise bei den beliebten T-Nutschienen mit 8 mm Innenmaß, finden die Schraubenköpfe leider keinen Halt und drehen durch. Die Andruckrollen können über das bogenförmige Langloch in der Höhe um bis zu 70 mm verstellt werden. Die optimale Montagehöhe von der Frästischfläche bis zur Mitte der T-Nutschiene beträgt etwa 85 mm. Damit lassen sich dann bis zu 70 mm dicke Werkstücke unter den Rollen durchschieben. Für Fräsanschläge ohne T- Nutschienen bietet der Hersteller auch einen separaten Montagesatz aus Metallplatte und passenden Schrauben an.

2 Die Rollen lassen nur einen Werkstücktransport nach vorne zu. Ein Zurückschlagen des Werkstücks ist somit ausgeschlossen. Außerdem laufen die Rollen nicht parallel zur Anschlagfläche, sondern in einer Schräge von etwa 5°. Dadurch wird das Werkstück immer dicht an den Anschlag gezogen und gehalten. Die Rollen werden mit einem Abstand von etwa 3 cm zum Fräser positioniert und mit der Achsschraube arretiert. Zum Einstellen der Werkstückdicke sollten Sie den Fräser zuerst einmal komplett absenken. Danach platzieren Sie das Werkstück unter den Rollen und geben von oben den gewünschten Druck auf die Rollen. Zum Schluss ziehen Sie dann nur noch die Klemmschraube fest.

3

Damit sich die Klemmschraube bei längeren Fräsarbeiten nicht löst, können Sie dort einen 1/4 Zoll (6,35) Sechskantschlüssel (im Lieferumfang) einstecken und nochmals mit Kraft nachziehen. Das hält dann bombenfest!

4

Das Werkstück schieben Sie dann im nächsten Schritt komplett nach vorne unter den Rollen heraus. Da sich die Rollen nur in eine Richtung (der Vorschubrichtung) bewegen lassen, ist ein Zurückziehen des Werkstücks nicht möglich.

5

Jetzt erst heben Sie den Fräser aus der Tischplatte heraus und stellen die gewünschte Fräserhöhe ein (z. B. mit einem simplen Winkelbrett mit aufgeklebter Maßskala). Das wars auch schon und Sie können die Werkstücke ...

6

... (hier Schrankböden) sicher und absolut präzise nuten. Dabei halten die beiden Rollen die Platte nicht nur auf dem Tisch, sondern auch automatisch dicht am Fräsanschlag. Eine tolle und absolut ausgereifte Andrucklösung!

7

Die Andruckrollen sind auch bei schmalen Werkstücken eine große Hilfe. Denn die lassen sich jetzt auch problemlos mit einem einfachen Schiebestock nach vorne am Fräser vorbei schieben. Dabei sind nicht nur ihre Hände gut geschützt, sondern Sie müssen sich auch keine Gedanken darüber machen, ob das Werkstück immer dicht am Fräsanschlag anliegt. Fehlfräsungen sind auf diese Weise so gut wie ausgeschlossen.

8

Noch bequemer als der Schiebestock ist ein solches Schiebeholz mit Wechselgriff. Das kann flach auf dem Tisch aufliegen und besitzt am Stirnende noch eine Ausklinkung für das Werkstück. Absolut simpel und super genial!

Arbeitsregeln und Sicherheitstipps zum Frästisch auf einen Blick

1. Zu ihrem persönlichen Schutz: Tragen Sie bei der Maschinenarbeit keine Ringe, Uhren oder sonstigen Schmuck. Tragen Sie eng anliegende Kleidung und binden Sie lange Haare zusammen. Bei der Arbeit an Maschinen mit drehenden Werkzeugen auf keinen Fall Handschuhe tragen. Tragen Sie bei der Maschinenarbeit stets einen Gehörschutz.
2. Alle Schutzeinrichtungen und Hilfsmittel (z. B. Schiebestock oder sonstige Zuführhilfen) sollten sich stets griffbereit an der Maschine befinden.
3. Behandeln Sie die Werkzeugaufnahme der Oberfräse (Spannzange und Überwurfmutter) sowie die Fräser (Schaft und Schneiden) stets vorsichtig und sorgfältig. Nicht fallen lassen und nie direkt auf eine harte Metallfläche, sondern nur auf eine weiche Unterlage (z. B. Holz, Pappe oder Karton) ablegen.
4. Nutzen Sie zwischen Spannzange, Überwurfmutter und Fräserschaft keine weiteren Bauteile wie beispielsweise Fräserschaftverlängerungen oder Reduzierhülsen aller Art! Das kann nicht nur gefährlich sein, sondern auch die Lager der Oberfräse stark belasten.
5. Setzen Sie ausschließlich Fräser ein, auf denen der Hersteller (Kürzel), die Höchstdrehzahl, der Schneidenwerkstoff, die Werkzeugabmessungen sowie die Bezeichnung MAN (bei älteren Fräsern auch BG-Test) angegeben sind.
6. Vor dem Einspannen des Fräsers die Schneiden und den Fräskörper auf Beschädigungen und Risse untersuchen. Um eine Unwucht zu vermeiden, dürfen Fräser mit ausgebrochenen Schneiden nicht mehr verwendet werden. Stumpfe Fräserschneiden rechtzeitig von einem professionellen Schärfdienst nachschärfen lassen. Verharzte Fräser können selbst mit einem Harzlöser gesäubert werden. Bei Fräskörpern aus Leichtmetall (Aluminium) unbedingt vorher prüfen, ob der Harzlöser dafür geeignet ist (notfalls direkt beim Hersteller nachfragen).
7. Stellen Sie die Drehzahl an der Oberfräse passend zum Werkzeugdurchmesser, der Schneidenqualität (HW oder HS) und dem zu bearbeitenden Werkstoff ein. Dabei darf die auf dem Fräserschaft angegebene Höchstdrehzahl nicht überschritten werden, sonst besteht eine erhöhte Bruchgefahr.
8. Passen Sie die Fräseröffnung im Frästisch durch Einlegeringe dem Fräserdurchmesser an. Das erhöht die Sicherheit und verbessert die Absaugleistung.
9. Die Anschlagbacken möglichst dicht an den Schneidenflugkreis heranführen und gut arretieren. Kurze Werkstücke und schmale Stirnflächen immer mit einer durchgehenden Anschlagfläche (z. B. Vorsatzbrett) und einem Winkelbrett oder Queranschlag bearbeiten.
10. Stellen Sie die Fräserhöhe und die Frästiefe nur im Stillstand der Oberfräse ein. Auch Reinigungs- und Wartungsarbeiten nur im Stillstand durchführen, hier unbedingt zusätzlich noch den Netzstecker ziehen.
11. Führen Sie das Werkstück ausschließlich im Gegenlauf den Fräserschneiden zu. Das Gleichlauffräsen ist auf einem Frästisch ausnahmslos verboten!
12. Bei allen Fräsarbeiten (auch bei Probefräsungen!) stets mit Fräserschutz und Andruckvorrichtungen arbeiten.
13. Bei großen Werkstücken, die weit über den Maschinentisch vorstehen, unbedingt fest am Maschinentisch arretierbare Tischverlängerungen einsetzen (keine frei stehenden Rollenböcke oder ähnliches benutzen).

Die wichtigsten Fräswerkzeuge für den Frästisch

Selbst wenn Sie sich den besten Frästisch mit allem nur erdenklichen Zubehör anschaffen, darauf aber minderwertige oder gar stumpfe Fräser einsetzen, dann wird auch das Fräsergebnis miserabel ausfallen. Viel wichtiger als der Frästisch samt Maschine ist immer das Fräswerkzeug, das Sie darin benutzen. Dieser Grundsatz trifft übrigens auf alle Maschinen und handgeführte Elektrowerkzeuge zu. Das soll jetzt aber auch nicht bedeuten, dass Sie mit der billigsten „Importoberfräse" aus Fernost zusammen mit einem hochwertigen und teuren Fräser automatisch perfekte Fräsergebnisse erzielen können. Natürlich muss auch die Maschine selbst über gewisse Qualitätsstandards verfügen. Und damit das Budget sowohl für eine solide ausgestattete Markenoberfräse, als auch für hochwertige Fräswerkzeuge reicht, zeige ich Ihnen auf den folgenden Seiten, welche Fräswerkzeuge auf jeden Fall zur Grundausstattung eines Frästisches gehören. Später in den Anwendungen stelle ich Ihnen aber noch viele weitere interessante Fräser ausführlich vor. Und die sollten Sie sich erst dann kaufen, wenn Sie auch tatsächlich Bedarf haben.

1. Falzkopf mit Wendeplatten (Wechselschneiden)

Mit diesem Falzkopf können Sie nicht nur (wie der Name schon sagt) einen Falz (L-förmige Vertiefung) in eine Werkstückkante fräsen, sondern beispielsweise auch die Kanten von kunststoffbeschichteten Spanplatten sauber und ohne jeden Ausriss feinfräsen (fügen s. S. 84)). Auch überstehende Massivholzanleimer lassen sich mit dem Falzkopf im Nu perfekt bündig zur Plattenfläche abfräsen (s. S. 86). Sogar zum Schablonenfräsen bzw. Kopieren von geschwungenen Werkstückformen können Sie diesen Falzfräser einsetzen (s. S. 152). Und zum Anfräsen von Zapfen gibt es ehrlich gesagt nichts besseres (s. S. 174). Kurzum ein Tausendsassa, der bei mir fast täglich zum Einsatz kommt und daher ganz oben als erstes auf der Einkaufsliste stehen sollte.

Die Fa. Festool bietet bereits seit mehr als 15 Jahren einen solchen Falzkopf speziell für die eigenen Oberfräsen an. Dazu sind zwei unterschiedliche Aufnahmespindeln erhältlich: Eine für die großen 12-mm-Schaftoberfräsen (OF 1400, OF2000 und OF 2200) und eine für die kleine 8-mm-Fräse (OF 1010). Obwohl der Messerkopf aus leichtem Aluminium gefertigt ist, halte ich den Einsatz auf einer 1000-Watt-Fräse für eher grenzwertig. Erst bei Fräsen ab 1400 Watt und 12-mm-Spannzange haben Sie genügend Leistung und vor allem Laufruhe, um die Vorzüge des Falzkopfes auch auszunutzen. Das sind vor allem eine hohe Spanabnahme gepaart mit einem extrem sauberen Fräsergebnis. Und dass ein solches Frässystem nur stationär in einem Frästisch betrieben werden darf, spricht ebenfalls für eine leistungsstarke Oberfräse.

Da die Festool-Aufnahmespindel über eine eigene Spannzange (hier ein Konus) samt Überwurfmutter (Konusmutter) verfügt, müssen Sie zur Montage der Spindel zuerst die zur Oberfräse mitgelieferte Spannzange und Überwurfmutter entfernen. Anschließend drehen Sie die Spindel auf die Motorwelle und ziehen die Überwurfmutter mit einem 22er-Maulschlüssel fest. Auf diese

Der Falzkopf besteht aus zwei Teilen: 1. dem Messerkopf mit Wechselschneiden (Falzkopf FK D50X30 Best. Nr. 489284) und 2. der Aufnahmespindel für 12er-Schaftoberfräsen (Frässpindel ASL20/OF 1400-OF2000 Best. Nr. 490131). Die passenden Wendeplatten haben folgende Maße: 30 X 12 X 1,5 mm; Z=4.

Auch wenn Sie keine Festool Oberfräse besitzen, kann es durchaus sein, dass Sie die Spindel montieren können. Dazu muss die Spannzange der Oberfräse (rechts im Bild) lediglich die gleiche Größe (Durchmesser und Schräge) haben, wie der Konus der Spindel (links im Bild). Auch das Innengewinde der Überwurfmutter der Oberfräse muss mit dem Innengewinde der Konusmutter identisch sein.

Weise bilden Motorwelle und Spindel eine Einheit und sind wirklich bombenfest miteinander verbunden. Dadurch ist die Festool-Spindel in Punkto Stabilität, Rundlaufgenauigkeit und Laufruhe unübertroffen. Zum Schluss stecken Sie dann noch den Messerkopf auf die Spindel und arretieren ihn mit Unterlegscheibe und Innensechskantschraube.

Die Festool-Aufnahmespindel passt aber auch auf viele Oberfräsen anderer Hersteller wie beispielsweise der Bosch (GOF1300ACE; 1700ACE), Casals (CT2000VCE; CT2200VCE; CT3000VCE), CMT (CMT1E; CMT2E), DeWalt (DW624; 625EK; 626; 629), Elu (MOF131; MOF177), Felisatti R346EC, Festool (OF 1400, 2000, 2200), Freud (FT2000; FT3000), Metabo OFE1812, Trend (T10; T11) und sogar dem Suhner Fräsmotor UAL 23 RF. Auf allen anderen leistungsfähigen Oberfräsen, die zumindest über eine 12-mm-Spannzange verfügen, können Sie aber problemlos den Falzkopf samt 12-mm-Spindel der Firma Klein einsetzen (s. Infokasten unten). Doch Vorsicht: Auch wenn der blaue Klein-Falzkopf dem silbernen Festool-Falzkopf sehr ähnlich sieht, sollten Sie die Komponenten (Falzkopf und Spindel) niemals untereinander tauschen!

Dieser Falzfräser mit Wendeplatten ist aus stabilem (aber auch schwerem!) Stahl gefertigt und besitzt am oberen Ende ein Kugellager, das mit einer leichten Aluminiumhülse bestückt ist. Die Aluhülsen gibt es zum Wechseln in 16 (!) verschiedenen Durchmessern. Mit dem kleinsten Durchmesser (12,7 mm) erreichen Sie eine maximale Falztiefe von 19 mm und mit der 50,8 mm Aluhülse können Sie diesen Falzfräser (Ø 50,8 mm) auch als Bündigfräser einsetzen (Hersteller: CMT Art.Nr. 660.990.11 – Mehr Infos unter: www.AKE.de).

Falzkopf mit 12-mm-Schaft-Aufnahmespindel

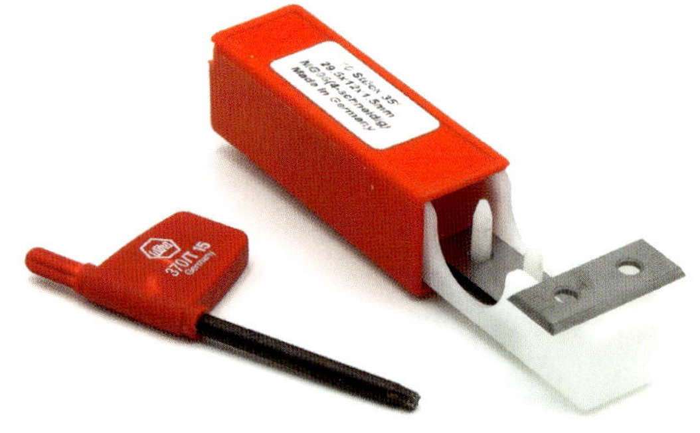

Die italienische Firma Sistemi Klein bietet seit ein paar Jahren einen fast identischen Falzkopf an, mit einer Spindel (links im Bild), die in jede Oberfräse mit 12-mm-Spannzange passt. Das ist ein wahrer Segen, denn so kommen wirklich alle Frästischbesitzer in den Genuss eines leistungsfähigen und vielseitig einsetzbaren Falzfräsers. Wenn also die Festool-Spindel nicht auf Ihre Oberfräse passt, dann können Sie beruhigt zum Falzkopf samt Spindel der Fa. Klein greifen. Und ganz wichtig: Nutzen Sie in der Klein-Aufnahmespindel ausschließlich den passenden blauen Klein-Falzkopf und nicht den Festool-Falzkopf. Lediglich die Wendeplatten (rechts im Bild) sind bei beiden Falzköpfen absolut identisch. Hier lohnt es sich gleich einen Zehnerpack zu kaufen. Achten Sie aber unbedingt darauf, dass die Schneidplatten auch an den Schmalkanten scharf angeschliffene Schneiden besitzen. Es gibt die passenden Wendeplattenmaße 30 x 12 x 1,5 mm nämlich mit Z = 2 (Schneidkanten) oder Z = 4 (Schneidkanten) und die Z = 4 sind die Richtigen!

2. Ein Set aus Scheibennutfräsern

Für das Nuten von Schubkastenböden und Schrankrückwänden, oder zum Einfräsen von Schlitzen und losen Federn und sogar zur Herstellung von Fingerzinken eignen sich sogenannte Scheibennutfräser. Der vorhin gezeigte Falzfräser und diese Scheibennutfräser ergänzen sich dabei ganz hervorragend und deshalb gehören auch beide zu den meistgenutzten Fräsern auf einem Frästisch. Das ist auch der Grund, warum Sie sich gleich ein gut ausgestattetes Set aus Frässcheiben, Aufnahmedornen und Kugellagern anschaffen sollten, mit dem Sie dann für alle wichtigen Nutfräsaufgaben bestens gerüstet sind. Und wenn Sie noch zweifeln, dann schauen Sie sich die zahlreichen Anwendungsmöglichkeiten auf der Seite 74 einmal genauer an. Danach werden Sie von diesem Set genauso begeistert sein wie ich.

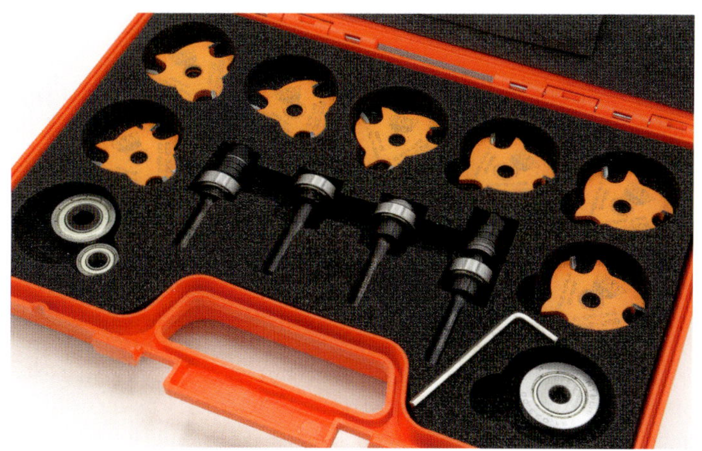

3. Spiralnutfräser mit 8 mm Durchmesser

Mit den spiralförmigen Schneidkanten können Sie ein absolut makelloses und völlig ausrissfreies Fräsbild erzeugen. Die Spiralform sorgt dabei für einen ziehenden Schnitt gepaart mit einem sehr guten Spanauswurf und daraus resultierend eine niedrige Arbeitstemperatur. Für die Herstellung von passgenauen und ausrissfreien Fingerzinken ist ein Spiralnutfräser sogar unerlässlich. Deshalb gehört auch mindestens ein Spiralnutfräser in Vollhartmetall mit 8 mm Durchmesser zur Fräser-Grundausstattung. Mein Fräsertipp: Ø 8 mm mit stolzen 42 mm Schneidenlänge und 90 mm Gesamtlänge vom Hersteller CMT (Best.-Nr. 191.082.11 je nach Händler im Internet bereits ab 40 Euro).

4. Bündigfräser in 12,7 mm Durchmesser

Gerade dann, wenn es um das Kopieren von Werkstücken mit engen Radien geht, sind Schaftfräser mit kleinem Durchmesser dem großen Falzkopf (auch einer Tischfräse!) haushoch überlegen. Deshalb gehört zu jedem Frästisch auch mindestens ein Bündigfräser im Durchmesser von 12,7 mm mit Kugellager am Fräserende. Wenn Sie noch keinen besitzen, dann sollten Sie sich möglichst einen mit 12-mm-Schaft und 40 mm oder noch besser 50 mm Schneidenlänge anschaffen (links außen im Bild). **Kleiner aber wertvoller Tipp:** Für nachgeschärfte 12,7-mm-Bündigfräser bietet die Firma CMT auch Austausch-Kugellager in Untergröße (Ø 12,5 mm) an. Wenn das Budget noch ausreicht, wäre als Ergänzung noch ein Bündigfräser (Ø 12,7 oder 16 mm) mit schaftseitigem Kugellager (rechts außen im Bild) zu empfehlen.

Wertvolle Fräser brauchen Pflege

Wer kennt das nicht? Man fräst etliche laufende Meter Profilleisten aus Kiefernholz und der Fräser ist anschließend komplett mit Harz und Sägemehl verklebt. Meistens setzt sich der Staub auf der Zahnbrust und in den Spanlücken fest – also dort, wo die Späne normalerweise abtransportiert werden. Je länger Sie nun mit einem solchen Fräser weiterarbeiten, umso mehr Späne und Harz werden sich auf den Schneiden und in den Spanlücken festsetzen. Der Spänetransport verschlechtert sich dadurch drastisch und der Fräser entwickelt eine wesentlich höhere Reibungshitze. Diese Hitze sorgt dafür, dass sich Staub und Harz quasi am Fräser „festbacken“. Also ein Teufelskreis, den es frühzeitig zu unterbrechen gilt, sonst ist der teure Fräser womöglich nicht mehr zu retten. Und genau dafür bietet der Handel spezielle Harzlöser an, mit denen Sie ihre Fräser und natürlich auch Sägeblätter und Bohrer wieder auf Vordermann bringen können. Wer mein „Handbuch Oberfräse“ aufmerksam gelesen hat, der kennt sicher schon den Tipp, Fräser mit Backofenspray zu reinigen. Das funktioniert wirklich hervorragend und ist auch eine der günstigsten Methoden. Doch Vorsicht: Bei Fräsköpfen mit einem Körper aus Aluminium, sollten Sie kein Backofenspray einsetzen, da es hier zu Schäden an der Aluoberfläche kommen kann. Das Gleiche kann auch für viele kommerzielle Harzlöser gelten (s. Bild unten links), weshalb Sie vorher unbedingt an einem Aluminiumrest einen Test machen sollten (s. Bild unten rechts).

Diese Harzlöser eignen sich hervorragend für Werkzeuge aus Stahl, aber leider nicht für Werkzeuge deren Körper aus Aluminium sind. Auf manchen Reinigern (kleines Bild) steht explizit drauf, dass Sie nicht auf Aluminium angewendet werden dürfen.

Hier sehen Sie, wie der Harzlöser die Oberfläche eines Aluprofils verändert und angreift. Solche aggressiven Reiniger sollten Sie auf keinen Fall auf den Aluminiumkörper eines Fräsers aufsprühen. Auch der beliebte Falzkopf von Festool oder Sistemi Klein (für die Oberfräse im Frästisch) besitzt einen solchen Körper aus Aluminium, den Sie mit solchen Mitteln nicht reinigen sollten. Das Gleiche gilt natürlich auch für Tischeinlagen, Befestigungsplatten oder Maschinenanschläge aus Aluminium.

Der Reiniger der Fa. CMT Formula 2050 (Mitte) ist leider in Deutschland nur sehr schwer zu bekommen und dann in der Regel auch noch mit sehr hohen Versandkosten. Den Reiniger der Fa. Trend (links) können Sie jedoch problemlos über die Fa. Sauter (sautershop.de) beziehen. Beide Reiniger funktionieren wirklich hervorragend und in etwa gleich gut. Vor allem aber konnte ich beide Reiniger auch problemlos auf Aluminium und Kunststoff anwenden. Mindestens genauso gut reinigt aber auch der Harzlöser der Fa. Ballistol. Er ist sogar in vielen Baumärkten verfügbar. Aber leider darf dieser Harzlöser laut Hersteller nicht auf lackierten Oberflächen und Leicht- und Buntmetallen angewendet werden. Bei Werkzeugen mit Stahlkörper ist der Harzlöser von Ballistol jedenfalls sehr zu empfehlen (s. Bildfolge nächste Seite).

So reinigen Sie einen Schaftfräser mit Kugellager richtig

1 Dieser Abrundfräser hat auf der Zahnbrust und in den Spanlücken stark eingebrannte Harz- und Staubablagerungen. Dadurch verschlechtert sich auch die Qualität der Fräsung. Nachschärfen muss man ihn deshalb aber noch nicht. In vielen Fällen kann man die Fräsleistung mit einer gründlichen Reinigung wieder deutlich erhöhen.

2 Hat der Fräser ein Kugellager, dann sollten Sie das unbedingt vor der Reinigung entfernen. Das Lagerfett darin könnte sonst vom Harzlöser ausgewaschen werden. Zum Lösen des Kugellagers den Fräser entweder in die Oberfräse einspannen oder den Schaft in ein solches Hartholz einstecken. Das besitzt eine zum Schaft passende Bohrung und …

3 … einen mittig durch die Bohrung verlaufenden Schnitt. In der Hobelbank eingespannt kommt so ausreichend Druck auf den Schaft ohne ihn dabei zu beschädigen. Ist das Kugellager entfernt, sprühen Sie den Fräskopf von allen Seiten mit dem Harzlöser ein.

4 Der Harzlöser schäumt dabei ein wenig auf. Lassen Sie den Schaum dann ruhig ein paar Minuten einwirken. Diese Einwirkzeit ist wichtig, damit auch festsitzender hartnäckiger Schmutz zuverlässig angelöst wird.

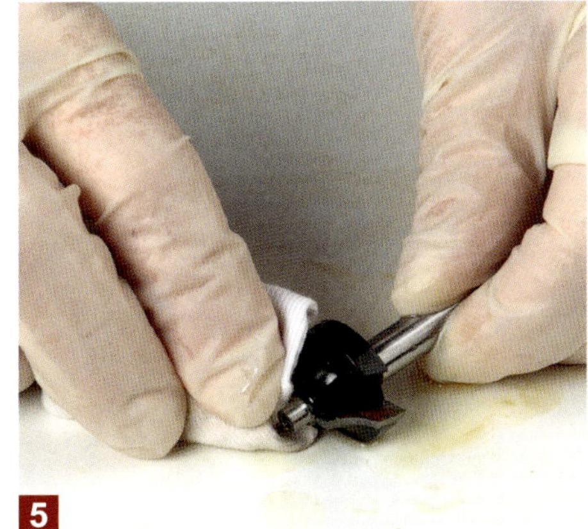

5 Mit einem harten Borstenpinsel und einem Tuch können Sie jetzt den Schmutz nahezu mühelos von den Schneiden und aus den Spanlücken heraus abreiben. Tragen Sie dazu am besten Schutzhandschuhe. Und auch wenn es eigentlich logisch sein sollte, hier trotzdem noch mal der wichtige Hinweis: Diese Arbeiten auf gar keinen Fall im Beisein von Kindern durchführen!

6 Besonders hartnäckig eingebrannte Verkrustungen lassen sich auch mit dem Harzlöser oft nicht beim ersten Mal entfernen. Bevor Sie jetzt die Stelle noch ein weiteres Mal einsprühen, können Sie die Verkrustung auf der Zahnbrust auch sehr gut mit einem kleinen Holzkeil entfernen. Das macht den Schneiden überhaupt nichts aus, denn den Werkstoff Holz sind sie ja bereits gewohnt. Auf gar keinen Fall mit metallischen Gegenständen z. B. einem Stechbeitel zu Werke gehen!

7

Ist der Fräser dann komplett gesäubert, empfiehlt der Hersteller noch das Universalöl aufzutragen, um den Harzlöser zu neutralisieren und den Fräser vor Rost zu schützen. Außerdem sollen sich danach Harzablagerungen wieder leichter ablösen lassen. Da mir hier leider die Langzeiterfahrung fehlt, sage ich es mal so: Es schadet ganz sicher nichts und das Universalöl kann man später auch noch sehr gut für die Pflege des Kugellagers oder für die Schmierung der Hubsäulen einer Oberfräse verwenden.

8

9

So gereinigt und gepflegt, sieht der Fräser wieder wie neu aus. Aber das Beste – er fräst auch wieder wie ein neuer Fräser. Ich bin mir ganz sicher, dass Sie mit dem Reinigen Ihrer Fräser, Sägeblätter oder Bohrer so manchen Schärfintervall deutlich verlängern können. Auch die Lebensdauer hochwertiger und teurer Fräser können Sie damit erhöhen. Somit spart man mit einer frühzeitigen Reinigung am Ende auch jede Menge Geld!

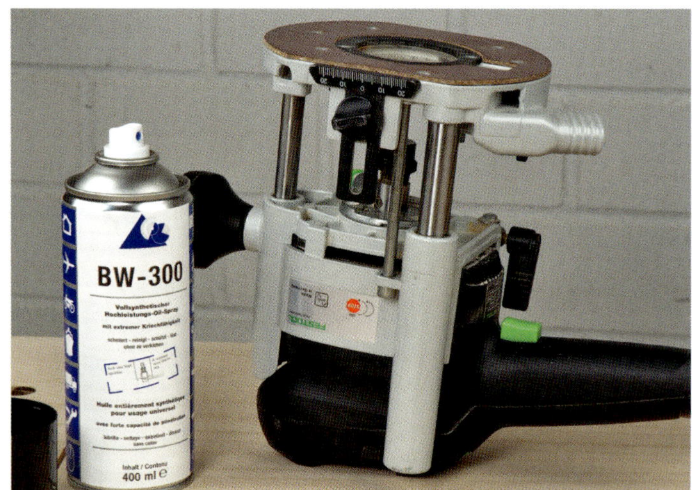

Neben dem Universalöl von Ballistol können Sie die Kugellager von Fräsern und die Hubsäulen einer Oberfräse auch mit dem Hochleistungs-Öl-Spray BW-300 der Fa. Brinkmann + Wecker einsprühen. Auch ein tolles und sehr vielseitig einsetzbares Pflegeprodukt für viele Maschinen, Spindeln und Gleitführungen aller Art (mehr Infos unter: www.bw-300.de).

Auch in der runden Aussparung für die Einlegeringe können sich auf Dauer hartnäckige Staub- und Harzreste festsetzen. Das führt dann dazu, dass auch die Einlegeringe nicht mehr richtig einklicken und möglicherweise sogar vorstehen. Mit dem Trend Tool & Bit Cleaner können Sie sowohl die Aluplatte, als auch die Kunststoffringe mühelos von Harz und Staub befreien.

Alle Sicherheitstipps zum Umgang mit Schaftfräsern auf einen Blick

1. Setzen Sie nur Schaftfräser ein, die für Handvorschub geeignet sind (MAN oder BG-Test-Zeichen). Sie sind rückschlagarm, spandickenbegrenzt auf 1,1 mm, haben eine weitgehend kreisrunde Form und engbegrenzte Spanlücken.
2. Nutzen Sie immer die exakt zum Fräserschaft und zur Oberfräse passende Spannzange. Eine verschmutze bzw. verharzte Spannzange sorgfältig mit einer Messingrundbürste reinigen.
3. Befindet sich eine Mindesteinspannmarkierung auf dem Fräserschaft muss der Schaft bis zu dieser Markierung in der Spannzange sitzen. Ist keine Markierung vorhanden, sollte der Schaft mindestens so tief eingesteckt sein, dass er die gesamte Spannzangenlänge ausfüllt.
4. Setzen Sie nur scharfe Fräser ein, denn stumpfe Schneiden hinterlassen schlechte Fräsergebnisse und sind zudem sehr gefährlich. Fest angelötete Schneiden müssen rechtzeitig vom Fachmann (z. B. Schärfdienst) nachgeschärft werden. Wechsel- oder Wendeschneiden können Sie selbst durch Neue ersetzen. Ausgebrochene Wechselschneiden sofort ersetzen!
5. Den Fräserkörper vor dem Einsetzen der neuen Wechselschneiden unbedingt sorgfältig reinigen und von jeglichem Schmutz, Staub sowie sämtlichen Harzablagerungen mithilfe eines geeigneten Reinigungsmittels befreien.
6. Versuchen Sie auf gar keinen Fall, hartnäckige Harzverkrustungen mit scharfen metallischen Gegenständen zu entfernen. Sind auch bei mehrmaligem Einsatz des Reinigers noch Harzreste übrig, hilft möglicherweise ein spitzer Hartholzkeil.
7. Um eine Unwucht zu vermeiden, unbedingt alle Wechselschneiden austauschen. Beim Einsetzen der neuen Schneiden auf einen passgenauen Sitz der Messer auf bzw. im Fräskörper achten. Zum Anziehen der Befestigungsschrauben möglichst das Originalwerkzeug (z. B. Inbusschlüssel) des Herstellers benutzen, so ist immer ein optimales Anzugsmoment gewährleistet. Außerdem die Schraubenköpfe zuvor gut ausblasen, damit immer ein optimaler Sitz des Schlüssels gewährleistet ist.
8. Achten Sie darauf, dass die empfindlichen Schneiden von Schaftfräsern vor Stößen geschützt sind. Lagern Sie die Fräser daher am besten immer in der Verpackung des Herstellers oder in Schubkästen mit zum Schaft passenden Löchern, in denen die Fräser von oben eingesteckt werden und ausreichend Abstand zum nächsten Fräser haben.
9. Damit der Fräser mit seinen Schneiden nicht unnötig überlastet wird, sollten Sie große und üppige Fräsungen immer in mehreren Etappen herausfräsen. Damit erhöhen Sie nicht nur die Lebensdauer und Standzeit des Fräsers, sondern erzielen auch stets sehr saubere und glatte Fräsoberflächen.
10. Ist der Schneidstoff nicht eindeutig auf dem Werkzeug angegeben, können Sie das mit einem Magneten oder Glas überprüfen: HS-Schneiden sind magnetisch, HW-Schneiden nicht, zudem können Sie mit HW-Schneiden Glas ritzen, mit HS nicht.

Kapitel 2

Fräsarbeiten an geraden Werkstücken

Werkstücke profilieren

Das Profilieren von Leisten, Kanthölzern und Brettern ist wohl eine der häufigsten Anwendungen auf einem Frästisch. In den Katalogen der Fräserhersteller finden Sie dazu eine riesige Auswahl an Fräsern mit den unterschiedlichsten Profilformen, in denen auch gleich alle wichtigen Abmessungen zum Profil angegeben sind. So können Sie schnell herausfinden, ob die gewünschte Profilform dabei ist und welche Maße das Werkstück haben muss, damit alles zusammen harmoniert (s. a. Bild rechts oben). Problematisch wird das Ganze jedoch, wenn Sie beispielsweise einen Teil einer Profilleiste an einem bestehenden Schrank erneuern müssen. In diesem Fall müssen alte und neue Profilleiste perfekt zusammenpassen, denn schon geringe Unterschiede fallen sofort ins Auge. Nur – wie geht man da am besten vor?

Zunächst benötigen Sie die präzise Form des Profils auf einem Blatt Papier. Wenn Sie noch einen Rest des alten Profils haben, können Sie es einfach auf das Papier auflegen und die Kontur mit einem spitzen Bleistift nachzeichnen. Befindet sich die Profilleiste am Schrank und kann nicht abgenommen werden, hilft nur eine sogenannte Konturschablone (s. Kasten rechts). Die hat sogar den Vorteil, dass sie auf einer Seite die Negativ- und auf der anderen Seite außen die Positivform des Profils anzeigt. Diese Form entspricht dem tatsächlichen Profil und Sie könnten dann beispielsweise die Konturschablone gleich an einen Profilfräser anlegen und sofort erkennen, ob das Profil in Größe und Form einigermaßen passen würde.

In den wenigsten Fällen wird das jedoch zutreffen und so bleibt Ihnen nichts anderes übrig, als das gesuchte Profil in Grundformen zu zerlegen. Denn fast alle Profile setzen sich aus drei einfachen Formen zusammen: Rundungen, Hohlkehlen und gerade Kanten, Absätze und Flächen. Der Fachmann spricht dabei von: Stab, Kehle und Platte. Im nächsten Schritt schauen Sie in Ihrer Fräsersammlung nach, ob dort die passenden Rundungen und Hohlkehlen dabei sind. Manchmal haben diese Profile auch bereits die passenden angrenzenden Flachkanten und Absätze. Falls nicht, können Sie die auch sehr gut mit einem Falz- oder einem einfachen Nutfräser herstellen. Je nachdem, wie umfangreich eine solche Profilform ist, kann es durchaus sein, dass Sie viele verschiedene Frässchritte mit unterschiedlichen Profilfräsern benötigen, bis Sie endlich das gewünschte Profil in Händen halten. Dabei ist es dann sehr wichtig, den Ablauf genau durchzuplanen. Denn selbst wenn Sie die passenden Profilfräser in ihrer Sammlung gefunden haben, gilt es im nächsten Schritt zuerst herauszufinden, in welcher Position und Reihenfolge Sie die Profile am besten ins Werkstück bringen. Wie Sie dabei am besten vorgehen, zeige ich Ihnen auf den folgenden Seiten.

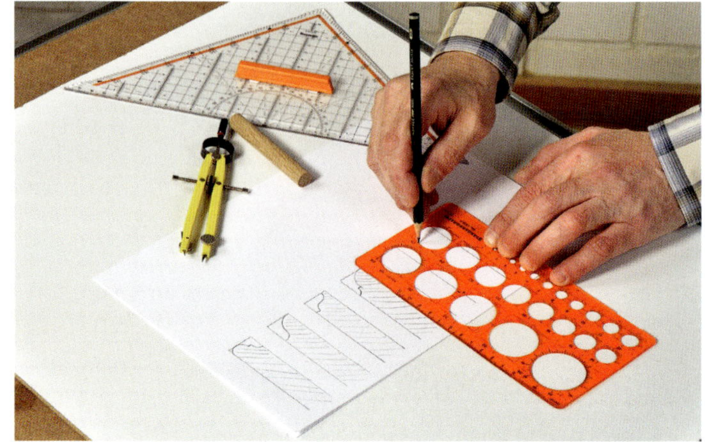

Es ist sinnvoll, in der Planungsphase zuerst das gewünschte Profil mithilfe von Kreisschablone, Zirkel, Geodreieck oder Rundstäben im Maßstab 1:1 auf ein Blatt Papier zu zeichnen (oder CAD-Programm). So können Sie beispielsweise schon im Vorfeld feststellen, welcher Holzquerschnitt am besten zu Ihrem Profilwunsch passt und die Leisten bzw. Kanthölzer dazu passend anfertigen.

Die Konturschablone

Diese Schablone ist quasi ein Muss, wenn Sie öfter alte Profilleisten erneuern müssen. Dazu stülpen Sie die Schablone über das Profil und sogleich verschieben sich die feinen, dünnen Stahlnadeln und zeigen auf der gegenüberliegenden Seite die exakte Profilform an. Jetzt können Sie entweder den Konturverlauf auf ein Blatt Papier übertragen oder direkt mit der Schablone im Katalog für Fräswerkzeuge nach einem passenden Profilfräser suchen.

1 Frästisch + 3 Fräser = 19 Profilvarianten

Es gibt zwei uralte Weisheiten, die im Grunde genommen jeden Holzwerker (und nicht nur den) vor Fehlkäufen und finanziellen Schäden bewahrt: „Qualität statt Quantität" und „weniger ist oft mehr"! Basierend auf diesen beiden Erkenntnissen, möchte ich Ihnen auf den nächsten Seiten einmal zeigen, dass Sie keinen Fräserschrank mit 30 verschiedenen Fräsern benötigen, um ansprechende Profilleisten zu fräsen. Denn drei Standardfräser in hochwertiger Qualität, die sowieso in jede gute Frässersammlung gehören, reichen völlig aus, um mindestens 19 tolle Profilvarianten zu fräsen. Und auch wenn es große (und teure!) Multiprofilfräser gibt, die einige der hier gezeigten Profile bereits mit einem einzigen Fräser abdecken, hat der Einsatz von mehreren Fräsern folgende Vorteile:

- Sie können auch auf kleineren Oberfräsen eingesetzt werden.
- Die Profilform lässt sich besser der gewünschten Holzstärke anpassen.
- Die Variationsmöglichkeiten von Rundungen, Hohlkehlen und Absatzkanten sind bei Einzelfräsern erheblich größer.

Daher kann man ganz klar sagen, dass Sie mit einem großen und oft auch sehr teuren Multiprofilfräser niemals die Vielseitigkeit erreichen, wie mit diesen drei Einzelfräsern!

Obwohl alle hier gezeigten Profile auf einer Holzstärke von genau 20 mm basieren, sind Stärkenänderungen von +/- 1 bis 2 mm je nach Profilform überhaupt kein Problem. Ganz im Gegenteil! Denn bei größeren Holzstärken können Sie viele der hier gezeigten Profile um zahlreiche interessante Profilformen erweitern. Deshalb noch mal mein Tipp: Bevor Sie losfräsen, sollten Sie unbedingt das gewünschte Profil zuerst einmal im Maßstab 1:1 auf ein Blatt Papier zeichnen (s. a. Bild oben auf der linken Seite). Glauben Sie mir, es erfordert schon etwas Erfahrung und räumliches Vorstellungsvermögen, um eine aufwändige Profilform in einzelne Frässchritte zu zerlegen und anschließend in der optimalen Reihenfolge Schritt für Schritt ins Holz zu fräsen. Außerdem müssen Sie auch immer die maximalen Verstellmöglichkeiten von Oberfräse und Frästisch im Blick behalten. Denn wenn beispielsweise der Hub einer Oberfräse oder die Schaftlänge des Fräsers nicht ausreicht, um das Profil in der gewünschten Höhe ins Werkstück zu fräsen, dann können Sie vor allem üppige und großflächige Profilformen nur durch das Stapeln und Verleimen von kleineren Einzelprofilleisten erreichen (s. Praxistipp nächste Seite). In dem Zusammenhang noch ein wichtiger Hinweis: Bei schmalen Profilleisten ist es oft besser, das Profil zunächst in ein breites Brett zu fräsen, aus dem Sie dann anschließend die schmale Profilleiste sicher zuschneiden können.

Hätten Sie das gedacht? Mit nur drei Standardfräsern können Sie eine stattliche Zahl von ansprechenden Profilen herstellen. Da ist mit Sicherheit für jeden Geschmack etwas dabei.

Hohlkehl- und Abrundfräser – der Schlüssel zur Profilvielfalt

Ein Hohlkehlfräser R 6,35 mm, ein Abrundfräser R 6,35 mm und ein Abrundfräser R 12,7 mm bilden die Grundlage für alle auf den nächsten drei Seiten gezeigten Profilvarianten. Einige Hersteller legen ihren Abrundfräser auch bereits ein zweites kleineres Kugellager bei, mit dem Sie die Profilform leicht verändern können, indem ein zusätzlicher Absatz in die Holzkante gefräst wird. Sie können aber auch die Abrundfräser problemlos ohne Kugellager einsetzen, wenn Sie den Fräsanschlag als Werkstückführung nutzen. Damit erreichen Sie dann einen tieferen Absatz als mit dem kleineren Kugellager. Zum Entfernen des Kugellagers sollte sich der Fräser in der Spannzange der Maschine befinden und der Spindelstopp gedrückt werden. Dann lässt sich die Inbusschraube über dem Kugellager ganz einfach lösen. **Wichtig!** Auf keinen Fall dürfen Sie den Schaft des Fräsers in einen Schraubstock spannen, um das Kugellager zu lösen. Dabei könnte der Schaft derart verkratzt werden, dass ein fester Sitz in der Spannzange nicht mehr gewährleistet ist.

Unglaubliche Vielfalt mit nur vier Einstellmöglichkeiten

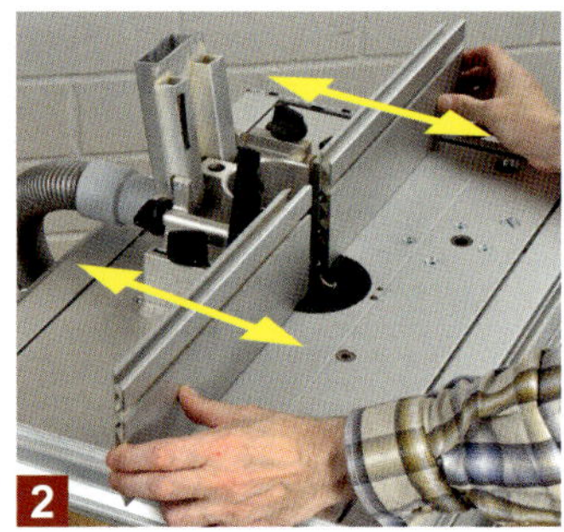

1. Durch die Einstellungen am Frästisch:
Wie tief und an welcher Stelle das Profil ins Holz gefräst wird, können Sie zum einen über die Fräserhöhe (roter Pfeilbereich im Bild 1) und zum anderen über das Vor- und Zurückschieben des Fräsanschlags (gelber Pfeilbereich im Bild 2) festlegen.

2. Durch die Lageveränderung des Werkstücks:
Weiterhin können Sie die Position des Profils beeinflussen, indem Sie die Lage der Leiste am Fräsanschlag verändern: Entweder führen Sie das Werkstück flach (Bild 3) auf der Tischfläche oder hochkant (Bild 4) am Fräsanschlag anliegend am Fräser vorbei – also um 90° gedreht.

Praxistipp: Stapeln Sie einfach mehrere Profilleisten übereinander

Indem Sie mehrere profilierte Bretter zusammenleimen oder notfalls auch schrauben, können Sie im Handumdrehen weit ausladende und groß dimensionierte Kranz- oder Sockelprofile herstellen. Das linke 40 mm hohe Profil wurde beispielsweise aus den beiden Profilen Nr. 14 und 19 zusammengesetzt. Das 60 mm hohe rechte Profil besteht aus drei 20 mm dicken profilierten Leisten.

Mögliche Profilvarianten (Nr. 1–6) bei Einsatz eines einzelnen Fräsers

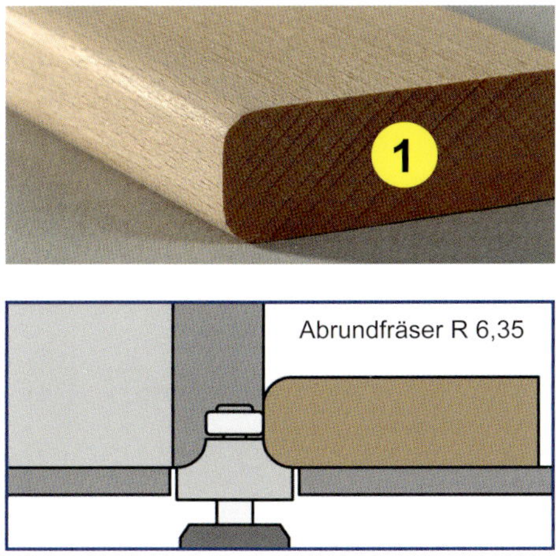

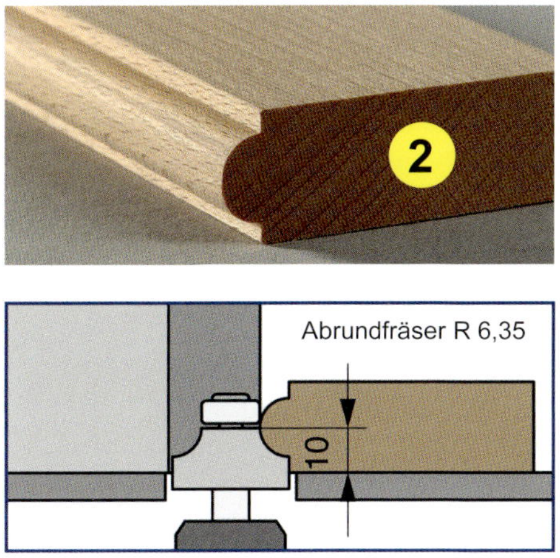

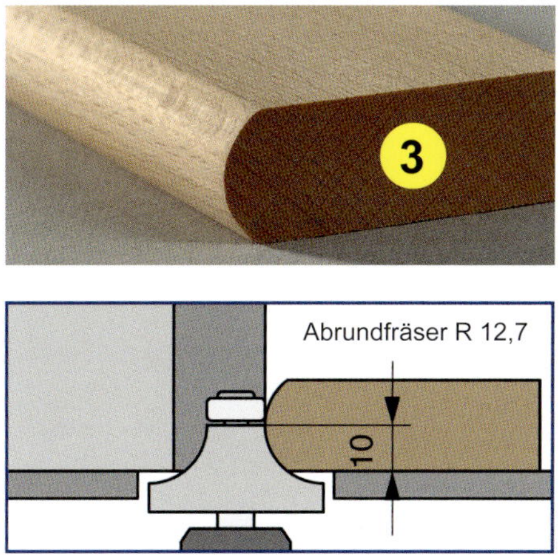

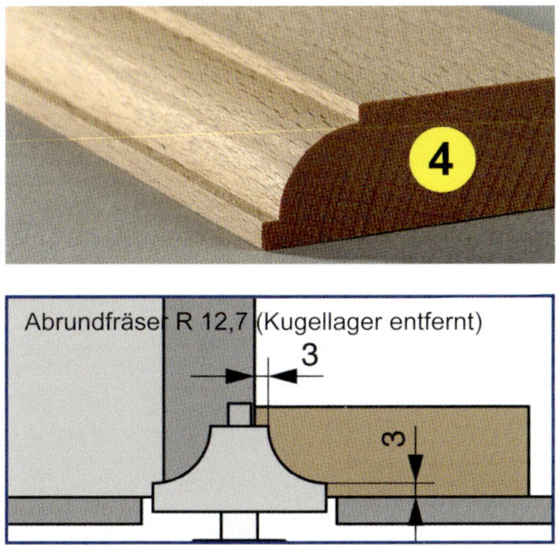

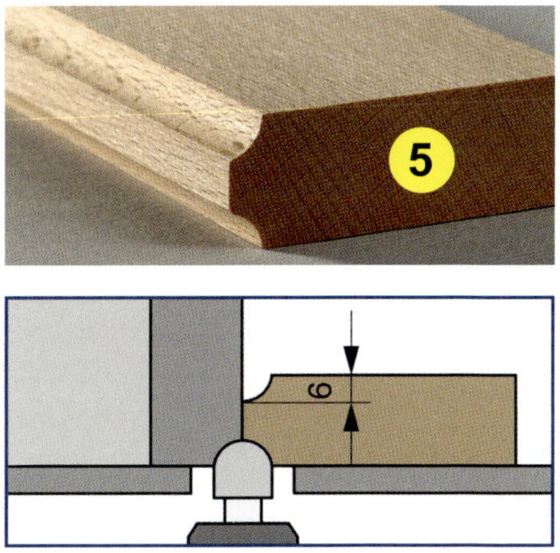

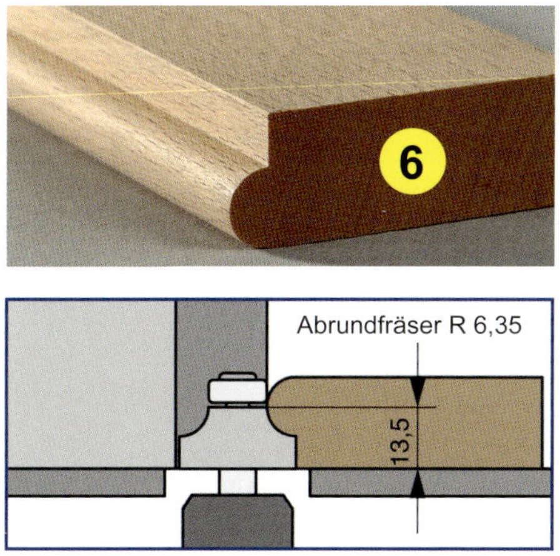

Mögliche Profilvarianten bei Einsatz von zwei (Profil Nr. 7–18) bzw. drei Fräsern (Profil Nr. 19)

In der Regel werden die Werkstücke flach am Anschlag vorbeigeführt. Lediglich bei den Profilnummern 10 und 11 wird das Werkstück zu Beginn hochkant am Fräsanschlag vorbei geschoben. Dieser Positionswechsel kann in bestimmten Situationen günstiger sein, beispielsweise wenn der Fräserschaft zu kurz ist und die Schneiden dadurch nicht weit genug aus der Tischöffnung heraus stehen können.

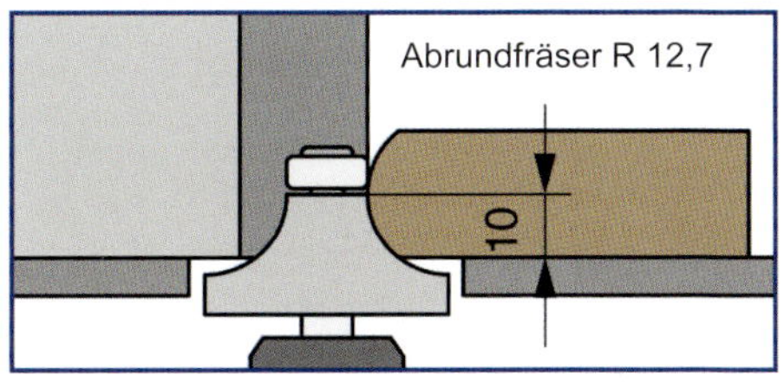

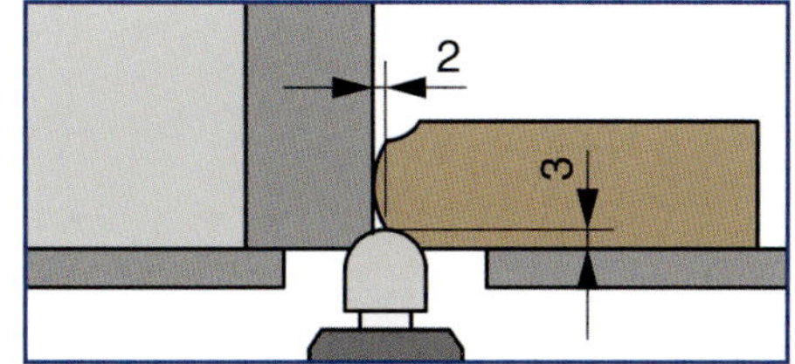

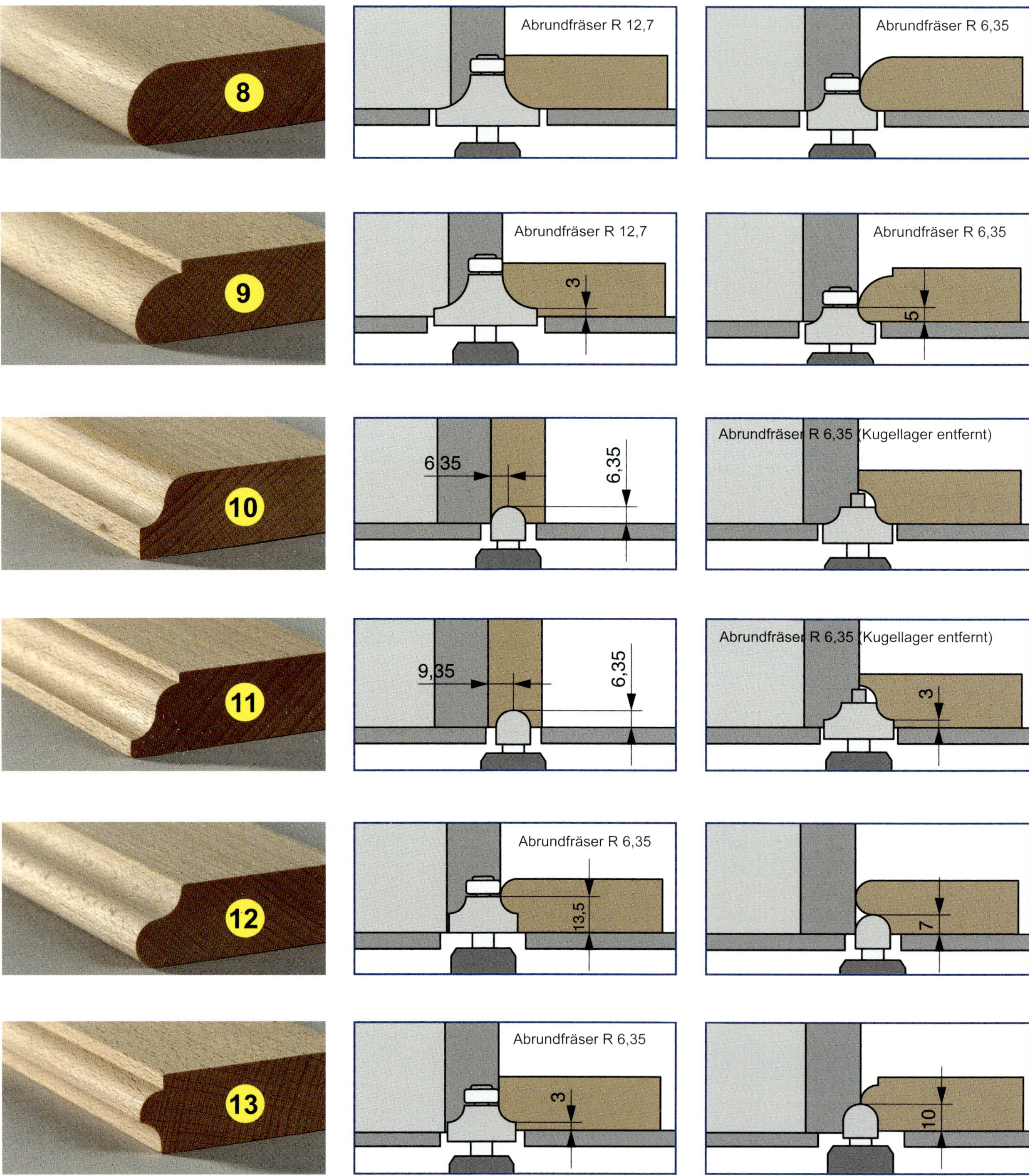
8
Abrundfräser R 12,7
Abrundfräser R 6,35
9
Abrundfräser R 12,7
3
Abrundfräser R 6,35
5
10
6,35
6,35
Abrundfräser R 6,35 (Kugellager entfernt)
11
9,35
6,35
Abrundfräser R 6,35 (Kugellager entfernt)
3
12
Abrundfräser R 6,35
13,5
7
13
Abrundfräser R 6,35
3
10

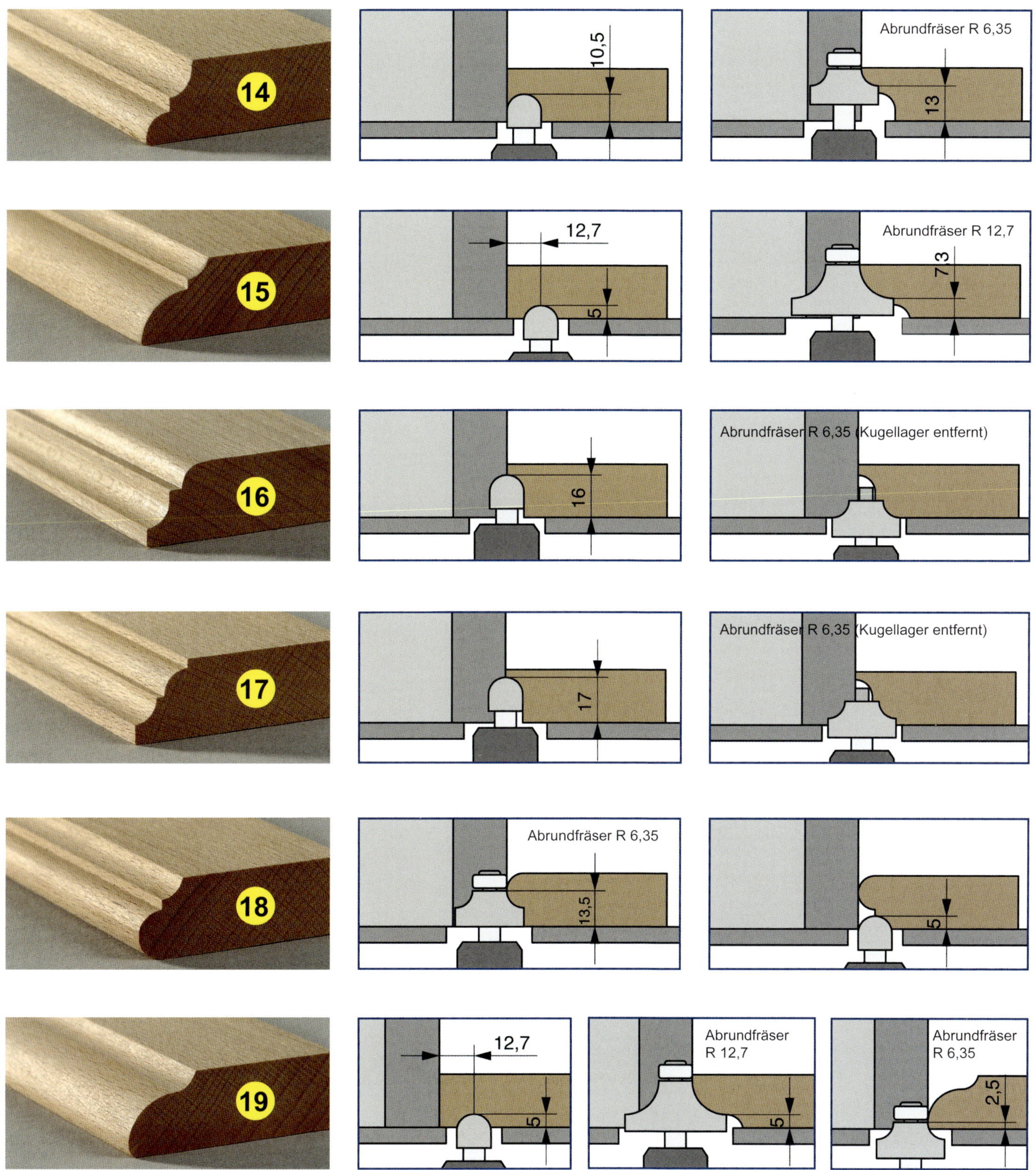
14
10,5
Abrundfräser R 6,35
13
15
12,7
5
Abrundfräser R 12,7
7,3
16
16
Abrundfräser R 6,35 (Kugellager entfernt)
17
17
Abrundfräser R 6,35 (Kugellager entfernt)
18
Abrundfräser R 6,35
13,5
5
19
12,7
5
Abrundfräser
R 12,7
5
Abrundfräser
R 6,35
2,5

So planen Sie eine aufwendige Profilform aus Einzelleisten (zwei Anwendungsbeispiele)

Je komplexer eine Profilform ist und je mehr unterschiedliche Profilfräser zum Einsatz kommen, umso sorgfältiger sollten Sie den Aufbau des Gesamtprofils und den Ablauf der einzelnen Frässchritte planen. Dazu ist es wichtig, zunächst alle für das Profil notwendigen Fräser bereit zu legen. Denn nur dann können Sie feststellen, welcher Schneidenbereich benutzt wird und wie Sie das Werkstück dabei positionieren müssen, damit die gewünschte Profilform entsteht (s. Grafik rechts). Dies wiederum ist sehr wichtig, um die Abfolge der einzelnen Frässchritte so zu planen, dass das Werkstück beim Fräsen immer genügend Auflagefläche hat und nicht kippeln kann.

Wenn Sie ein CAD-Programm für den Computer besitzen, können Sie die möglichen Profilformen besonders einfach darstellen. Dazu zeichnen Sie sich zuerst die Profile der einzelnen Fräser auf. Anschließend verschieben Sie die Profilformen (grauer Bereich in der Grafik), bis das gewünschte Gesamtprofil erreicht ist. Auf diese Weise können Sie auch leicht feststellen, wo Sie das Gesamtprofil am besten in Einzelleisten zerlegen.

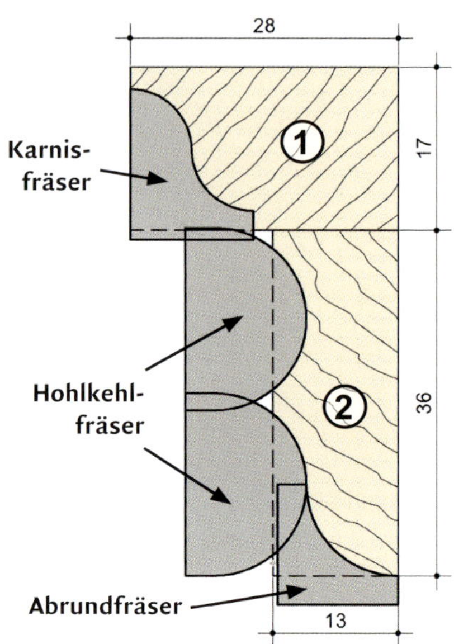

1. Anwendungsbeispiel: Profilleiste aus zwei Einzelleisten

Sie benötigen an Fräsern (von links): Abrundfräser R = 9,5 mm, Hohlkehlfräser R =9,5 mm, sowie einen Karnisfräser mit R = 6,35 mm. Wichtig: Der Hohlkehlfräser muss stirnschneidend sein und darf kein Kugellager haben. Die beiden Profilleisten haben folgende Maße: Leiste 1 = 28 x 17 mm für das Karnisprofil und Leiste2 = 36 x 13 mm für die beiden Hohlkehlen samt Abrundung.

Für das Karnisprofil (1) stellen Sie als erstes die Anschlagbacken exakt zur Flucht des Kugellagers ein. Die Fräserhöhe stellen Sie so ein, dass unten ein Absatz von etwa 2 mm entsteht (Pfeil).

Höhe des Hohlkehlfräsers auf 3,5 mm und Abstand zum Anschlag auf etwa 2 mm einstellen und mit dieser Einstellung zwei Hohlkehlen einfräsen.

Zum Schluss wird nur noch eine Hohlkehle vom Grund aus bis zur Leistenkante mit dem Abrundfräser bearbeitet.

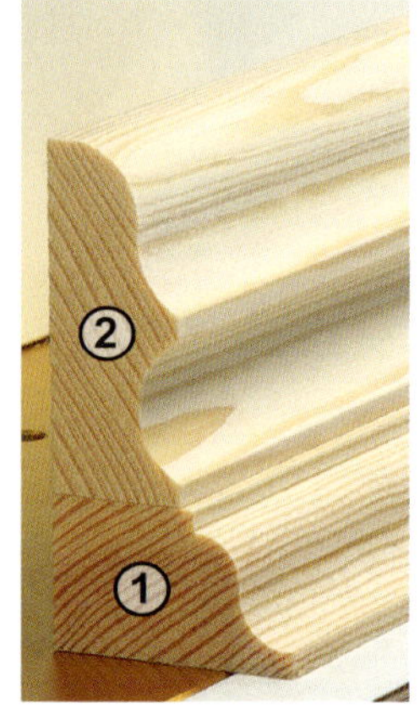

Wenn Sie jetzt die beiden Leisten verleimen (zur Positionierung Flachdübel nutzen) erhalten Sie ein üppiges, 53 mm hohes und 28 mm tiefes Profil, das Sie auf einem Frästisch niemals in eine einzelne Leiste einfräsen könnten.

2. Anwendungsbeispiel: Profilleiste aus drei Einzelleisten

Auch dieses aufwändige und großflächige Profil (40 x 40 mm) lässt sich auf einem Frästisch nur durch mehrere Einzelleisten realisieren. Denn sowohl der Hub der Oberfräse, als auch die Schaftlänge der Fräser würden nicht ausreichen, um die benötigten Profile in eine dicke 40 x 40 mm Leiste einzufräsen. Also wurden die Einzelprofile auf drei Leisten verteilt: Pos. 1 = 40 x 10 mm, Pos. 2 = 25 x 10 mm und Pos. 3 = 30 x 20 mm. Als Fräser kommen wieder der Abrund- und Hohlkehlfräser (beide R = 9,5 mm) aus dem letzten Beispiel zum Einsatz und zusätzlich noch ein kleiner Abrundfräser mit 3 mm Radius und ein Falz- oder Nutfräser.

1 Als erstes spannen Sie den großen Abrundfräser (R = 9,5 mm) ein und runden die komplette 10 mm dicke Leistenkante (Leiste 1) damit ab. Danach …

2 … wechseln Sie auf den kleinen Abrundfräser (R = 3 mm). Haben beide Fräser das gleiche Kugellager, muss der Fräsanschlag nicht verstellt werden.

3 Die Fräserhöhe so einstellen, dass sich durch zweimaliges Fräsen (Bild 2 + 3) ein gleichmäßiger Halbstab (Fachsprache: Deutscher Stab) ergibt.

4 Die letzte Leiste (3) bekommt zuerst eine Hohlkehle (R = 9,5 mm). Dazu die Fräserhöhe auf knapp 10 mm einstellen und den Fräsanschlag so verschieben, dass rechts noch ein 2 mm Absatz …

5 … stehen bleibt. Anschließend die Leiste flach auf den Frästisch auflegen und mit einem Falz- oder Nutfräser den unteren Teil der Hohlkehle senkrecht nachfräsen (s. kleines Bild).

Werden zum Schluss wieder alle Leisten miteinander verleimt, ergibt sich ein schönes Kranzprofil für Stil- und Landhausmöbel.

Werkstücke großflächig profilieren – Einsatz von Stützstreifen und -leisten

Die Kante eines Werkstücks abzurunden oder mit einem kleinen Profil zu versehen, dürfte auch für einen Einsteiger kein Problem mehr darstellen. Deutlich schwieriger gestaltet sich dagegen das großflächige Profilieren von breiten und dicken Werkstücken, wie es häufig bei Bilderrahmen, Kranzprofilen oder Zierbekleidungen vorkommt. Denn dabei wird oft ein so großer Teil der Holzfläche weggefräst, dass das Werkstück nicht mehr genügend Auflagefläche am Fräsanschlag oder auf der Tischfläche hat. Die Andruckvorrichtungen könnten dabei das Werkstück immer tiefer in den Fräser eindrücken und das Fräsergebnis wäre dann unbrauchbar.

Ist also nach dem Wegfräsen keine optimale Auflagefläche mehr gewährleistet, dann müssen die abgefrästen Stellen durch entsprechende Stützleisten wieder aufgefüllt werden. Eine Stützleiste wird bei einem Frästisch immer im Bereich der linken Anschlagbacke befestigt und füllt den Teil des Werkstücks wieder auf, der vom Fräser entfernt wurde. Sie sollte so beschaffen sein, dass das Werkstück während der gesamten Fräsung wieder an mindestens zwei Punkten (s. Bild oben rote Pfeile) gegen Abkippen gesichert ist. Durch die Stützleiste können Sie dann auch wieder die Andruckvorrichtung einsetzen und das Werkstück sicher am Anschlag und auf der Tischfläche halten.

Solche üppig profilierten Flachleisten findet man häufig an Türstöcken bzw. Zargen in Altbauten oder Stilmöbeln. In vielen Fällen muss die Profilform den noch intakten und bestehenden Profilleisten so weit wie möglich angepasst werden. Nutzen Sie dazu am besten eine Konturschablone.

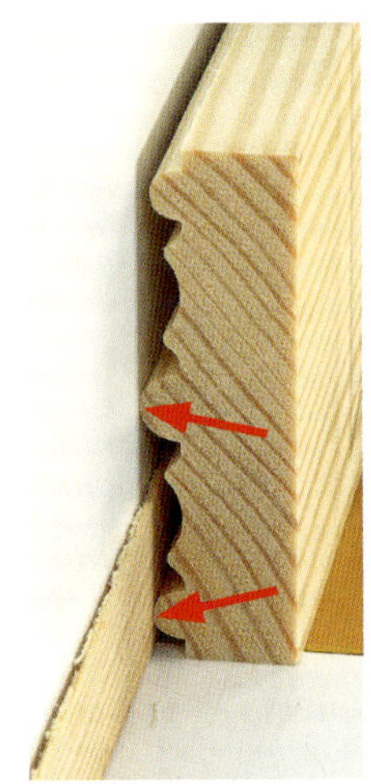

Bei diesem Profilfräser liegt nur der mittlere Halbstab dicht am Fräsanschlag an. Die beiden äußeren kleineren Halbstäbe (gelbe Pfeile) stehen knapp 2 mm zurück. Eine Zweipunktauflage ist somit nicht mehr gewährleistet und Sie müssen den abgefrästen Teil mit einem Stützstreifen auffüllen.

Zunächst fräsen Sie in ein Restholz ein kurzes Profil ein, damit Sie wissen, wie dick der Stützstreifen sein darf. Auch die Dicke des doppelseitigen Klebebands müssen Sie dabei berücksichtigen. In diesem Fall passt eine dünne Furnierkante zum Aufbügeln perfekt. Die befestigen Sie jetzt einfach mit drei kurzen Klebestreifen. Damit das Werkstück sauber auf die Furnierkante gleitet, wird der Furnieranfang sorgfältig mit Tesafilm® an der Backenspitze festgeklebt (s. Pfeil).

Stellen Sie den oberen Druckschuh auf Werkstückhöhe und das seitliche Druckschild auf Werkstückdicke ein. Die Leiste kann jetzt ohne Kippgefahr mithilfe des Schiebebretts am Fräser vorbei geschoben werden (s. Bild 2).
Wenn Sie das Werkstück drehen und die Fläche ein weiteres Mal am Anschlag vorbei schieben, erhalten Sie eine vollflächig profilierte Leiste, mit einem symmetrischen Profilverlauf und einem sauber gefrästen Halbstab in der Mitte (s. Bild 3).

Ein Gegenprofil als Stützleiste einsetzen

Eine Stützleiste kann ihre Funktion noch besser erfüllen, wenn sie passend zum Profilfräser das Gegenprofil besitzt. Hat der Profilfräser beispielsweise eine Hohlkehle und Sie besitzen passend zum Radius einen Abrundfräser, dann ist es auf jeden Fall sinnvoll, wenn Sie die Leiste an der Längskante noch abrunden. So vergrößern Sie nämlich deutlich die Auflagefläche der Profilleiste (s. kleines Foto). Oben liegt die Leiste dann nicht nur am schmalen Scheitelpunkt der Rundung an (gelber Pfeil), sondern auch vollflächig mit der gesamten Hohlkehle an der Rundung der Stützleiste (roter Pfeil). Wird die Profilleiste jetzt noch mit einer Andruckvorrichtung gegen Stützleiste und Fräsanschlag gedrückt, sind absolut saubere Fräsungen garantiert.

1 Neben der zur Hohlkehle passenden Rundung sollten Sie das Stirnende der Stützleiste noch wie eine Art Rampe etwas anschrägen bzw. anschleifen, damit das Werkstück ohne Stocken auf die Leiste geführt wird.

2 Es reicht völlig aus, wenn Sie auf die Unterseite der Stützleiste ganz einfach zwei bis allerhöchstens drei kurze (!) Streifen doppelseitiges Klebeband aufkleben. Und besonders wichtig: Kein stark klebendes Band benutzen!

3 Halten Sie die Leiste leicht schräg und dicht an der linken Anschlagbacke. Der Leistenanfang sollte an der Anschlagspitze beginnen. Dann senken Sie die Leiste schräg nach unten auf die Tischfläche ab. Mit dieser Stützleiste …

4 … erzielen Sie über die gesamte Länge sauber gefräste Profile ohne jegliche Fräsmacken. Direkt nach Beendigung aller Fräsungen sollten Sie die Leiste wieder von der Tischplatte abziehen und mögliche Klebebandreste entfernen.

Auch Füllungen lassen sich mit einfachen Profilfräsern „abplatten“

Zur Herstellung einer Füllung müssen Sie nicht zwingend einen teuren Abplattfräser einsetzen. Für die einfachste Variante 1 (s. unten) reichen bereits ein Falzkopf oder ein großer Nutfräser (∅ ab 20 mm) sowie ein Hohlkehlfräser völlig aus. Auch wenn der Falzfräser sehr leistungsfähig ist, erhalten Sie die saubersten Ergebnisse, wenn Sie in mehreren Etappen arbeiten und ganz zum Schluss nur noch einen kleinen Hauch von einem halben Millimeter Material abnehmen. Beim Einsatz eines großen Nutfräsers ist das quasi Pflicht, sonst sind Ausrisse und Brandstellen vorprogrammiert. Für alle Füllungsvarianten auf den folgenden Seiten habe ich zuerst ringsum einen 15 mm tiefen Falz gefräst. Die Falzhöhe richtet sich nach der Füllungsdicke, den Fräsern für die weitere Profilierung und der Profilhöhe der Rahmenstücke. Rahmen und Füllung sollten später möglichst eine Fläche bilden.

Der erste Frässchritt beginnt immer mit einem umlaufenden Falz

Einen großen Falz sollten Sie immer in mehreren Etappen heraus fräsen. Zum Schluss wird die Falzhöhe so eingestellt, dass sich oben eine Feder ergibt, deren Stärke exakt und spielfrei zur Nut der Rahmenhölzer passt. Zum Falzen schmaler Füllungen sollten Sie zudem immer einen durchgehenden Anschlag in Form eines Kehlbretts (s. oben und S. 254) oder eines Vorsatzbretts einsetzen.

Bei einem umlaufenden Falz ist es wieder sehr wichtig, dass Sie mit einer Stirnseite beginnen und die Füllung dann gegen den Uhrzeigersinn (Pfeil) drehen, um auch die nachfolgenden Seiten zu bearbeiten. Dadurch sind keinerlei Ausrisse an den Kantenenden zu befürchten. Die Andruckvorrichtung sorgt für einen optimalen Druck auf das Werkstück und schützt zuverlässig die Finger.

Variante 1: Falz mit anschließender Hohlkehle

In vielen Fällen reicht es bereits aus, den Falz mit einem Hohlkehlprofil zu ergänzen. Lassen Sie eine 2 bis maximal 3 mm hohe Kante stehen (Pfeil) und beginnen Sie dann erst mit der Hohlkehle. Das ist deutlich einfacher als eine präzise, bis auf die Falzfläche auslaufende Hohlkehle zu fräsen.

Denn sollte die Füllung nicht hundertprozentig eben sein, besteht dabei die Gefahr, dass der Hohlkehlfräser ein wenig in die Falzfläche hinein fräst. Das müssten Sie dann später wieder mühsam von Hand nacharbeiten. Eine Kante sorgt dagegen immer für einen perfekten Übergang.

Variante 2: Falz mit anschließender Rundung, Kante und Hohlkehle (mit Multiprofilfräser)

Im Grund genommen können Sie die Falzkante mit nahezu jedem Profilfräser bearbeiten, solange er kein Kugellager besitzt (s. Fräser rechts). Die Höhe der Falzkante richtet sich dann maßgeblich nach der Profilhöhe des Fräsers. Anstelle des gesamten Profils aus Rundung, Absatz und Hohlkehle können Sie natürlich auch nur die Rundung oder die Rundung zusammen mit dem Absatz in die Falzkante einfräsen. Dadurch lassen sich die Profilhöhen und Formen in gewissen Grenzen noch etwas anpassen. Da dieses Profil direkt auf der Falzfläche mit einer Abrundung beginnt, können Sie den Fräser in der Höhe auch bis knapp unter die Falzfläche einstellen (s. kleines Bild links.)

Variante 3: Gleiches Profil mit zwei Einzelfräsern (Abrund- und Hohlkehlfräser) herstellen

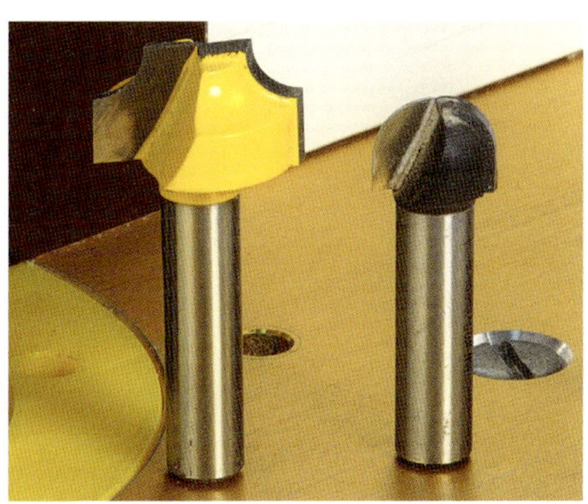

Mit zwei einfachen und deutlich günstigeren Einzelfräsern, die man auch häufig in Fräsersets findet, lässt sich in zwei Arbeitsgängen ein nahezu identisches Profil erzeugen. Dazu wird zuerst der Abrundfräser (hier mit 5-mm-Radius) eingespannt und seine Stirnfläche bis knapp unter die Falzfläche eingestellt. Nachdem die Falzkante ringsum abgerundet ist, kommt der Hohlkehlfräser (R= 5 mm) zum Einsatz. Seine Höhe sollten Sie so einstellen, dass darüber noch eine etwa 2 mm hohe Kante (Pfeil) stehen bleibt.

Mit solchen Kanten und Absätzen lassen sich aber nicht nur schöne Übergänge erzeugen, sondern auch die Profilhöhe der Füllung genau auf die Profilhöhe der Rahmenhölzer abstimmen, so dass Rahmen und Füllung später eine Fläche ergeben. Dadurch lässt sich die gesamte Fläche einer Rahmen-Füllungstür viel einfacher und präziser mit dem Exzenterschleifer weiterbearbeiten.

Schmale und dünne Werkstücke bearbeiten

Werkstücke mit einem großen Querschnitt lassen sich einfacher profilieren als dünne und schmale Leisten, wie man sie oft als Glashalteleisten bei Türrahmen einsetzt (s. Bild rechts). Je kleiner der Querschnitt, umso schwieriger ist es, Andruckvorrichtungen so zu platzieren, dass während des gesamten Fräsvorgangs ein zuverlässiger Druck des Werkstücks gegen Anschlag und Frästisch erfolgt. Ohne ausreichenden Druck beginnen dünne und schmale Leisten aber zu „flattern", sobald Sie von den Fräserschneiden bearbeitet werden. Das ist zum einem sehr gefährlich und zum anderen hinterlässt das auf der Fräsung zahlreiche Messerschläge (Fräservertiefungen), die man später wieder mühsam mit Schleifpapier entfernen muss.

Eine Möglichkeit, das zu verhindern: Das gewünschte Profil zuerst in ein Werkstück mit größerem Querschnitt fräsen und anschließend auf der Tischkreissäge aus diesem Werkstück die erforderliche Breite heraussägen. Das hinterlässt jedoch Sägespuren. Stören die, bedeutet das auch hier wieder zusätzliche Arbeit mit Hobel oder sonstigem Gerät.

Deutlich effektiver, sicherer und am Ende auch zeitsparender ist der Einsatz eines dicken und breiten Führungsbretts mit einem zur Leiste passenden Falz. Dort wird die schmale Leiste einfach eingelegt und beides zusammen am Fräsanschlag vorbei geschoben. So können wieder alle wichtigen Andruckvorrichtungen wie Andruckbögen oder Andruckfedern sicher platziert werden. Damit sind dann meterweise sauber gefräste Profilleisten überhaupt kein Problem mehr.

Das Fräsen von Glashalteleisten gehört zum Standardrepertoire eines jeden Holzwerkers. Nicht nur bei Haustüren (s. oben), sondern auch bei zahlreichen Möbeln werden Glasscheiben oder Füllungen von schmalen und oft sehr filigran profilierten Holzleisten gehalten, damit man sie bei Beschädigungen leichter auswechseln kann.

Auf typischen Multiprofil-Fräsern finden Sie oft das Standardprofil (Hohlkehle, Absatz, Halbstab) für Glashalteleisten in verschiedenen Radien und Abmessungen. Damit können Sie in nur einem Arbeitsgang gleich das gesamte Profil in eine passende rechteckige Leiste (Querschnitt hier 14 x 11 mm) einfräsen.

Es ist generell verboten, ohne Schutz- bzw. Andruckvorrichtungen zu arbeiten. Schon dieser Anblick sagt alles: Keine Fräserabdeckung, Finger viel zu nah im Gefahrenbereich des Fräsers und die Leiste wird aufgrund der großen Profilierung später nicht mehr vollflächig anliegen und ganz sicher wegkippen!

1. Schmale Profilleiste ohne Falz herstellen

Permanenter Druck dort, wo es nötig ist: Mit dem vertikalen Druckbalken (roter Pfeil) wird die schmale Leiste fest auf den Frästisch gedrückt, während gleichzeitig der horizontale Druckbalken (blauer Pfeil) die Leiste sicher am Fräsanschlag hält. Auf diese Weise ist jederzeit eine präzise Fräsung ohne Flattern und Messerschläge gewährleistet. Den ausführlichen Bauplan zu dieser genialen Andruckvorrichtung finden Sie ab Seite 256.

Da die Leiste quasi von der Andruckvorrichtung eingeklemmt wird, ist selbst bei einer derart großen Profilierung kein Abkippen zu befürchten. Die Leiste lässt sich allerdings weder mit Schiebestock noch Schiebeplatte vorschieben. Setzen Sie dazu am besten ein ausreichend langes Leistenreststück im gleichen Querschnitt ein. Damit schieben Sie die Profilleiste einfach weiter, bis sie aus dem Druckbereich der Vorrichtung heraus ist. Dann ziehen Sie das Leistenreststück einfach wieder zurück.

Arbeiten mit einem Führungsbrett

Als Führungsbrett eignet sich jegliches Massivholzbrett, das mindestens 10 bis 15 mm dicker ist als die darin eingelegte Leiste. Eine optimale Brettbreite beginnt bei etwa 60 mm und sollte 100 mm nicht übersteigen, sonst wird das Brett zu unhandlich. Wenn Sie den Falz in das Führungsbrett einfräsen, ist es wichtig, dass Sie die Falzhöhe exakt auf die Leiste abstimmen. Sie darf später im Falz auf keinen Fall wackeln oder Luft haben. Das Führungsbrett muss die eingelegte Leiste immer fest nach unten auf den Frästisch drücken. Im Zweifel sollte die Leiste lieber einen Zehntelmillimeter vorstehen. Die Falzbreite kann entweder passend zur Leiste hergestellt werden oder, je nach Profilierung, auch etwas geringer ausfallen. Dann fräst man nicht ständig in die Kante des Führungsbretts, was aber auch nicht weiter schlimm wäre. Wichtig ist nur, dass die Leiste auch nach der Profilierung noch sicher im Falz liegt und nicht abkippen kann. Zum Schluss schrauben Sie noch ein dünnes Brettchen auf das Stirnende des Führungsbretts. Das ist quasi der Mitnehmer, der verhindert, dass die Leiste hinten wieder rausrutscht.

Die Leiste wird zuerst in das Führungsbrett eingelegt (kleines Bild oben) und anschließend beides zusammen am Fräsanschlag vorbei geschoben. Aufgrund der Größe des Führungsbretts lassen sich auch die Andruckfedern deutlich flexibler platzieren. Es bleibt auch genügend Platz zum Einsatz eines Schiebestocks. So ist dann auch ein stetiger und durchgängiger Vorschub ohne Brandstellen im Werkstück gewährleistet. Es ist auch nicht weiter schlimm, dass das Führungsbrett an der oberen Falzkante mit profiliert wird (s. Pfeil kleines Bild unten).

2. Schmale Profilleiste mit Falz herstellen

Je mehr Sie von einer schmalen Leiste wegfräsen, umso wichtiger ist es, die Reihenfolge der einzelnen Frässchritte genau zu planen. Denn auch bei üppigen Profilen muss die Leiste zu jeder Zeit immer an zwei Punkten sicher im Falz des Führungsbretts anliegen (s. Pfeile in Bild 2). Wenn Sie beispielsweise in die Glashalteleiste von der vorherigen Seite noch einen Falz einfräsen möchten, können Sie das bei unserem Profilfräser nur dann mit demselben Führungsbrett machen, wenn Sie dort auch einen neuen Falz einfräsen (s. a. Infos in Bild 1). Das ist jetzt kein großes Drama, aber natürlich etwas Mehraufwand.

Es kann sich daher lohnen, je nach Profilfräser und Leistenquerschnitt einmal vorab zu testen, ob man durch einen simplen Tausch der beiden Frässchritte (also zuerst Falzen und danach erst Profilieren) keinen neuen Falz mehr ins Führungsbrett fräsen muss (s. Bild 4 und 5). Aber egal, ob neuer Falz oder nicht, mit der Führungsbrettmethode können Sie auf jeden Fall an jede noch so dünne und schmale Leiste einen Falz, eine Nut oder eine aufwändige Profilierung anfräsen. Und das nicht nur absolut sicher, sondern vor allem hundertprozentig präzise und ohne auch nur die geringsten Fehlfräsungen und Brandstellen.

1 Wird zuerst das Profil angefräst, dann fräst der überstehende Teil des Profilfräsers auch eine kleine Profilierung in den Falz des Führungsbretts. Die Folge: Die Profilierung müssen Sie danach wegschneiden und einen neuen Falz anfräsen.

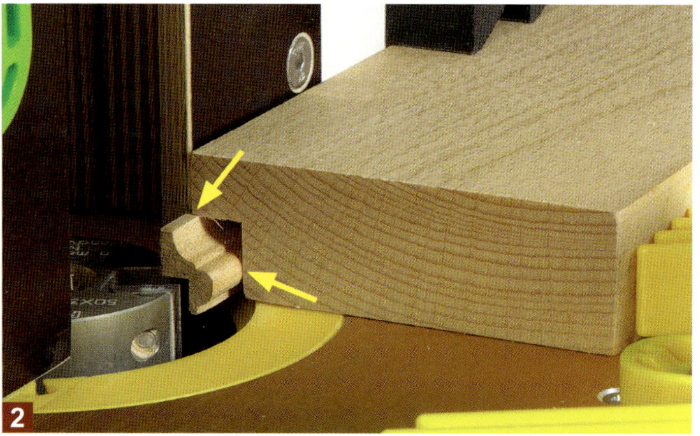

2 Nur dann liegt das Profil wieder sicher mit zwei Anlagekanten (Pfeile) im Falz des Führungsbretts an und kann nicht wegkippeln.

3 Zusammen mit den Druckfedern sind auf diese Weise extrem saubere Fräsungen möglich, die weder Messerschläge noch Brandspuren aufweisen.

Variante: Zuerst Falzen und anschließend Profilieren

4

5

Je nach Profilform kann es auch Sinn machen, zuerst den Falz einzufräsen und erst danach die Profilierung herzustellen. Dazu wird die Leiste nach dem Falzen (Bild 4) gedreht und mit dem soeben gefrästen Falz in den Falz des Führungsbretts eingelegt (Bild 5). Jetzt ist es wichtig, dass die Leiste dicht im Führungsbrett anliegt und auch nach der üppigen Profilierung im Falz des Führungsbretts von oben und von der Seite gestützt wird (Pfeile), um ein Wegkippen zu verhindern.

Auch ohne den Einsatz eines Führungsbretts sicher und präzise fräsen

Wenn Sie sich eine Andruckvorrichtung mit zwei separaten Druckmodulen bauen (s. a. vorletzte Seite Bild 1 und 2), dann können Sie in den allermeisten Fällen auf den Einsatz eines Führungsbretts verzichten. Ich kann Ihnen den Bau (s. S. 256) also wärmstens ans Herz legen, weil Sie sich damit auf Dauer lästige Zusatzarbeiten wie den Bau eines Führungsbretts sparen können. Vor allem aber können Sie die Form der Druckmodule selbst bestimmen und individuell auf ihre Profilform anpassen.

Beim Einsatz von zwei Druckmodulen können Sie die Profilleiste beim Falzen wieder flach mit einer größeren Auflagefläche über den Frästisch führen.

1 Das obere Druckmodul wird auf der Rundung platziert und drückt die Leiste auf den Frästisch. Das seitliche Druckmodul liegt mit der gerundeten Kante dicht in der Hohlkehle an und hält die …

2 … Leiste gleichzeitig am Fräsanschlag. Beide Druckmodule sorgen im Zusammenspiel dafür, dass die Profilleiste zu keiner Zeit wegkippen kann. Bei schmalen Leisten müssen Sie also immer …

3 … beide Druckmodule einsetzen. Damit gelingen Ihnen dann über die gesamte Leistenlänge hinweg absolut saubere und präzise Fräsungen, die keinerlei Nacharbeit mehr bedürfen.

Die letzte Herausforderung ist, die fertigen Profilleisten präzise auf Gehrung zu schneiden und sauber zwischen die Rahmenkanten einzupassen.

Hier der Blick auf einen schönen, aber schlichten Rahmen ohne profilierte Innenkanten und einer simplen eingenuteten Sperrholzfüllung.

Hier derselbe Rahmen mit den auf Gehrung zugeschnittenen und sauber eingepassten Profilleisten. Auch das ist eine durchaus reizvolle Option!

Kurze Werkstücke und Stirnkanten sicher bearbeiten

Mit einem einfach herzustellenden Führungsbrett sind Sie nun in der Lage, im Handumdrehen dünne und schmale Leisten sicher auf dem Frästisch zu bearbeiten. Die nächste Herausforderung, der wir uns stellen möchten, ist das sichere Fräsen von kurzen Werkstücken und schmalen Stirnkanten.

Ein normaler Fräsanschlag mit zwei verschiebbaren und geteilten Fräsbacken hat in der Mitte immer eine mehr oder weniger große Lücke für den Fräser. Werkstücke, die mindestens dreimal so lang sind, wie diese Lücke können aber problemlos am Fräsanschlag vorbei geschoben werden. Sind die Werkstücke jedoch kürzer, besteht die Gefahr, dass der Fräser das Werkstück in diese Lücke hinein zieht. Um das zu verhindern, muss die Anschlaglücke mit entsprechenden Hilfsmitteln verschlossen werden, damit man für kurze Werkstücke eine durchgehende Anschlagkante erhält. Zum Verschließen dieser Lücke eignet sich beispielsweise ein sogenanntes Vorsatzbrett, dass man sich leicht selbst herstellen kann (s. a. S. 22).

Dieses Vorsatzbrett ist aber nur die halbe Miete, denn zum Vorschieben der kurzen Werkstücke benötigen Sie noch ein Winkelbrett. Das ist ein einfaches, genau rechtwinklig zugeschnittenes Brett, mit einem schräg aufgeschraubten Griffholz. Ein Winkelbrett wird hauptsächlich zur Bearbeitung von schmalen Stirnkanten (z. B. bei Rahmenhölzern) eingesetzt. Dazu wird das Rahmenholz gegen die Brettkante gelegt und zusammen mit dem Winkelbrett am Anschlag vorbei geschoben. Damit man dasselbe Winkelbrett aber auch zum Längsfräsen kurzer Rahmenstücke einsetzen kann, habe ich an eine Kante noch eine dünne Leiste angeschraubt, die etwa 8 mm übersteht. Dieser Überstand fungiert dann quasi als Mitnehmer, ähnlich wie die Ausklinkung bei einer Schiebeplatte. Das Winkelbrett kann also durch Drehen auf die jeweilige Kante gleich zwei Vorschubaufgaben erledigen und man spart sich so den ständigen und zeitaufwändigen Wechsel zwischen Winkelbrett und Schiebeplatte. Aber schauen wir uns das am besten mal an einem konkreten Anwendungsbeispiel etwas genauer an.

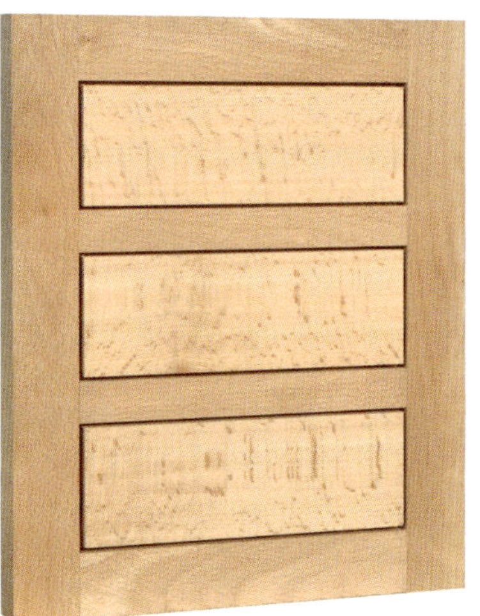

Diese kleine Rahmenkonstruktion (300 x 245 mm) mit schmalen Sprossen und Füllungen, eignet sich hervorragend als Übungswerkstück (s. nächste Seite).

Das Nuten, Falzen oder Profilieren kurzer Werkstücke und schmaler Stirnkanten kommt im Möbelbau relativ häufig vor. Daher ist es wichtig, dass Sie sich mit dem Umgang von Vorsatzbrett und Winkelbrett auskennen und auch beides in der Werkstatt immer griffbereit halten.

Vorsatzbrett und Winkelbrett sind Pflicht!

Einfaches Vorsatzbrett aus Multiplex (mind. 12 mm dick)

Winkelbrett zum Vorschieben der Werkstücke

Mit Vorsatzbrett und Winkelbrett gelingt das Fräsen kurzer Werkstücke und Stirnkanten auf Anhieb. Das Vorsatzbrett sorgt für die durchgehende Anschlagfläche, während das Winkelbrett für den sicheren und präzisen Werkstücktransport verantwortlich ist. Beides ist in relativ kurzer Zeit selbst gebaut und kostet nur wenige Euros.

Zum Nuten von Werkstückkanten immer einen Scheibennutfräser einsetzen

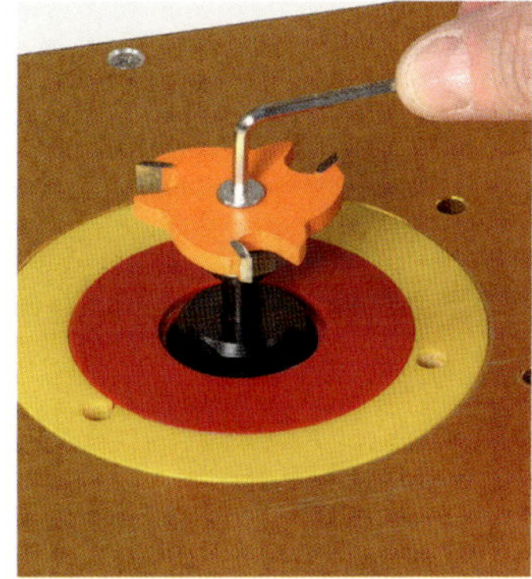

Ein Set aus unterschiedlich dicken Scheiben und Aufnahmedorne gehört zu jedem Frästisch, denn zum Nuten von Werkstückkanten gibt es nichts besseres als einen Scheibennutfräser (s. a. S. 74). Als erstes sollten Sie immer den Aufnahmedorn fest in der Spannzange befestigen. Das bietet gleich mehrere Vorteile: Erstens lassen sich die Scheiben leichter montieren und festziehen, wenn man den Spindelstopp der Maschine drückt. Zweitens sieht man sofort, ob die Scheibe auch richtig mit den Schneiden nach rechts zeigend (gegen den Uhrzeigersinn) aufgespannt sind. Das ist nämlich einer der häufigsten Fehler beim Einsatz von Scheibennutfräsern! Und drittens kann man auf diese Weise auch die Fräseröffnung in der Aluplatte mit kleinen Einlegeringen möglichst eng verschließen. Also erst immer den Aufnahmedorn, dann die Einlegeringe und erst ganz zum Schluss die Scheibe (hier eine mit 6 mm Dicke) montieren.

Das Kehlbrett: Die High-End-Alternative zum Vorsatzbrett

Anschlagbacken mit auswechselbaren Splitterzungen (1) und Kehlbrettchen (2) findet man häufig bei großen professionellen Tischfräsen. Vor allem die Kehlbretter sind extrem nützlich, weil sie den gleichen Zweck erfüllen wie ein Vorsatzbrett (Anleitung zum Umrüsten der Anschlagbacken s. S. 254). Da die Splitterzungen und Kehlbretter in einer T-Nutschiene befestigt werden, sind sie deutlich schneller und einfacher montiert als ein herkömmliches Vorsatzbrett. Auch Andruckfedern lassen sich problemlos weiter nutzen.

Das Kehlbrett ist in den T-Nutschienen höhenverstellbar und wird erst mal nur grob mit ausreichend Luft über dem Fräser befestigt. Anschließend stellen Sie zuerst mit einer Messbrücke die Fräserhöhe ein. In unserem Fall soll der Abstand zwischen Tischfläche und Nutfräser exakt 8 mm betragen. Die Scheibendicke von 6 mm hinzuaddiert, muss die Messbrücke also 14 mm anzeigen. Ist dieses Maß eingestellt, senken Sie als letztes das Kehlbrett bis auf etwa 2 mm auf die Fräserschneiden ab.

1

2

Die drei Füllungen (Pos. 4) erhalten ringsum eine 8 mm breite und 10 mm tiefe Nut. Die Nutbreite sollte etwa einem Drittel der Holzstärke entsprechen (hier 24 mm : 3 = 8 mm). Hier ist eine Scheibendicke von 5 bis 6 mm optimal. Denn um die erforderlichen 8 mm zu bekommen, drehen Sie das Werkstück nach der ersten Fräsung einfach auf die gegenüberliegende Fläche um und erweitern die Nut (s. Bild 2). Dadurch verläuft sie dann auch automatisch in der Kantenmitte der Füllung. Die Nutbreite muss auch nicht genau 8 mm ...

... betragen, denn die Feder an den Rahmenhölzern lässt sich später mit einem Restholz problemlos und wirklich exakt auf die tatsächliche Nutbreite einstellen. Die Füllung selbst wird mit der Längskante an das Winkelbrett gelegt und beides zusammen am Fräser vorbei geschoben. Die obere Stirnkante liegt dabei jederzeit sicher am Kehlbrett an (Pfeil). Die Andruckvorrichtung von oben (s. Bild 1) sorgt für einen optimalen Druck auf den Maschinentisch und deckt weiträumig den offenen Fräserbereich ab.

3

4

Wenn die beiden Stirnkanten genutet sind, legen Sie die Füllung mit der Längskante an den Anschlag. Das Winkelbrett drehen Sie um 90°, sodass die vorstehende Leiste am hinteren Ende der Füllung anliegt. Jetzt können Sie die kurze Füllung mithilfe des Winkelbretts gefahrlos am Fräser vorbei schieben. Mit der Leiste am Winkelbrett schieben Sie die Füllung nach vorne und mit der Kante üben Sie seitlichen Druck auf das Vorsatzbrett aus. Die Hände befinden sich beide am Winkelbrett und weit aus dem Gefahrenbereich des Fräsers entfernt.

Auch hier wieder die Nut (durch Wenden der Füllung) in zwei Schritten auf 8 mm Nutbreite erweitern. Das Ergebnis ist eine ringsum präzise genutete Füllung ohne Ausrisse (kleines Bild). Vergessen Sie nicht, dass auch die beiden Querfriese (Pos. 2) und Sprossen (Pos. 3) an der Stirnkante ebenfalls diese Nut bekommen. Bevor Sie also den Falzfräser aufspannen, nuten Sie auf die gleiche Weise, wie in Bild 1 und 2 bei den Füllungen zu sehen, zuvor nur die Stirnkanten der Positionen 2 und 3 mit der gleichen Fräsereinstellung.

5

Zum Anfräsen der Feder setzen Sie am besten einen Falzfräser oder einen möglichst großen Nutfräser (Ø ab 20 mm) ein. Den Fräser stellen Sie so ein, dass er 8 mm über der Tischfläche und 10 mm aus den Anschlagbacken heraus steht. Und ganz wichtig: Fräsen Sie nicht gleich an die Originalteile die Feder an, sondern testen Sie die Einstellung des Fräsers zunächst an einem Restholz gleicher Stärke.

6

Die Feder ergibt sich automatisch, wenn das Werkstück nach dem ersten Falzen (wie beim Nuten) auf die gegenüberliegende Seite gewendet wird, um es ein weiteres Mal zu falzen. Die dabei entstandene Feder befindet sich auf diese Weise ebenfalls wieder exakt in der Kantenmitte. Die Federstärke kann durch Heben und Senken des Falzfräsers genau nachjustiert werden. Sie sollte zwar fest in der Nut sitzen, sich aber von Hand noch bequem einstecken lassen.

7

8

Die Querfriese (Pos. 2) bekommen nur an einer Längskante eine Feder angefräst, während die Sprossen (Pos. 3) an beiden Kanten eine Feder benötigen. Auch die aufrechten Rahmenfriese (Längsfriese Pos. 1) dürfen Sie nicht vergessen, denn auch die benötigen an einer Längskante eine Feder (s. Bild 8).

Materialliste: Kleine Rahmenkonstruktion

Pos.	Anz.	Bezeichnung	Maße (mm)	Material
1	2	Längsfriese	300 x 45	24 mm Massivholz (hier Buche)
2	2	Querfriese	175 x 45	
3	2	Sprossen	175 x 45	
4	3	Füllungen	171 x 56	

Scheibennutfräser gehören in jede Frässersammlung

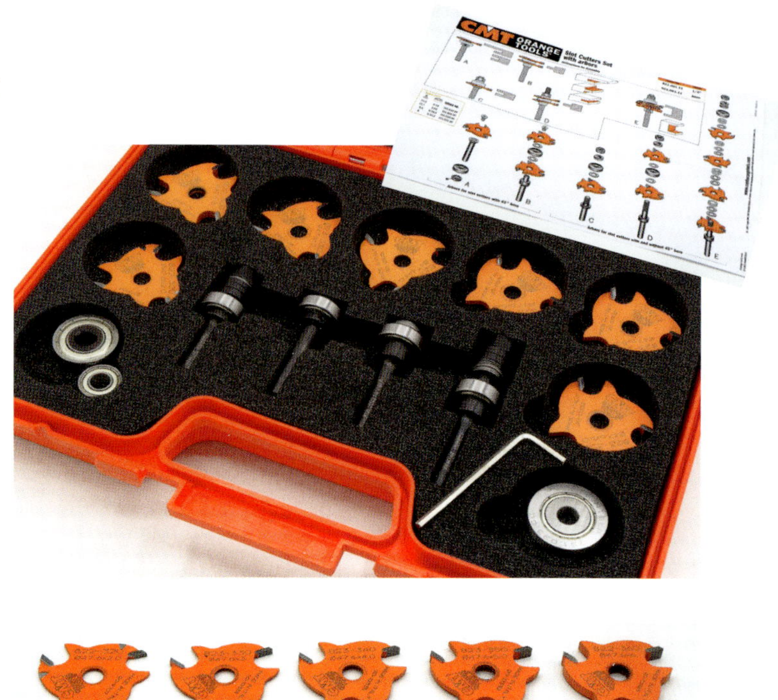

Ich bin eigentlich kein Freund von fest bestückten Fräsersätzen, weil man dort auch oft exotische Profilformen mitkauft, die man voraussichtlich nie einsetzen wird. Bei dem rechts abgebildeten Set aus Scheibennutfräsern und Aufnahmedornen der Fa. CMT mache ich jedoch mal eine Ausnahme. Denn Scheibennutfräser gehören zusammen mit dem Wendeplatten-Falzkopf (s. S. 45) definitiv zur Grundausstattung eines jeden ambitionierten Frästischnutzers. Wie gut diese beiden Fräsertypen miteinander harmonieren und sich ergänzen, konnten Sie bereits auf den vorherigen Seiten eindrucksvoll miterleben.

Mit etwa 230 Euro (Stand Herbst 2021) ist dieses Fräser-Set zwar auf den ersten Blick kein Schnäppchen, aber aufgrund der vielseitigen Anwendungsmöglichkeiten (s. Bildfolgen) wirklich jeden Cent wert! Zudem kann man, gegenüber dem Einzelkauf aller im Set enthaltenen Komponenten, bis zu 100 Euro sparen.

Bestückt mit vier unterschiedlichen Aufnahmedornen, sieben Frässcheiben (Dicke = 2; 3; 4; 5 und 6 mm), sowie vier verschiedenen Kugellagern (Ø = 19; 22; 28,6 und 31,7 mm), deckt dieses Set so ziemlich alles ab, was an Nutarbeiten auf dem Frästisch anfallen kann. Die Scheiben selbst besitzen jeweils drei (!) HW-Schneiden und haben einen Durchmesser von 47,6 mm. Damit erreichen sie bei einer üblichen Drehzahl von 20.000 U/min eine für Holz sehr gute Schnittgeschwindigkeit von knapp 50 m/sec. Dieser Wert toppt jedenfalls alle normalen Nutfräser von 2 bis 6 mm Durchmesser um das Zehnfache und mehr! Und auch auf die Gefahr hin, dass ich mich jetzt wiederhole, nochmals der Hinweis: **Setzen Sie zum Nuten, wenn es die Anwendung und das Werkstück zulassen, immer einen Scheibennutfräser ein!**

Je nachdem, welches der vier Kugellager Sie nun auf dem Dorn einsetzen, sind Nuttiefen in geschweiften Werkstückformen von 7,95; 9,5; 12,8 und 14,3 mm möglich. Müssen keine geschweiften Formen genutet werden, dann können Sie natürlich auch auf den Einsatz eines Kugellagers verzichten. Denn wenn Sie kein Kugellager aufstecken, erhöht sich die maximale Nuttiefe sogar auf bis zu 16 mm. Und zum Schluss noch der Hinweis, dass alle Aufnahmedorne einen 8-mm-Schaft besitzen und so auch problemlos auf vielen kleineren Oberfräsen einsetzbar sind.

Nut- und Feder-Fräsungen und sogar Fingerzinken sind möglich

Dass sich die Anschaffung eines solchen Frässersets wirklich lohnen kann, unterstreichen bereits diese fünf Werkstückskizzen. Durch das geschickte Anordnen bzw. Stapeln von unterschiedlichen Frässcheiben, Kugellagern und Zwischenringen lassen sich eine Vielzahl von Nut- und Federfräsungen realisieren, die vor allem im Möbelbau auch häufig vorkommen. Und mit den drei 5-mm-Frässcheiben können Sie sogar Fingerzinken herstellen.

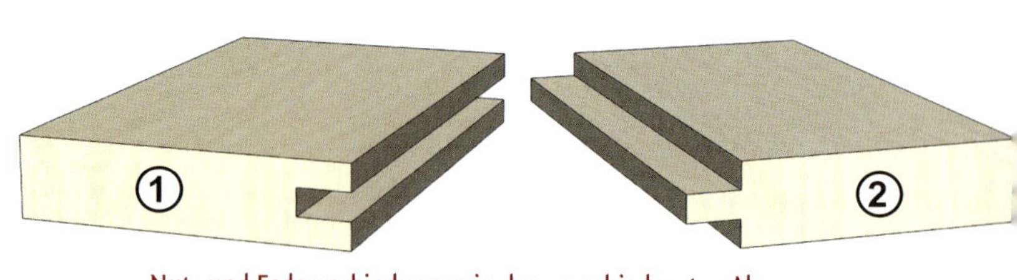

Nut- und Federverbindungen in den verschiedensten Abmessungen

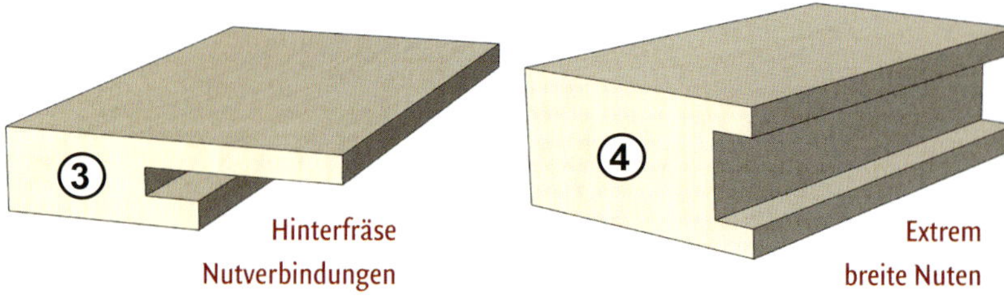

Hinterfräse Nutverbindungen

Extrem breite Nuten

Fingerzinken im Abstand von 5 mm (mehr dazu ab Seite 76)

1. Aufnahmedorn A mit Senkkopf-Maschinenschraube und am Schaft laufendem Kugellager

Dieser Dorn besitzt am Ende eine Gewindebohrung für eine Maschinen-Senkkopfschraube. Passend zur 45°-Senkung des Schraubenkopfes sind alle Scheiben an den Innenkanten der Aufnahmebohrungen etwas angeschrägt. Die Schraubensenkung zentriert die Scheibe also automatisch, wenn sie angezogen wird. Da sich die Schraube immer unterhalb des Schnittbereichs der Nutscheibe befindet, kann oberhalb der Scheibe beliebig viel vom Werkstück stehen bleiben. Dadurch kann die Scheibe nicht nur zum einfachen Nuten (1), sondern auch zum Hinterfräsen eines Falzes (2) oder einer Nut (3) genutzt werden. Der extrem vielseitig verwendbare Aufnahmedorn kann sowohl ohne, als auch mit Kugellager eingesetzt werden. Dazu wird das Kugellager zuerst auf den Schaft gesteckt, gefolgt von dem kleinen schwarzen Sicherungsring, der dann zum Schluss mit einer Madenschraube am Schaft fixiert wird.

2. Fräsdorn B mit Senkkopf-Maschinenschraube und zwischen den Scheiben laufendem Kugellager

Dieser Dorn besitzt am oberen Ende einen glatten Aufnahmestift (etwa 10 mm lang), auf den man eine Scheibe und ein Kugellager spielfrei und exakt zentriert aufstecken kann. Für die zweite oberste Scheibe gibt es wieder am Ende des Stifts eine Gewindebohrung für die Senkkopfschraube. Den Abstand zwischen den Scheiben kann man mit unterschiedlichen Unterlegscheibchen auf den Zehntelmillimeter genau einstellen. Somit lässt sich die Federdicke auch exakt einer vorhandenen Nut anpassen.

3. Fräsdorn C mit Sechskantmutter und über der Scheibe laufendem Kugellager

7 mm Nutbreite = 5er und 3er Scheibe
8 mm Nutbreite = 5er und 4er Scheibe
9 mm Nutbreite = 5er und 5er Scheibe
10 mm Nutbreite = 5er und 6er Scheibe

Dieser Dorn besitzt am Ende ein Maschinengewinde passend zu einer Sechskantmutter. Unterhalb des Gewindes befindet sich wieder ein glatter Teil, auf den man auch Scheiben montieren kann, die keine Zentrier-Senkung an der Aufnahmebohrung haben. Der glatte Teil unterhalb des Gewindes ist mit gut 10 mm nicht sonderlich lang, so dass Sie hier nicht mehr als zwei Scheiben übereinander anordnen können: Allerdings nur, wenn Sie das Kugellager weglassen. Denn sowohl Kugellager, als auch Scheibenbohrung dürfen sich niemals im Gewindebereich befinden, sonst ist keine vernünftige Zentrierung mehr möglich. Für die Nutbreiten von 2 bis 6 mm setzen Sie Einzelscheiben ein und von 7 bis 10 mm die o. a. Kombinationen mit U-Scheibchen dazwischen.

4. Fräsdorn D mit Sechskantmutter und beliebiger Platzierung von Scheiben und Kugellagern

Dieser Dorn besitzt ebenfalls am Ende ein Maschinengewinde mit einer Sechskantmutter. Allerdings fällt der glatte Teil ohne Gewinde mit 22 mm deutlich länger aus, so dass Sie in diesem Bereich auch problemlos mehrere Scheiben übereinander anordnen können. Natürlich gilt auch hier wieder: Die Scheiben und Kugellager dürfen sich nicht im Gewindebereich befinden! Aufgrund der drei Schneiden sollten Sie zwischen zwei orangenen Scheibenflächen mit Unterlegscheiben immer für einen Abstand von etwa 1 mm sorgen. Dazu können Sie auch problemlos Scheiben und Zwischenringe von den anderen Aufnahmedornen benutzen, denn alle Komponenten sind untereinander tauschbar.

Die maximale Nutbreite beträgt bei drei 5er und einer 6er Scheibe etwa 19 mm. Lassen Sie das Kugellager weg und stecken dafür noch eine 4er Scheibe auf, erhöht sich die Nutbreite sogar auf etwa 22 mm. Denken Sie aber daran: Mehr Scheiben bedeuten auch mehr Gewicht für den dünnen 8er Schaft!

Mit dem Fräsdorn D und zwei bis drei 5-mm-Nutscheiben Fingerzinken herstellen

Im Set befinden sich drei 5-mm-Scheiben, die man auch sehr gut zum Fingerzinken einsetzen kann. Dazu werden sie mithilfe von Distanzringen und U-Scheibchen im Abstand von je 5 mm auf dem Fräsdorn angeordnet (s. Bild rechts). Mit der Umschlagmethode können Sie dann bis zu 55 mm breite Brettchen zinken (=11 Zinken x 5 mm). Mit etwas mehr Einstellarbeit sind aber auch bis zu 65 mm (= 13 Zinken x 5 mm) möglich Dazu stellen Sie zuerst den Abstand zur untersten Scheibe auf exakt 5 mm ein.

1

2 Die Schneiden ein klein wenig mehr als die Brettchenstärke aus dem Fräsanschlag vorstehen lassen und den Anschlag exakt parallel zur Tischnut …

3 … einstellen. Damit die Brettchen an der Rückseite nicht ausreißen, noch ein Splitterholz vor den Queranschlag festschrauben. Am Splitterholz …

4 kann man auch gleich die erste Fräsung nachmessen. Passt alles, die Werkstücke unbedingt mit einer Zwinge am Queranschlag sichern, damit sie …

5

… nicht in die Anschlaglücke gezogen werden. Am besten eignen sich solche Parallelzwingen aus Holz, die auch gleichzeitig als Fingerschutz dienen.

6

Sind die ersten Zinken eingefräst, drehen Sie das Werkstück auf die andere Kante (Umschlagmethode) und fixieren es wieder mit der Holzzwinge.

7

Auf diese Weise haben Sie schon mal die mit drei 5er-Scheiben maximal mögliche Zinkenanzahl in das Brettchen gefräst (hier 65 mm hoch).

8

Zum Fräsen der Gegenbrettchen, drehen Sie das Splitterholz und schrauben es mit dem anderen Ende dicht am Anschlag anliegend wieder fest.

9

Anschließend stellen Sie die Fräserhöhe neu ein und zwar so, dass die Scheiben exakt mit den vorhin gefrästen Zinken fluchten. Dann spannen …

10

.. Sie das Gegenbrettchen am Queranschlag fest und fräsen wieder mit der Umschlagmethode von beiden Kanten aus die Fingerzinken ein. In der …

11

12

… Mitte bleibt dann ein breiter Rest stehen, der auch noch gezinkt wird. Dazu den Fräser um 10 mm anheben, so dass sich die unteren beiden Scheiben genau in den Zwischenräumen befinden. Auf diese Weise erhalten Sie dann eine passgenaue Fingerzinkung (Bild 12 und 13).

13

Schmale Schubkästen können Sie mit einem solchen Scheibennutfräser jedenfalls deutlich schneller zinken als mit jeder anderen Zinken-Vorrichtung.

Scheibennutfräser XXL für Zapfen, Schlitze, Nuten und Federn

Wenn Sie noch größere Nut- und Federtiefen sowie Schlitz und Zapfen herstellen möchten und Ihre Oberfräse auch 12-mm-Schäfte aufnahmen kann, dann wäre dieser Fräser genau das Richtige für Sie. Für etwa 160 Euro (Stand Herbst 2021) bekommen Sie einen stabilen Aufnahmedorn mit 12-mm-Schaft, vier Frässcheiben (Ø 75 mm und 6,35 mm Schneidendicke) und jede Menge Zwischenringe und U-Scheiben. Der Fräser darf aufgrund seines enormen Durchmessers nur mit maximal 12.000 U/min betrieben werden. Doch auch damit erreicht er problemlos eine für Holz optimale Schnittgeschwindigkeit von 47 m/sec.

Die Frässcheiben lassen sich wieder beliebig auf dem 27 mm langen glatten Bereich des Fräsdorns anordnen. Den Abstand zwischen den Scheiben können Sie dazu mit passenden Zwischenringen und Unterlegscheibchen einstellen. Auf diese Weise sind beispielsweise Zapfendicken von 4,76 bis 9,5 mm möglich. Die maximale Zapfenlänge beträgt 27 mm. Mit dieser enormen Frästiefe können Sie natürlich auch Nuten herstellen. Die Nutbreiten beginnen dann bei 6,35 mm, wenn nur eine Scheibe zum Einsatz kommt, und kann bis zu 20 mm betragen, wenn Sie drei Scheiben übereinanderlegen. Auch für das Anfräsen von Fingerzinken oder Doppelzapfen können Sie den Fräser einsetzen (s. S. 82). Beginnen wir aber erst mal Schritt für Schritt mit der Herstellung eines Rahmens mit Schlitz und Zapfen und Innennut für eine Füllung.

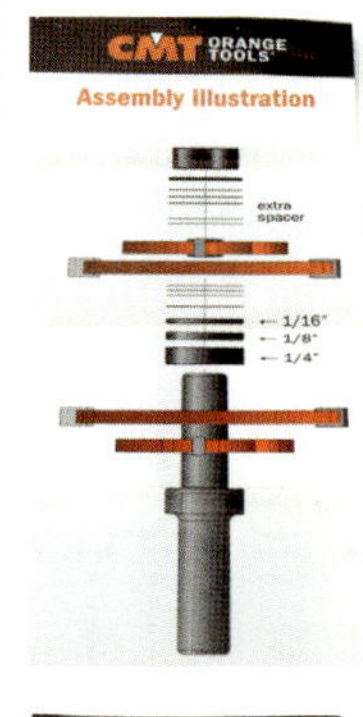

Tenon Cutting	No. Spacer 1/4"	1/8"	1/16"
3/16"	1	0	0
1/4"	1	0	1
5/16"	1	1	0
3/8"	1	1	1

Schritt 1: Den Fräsdorn mit Scheiben und Zwischenringen bestücken

Spannen Sie zuerst den Fräsdorn in die Maschine und halten Sie alle Frässcheiben und Zwischenringe bereit. Stecken Sie als nächstes zwei Scheiben auf …

… den Dorn. Die Scheiben können hier dicht aufeinandergelegt werden, wichtig ist nur, dass die HW-Schneiden immer kreuzweise zueinanderstehen.

Für einen knapp 8 mm dicken Zapfen stecken Sie jetzt einen hohen (6,35 mm) und einen mittleren (3,175 mm) Zwischenring auf den Dorn.

Danach folgen zwei weitere Frässcheiben, die Sie dicht zusammenstoßen und deren Schneiden wieder kreuzweise zueinander gedreht sind. Dadurch …

5

… verteilt sich der Schnittdruck besser, der Fräser läuft ruhiger und das Fräsergebnis ist sauberer. Zum Schluss stecken Sie oben noch mindestens den dünnen 1,6 mm Zwischenring auf und sichern dann alles mit der schwarzen …

6

… Sechskantmutter. Das geht am besten, wenn Sie den Spindelstopp der Maschinen drücken. Ganz wichtig: Das Gewinde des Dorns muss in jedem Fall über der Mutter vorstehen und zwar mit mindestens einem Gewindegang!

Schritt 2: Anfräsen der Zapfen

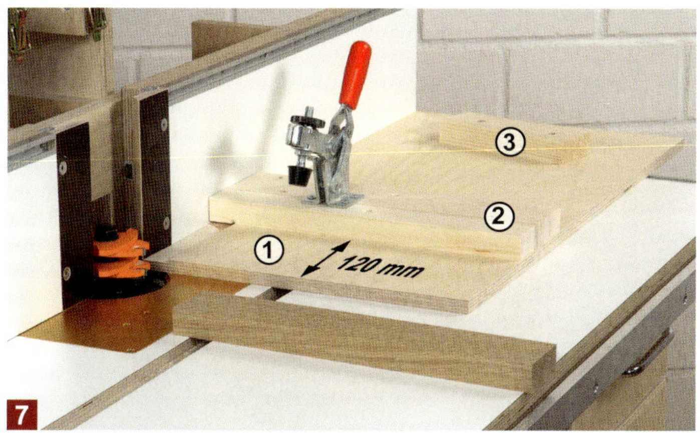

7

Damit Sie mit einem derart mächtigen Fräser an die schmalen Stirnenden absolut sicher und präzise Zapfen anfräsen können, sollten Sie sich unbedingt noch eine solche Zuführlade herstellen. Das geht wirklich fix, denn neben einer 12 mm dicken exakt rechtwinklig zugeschnittenen Multiplexplatte (Pos. 1: 500 x 250 mm), benötigen Sie lediglich noch ein Splitterholz (Pos. 2: 250 x 120 mm) und eine hintere Handauflage (Pos. 3: 100 x 50 mm). Splitterholz und Werkstück sollten möglichst gleich dick sein, dann lässt sich auch problemlos eine Andruckvorrichtung von oben einsetzen. Das Splitterholz wird einfach im Abstand von etwa 120 mm exakt rechtwinklig auf die Multiplexplatte geschraubt. Die hintere Handauflage schrauben Sie leicht schräg auf die Platte. Zum Festspannen und einfachem Wechseln der Werkstücke ist ein kräftiger Schnellspanner (auch Kniehebelspanner genannt) am besten geeignet.

8

Spannen Sie das Querrahmenstück, an den die Zapfen angefräst werden, dicht am Splitterholz und mit einem Ende dicht am Fräsanschlag anliegend mit dem Schnellspanner fest. Senken Sie den oberen Andruckschuh auf Rahmen- und Splitterholz ab und schalten Sie danach die Maschine ein. Jetzt schieben Sie …

9

… die Zuführlade samt Rahmenstück dicht am Fräsanschlag anliegend in den Fräser hinein, bis der komplette Zapfen angefräst ist. Danach ziehen Sie die Zuführlade samt festgespanntem Rahmenstück wieder dicht am Anschlag anliegend zurück und wiederholen den Vorgang mit dem anderen Stirnende.

Schritt 3: Umrüsten und Einstellen des Fräsers zum Schlitzen und Nuten

10

11

Zwei Frässcheiben dicht zusammen ergeben eine Schlitzbreite von knapp 11 mm. Wenn Sie dünnere Schlitze benötigen (hier mit knapp 8 mm), dann nutzt man nur eine Frässcheibe. Damit lassen sich entweder mit der Umschlagmethode oder durch Heben und Senken des Fräsers Schlitz- oder Nutbreiten ab 6,35 mm erzeugen. Am einfachsten geht das, wenn Sie nur eine Scheibe aufspannen und alle anderen entfernen. Da sich die beiden unteren Scheiben bei unserer Rahmenstärke unter dem Tischniveau befinden und ...

... nicht ins Fräsgeschehen eingreifen, können sie auch montiert bleiben. Sie müssen dann allerdings nach der Umschlagmethode arbeiten und die obere Frässcheibe exakt bündig zur Unterkante (Pfeil) des Zapfens einstellen. Und das setzt voraus, dass sich auch der Zapfen genau mittig zur Rahmendicke befinden muss. Ist das nicht der Fall, sollten Sie nur eine Scheibe einsetzen und den Fräser für den zweiten Frägang etwas Anheben, so dass sich die obere Schneidkante jetzt exakt bündig zur oberen Zapfenfläche befindet.

Schritt 4: Schlitze für die Zapfen an den Enden der Längsrahmen anfräsen

12

13

Die 27 mm tiefen Schlitze sollen jedoch nicht durchgefräst werden, sondern nur soweit, wie es die Zapfenbreite erfordert. Deshalb begrenzen Sie den Fräsvorgang mit einem Stoppbrett. Die Längsrahmenstücke schieben Sie dann mit den Enden bis zum Stoppbrett in den Fräser und ziehen es anschließend ...

... wieder zurück. Für den zweiten Frägang, mit dem die Schlitzbreite auf knapp 8 mm vergrößert wird, befestigen Sie das Stoppbrett an der rechten T-Nutschiene der Tischplatte. Der Abstand zwischen Stoppbrett und Fräser richtet sich nach der Zapfenbreite. Denken Sie aber daran, dass der Fräser im ...

14

... Schlitz eine Rundung hinterlässt. Die könnten Sie jetzt aufwändig nachstemmen oder Sie fräsen einfach etwas tiefer, denn diese kleine Rundung stört nicht und man kann sie später auch nicht mehr sehen (s. Bild 20). Stellen Sie also den Abstand zwischen Stoppbrett und Fräser ruhig etwas größer ein. Wichtig ist aber, dass Sie das Werkstück über das Stoppbrett schräg in den Fräser einschwenken können (mehr dazu im Kapitel Einsetzfräsen ab S. 108). Das Stoppbrett dient dann nicht nur als Anlagepunkt, sondern auch als Rückschlagschutz. Zusätzlich sollten Sie aber unbedingt noch eine Andruckvorrichtung über dem Werkstück und vor dem Fräser einsetzen. So sind die Finger optimal geschützt.

Schritt 5: Alle Rahmenstücke für die Füllung nuten

Im nächsten Schritt werden alle Rahmenstücke für die Füllung genutet. Hier reicht eine Nuttiefe von 10 bis maximal 12 mm (bei großen Füllungen) völlig aus. Stellen Sie nur die Frästiefe neu ein, die Höhe des Fräsers bleibt unverändert!

Mit dieser Einstellung fräsen Sie jetzt in alle Längs- und Querrahmenstücke die Nut ein. Dazu auch hier wieder jeweils nach der ersten Fräsung das Rahmenstück „umschlagen" bzw. drehen und die Nut auf die geforderte Breite erweitern.

Hier sieht man sehr schön, dass sich die Nut exakt im Zapfenbereich befindet und sich die Zapfenbreite um die Nuttiefe verringert. Das sollte man bei den Schlitzfräsungen in den Bildern 12 und 13 etwas berücksichtigen.

Der Rahmenquerschnitt beträgt 50 mm in der Breite und 22 mm in der Dicke. Die Zapfenstärke beträgt knapp 8 mm und nach dem Nuten reduziert sich die Zapfenbreite auf 40 mm. Die Zapfenlänge ist mit 26 mm auch für große und …

… schwere Möbeltüren völlig ausreichend. Die Leimfläche des Zapfens ist jedenfalls deutlich größer als bei jeder Dübel- oder Domino-Verbindung. Der gerundete Schlitzgrund (Pfeile) wird später von der Füllung verdeckt.

Zum Ausmessen der Füllung stecken Sie alle Rahmenteile dicht zusammen und messen den Abstand zwischen den Längs- und Querrahmen aus. Zu diesem Maß addieren Sie jetzt noch zweimal die Nuttiefe. Da die Füllung ringsum Luft zum Arbeiten benötigt, müssen Sie von diesem Maß noch etwas abziehen. Bei kleinen Füllungen reichen insgesamt 4 mm (ringsum 2 mm) Luft aus, bei größeren können es auch gerne mal bis zu 6 mm (ringsum 3 mm) sein.

Als Füllung können Sie neben Massivholz auch sehr gut ein furniertes Plattenmaterial (z. B. Sperrholz, Tischlerplatte, Multiplex etc.) einsetzen. Das ist bei einer schlichten Rahmenkonstruktion ohne üppige Profilierungen eine interessante und oftmals auch kostengünstige Alternative. Es ist aber auch möglich, diesen schlichten Rahmen mit passenden Profilleisten zu versehen. Was Sie dazu wissen müssen, finden Sie ab Seite 66.

Mit dem XXL-Scheibennutfräser eine Verbindung mit Doppelzapfen herstellen

Auch für die Herstellung dekorativer Holzverbindungen mit Doppelzapfen (s. Bild rechts) können Sie diesen Fräser einsetzen. Jede beliebige Holzbreite bis 27 mm ist einsetzbar. Nur bei der Holzdicke müssen Sie die Scheibendicke berücksichtigen. Die sollte ungefähr dem Fünffachen der Scheibendicke entsprechen, also 5 x 6,35 mm = 31,75 mm. Die Holzdicke lässt sich also kaum verändern und kann zwischen 30 bis allerhöchstens 31,75 mm betragen. Aber selbst mit diesen Beschränkungen versprüht der Doppelzapfen bei modernen Bilderrahmen oder auch Tablettumrandungen einen ganz besonderen Reiz. Und mit der Technik von Seite 76 können Sie mit dem Fräser natürlich auch wieder problemlos breitere Bretter mit Fingerzinken verbinden. Das erweitert das Einsatzspektrum und relativiert den Kaufpreis.

Schritt 1: Den Fräsdorn mit Scheiben und Zwischenringen bestücken

Das Wichtigste und leider auch komplizierteste bei der ganzen Anwendung ist die korrekte Bestückung des Fräsdorns mit Scheiben und Zwischenringen. Laut Anleitung soll man mit einem dicken 1/4 und einem dünnen 1/16 Zoll Zwischenring einen exakten 1/4 Zoll (6,35 mm) dicken Zapfen erhalten. Ich musste leider feststellen, dass der Zapfen etwas dünner ausfiel und zu viel Luft im Schlitz hatte. Deshalb habe ich einfach den Abstand zwischen den beiden Scheiben mit ein paar dünnen Scheibchen vergrößert. Damit lässt sich die Festigkeit der Verbindung wirklich sehr präzise einstellen. Sie werden also sehr wahrscheinlich um ein paar Testfräsungen nicht herumkommen. Ist der Fräser also einmal eingestellt und die Passgenauigkeit perfekt, dann sollten Sie sich unbedingt die dazu nötigen Zwischenringe und Scheibchen auf der Anleitung genau vermerken.

Schritt 2: Werkstücke markieren sowie Frästiefe und Fräserhöhe einstellen

Bevor Sie loslegen, sollten Sie wie immer alle Rahmenstücke mit dem Schreinerdreieck eindeutig markieren. Danach legen Sie ein Rahmenstück …

… vor den Fräsanschlag und verschieben ihn so, dass die Schneiden ganz leicht über dem Rahmenstück vorstehen. Damit ist die Frästiefe eingestellt.

Danach ein Querrahmenstück auf die Zuführlade legen und die beiden äußeren Frässcheiben ungefähr bündig zur Ober- und Unterkante einstellen.

Schritt 3: Doppelzapfen an Querrahmenstücke anfräsen

5

6

Halten Sie die Zuführlade dicht am Fräsanschlag. Legen Sie im nächsten Schritt ein Querrahmenstück auf die Zuführlade und stoßen Sie das Rahmenende dicht an den Fräsanschlag. Fixieren Sie das Querrahmenstück in dieser Position mit dem Schnellspanner (Bild 5). Andruckvorrichtung absenken und Maschine einschalten. Fräsen Sie dann an alle Enden der beiden Querrahmenstücke den Doppelzapfen an (Bild 6).

Schritt 4: Passenden Doppelschlitz in die Längsrahmenstücke einfräsen

7

Lassen Sie ein Querrahmenstück in der Zuführlade und heben Sie den Fräser soweit an, bis die untere Frässcheibe exakt mit dem unteren Zapfen fluchtet. Damit ist die Fräserhöhe eingestellt.

8

Im nächsten Schritt wird das Splitterholz einmal um 180° gedreht und wieder festgeschraubt. Die vorherige Fräsung des Doppelzapfens befindet sich jetzt auf der Gegenseite (Pfeil). Damit haben Sie …

9

… wieder eine saubere Kante im Bereich des Fräsers und können auch die beiden Längsrahmenstücke absolut ausrissfrei mit einem Doppelschlitz versehen (kleines Bild).

In diesem Anwendungsbeispiel beträgt der Rahmenquerschnitt 18 x 31 mm (s. Bild links). Dieses Maß eignet sich beispielsweise hervorragend als Ausgangsmaterial für den Bau eines modernen Bilderrahmens (s. Bild rechts). Dazu wird der Rahmen zunächst an den dekorativen Doppelzapfen komplett verleimt. Nach dem Trocknen fräsen Sie dann nur noch in die Rückkante (innen) mit einem Falzfräser samt Kugellager einen Glasfalz für das Bild ein. Alle scharfen Außenkanten zum Schluss noch leicht mit Schleifpapier von Hand „brechen“ und den Rahmen je nach Geschmack ölen oder lackieren. Fertig ist ein schicker und zeitloser Bilderrahmen, der jedes Motiv perfekt in Szene setzt.

Werkstücke fügen

Diese Anwendung entspricht im Prinzip dem Fügen einer Werkstückkante auf einer Abrichthobelmaschine. Auch hier wird die gesamte Werkstückkante bearbeitet und von der gesamten Kantenlänge etwas abgehobelt bzw. -gefräst. Diese Vorgehensweise wendet man häufig bei kunststoffbeschichteten Spanplatten an. Denn beim Zuschnitt dieser Spanplatten auf einer Formatsäge ohne den Einsatz eines Vorritzsägeblatts ist auf der Plattenunterseite immer ein mehr oder weniger starker Ausriss der Plattenbeschichtung zu erwarten. Das sieht nicht nur hässlich aus, sondern ist auch höchst unprofessionell. Dabei ließe sich dieses Problem mit einem hartmetallbestückten Falzkopf und einem Frästisch in wenigen Minuten perfekt lösen (s. Bildfolge).

Der Frästisch bietet hier sogar zwei Vorteile gegenüber einer Abrichte: Zum einen kann das Werkstück sicher und ohne Kippgefahr flach aufliegend und mit einer Andruckvorrichtung gesichert präzise am Anschlag und Fräser vorbeigeführt werden und zum anderen sind die HW-Schneiden deutlich robuster, leichter auszuwechseln und erzeugen extrem saubere und ausrissfreie Plattenkanten. Diese Technik sollten Sie unbedingt mal an einem Plattenrest ausprobieren – Sie werden begeistert sein!

Schrankwände aus kunststoffbeschichteten Spanplatten – hier ein Werkstattschrank – sind nicht nur kostengünstig, sondern benötigen auch keine aufwendige Oberflächenbehandlung. Das Wichtigste bei der Herstellung sind saubere und ausrissfreie Plattenkanten: Mit der Fügetechnik kein Problem!

So stellen Sie die Anschlagflächen zum Fügen ein

Fügen können Sie mit jedem Frästisch, der zwei geteilte Fräsbacken besitzt, auch wenn er keine unterschiedliche Verstellung der Fräsbacken zulässt. Ein möglichst neues und unbenutztes Skatspiel reicht dafür bereits völlig aus. Hinterfüttern Sie einfach die linke Anschlagbacke mit so vielen Lagen Spielkarten, bis Sie den gewünschten Versatz (meist 2 bis maximal 3 mm) zur rechten Anschlagbacke erreichen. Die Spielkarten sind in der Dicke sehr genau gefertigt und man kann so den Versatz wirklich simpel und trotzdem sehr präzise festlegen. Aber auch Furnier und dünne Sperrholzstreifen funktionieren gut.

Stellen Sie im nächsten Schritt die linke Anschlagbacke (Abnahmeseite) exakt auf den Flugkreis der Schneiden des Falzfräsers ein. Dazu legen Sie einfach eine sauber und gerade ausgehobelte Leiste oder ein hochwertiges Kunststofflineal dicht an den linken Anschlag. Dann verschieben Sie den Anschlag soweit vor bzw. zurück, bis die Schneidenspitze die Leistenkante berührt. Zwischen der Leiste und der rechten Anschlagbacke ist ein deutlicher Spalt zu sehen. Je größer dieser Spalt ist, umso mehr wird später von der Werkstückkante abgefräst. Wichtig ist auch, dass beide Anschlagflächen exakt parallel …

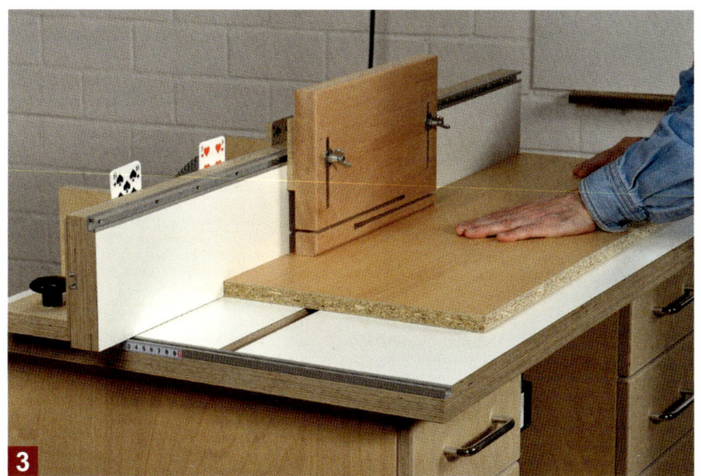

... zueinander verlaufen. Das lässt sich am Spalt leicht feststellen: Er darf sich nicht verjüngen und muss auf der gesamten Länge gleich sein! Das können Sie z. B. sehr gut wieder mit ein paar Lagen Spielkarten überprüfen (s. Bild 2). Im Gegensatz zu einer Abrichthobelmaschine können Sie jetzt auch große Platten (Tischverlängerung einsetzen!) sicher und ohne Kippgefahr flach auf dem Frästisch aufliegend am Anschlag vorbeiführen. Setzen Sie aber unbedingt noch eine Andruckvorrichtung ein, damit Sie nicht mit der Hand in den Fräser abrutschen können. Denn der Fräser steht immer etwas über der Plattenfläche vor (s. Bild 4) und sollte daher von der Andruckvorrichtung komplett verdeckt werden.

Wenn Sie einen hochwertigen Falzkopf mit HW-Wendeplatten einsetzen, ist die Präzision der abgefrästen Plattenkante (an der linken Anschlagbacke – roter Pfeil) dabei völlig makellos und absolut ausrissfrei. Die Ausrisse (rechts vom Fräser – gelber Pfeil), die oft beim Zuschnitt einer Platte ohne Vorritzer entstehen, lassen sich mit dieser Methode auf jeden Fall komplett beseitigen. Je nachdem wie stark die Ausrisse an der Plattenkante sind, müssen Sie möglicherweise die linke Anschlagbacke etwas mehr hinterfüttern.

Setzen Sie zum Fügen am besten einen Falzkopf mit Wechselschneiden ein, denn die Spanplatten lassen die HW-Schneiden deutlich schneller abstumpfen, als es bei Massivholz der Fall ist. Das ist auf Dauer günstiger als bei einem Fräser mit fest angelöteten Schneiden. Außerdem erreichen Sie mit einem Fräserdurchmesser von etwa 50 mm eine für Spanplatten optimale Schnittgeschwindigkeit. Zum Fügen können Sie auch problemlos den rechten Falzfräser mit festem Kugellager einsetzen (mehr Infos zu den Falzfräsern s. S. 45).

Kein Ersatz für Abricht-/Dickenhobel!

Man sieht des Öfteren im Internet, wie auf die gleiche Art und Weise auch Massivholzbretter gefügt werden. Das funktioniert natürlich auch, allerdings muss man vor dem Fügen zunächst einmal eine Brettfläche schön gerade und plan aushobeln, der Fachmann spricht dabei vom „Abrichten". Erst danach können Sie diese Referenzfläche auf den Frästisch legen und eine Schmalkante des Bretts „fügen". Ohne passende Maschine müssten Sie diese Referenzfläche von Hand hobeln. Auch das ist mit scharfen Hobeln, ausreichend Übung und einem nicht unerheblichen Zeitaufwand natürlich möglich. Wer jedoch diesen mühsamen Weg nicht gehen möchte, der wird an einer stationären Abricht-/Dickenhobel auf Dauer nicht vorbeikommen. Und die ist beim Abrichten und Fügen von Massivholz die beste Wahl!

Bündigfräsen von Massivholzanleimern

Die Kanten von Span- oder Tischlerplatten können Sie enorm aufwerten, wenn Sie anstelle von dünnen Umleimerkanten zum Aufbügeln robuste Massivholzanleimer einsetzen. Diese etwa 5–10 mm dicken Holzstreifen werden nämlich im Gegensatz zu Furnier- und Kunststoffkanten nicht einfach mit Schmelzkleber aufgebügelt, sondern mit richtigem Holzleim, einer Zulage und ein paar Zwingen auf die Plattenkante geleimt. Damit Sie beim Aufleimen der schmalen Leisten ein wenig „Spielraum" haben, sollte der Anleimer etwa 4 mm breiter sein als die Plattenstärke – also bei einer 19-mm-Spanplatte wären das 23 mm. Das macht das Aufleimen deutlich einfacher und so können Sie sicher sein, dass der Anleimer auch auf jeder Plattenseite etwas übersteht. Dieser Überstand wird nach dem vollständigen Aushärten des Leims (am besten über Nacht) bündig zur Plattenoberfläche abgefräst.

Mit dem Frästisch, einem großen Falzfräser mit Wechselschneiden und einer einfachen kunststoffbeschichteten Spanplatte lässt sich dieser Überstand in Sekundenschnelle absolut präzise und sicher bündig abfräsen. Die Spanplatte ist dank der seitlichen T-Nuten im Frästisch blitzschnell einsatzbereit. Dieser minimale Aufwand lohnt sich also auch, wenn Sie nur einen einzigen Anleimer bündigfräsen möchten. Der Frästisch bietet zudem den riesigen Vorteil, dass Sie das Werkstück immer flach auf dem Maschinentisch auflegen können: Kein Kippeln, kein Wackeln und mit der Andruckvorrichtung nicht nur eine präzise, sondern auch absolut sichere Methode!

Das eigentliche Arbeitsprinzip ist aber bei beiden Methoden identisch. Damit der Überstand des Anleimers nicht direkt auf dem Frästisch aufliegt, wird die Tischfläche einfach mit einer 19 mm dicken kunststoffbeschichteten Spanplatte aufgefüttert. Auf dieser Spanplatte kann nun die Werkstückfläche schön plan aufliegen, während sich der Anleimerüberstand vor der Plattenkante befindet. Diese Spanplattenfläche müssen Sie auch nur ein einziges Mal passend zu Ihrem Frästisch herstellen. Sie wird einfach mit zwei Schrauben in den seitlichen T-Nutschienen befestigt. Das reicht völlig aus und es sind keine weiteren Zwingen oder sonstige Befestigungsteile nötig. Auf diese Weise ist die Vorrichtungen wirklich blitzschnell einsatzbereit.

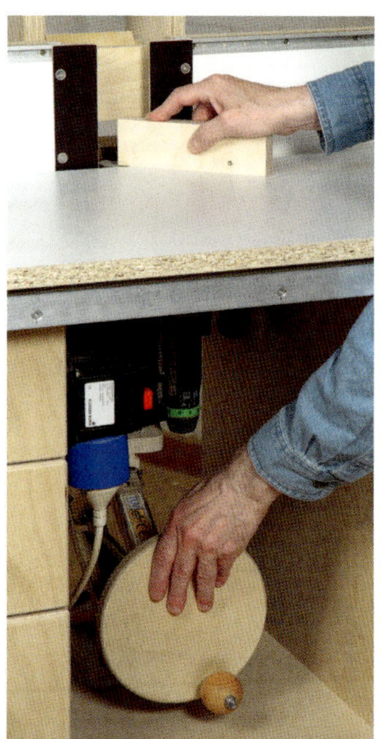

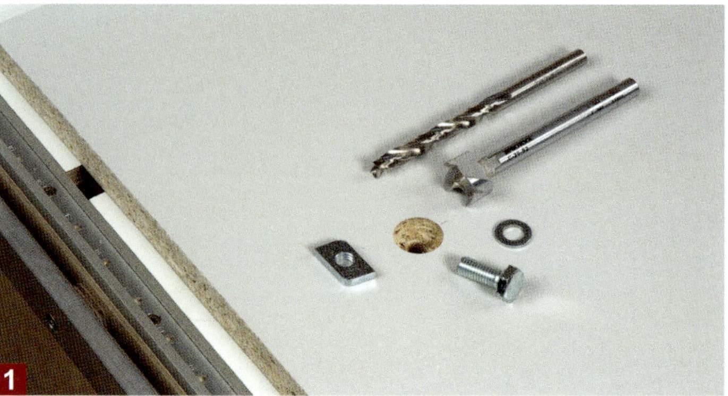

1 Bohren Sie zuerst ein 20 mm Sackloch für den Sechskantkopf und die U-Scheibe und anschießend ein 8,5 mm Durchgangsloch für das 8er Gewinde. Kleiner Tipp: Noch bessere Gleiteigenschaften bieten Platten, die mit einem Phenolharzfilm beschichtet sind (z. B. beidseitig glatt oder als Siebruckplatte).

2 Schieben Sie die Platte bis etwa 2 mm an die Fräseschneiden heran und fixieren Sie sie mit der Gleitmutter in den T-Nutschienen. Das 20-mm-Sackloch bietet dazu ausreichend Platz für die 13-mm-Ratschen-Nuss (kleines Foto).

3 Stellen Sie die Fräserhöhe mithilfe einer geraden Holzleiste exakt auf das Niveau der Plattenoberfläche ein. Auch hier kommt wieder der große Falzkopf mit den robusten HW-Wechselschneiden zum Einsatz.

4 Indem Sie jetzt den Fräsanschlag vor oder zurückschieben, können Sie einen passenden Spalt (roter Pfeilbereich) zwischen Anschlag und Plattenkante für den überstehenden Anleimer erzeugen (kleines Bild). Stellen Sie den oberen Druckschuh der Andruckvorrichtung so ein, dass er mit etwa ein bis zwei …

5 … Zentimeter Abstand zur Plattenkante nur Druck auf die Werkstückfläche ausübt und nicht auf den überstehenden Anleimer! Damit ist der gesamte Fräserbereich vollständig verdeckt und Sie können bequem und gefahrlos das Werkstück am Fräser vorbei schieben.

6 Dabei wird der untere Überstand des Anleimers, der sich im Spalt zwischen Anschlag und Plattenkante befindet, von den oberen Schneidkanten des Falzfräsers exakt bündig zur Werkstückfläche abgefräst. Da die HW- …

7 … Wechselschneiden auch an den Enden angeschrägte Schneidkanten besitzen (vierseitig angeschliffene HW-Messer), ist die Fräsung absolut sauber und auch bei schwierigem Faserverlauf sind keinerlei Ausrisse zu befürchten.

8 Anschließend wenden Sie das Werkstück und legen es mit der gegenüberliegenden Fläche wieder auf die Platte. Dann fräsen Sie auf die gleiche Weise auch den restlichen Anleimerüberstand sauber ab. Mit einem Anleimer aus …

9 … Massivholz werten Sie nicht nur jede Tischler-, sondern auch Spanplatte auf (s. nächste Seite) und sorgen gleichzeitig für einen robusten Kantenschutz. Sie können eine solche Kante auch noch mit einer Abrundung oder Fase versehen.

Ringsum überstehenden Anleimer bündig fräsen

Soll die Platte ringsum einen Anleimer bekommen, kann es beim Einsatz einer großflächigen Spanplatte vor dem Falzkopf problematisch werden, vor allem bei schmalen Bauteilen, wie beispielsweise einer Schubkastenblende. Während man je nach Blendengröße die ersten beiden Anleimer noch bündig fräsen kann (s. Bild 1), liegt spätestens bei den letzten beiden Anleimern einer auf der Spanplatte auf (s. Bild 2). Wer mein Handbuch Oberfräse sorgfältig gelesen hat, weiß natürlich, dass man in diesem Fall die Auflageplatte nicht festspannt, sondern sie zusammen mit dem Werkstück über die Tischfläche schiebt. Dazu muss die Platte lediglich etwa 1–2 cm Luft rundum bis zum Anleimer haben (s. Bild 3).

Da mein Frästisch aber an den Enden über diese genialen durchgehenden T-Nutschienen verfügt, lassen sich dort anstelle einer großen Auflageplatte auch blitzschnell zwei schmale Auflagestreifen einschieben. Das Beste an diesen beiden Streifen und den seitlichen T-Nutschienen ist aber, dass man den Abstand zwischen den beiden Plattenstreifen im Handumdrehen auf die jeweilige Werkstückgröße anpassen kann. Ein weiterer Vorteil: Sie können wieder die Andruckvorrichtung einsetzen, was die Fräsung nicht nur sicherer, sondern auch deutlich präziser macht. Im Gegensatz zum Handhobel müssen Sie bei dieser Methode jedenfalls nicht befürchten, das hauchdünne Furnier der Spanplatte zu beschädigen. Also – unbedingt mal ausprobieren!

So funktionieren verstellbare Auflagestreifen

Die beiden 1100 mm langen Auflagestreifen (19 mm kunststoffbeschichtete Spanplatte) haben eine Breite von jeweils 80 mm. Sehr schmale Werkstücke ab 100 mm lassen sich so auch problemlos mit nur einem Streifen bearbeiten. Ab einer Plattenbreite von etwa 170 mm kommt dann noch der zweite Streifen als hintere Abstützung zum Einsatz. Beide Streifen bekommen wieder an den …

… Enden je ein Sackloch und ein Durchgangsloch zur Befestigung in den T-Nutschienen. Der erste Streifen vor dem Fräser bleibt mit einem Abstand von etwa 2 mm zu den Fräserschneiden immer in Position fixiert und wird nicht verändert (Bild 1). Lediglich der zweite Streifen wird vor und zurück geschoben, um ihn auf die jeweilige Plattenbreite anzupassen.

3

Leimen Sie zuerst immer nur an zwei gegenüberliegende Plattenkanten einen Anleimer. Diese beiden Anleimer fräsen Sie im nächsten Schritt bündig zur Plattenoberfläche ab. Wichtig: Üben Sie mit ihren Händen nur im Bereich der Auflagestreifen Druck von oben aus, sonst biegt sich die Platte in der Mitte.

4

Anschließend sägen Sie die Platte auf Breite und leimen auch die beiden restlichen Anleimer auf die Längskanten. Verschieben Sie jetzt den zweiten Auflagestreifen und passen Sie ihn der neuen Plattenbreite an, die überstehenden Anleimer dürfen nirgends aufliegen. Zum Schluss den Überstand bündig fräsen.

5

Es kann durchaus sein, dass der Anleimer hier und da noch minimal übersteht. Mein Tipp: Wenn Sie sowieso vorhaben die Kanten noch abzurunden oder anzufasen (s. Bilder unten), dann sollten Sie das zuerst tun. Dabei wird nämlich bereits ein großer Teil des Anleimers abgefräst. Den Rest können Sie dann leicht mit dem Exzenterschleifer egalisieren, ohne Angst haben zu müssen, dass Sie dabei die dünne Furnierschicht der Platte durchschleifen.

Sollen die Anleimerenden nicht stumpf, sondern an den Plattenecken auf Gehrung zusammenstoßen (s. Pfeil), dann werden in der Regel alle vier Anleimer gleichzeitig an die Kanten geleimt. In diesem Fall steht der Anleimer dann ringsum über und kann dann nur mit einer durchlaufenden Unterlage bündig gefräst werden. Bei sehr hochwertigen Arbeiten wird der Anleimer danach noch überfurniert und ist dann auch optisch kaum mehr zu erkennen.

Wird der Anleimer später noch abgerundet oder gefast (angeschrägt), dann macht aber auch ein stumpfer und nicht überfurnierter Anleimer eine gute Figur. Er verleiht einem Möbelstück in jedem Fall ein deutlich hochwertigeres Aussehen, als ein aufgebügelter Umleimer aus dünnem Furnier. Dazu können Sie dann auch problemlos günstige Spanplatten einsetzen, wenn Sie anschließend alles mit einem hochwertigen Klarlack versiegeln. Wichtig: Viele Hersteller von furnierten Platten raten vom Ölen dringend ab!

Spezielles Feder-Nut-Anleimerprofil einsetzen

Dünne Massivholzkanten stumpf an eine Tischlerplatte anleimen und den Überstand dann bündig zur Oberfläche abfräsen habe ich Ihnen ja bereits auf den vorherigen Seiten gezeigt. Bei der Methode, die ich Ihnen jetzt vorstelle, können Sie sich das Bündigfräsen sparen. Denn der Anleimer sitzt passgenau in einer V-förmigen Feder-Nut-Verbindung. Dadurch kann er auch beim Verleimen bzw. beim Ansetzen der Zwingen nicht so leicht verrutschen wie ein flacher Anleimer. Das ist auch der Grund, warum Sie einen solchen Massivholzanleimer nahezu exakt auf Plattenstärke (plus etwa 0,3 Millimeter) aushobeln können. Allerdings ist die Herstellung, oder besser gesagt das Fräsen des Anleimerprofils, deutlich aufwändiger. Diese Mühe kann sich aber bei ringsum laufenden und auf Gehrung zugeschnittenen Anleimern durchaus lohnen, denn das Feder-Nut-Profil sorgt immer für eine perfekte und passgenaue Positionierung der Anleimer während des Verleimens. Und wer das schon mal mit stumpfen Anleimern versucht hat, der weiß genau, wovon ich rede.

Mit dem rechten Fräser stellen Sie das Nutprofil in der Platte her und mit dem linken Fräser das passende Federprofil für den Anleimer. Beide Fräser müssen präzise aufeinander abgestimmt und gefertigt sein, damit sich perfekte und dichte Fugen zwischen Platte und Anleimer ergeben (Hersteller des Fräsersets: Firma CMT – Infos: www.AKE.de)

Schritt 1: In den Plattenwerkstoff (z. B. Spanplatte) das Anleimerprofil einfräsen

Beginnen Sie immer mit dem Einfräsen des Nutprofils in den Plattenwerkstoff. Die Nut muss dazu exakt in der Plattenmitte sitzen. Zur Einstellung der Fräserhöhe messen Sie also zuerst die Dicke der Platte aus (Bild 2) und halbieren das Maß ...

... (hier 19 mm/2 = 9,5 mm). Die Nuthöhe ist vom Fräser vorgegeben und beträgt 6,35 mm. Die Hälfte davon (= 3,175 mm) addieren Sie nun zur halben Plattendicke hinzu (9,5 + 3,175 = 12,675). Legen Sie den Tastschenkel der Messbrücke auf die ...

... Oberkante der Nutschneide und stellen Sie die Fräserhöhe genau auf dieses Maß ein (Bild 3). Den Fräsanschlag stellen Sie so ein, dass erstmal nur die Nutschneide in die Platte reinfräst (Bild 4). Überprüfen Sie die Fräsereinstellung zunächst an einem Plattenreststück gleicher Stärke. Setzen Sie auch dabei unbedingt eine ...

... Andruckvorrichtung ein. So arbeiten Sie immer mit dem gleichen Druck und die Fräsungen werden später auch alle gleich ausfallen. Mit einem Messschieber können Sie dann ganz einfach überprüfen, ob die Nut mittig sitzt. Beide Nutwangen müssen dazu exakt das gleiche Maß haben.

Sitzt die Nut schon mal exakt mittig, müssen Sie nur noch den Fräsanschlag auf das genaue Profilmaß einstellen. Und zwar so, dass vom Profil an der Ober- und Unterkante der Platte je eine scharfkantige Spitze angefräst wird (s. Bild 8 und 9). Damit diese Spitzen nicht beschädigt werden, sollten Sie die Plattenkante nicht mit zu viel Druck an den Fräsbacken vorbeiführen. Nutzen Sie zum Testen der Einstellung zunächst wieder die Restplatte.

Die Einstellung können Sie auch mit einem Winkel überprüfen. Wenn beide scharfkantigen Spitzen den Winkelanschlag berühren (Bild 9), befindet sich die Nut automatisch in der Plattenmitte. Das ist sehr wichtig, denn nur dann können Sie den Anleimer auch mit etwa zwei bis drei Zehntelmillimeter Maßzugabe exakt auf Plattenstärke aushobeln. Auf diese Weise steht er dann gleichmäßig auf beiden Plattenoberflächen einen „kleinen Hauch“ über.

Passt alles, fräsen Sie in alle Plattenkanten, die einen Anleimer bekommen sollen, das Nutprofil ein. Wenn Sie ringsum profilieren, entstehen extrem scharfkantige Ecken (Bild 11). Die sind wie die spitzen Längskanten sehr empfindlich gegen Stöße. Gehen Sie also sehr sorgfältig mit den Platten um, zumal man sich an den scharfen Kanten und Ecken auch leicht verletzen kann.

Schritt 2: Anleimer profilieren und auf Breite zuschneiden

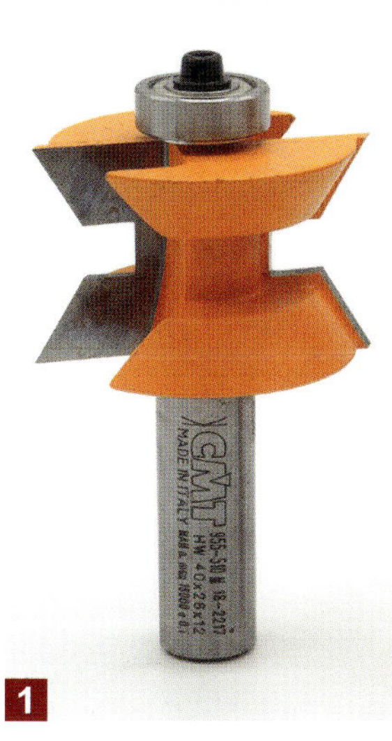

Bei diesem Fräser (Bild 1) können Sie die Frästiefe ganz einfach über das Kugellager einstellen. Dazu das Kugellager mit einer geraden Leiste fluchtgenau zu den Anschlagbacken ausrichten (Bild 2).

Die Fräserhöhe stellen Sie mit der vorhin (in Bild 7 bis 9) gefrästen Testplatte ein. Versuchen Sie die Nut im Fräser in etwa auf die Nut der Platte einzustellen. Das reicht erst mal für eine Testfräsung aus, denn die genaue Einstellung lässt sich ausschließlich durch eine Testfräsungen (meist mehrere!) in einem Werkstück gleicher Stärke ermitteln.

4

Fräsen Sie also in ein Restbrett, das etwa zwei bis drei Zehntelmillimeter dicker als die Platte ist, das Federprofil ein. Stecken Sie danach Brett und Platte zusammen und überprüfen Sie, ob die Leiste dicht in der Nut anliegt und auf beiden Plattenseiten gleichmäßig ein klein wenig übersteht. Hier steht das Brett beispielsweise oben über der Platte und ist unten aber exakt bündig.

5

Das bedeutet: Der Fräser muss leicht angehoben werden. Dann ist eine weitere Testfräsung nötig und ganz wichtig: Immer zusammen mit einer Andruckvorrichtung! Wie Sie sehen, habe ich drei Testfräsungen benötigt, bis das Brett auf beiden Plattenseiten gleichmäßig ein klein wenig übersteht. Also nicht aufgeben!

6

7

Die besten Ergebnisse erzielen Sie, wenn Sie in ein breites Brett an den Längskanten jeweils ein Anleimerprofil anfräsen (Bild 6 und 7). Ein solches Brett liegt nämlich schön satt auf dem Tisch auf und kann weniger kippeln als eine schmale Leiste. Aus diesem Brett können Sie dann nach jedem Fräsvorgang immer zwei Anleimer zuschneiden (s. Bild 9–10).

8

9

10

Stellen Sie den Parallelanschlag auf die gewünschte Anleimerbreite ein und sägen Sie von dem Massivholzbrett je eine Leiste ab. Benutzen Sie zum Vorschieben am besten ein Schiebebrett mit Wechselgriff. Die beiden fertigen Leisten können Sie auch problemlos mit der Feder auf dem Dickentisch aufliegend durch den Dickenhobel schieben. Sie werden garantiert nicht kippen und die Sägespuren sind im Nu weggehobelt. Falls Sie noch weitere Anleimer benötigen, hobeln Sie die Kanten des Restbretts und fräsen wieder je ein Anleimerprofil an die Außenkanten. Jetzt können Sie wieder zwei weitere Anleimerstreifen absägen.

Schritt 3: Anleimer auf Gehrung ablängen

Die Anleimer sollten nicht zu stramm in der Plattennut sitzen. Bei Spanplatten empfehle ich Ihnen die Nutwangen nochmal kurz nachzuschleifen. Anschließend längen Sie die Anleimer exakt auf Gehrung ab. Gehen Sie dabei sehr sorgfältig vor, denn wenn Sie auch nur einen Hauch zu viel abschneiden …

… stoßen die Gehrungen nicht mehr dicht zusammen und stehen offen. Überprüfen Sie das am besten vor dem Verleimen, indem Sie alle vier Anleimer mit einem Bandspanner an den Ecken zusammen ziehen.

Schritt 4: Anleimer mit Platte verleimen

Leimen Sie nicht alle vier Anleimer gleichzeitig auf, sondern zuerst nur die beiden gegenüberliegenden Längskanten. Wenn Sie dazu die beiden kurzen Anleimer mit einer Zwinge und ohne Leim in Position halten, lassen sich die langen Anleimer …

… genau platzieren und können nicht verrutschen. Sind die Zwingen und Zulagen angesetzt, sofort die beiden kurzen Anleimer wieder entfernen. Die können Sie dann eine Stunde später aufleimen. Auch hier reicht es aus, etwas Leim in die Nut …

… und auf die Schrägen zu geben. In den meisten Fällen reichen dann auch einfache Klemmzwingen aus Holz, um die Anleimer dicht in die Plattenfuge zu drücken. Es braucht dazu keinen hohen Pressdruck.

Nachdem der Leim abgebunden hat, können Sie an den Anleimer noch nach Belieben ein Profil (hier eine 6-mm-Rundung) anfräsen. Beeindruckend ist vor allem der nahezu unsichtbare Übergang zwischen Anleimer und Plattenoberfläche (aufgrund der schräg verlaufenden Fugen) und die präzise auf Gehrung zulaufenden Enden der Anleimer.

Verleimfräser für Breitenverbindungen

In meinem Buch **„Handbuch Oberfräse“** hatte ich Ihnen bereits einen Verleimfräser vorgestellt, bei dem das Verleimprofil aus mehreren übereinander angeordneten Fräserscheiben geformt wird. Diese aufwändige Konstruktion spiegelt sich natürlich auch im Preis wider und mit etwa 240 Euro (Stand 2021) ist dieser Fräser für den sehr begrenzten Anwendungsbereich eigentlich zu teuer. Deutlich günstiger sind Verleimfräser, bei denen sich das komplette Verleimprofil auf zwei fest angelöteten Schneiden befindet (s. Bild rechts). Diese Art von Fräser beginnen bereits ab etwa 70 Euro. Aber selbst bei diesem Preis sollte man sich ganz genau überlegen, wie oft man einen Verleimfräser auch tatsächlich einsetzen wird.

Die Fräserdaten: Ø 44,4 mm, Schneidenhöhe 32 mm, Schaft Ø 12 mm, Einsatz bei Holzstärken von 15 bis 30 mm. Hersteller: Fa. CMT, Art. Nr. 955.501.11 (detaillierte Infos bei: www.AKE.de)

Es ist natürlich unbestritten, dass eine Leimfuge, die mit einem Verleimfräser hergestellt wurde, gegenüber einer stumpfen Verleimung zwei ganz entscheidende Vorteile bietet: Erstens ist die Leimfläche um einiges größer und dadurch auch stabiler und zweitens liegen die Oberflächen der einzelnen Holzleisten aufgrund des angefrästen Profils beim Verleimen automatisch in einer Ebene zueinander und können nicht mehr verrutschen.

Bei dicken Tischplatten, Sitzflächen von Bänken und Stühlen sind diese Vorteile sicher nützlich, solange die Kanten nicht übermäßig profiliert, sondern nur ein wenig gerundet oder gefast werden. Denn eine üppige und ausladende Profilierung verstärkt auch die Optik des aufwändig gezahnten Verleimprofils und macht sie so nicht nur von der Holzkante sichtbar, sondern auch auf der Oberfläche. So ein Verleimprofil kann dann vor allem bei abgeplatteten Türfüllungen extrem störend wirken und sollte dort besser nicht eingesetzt werden. Für die im Möbelbau üblichen Holzstärken reicht in aller Regel auch eine stumpfe Verleimung mit hochwertigem Holzleim völlig aus. Außerdem darf man nicht vergessen, dass die Bretter in den Verleimprofilen ineinander greifen und deshalb benötigen Sie auch deutlich mehr Material für die Herstellung einer breiten Massivholzplatte (je nach Fräser pro Fuge etwa 5 mm!) als bei einer stumpfen Verbindung. Aber auch wenn ich kein Fan von Verleimfräsern bin, darf in einem umfassenden Frästischbuch der korrekte Einsatz eines Verleimfräsers nicht fehlen. Also – legen wir los!

Form und Maße eines üblichen Verleimprofils

Das präzise Einstellen eines Verleimfräsers ist für viele Holzwerker eine knifflige Angelegenheit und hat schon so manchen zur Verzweiflung gebracht. Wenn man sich jedoch die Profilform und seine Position auf der Schneide etwas genauer ansieht, ist die Einstellung mit etwas mathematischem Geschick wirklich sehr einfach. Voraussetzung ist allerdings, dass der Hersteller die Profilform auch exakt in der Höhenmitte der Schneide platziert hat. Ist das der Fall benötigen Sie nur noch die Gesamthöhe der Schneide, bei unserem Fräser in der Grafik also exakt 32 mm. Möchten Sie das Verleimprofil jetzt beispielsweise in ein 20 mm dickes Brett einfräsen lautet die Rechnung wie folgt: 32-20 = 12. Diesen Wert jetzt noch halbieren und die Brettdicke hinzuaddieren, also: 6 + 20 = 26. Dieses Maß entspricht jetzt exakt Oberkante-Fräserschneide bis zur Oberkante-Frästischfläche (s. Grafik oben). Mithilfe einer digitalen Messbrücke können Sie nun ganz bequem die Fräserhöhe exakt auf diese 26 mm einstellen. Wie das alles in der Praxis an einem konkreten Beispiel funktioniert, zeige ich Ihnen Schritt für Schritt auf der nächsten Seite.

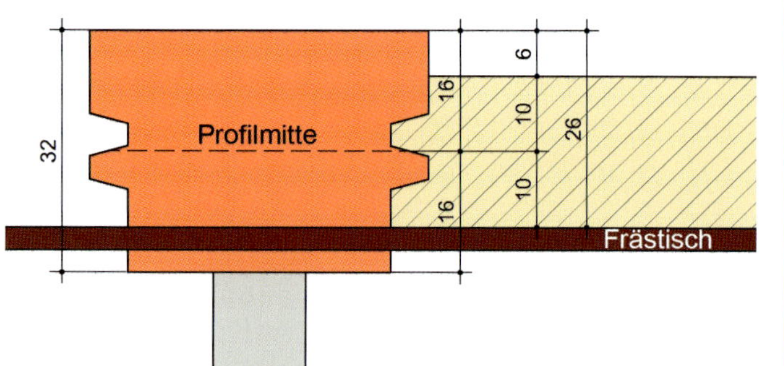

Schritt 1: Verleimfräser auf die Werkstückdicke einstellen

Zuerst sollten Sie immer den Überstand des Fräsers aus dem Fräsanschlag einstellen. Der ist immer gleich und unabhängig davon, wie dick ein Werkstück ist. In diesem Beispiel wollen wir einmal die maximal mögliche Holzstärke von 30 mm ausnutzen. Nach der Rechnung aus dem Infokasten (s. linke Seite unten) ergibt sich für die digitale Messbrücke ein Einstellmaß von 31 mm. Der Fräser ist damit schon mal sehr gut voreingestellt und – wenn überhaupt – sind nach der Probefräsung nur noch kleine Korrekturen nötig.

1 Fräsanschlag so einstellen, dass der untere Schneidenbereich exakt mit den Anschlagflächen fluchtet. Anstelle einer dünnen geraden Leiste können Sie auch ein langes Lineal …

2 … einsetzen. Erst danach stellen Sie mit der digitalen Messbrücke die exakte Fräserhöhe ein. Der Messschenkel muss dabei genau auf der oberen Schneidenkante aufliegen (Pfeil).

Schritt 2: Fräsereinstellung an Resthölzern überprüfen

Obwohl Sie mit der digitalen Messbrücke den Fräser bereits sehr genau einstellen können, sollten Sie in jedem Fall noch einmal die Einstellung und Passgenauigkeit an einem Restholz gleicher Dicke überprüfen. Setzen Sie auch beim Fräsen des Probestücks unbedingt eine Andruckvorrichtung ein, damit die Testfräsung nicht verfälscht wird. Es reicht völlig, wenn Sie das Profil nur die ersten 20 cm ins Restholz einfräsen. Danach sägen Sie etwa 6–8 cm vom Werkstück ab (Bild 2) und stecken den Abschnitt umgedreht ins Verleimprofil ein (Bild 3). Ist die Verleimfuge dabei dicht geschlossen, ist die Frästiefe schon mal perfekt eingestellt. Sollte ein kleiner Flächenabsatz an der Fuge spür- oder sichtbar sein, müssen Sie die Fräserhöhe etwas nachjustieren. Beide Hölzer müssen zum Schluss eine durchgehende absatzlose Fläche bilden. Das kann durchaus ein paar Probefräsungen erfordern – also nicht den Mut verlieren und Geduld bewahren!

1 Achten Sie darauf, dass vom unteren Bereich (Pfeil) des Werkstücks nichts abgefräst wird, sonst liegt die Kante nicht mehr dicht am Anschlag an.

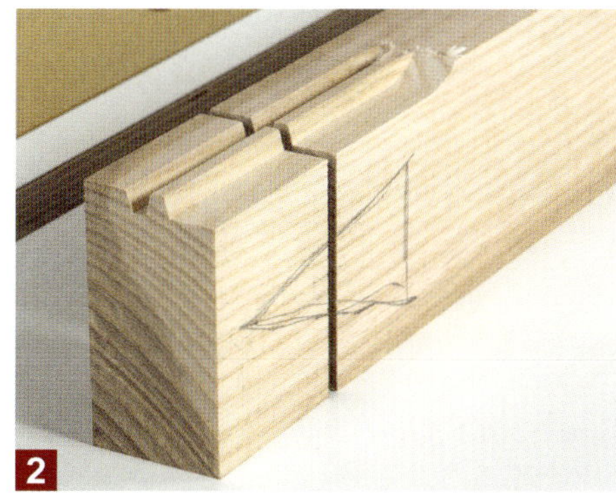

2 Steht der gedrehte Abschnitt ein klein wenig über, müssen Sie den Fräser etwas absenken. Steht er jedoch zurück (s. Pfeil Bild 3), wird der Fräser minimal angehoben.

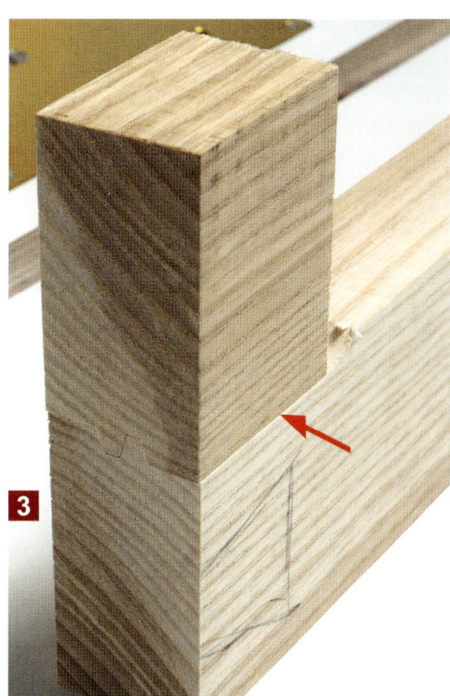

3

4 Mit einer weiteren Fräsung wird dann die geänderte Fräserhöhe überprüft. Beide Hölzer müssen exakt eine Oberflächenebene bilden.

Schritt 3: Werkstücke eindeutig markieren und mit der richtigen Fläche aufliegend bearbeiten

1 Legen Sie die Bretter mit der gewünschten Oberfläche zusammen (Verleimregeln beachten!) und versehen Sie die Sichtfläche mit einer Markierung. Wenn Sie nur drei Bretter verbinden möchten, reicht ein einfaches Schreinerdreieck völlig aus. Bei mehr als drei Brettern ist jedoch eine zusätzliche Nummerierung der Bretter sinnvoll. Später müssen Sie dann nur noch darauf achten, dass …

2 … alle ungeraden Nummern (Bretter) auf der Frästischfläche aufliegen und alle geraden Nummern sichtbar zu ihnen zeigen. In unserem Fall mit nur drei Brettern werden also zuerst die beiden hellen Eschenbretter mit dem Schreinerdreieck nach oben zeigend auf den Tisch gelegt und nur an der Kante bearbeitet, wo das Dreieck offen ist. Die Außenkante bekommt kein Verleimprofil!

3 Zum Fräsen des dunklen Bretts aus Wenge müssen Sie es so auflegen, dass das Schreinerdreieck zur Tischfläche zeigt. Bei diesem Brett werden dann beide Kanten bearbeitet. Ich habe diesen Holzkontrast (Esche – Wenge) bewusst gewählt, damit das Verleimprofil deutlicher sichtbar ist (Bild 5). Bei gleichfarbigen Hölzern ist das Profil natürlich wesentlich unauffälliger (s. Stirnkante rechts unten).

4 Werden die Hölzer später zusammengesteckt, sind alle Zahlen und Markierungen (Schreinerdreieck) wieder auf einer Ebene, so wie sie vorher in Bild 1 zusammengelegt wurden.

5 Das Ergebnis ist eine perfekt ebene Fläche aller Bretter, die Sie nach dem Verleimen nicht mehr hobeln, sondern nur noch leicht mit dem Exzenterschleifer feinschleifen müssen. Das kann vor allem immer dann interessant sein, wenn Sie Brettflächen herstellen möchten, die in der Breite nicht mehr durch den Dickenhobel passen.

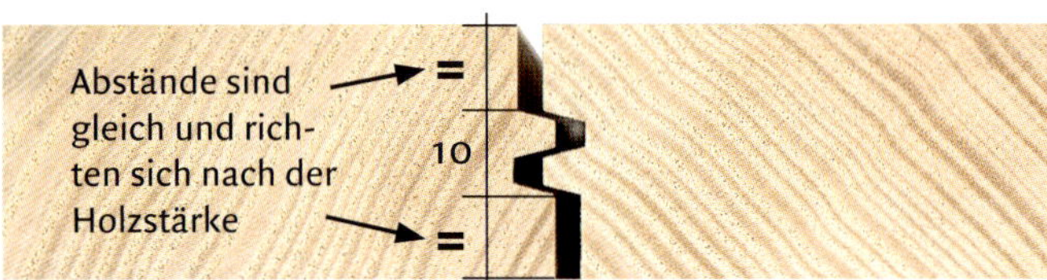

Wenn die beiden Abstände oben und unten absolut identisch sind, befindet sich auch automatisch das Verleimprofil genau in der Werkstückmitte. Die Höhe des Verleimprofils beträgt etwa 10 mm, daher sollten Sie diesen Fräser erst ab einer Werkstückdicke von 15 mm einsetzen.

Bei gleicher Holzsorte (hier Esche) fällt das Verleimprofil kaum mehr auf. Und je nach Werkstückdicke bleibt auch noch genügend Platz, um die Kante etwas abzurunden oder anzuschrägen, ohne dass die Profilierung bereits ins Verleimprofil hineinragt.

Verleimfräser für Schubkästen und kleine Korpusse

Um schnell mal ein paar Schubkästen zu bauen, können Sie neben der Flachdübelfräse auch einen speziell für Schubkästen entwickelten Verleimfräser auf Ihrem Frästisch einsetzen. Den gibt es in aller Regel in zwei unterschiedlichen Größen. Der Kleine kann bereits ab einer Holzstärke von etwa 11 mm eingesetzt werden. Für die rechts abgebildete größere Version (egal ob mit 8- oder 12-mm-Schaft) sollten Front- und Rückstück schon 16 mm dick sein, damit außen noch genügend Material stehen bleibt.

Das Anwendungsprinzip ist bei beiden Größen aber absolut identisch und wirklich simpel. Zuerst fräsen Sie immer die Front- und Rückseiten des Schubkastens. Diese Bauteile können Sie bequem flach auf dem Frästisch aufliegend am Verleimfräser vorbei schieben. Zur besseren Führung und damit es an der Rückkante keine Ausrisse gibt, sollten Sie dazu aber unbedingt ein Winkelbrett einsetzen. Im zweiten Schritt sind dann die Schubkastenseiten an der Reihe. Hier können sich die meisten Fehler einschleichen, denn diese Bauteile müssen Sie hochkant am Anschlag anliegend am Fräser vorbeiführen. Damit die Bretter dabei nicht zur Seite wegkippen können und immer schön senkrecht und rechtwinklig geführt werden, nutzen Sie einfach wieder das Winkelbrett und zusätzlich noch einen Andruckbogen. Und eines kann ich Ihnen schon jetzt versichern: Mit diesen beiden Hilfsmitteln gelingen Ihnen absolut ausrissfreie und perfekt passende Verleimfräsungen für Schubkästen oder kleine Korpusse.

Die Fräserdaten: Ø 50,8 mm, Schneidenhöhe 12,7 mm, Schaftdurchmesser 12 mm, Hersteller: Fa. CMT Art. Nr. 955.502.11 (mehr Infos: www.AKE.de). Der etwa 55 Euro teure Fräser hat seine optimale Frästiefeneinstellung bei exakt 12 mm. Die Mitte der Profilschräge befindet sich dabei genau auf der Hälfte, nämlich 6 mm. Die Tiefe der Profilschräge beträgt exakt 3,2 mm (alle Maße s. Grafik rechts). Diesen Fräser gibt es auch mit 8-mm-Schaft, dann aber nur mit Ø 31,7 mm (Fa. CMT Art. Nr. 955.002.11). Die dritte und kleinste Version hat 25,4 mm Durchmesser und eine Frästiefeneinstellung von 8 mm, das einer Profilmitte von exakt 4 mm entspricht (Fa. CMT Art. Nr. 955.008.11).

Schritt 1: Verleimfräser für das Fräsen des Vorder- und Rückstücks einstellen

Das benötige Maß für die korrekte Einstellung der Fräserhöhe geben leider nur sehr wenige Fräserhersteller auf der Verpackung an. Das erleichtert die Einstellung aber ungemein, denn egal wie dick letztlich das Werkstück ist, dieses Maß gilt immer! Wenn Sie eine digitale Messbrücke besitzen, dann können Sie damit bereits den Fräser sehr genau auf die richtige Höhe einstellen (Bild 1). Und sollen Front- und Rückstück bündig mit den Außenflächen der Seiten abschließen, dann muss auch der Fräser exakt um die Holzstärke der Seitenteile aus dem Fräsanschlag vorstehen (Bild 2). Diese Fräsereinstellung sollten Sie dann zunächst einmal an zwei Testbrettern überprüfen.

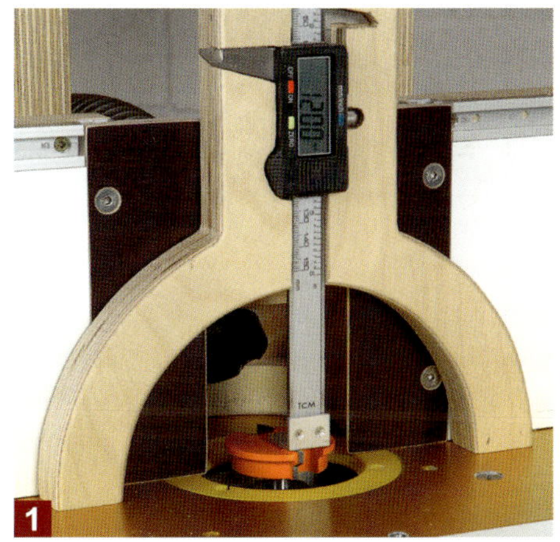

1 Stellen Sie als erstes die Fräserhöhe auf exakt 12 mm ein (bei der kleinen Fräserversion sind es 8 mm). Verschließen Sie die Fräserlücke als nächstes mit einem Vorsatzbrett oder einem Kehlbrett.

2 Danach legen Sie ein Seitenteil hochkant über den Fräser und stellen den Fräsanschlag so ein, dass die Schneidenspitze exakt bis zur Außenfläche des Seitenteils reicht.

Führen Sie die kurzen Stirnkanten von Front- und Rückstück immer zusammen mit einem Winkelbrett am Fräser vorbei. Setzen Sie dazu auch eine Andruckvorrichtung ein. Bei sehr tiefen Fräsungen sollten Sie die Gesamttiefe besser in zwei Etappen heraus fräsen.

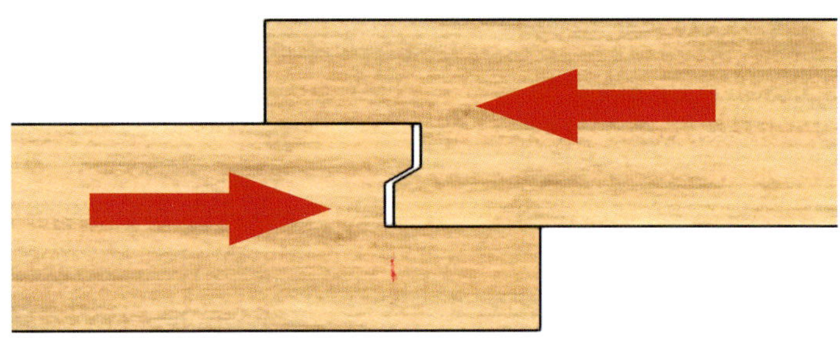

Zum Testen der Passgenauigkeit reicht es völlig aus, wenn Sie vorab einmal in die Stirnkanten zweier Testbretter je ein Verleimprofil einfräsen. Anschließend drehen Sie ein Brett um und schieben beide Profile zusammen (s. Grafik links). Sind die Profilfugen dicht geschlossen, hat der Fräser die perfekte Höheneinstellung. Falls sich eine Lücke zwischen den Profilen zeigt, müssen Sie die Fräserhöhe ein klein wenig nachjustieren. Im Infokasten auf der rechten Seite unter Punkt 1 und 2 finden Sie dazu die passenden Grafiken und Hinweise.

Schritt 2: Verleimfräser für das Fräsen der Seitenteile einstellen

Stellen Sie nur den Fräsanschlag neu ein und zwar so, dass der untere Schneidenabschnitt exakt in einer Flucht mit den Anschlagbacken verläuft. Nutzen Sie dazu entweder eine dünne gerade Holzleiste oder ein hochwertiges Kunststofflineal, damit die Schneiden nicht beschädigt werden. Und ganz …

… wichtig: Verstellen Sie auf gar keinen Fall die Fräserhöhe! Die schmalen Seitenteile müssen hochkant am Fräser vorbeigeführt werden. Damit sie dabei exakt rechtwinklig gehalten werden, setzen Sie einfach wieder das Winkelbrett ein. Außerdem verhindert es Ausrisse an der Rückkante der Seitenteile.

Damit das Werkstück auch zu jeder Zeit sicher und dicht an den Anschlagbacken anliegt, sollten Sie zusätzlich zum Winkelbrett noch einen Andruckbogen einsetzen. Nutzen Sie dazu keine Andruckfedern! Ein Andruckbogen hat nämlich den Vorteil, dass Sie das Winkelbrett (nachdem das Seitenteil komplett angefräst wurde!) wieder problemlos zurückziehen können. Auch hier würde ich zunächst einmal eine Testfräsung mit einem Restholz vornehmen und die Fräsereinstellung und Passgenauigkeit überprüfen. Wichtig ist dabei, dass der untere Schneidenbereich (s. Pfeil Bild 3) nichts von den Seitenteilen abnimmt.

Schritt 3: Bauteile zusammenfügen und verleimen

Wird der Boden eingenutet, müssen Sie vor dem Verleimen in alle Teile noch die passende Nut einfräsen. Sitzt der Boden später jedoch in einem Falz, ist es besser alle Teile vorab zu verleimen. Dazu reicht es völlig aus, wenn Sie das Verleimprofil von Front- und Rückstück mit Leim bestreichen, die Seitenteile in die Profile stecken und zum Schluss alles mit Zwingen festspannen. Um die Verbindung noch zusätzlich zu stabilisieren, können Sie von außen in die Eckverbindung auch noch Rundstäbe einbohren.

Der Verleimfräser eignet sich nicht nur für den Bau von Schubkästen, sondern auch für kleinere Schränkchen (s. Bild rechts).

Vier mögliche Fehlerquellen auf dem Weg zu einer passgenauen Verbindung

1. Lücke zwischen der Profilschräge: Fräser ist zu niedrig eingestellt und sollte nur in Zehntelmillimeterschritten leicht erhöht werden.

Seite

Front-/Rückstück

2. Lücke zwischen den Profilflächen: Fräser ist zu hoch eingestellt und sollte nur in Zehntelmillimeterschritten leicht abgesenkt werden.

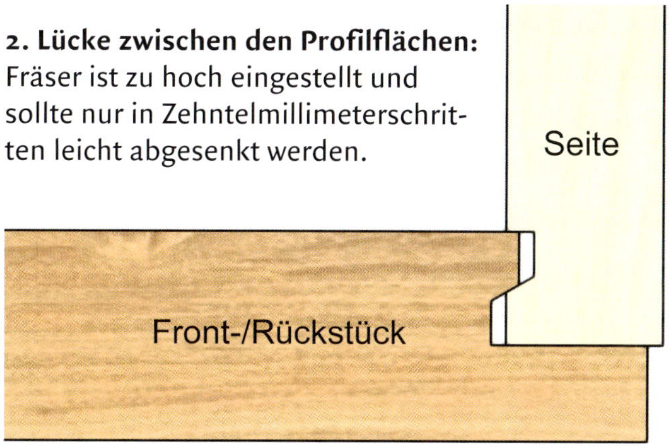

Seite

Front-/Rückstück

3. Seite sitzt zu tief: Fräser steht beim Fräsen von Front- und Rückstück zu weit aus dem Anschlag vor. Anschlag etwas vorziehen.

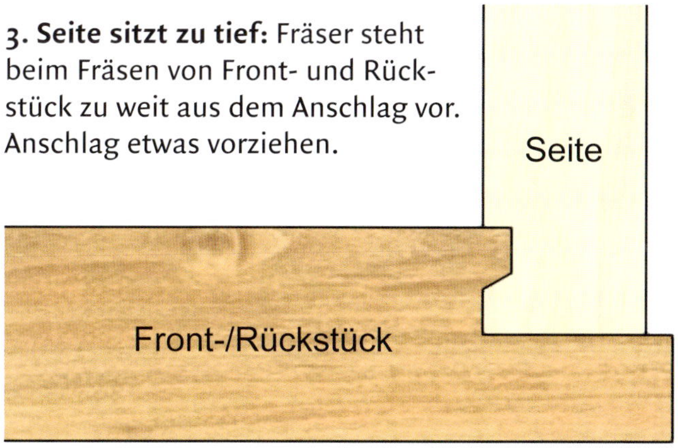

Seite

Front-/Rückstück

4. Seite steht über: Fräser steht beim Fräsen von Front- und Rückstück nicht weit genug aus dem Anschlag vor. Anschlag etwas zurückschieben.

Seite

Front-/Rückstück

Variante mit seitlichem Überstand des Vorderstücks

Wenn Sie das Verleimprofil im Vorderstück tiefer einfräsen als die Dicke der Seitenteile, ergeben sich links und rechts zwei Überstände (s. Pfeile rechts). Auf diese Weise spart man sich dann ein zusätzliches überstehendes Vorderstück (Schubkastendoppel) aufzuschrauben. Dieses Schubkastendoppel hat nämlich die Aufgabe, die beiden Schubkastenauszüge links und rechts neben den Seiten zu verdecken. In aller Regel verläuft der Überstand aber nicht nur seitlich, sondern komplett ringsum. In diesem Fall wird das Vorderstück dann noch zusätzlich an der oberen und unteren Längskante entsprechend gefälzt. Das bedeutet aber auch, dass Sie das Vorderstück im Gegensatz zum Rückstück natürlich um den gewünschten Überstand größer herstellen müssen und das Verleimprofil tiefer einfräsen müssen (s. unten).

1

2

Fräsen Sie zuerst einmal das Rück- und auch das größere Vorderstück wie auf den vorherigen Seiten beschrieben. Denn je nach Seitendicke und gewünschtem Überstand lässt sich die gesamte Frästiefe des Vorderstücks (Bild 1) nicht in einem Frägang sicher und präzise abnehmen. Dadurch erhalten Sie eine sehr saubere und passgenaue Fräsung des Verleimprofils (Bild 2).

Die kostengünstige Variante ohne den Einsatz eines teuren Verleimfräsers

Außenecken kann man aber auch mit einer angefrästen Feder und einer dazu passenden Nut miteinander verbinden. Für die Herstellung benötigen Sie nichts weiter als einen Scheibennutfräser, der sowieso in jede gute Fräsergrundausstattung gehört. Allerdings dürfen die Seitenteile nicht dicker sein als die maximal mögliche Frästiefe des Scheibennuters. Das ist aber nicht weiter schlimm, denn diese Verbindung hat ihre Stärken sowieso eher bei dünnem Material, bei denen man nur eingeschränkt Flachdübel, Runddübel oder Dominos® einsetzen kann. Die Stabilität der angefrästen Federverbindung ist selbst ohne Leimzugabe bereits deutlich höher als bei einem Schubkasten-Verleimprofil. Bevor Sie sich also einen teuren Verleimfräser anschaffen, sollten Sie unbedingt erst mal diese auch optisch sehr ansprechende Verbindung testen. Und ich verspreche Ihnen: Die Herstellung ist deutlich einfacher, als es auf den ersten Blick aussieht.

Einfacher Scheibennutfräser reicht bereits aus

Am besten eignen sich Scheibennutfräser bei denen man das Kugellager über den Schaft abziehen kann. Damit lässt sich die maximale Frästiefe nochmals deutlich vergrößern. Mit dem Fräser der Fa. CMT können Sie dann bis zu 16 mm dicke Seitenteile in Vorder- und Rückstück einnuten. Der schwarze Scheibennutfräser (Bild Mitte) bietet dagegen nur eine Frästiefe bis zu 12 mm. Es lohnt sich also beim Kauf auf einen großen Scheibendurchmesser und eine flexible Befestigung des Kugellagers zu achten.

Schritt 1: Einstellen des Fräsers und Fräsen der Seitenteile

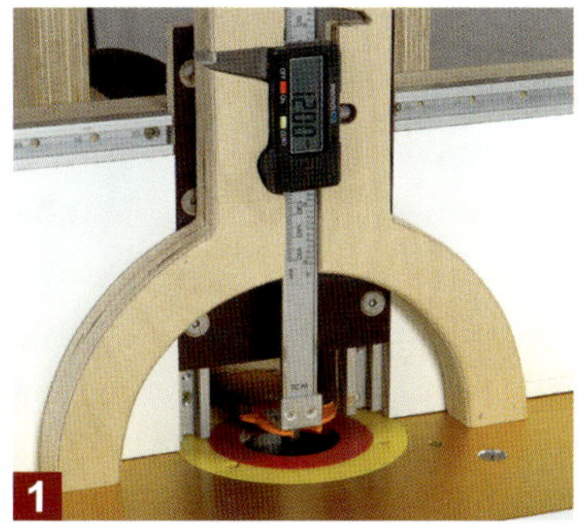

Stellen Sie als erstes die Fräserhöhe ein. Bei einer 4-mm-Nutscheibe sind das 12 mm bis Oberkante Schneide – also das Dreifache der Scheibendicke (Bild 1). Danach stellen Sie die Frästiefe auf die halbe Seitenwandstärke ein. In unserem Fall bei 16 mm dicken Seiten also 8 mm (Bild 2). Aber keine Angst! Es kommt hier nicht auf den halben Millimeter an, wenn Sie genauso vorgehen, wie in der Bildfolge beschrieben.

Fräsen Sie mit diesen Einstellungen diesmal zuerst in alle Seitenteile eine Nut ein. Das bedeutet Sie führen alle Seiten hochkant am Fräser vorbei. Dazu nutzen Sie wieder (wie schon beim Schubkastenverleimfräser) ein Winkelbrett zum Vorschieben und einen Druckbogen, der das Seitenteil immer dicht am Fräsanschlag hält (Bild 3). Alle Seitenteile erhalten an den Enden immer exakt die gleiche Nut (Bild 4).

Schritt 2: Einstellen des Fräsers und Fräsen der Vorder- und Rückstücke

Lassen Sie die Fräserhöhe genauso, wie sie ist, und stellen Sie lediglich die Frästiefe neu ein und zwar exakt auf die Stärke der Seitenwand (Bild 1). Legen Sie die Vorder- und Rückstücke mit der Innenseite (Schreinerdreieck beachten!) flach auf den Frästisch auf (Außenflächen zeigen nach außen!) und schieben Sie die Enden mithilfe des Winkelbretts am Fräser vorbei (Bild 2). Wenn Sie so vorgehen, ist es völlig egal, wie dick oder unterschiedlich dick Vorder- und Rückstück sind (s. kleines Bild).

Erst jetzt stellen Sie die Fräserhöhe neu ein. Dazu den Fräser soweit absenken, bis sich unterhalb des Fräsers eine zu den Seitennuten passende Feder ergibt (4-mm-Feder plus 4-mm-Scheibe = 8 mm).

Mit dieser Einstellung fräsen Sie jetzt alle Stirnenden von Vorder- und Rückstück ein zweites Mal. Achten Sie wieder darauf, dass dabei die Innenflächen auf dem Frästisch aufliegen! Danach …

… stecken Sie die untere Feder (s. Pfeile) einmal probeweise in die Nut der Seitenteile ein. Die Feder sollte dort nicht zu stramm, aber auch nicht zu locker sitzen. Eine Probefräsung vorab an einem …

… Restholz kann sich hier lohnen, bevor Sie an die Originalteile rangehen. Die Feder ist noch zu lang und muss im letzten Schritt noch passend gekürzt werden. Dazu stellen Sie den Fräsanschlag so ein, dass die Schneidenspitze etwa mittig in der Nut endet (Bild 6). Die Fräserhöhe kann in aller Regel so …

…bleiben. Dann schieben Sie Vorder- (Bild 7) und Rückstück (Bild 9) mithilfe des Winkelbretts und des Andruckbogens hochkant am Anschlag vorbei. Dabei kürzen Sie die Feder auf das Maß der Nuttiefe der Seitenteile. Wichtig: Die Innenflächen müssen dabei immer am Anschlag anliegen (Dreieck beachten!).

Das Kürzen der Feder (Bild 6–9) können Sie alternativ auch sehr gut auf einer Tischkreissäge ausführen. Soll der Schubkastenboden später in einer Nut sitzen, dann müssen Sie vor dem Verleimen natürlich noch die passenden Nuten in alle Teile einfräsen. Beim Verleimen von Seiten, Vorder- und Rückstück wird der passgenau zugeschnittene Sperrholzboden dann nur lose in die Nut eingesteckt und nicht mit verleimt. Der Boden lässt sich dann aber nicht mehr entfernen. Ist das gewünscht, darf das Rückstück nur bis zur Nut reichen. Es besitzt also selbst keine Nut und der Boden lässt sich unter dem Rückstück einschieben und bei Bedarf auch darunter wieder herausziehen. Eine tolle Methode um extrem stabile und haltbare Schubkästen zu bauen.

Die passenden Maße und Varianten

Lediglich die Nutbreite in den Seitenteilen ist durch die jeweilige Scheibendicke festgelegt. Für Holzstärken unter 15 mm eignen sich am besten 3-mm-Scheiben, bei dickeren Brettern greifen Sie besser zu 4-mm-Scheiben. Als Nuttiefe sollte man ungefähr die halbe Seitenwandstärke einstellen. Die rechte Grafik bezieht sich dabei auf unsere Beispielmaße. Sie können aber problemlos die dort angegebene Nutbreite im Vorder- und Rückstück von 8 mm auf bis zu 6 mm verringern. Das gibt Ihnen nochmals deutlich mehr Flexibilität bei der Auswahl der Holzstärken. Sie sollten sich dabei aber immer an der Scheibendicke orientieren. Das heißt: Die Nutbreite sollte möglichst immer das 1,5- bis maximal 2-fache der Scheibendicke betragen.

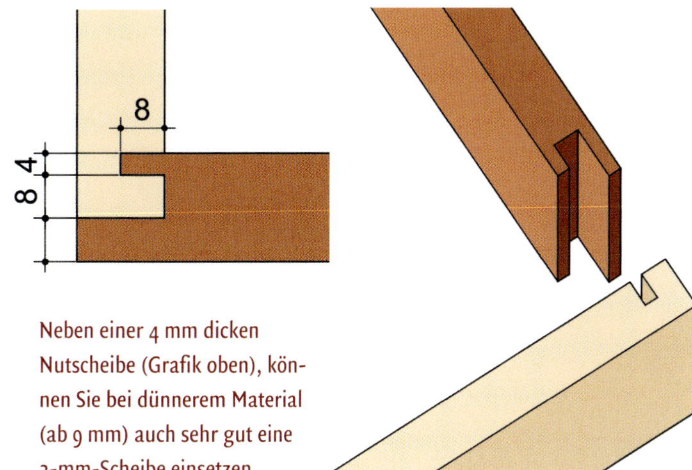

Neben einer 4 mm dicken Nutscheibe (Grafik oben), können Sie bei dünnerem Material (ab 9 mm) auch sehr gut eine 3-mm-Scheibe einsetzen.

Gefederte Außenecken mit Scheibennutfräser und Falzfräser herstellen

Diese Eckverbindung eignet sich nicht nur für die Herstellung einfacher Schubkästen, sondern wird auch häufig bei Türfutten, Fensterlaibungen (Verkleidungen), oder einfachen Regalen eingesetzt. Ich nutze diese Eckverbindung sehr gerne zur Herstellung kleiner Aufbewahrungsboxen für Schrauben oder sonstigen Kleinteilen, weil man damit sehr gut dünne Materialstärken verbinden kann. Als Material kommen hier vor allem Vollholz, Tischlerplatten oder Multiplex zum Einsatz. Spanplatten sind eher ungeeignet. Zum Einfräsen der Nut in den Seitenteilen (s. Bild rechts) benötigen Sie wieder einen Scheibennutfräser. Zum Anfräsen der zur Nut passenden Feder eignet sich ein möglichst großer Nutfräser oder noch besser ein Falzfräser mit Wechselschneiden. Damit man die Seitenteile nicht hochkant am Fräsanschlag vorbei schieben muss, setze ich diesmal zum Fräsen aller Nuten eine angebaute Horizontal-Frästischplatte ein (Bauanleitung s. S. 280).

Schritt 1: Einstellen des Fräsers und Einfräsen aller Nuten

Bauen Sie die Horizontalfräsplatte an die Rückseite des Frästisches an (s. S. 283) und spannen Sie einen Scheibennutfräser in die Oberfräse ein. Danach legen Sie ein Vorder- oder Rückstück gegen die Fräsplatte und stellen die Fräserschneide so ein, dass sie exakt mit der Außenfläche des Werkstücks abschließt (Bild 1). Im nächsten Schritt stellen Sie dann die Fräserhöhe ein. Die sollte etwa vier Zehntel der Holzstärke betragen, also etwas weniger als die halbe Holzstärke. Bei 12 mm dickem Multiplex ist 5 mm ein guter Wert (Bild 2).

3

4

Mit dieser Einstellung fräsen jetzt erst mal alle Nuten in die Seitenteile ein. Durch die horizontal angebaute Oberfräse können Sie dabei alle Seitenteile wieder flach auf den Frästisch legen. Nutzen Sie aber auch hier in jedem Fall wieder ein Winkelbrett, damit die schmalen Enden immer sicher im rechten Winkel und dicht an der Horizontalfräsplatte anliegen. Außerdem verhindert das Winkelbrett, dass an der Rückkante der Seiten Faserausrisse entstehen können.

5

Mit der gleichen Fräsereinstellung können Sie im Anschluss daran auch alle Unterkanten nuten. Dort wird später der Boden eingesteckt, der ebenfalls aus 12 mm dickem Multiplex hergestellt wird.

6

Noch sicherer und vor allem präziser arbeiten Sie mit einer oberen Andruckfeder und einem seitlichen Andruckbogen. Beides ist nicht nur schnell montiert, sondern auch ein Garant für gleich große Nuten. Denn nichts ist ärgerlicher als beim Verleimen festzustellen, dass eine …

7

… Nut nicht tief genug gefräst wurde. Zum Vorschieben der Werkstücke können Sie auch einen simplen Schiebestock einsetzen, denn das Werkstück wird ja immer dicht am Anschlag und auf der Tischfläche gehalten.

Schritt 2: Einstellen des Fräsers und Anfräsen der Feder

1

2

Spannen Sie einen Falzfräser oder großen Nutfräser ein und legen Sie ein Seitenteil hochkant vor die Schneide. Stellen Sie die Schneidenhöhe so ein, dass sie exakt bis zum Anfang der Nut reicht (Bild 1). Danach stellen Sie den Fräsanschlag auf die Tiefe der Nut ein. Auch das können Sie sehr gut mithilfe des Seitenteils einstellen und überprüfen (Bild 2).

3

4

Führen Sie das Werkstück auch hier unbedingt mit einem Winkelbrett am Anschlag vorbei. Dazu können Sie beispielsweise auch sehr gut die Bodenplatte einsetzen. Die hat nämlich die gleiche Stärke und passt somit auch unter der Andruckvorrichtung hindurch (Bild 3). Testen Sie danach die Passgenauigkeit. Die Feder sollte sich leicht von Hand in die Nut einstecken lassen (Bild 4).

Den Boden können Sie am besten ausmessen und zuschneiden, wenn der Kasten einmal probeweise zusammengesteckt wurde. Auch an den Boden fräsen Sie anschließend die gleiche Feder an wie bei Vorder- und Rückstück. Wenn alles passt, können Sie bei einem Plattenwerkstoff wie beispielsweise Multiplex alle Federn (auch vom Boden) mit Leim bestreichen, danach die Bauteile zusammenfügen und mit Zwingen fixieren. Handelt es sich um einen Massivholzboden, muss er nicht nur ringsum etwas Luft in der Nut zum Arbeiten haben, sondern darf auch nicht verleimt werden.

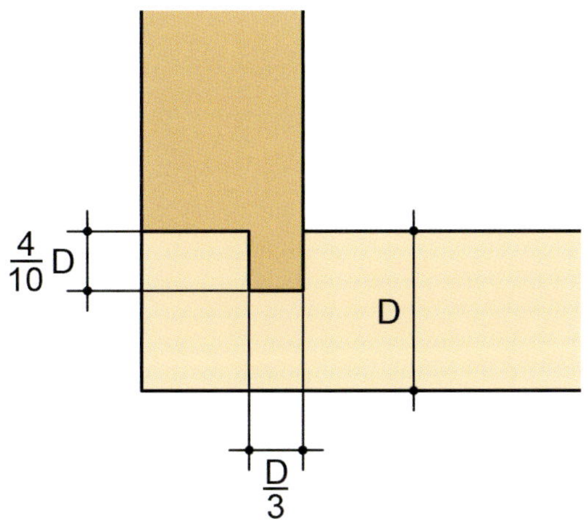

Die Länge und Stärke der Feder richtet sich immer nach der Materialstärke (D). Die Stärke sollte etwa ein Drittel und die Länge etwa vier Zehntel der Holzstärke betragen. Die Feder darf außerdem nicht zu stramm in der Nut sitzen, sonst kann die Nut leicht aufplatzen bzw. abscheren.

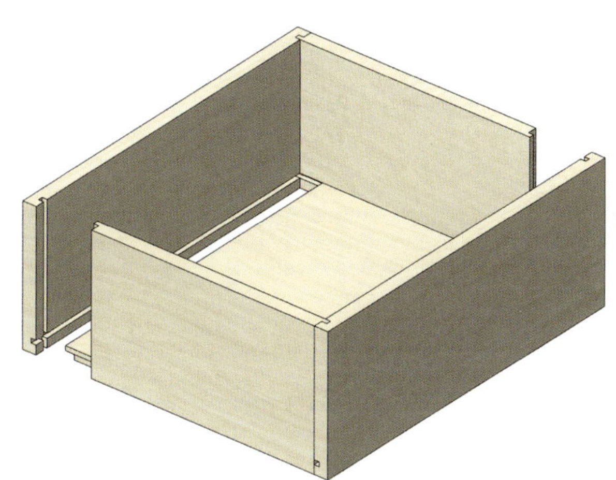

Einsatz eines Gehrungsverleimfräsers

Gehrungsverleimfräser für die Oberfräse gibt es in verschiedenen Größen, mit denen Sie bis zu 28 mm dicke Platten präzise miteinander auf Gehrung verbinden können. Mit dem rechts abgebildeten Fräser mit 45°-Schneiden lassen sich rechtwinklige 90°-Kastenecken erzeugen. Der Handel bietet aber auch Gehrungsverleimfräser mit einer Schneidenschräge von 22,5° an. Damit können Sie Kastenecken im 45°-Winkel herstellen, beispielsweise einen Korpus in Achteckform.

Um eine Kasten- oder Schrankecke zu verbinden, wird normalerweise immer ein Bauteil flach auf dem Frästisch lie-

Ein Gehrungsverleimfräser verbindet eine Kastenecke auf Gehrung und erzeugt zusätzlich in der Gehrung eine Art Feder- und Nutverbindung. Das hat den Vorteil, dass die Holzteile im Gegensatz zu einer normalen Gehrung nach dem Zusammenstecken nicht mehr verrutschen können und das Verleimen dadurch wesentlich einfacher ist.

gend und das Gegenstück hochkant am Fräsanschlag anliegend am Fräser vorbeigeführt. Diese Vorgehensweise zeige ich auch in meinem Handbuch Oberfräse auf den Seiten 216–217. Das funktioniert bei kleineren Platten noch recht gut, aber mit zunehmender Größe wird die Führung hochkant am Fräsanschlag immer schwieriger. Mit der Horizontalfräsplatte geht aber auch dieser Arbeitsschritt wieder deutlich entspannter, sicherer und letztlich wird es dadurch auch präziser. Kleiner Wermutstropfen: Sie müssen den Fräser einmal für die horizontale und einmal für die vertikale Anwendung ganz präzise auf die entsprechende Holzstärke einstellen. Und ganz wichtig: Die korrekte Einstellung lässt sich zweifelsfrei nur mithilfe einer Probefräsung von Brettchen gleicher Holzstärke überprüfen. Fairerweise sei erwähnt, dass hier in der Regel eine Probefräsung meist nicht ausreicht. Also bitte nicht die Geduld verlieren!

Schritt 1: Horizontales Anfräsen des Verleimprofils

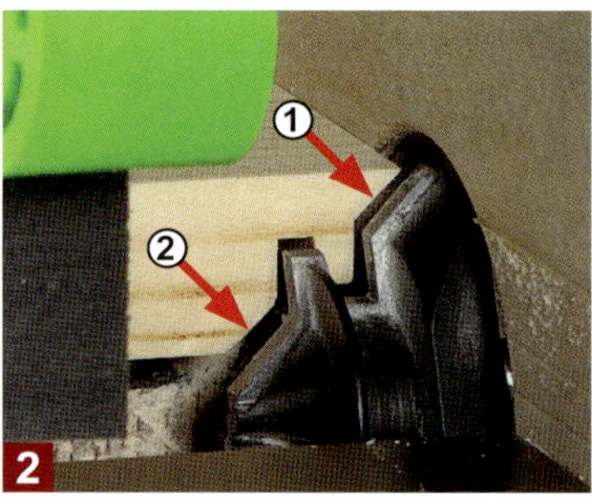

Bei einem Gehrungsverleimfräser ist nicht nur die genaue Höheneinstellung extrem wichtig, sondern zusätzlich muss der Überstand des Fräsers bzw. seiner Schneiden aus dem Fräsanschlag so eingestellt sein, dass sich eine sauber gefräste, spitz zulaufende Werkstückkante ergibt. Gleichzeitig müssen Sie auch noch darauf achten, dass die beiden schrägen Flächen 1 und 2 (s. Pfeile Bild 2) exakt gleich lang sind.

Stecken Sie zwei Profile zu einer Fläche zusammen. Ist kein Absatz erkenn- oder fühlbar, ist die Einstellung perfekt und passt auch bei einer Eckverbindung.

Schritt 2: Umspannen des Fräsers für das vertikale Anfräsen des Gegenprofils

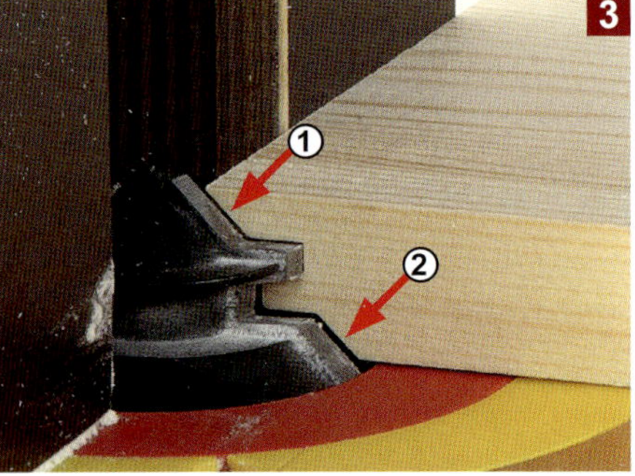

Für die Grobeinstellung des Fräsers können Sie sehr gut das vorhin gefräste Brett nutzen (Bild 1). Aber auch hier benötigen Sie in jedem Fall noch ein paar Probefräsungen, an denen Sie die Passgenauigkeit überprüfen können. Wichtig: Die beiden Schrägen 1 und 2 (s. Pfeile Bild 3) müssen wieder die gleiche Länge haben. Denn beispielsweise die Schräge Nr. 1 wird hier von der …

… Schneidenschräge an der Fräserspitze erzeugt, während sie beim Horizontalfräsen von der unteren Schneidenschräge am Schaftbereich angefräst wird. Nur bei exakt gleicher Schrägenlänge werden sich die Gehrungsspitzen später auch exakt treffen (s. Bild 5). Der Lohn sind dann sauber auf Gehrung gearbeitete Kästen und Schränkchen.

Anwendungsvariante: Herstellung großer hohlförmiger Pfosten

Ein hohlförmiger Pfosten spart gegenüber einem Pfosten aus Vollmaterial nicht nur wertvolles Holz, sondern bietet im Inneren auch Platz zur Aufnahme beweglicher Bauteile (s. Bild 7). Ein solcher Hohlraum kann aber auch sehr gut als Kabelkanal oder für die Unterbringung sonstiger elektronischer Bauteile genutzt werden. Im Innenausbau können Sie diese Technik beispielsweise auch sehr gut zur Verkleidung von Stahlstützen einsetzen. In jeder dieser Anwendungen punktet das Verleimprofil mit seiner enormen Stabilität und der deutlich größeren Leimfläche.

1

Nachdem die Pfostenseiten exakt auf Breite zugeschnitten wurden, fräsen Sie mit der Horizontalfräsplatte in die Längskanten von zwei gegenüberliegenden Seiten ein Verleimprofil ein.

2

Auch hier muss der Fräser so eingestellt sein, dass das Verleimprofil exakt mittig zur Holzstärke verläuft. Die genaue Fräsereinstellung können Sie nur mit ein paar Probefräsungen ermitteln!

3

Entfernen Sie die Horizontalfräsplatte wieder und spannen Sie den Fräser um. Mit einer vorhin gefrästen Pfostenseite können Sie die Position des Verleimfräsers schon mal grob voreinstellen.

4

In ein Restbrett gleicher Stärke fräsen Sie nun mit dieser Einstellung ein komplettes Verleimprofil an. Die beiden Schrägen 1 und 2 (s. Pfeile) müssen wie immer exakt die gleiche Länge haben.

5

Wenn Sie das Restbrett in das Verleimprofil der vorhin gefrästen Pfostenseiten einstecken, dann sollte das Verleimprofil schön dicht sein und die Gehrungsspitzen scharfkantig zusammenstoßen.

6

Da die Gehrungen im Verleimprofil fest verankert sind und nicht mehr verrutschen können, reicht zum Verleimen in aller Regel nur Zwingendruck von oben und unten bereits völlig aus.

7

Sie können den Hohlpfosten auch sehr gut mit einem innenliegenden Pfosten ergänzen und so mit wenig Aufwand beispielsweise einen höhenverstellbaren Fuß für einen Schreibtisch erzeugen.

Ein weiterer Vorteil: Bei hochwertigen Verleimfräsern betragen die Gehrungsschrägen exakt 45° und müssen nicht überprüft werden. Schwenken Sie hingegen ein Sägeblatt bei einer Tischkreissäge auf 45°, dann sollten Sie das immer mit einem hochwertigen Gehrmaß überprüfen.

Einsetzfräsen

Bisher haben wir nur Fräsungen vorgenommen, die über die gesamte Werkstücklänge gingen – also durchgehende Fräsungen vom Werkstückanfang bis -ende. Stellen wir uns aber mal einen Schrankdeckel vor, der auf den Seitenwänden aufliegt und links und rechts davon etwas übersteht. Für eine Rückwand soll nun die hintere Kante des Deckels gefälzt werden. Würde man jetzt die Kante mit einem durchgehenden Falz versehen, bliebe später der Falz an den Enden des Deckels als Lücke sichtbar. Der Falz darf also bei diesem Schrankdeckel auf keinen Fall über die gesamte Rückkante gehen.

Genau für einen solchen Zweck gibt es das sogenannte Einsetzfräsen. Darunter versteht man eine Fräsung, die nicht komplett über die gesamte Werkstücklänge verläuft. Das Werkstück muss dazu in den laufenden Fräser eingeschwenkt werden, bis es dicht am Fräsanschlag anliegt (s. a. Grafik rechts). Dabei können erhebliche Rückschlagkräfte auftreten, wenn man nicht penibel genau darauf achtet, das Werkstück in einer ständigen Vorwärtsbewegung an die Fräserschneiden heran zu führen (Gegenlauffräsen). Der rotierende Fräser hat nämlich genügend Kraft einem das Werkstück beim Einschwenken aus der Hand zu schlagen. Und damit genau das nicht passieren kann, befindet sich am Werkstückende eine Rückschlagsicherung in Form eines Anschlagbretts.

Leider passieren die meisten Unfälle auf dem Frästisch beim Einsetzfräsen. Fast immer ist die fehlende Rückschlagsicherung oder das falsche Einschwenken in den Fräser schuld (s. Infokasten rechts). Oft ist es auch so, dass viele Anwender zum Überprüfen der Fräsereinstellung mal kurz das Werkstück ohne Andruckvorrichtung und Rückschlagsicherung in den laufenden Fräser einschwenken. Hat

Richtig Einschwenken ohne Rückschlag!

Richtig!

Wird das Werkstück so in den Fräser eingeschwenkt, befindet es sich automatisch in der Vorwärtsbewegung und es wird bereits beim Einschwenken im Gegenlauf gefräst. Denn die Fräserschneide berührt das Werkstück in unserem Beispiel bei 100 mm zum ersten Mal und …

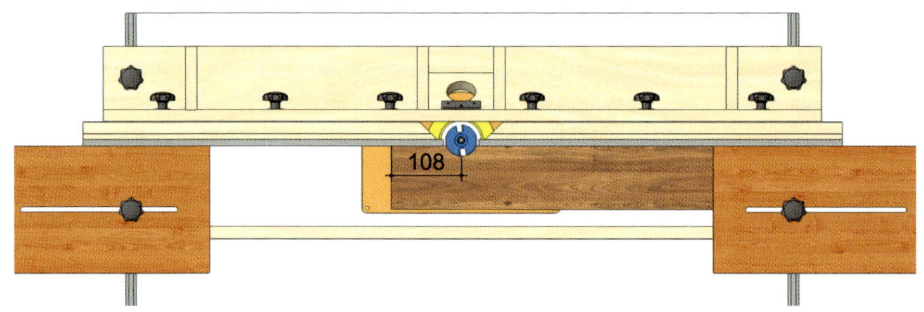

… „wandert" beim Einschwenken dann weiter bis auf 108 mm. Damit ist bereits ein Vorschub von 8 mm erreicht. Das Werkstück wird dann zügig weiter bis zum linken Anschlagbrett geführt.

So bitte nicht! Wird das Werkstück vorne in den Fräser eingeschwenkt, berührt es die Schneide bei 113 mm zum ersten Mal und wird beim Einschwenken um 5 mm quasi zurückgefräst auf 108 mm. Dabei würde im Gleichlauf gearbeitet und es wären erhebliche Rückschläge zu erwarten!

der Fräser dabei das Werkstück erst einmal weg katapultiert, sind die Hände den scharfen Fräserschneiden hoffnungslos ausgeliefert! Daher rate ich Ihnen, egal, wie eilig Sie es haben: Jede Art von Einsetzfräsen nur mit Rückschlagsicherung und Andruckvorrichtung vorzunehmen und immer auf das korrekte Einschwenken zu achten. In diesem Zusammenhang ist es ganz wichtig, dass Sie als Rückschlagsicherung rechts vom Fräser immer ein ausreichend breites Brett festspannen, damit Sie an seiner langen Kante auch das Werkstück dicht anliegend einschwenken oder einschieben können (s. Bildfolge). Lediglich links vom Fräser reicht auch ein schmales Brett, das Sie einfach hochkant am Fräsanschlag befestigen, als Stoppbrett völlig aus.

So ermitteln Sie die Ein- und Aussetzpunkte einer Einsetzfräsung

Wenn die Werkstücke länger als die Anschlagbacken sind, benötigen Sie zusätzlich noch an den Enden des Frästisches je eine Tischverlängerung. Die kann man sich, zusammen mit den nötigen Anschlagbrettern, leicht selbst bauen (Bauplan s. S. 274). Im nächsten Schritt markieren Sie sich den Anfang und das Ende des Falzes auf das Werkstück (hier jeweils 20 mm vom Brettende).

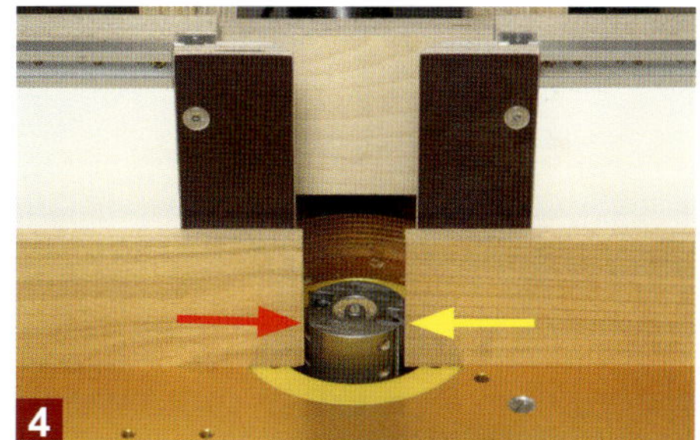

Als nächstes stellen Sie die genaue Fräserhöhe und -tiefe mithilfe einer digitalen Messbrücke ein. Legen Sie anschließend zwei winklig abgelängte Brettchen links und rechts an die Anschlagbacken. Drehen Sie den Fräser ein wenig von Hand und verschieben Sie die Leistenenden bis dicht an die Schneiden. Das linke Brettchen markiert den Anfang und das Rechte das Ende der Fräsung.

Jetzt richten Sie das Werkstück mit der vorderen Markierung (roter Pfeil = Falzanfang) genau auf die Kante des linken Brettchens aus (Bild 6). Verschieben Sie danach das Anschlagbrett (Rückschlagstopp) in der Tischverlängerung bis es dicht an der Rückkante des Werkstücks anliegt. Damit ist der Falzanfang präzise und wiederholgenau festgelegt.

Verschieben Sie das Werkstück nun weiter, bis die hintere Markierung (gelber Pfeil = Falzende) mit der Kante des rechten Brettchens abschließt (Bild 8). Damit das Deckelbrett später nur bis zu dieser Stelle vorgeschoben werden kann, fixieren Sie davor ein weiteres Anschlagbrett in der Tischverlängerung. Auf diese Weise haben Sie dann Ein- und Aussetzpunkt so präzise festgelegt, dass nicht mal eine Probefräsung nötig ist.

Und so fräsen Sie den eingesetzten Falz

1

2

Bevor Sie nun mit dem Einsetzfräsen beginnen, sollten Sie zuerst immer einen „Trockenversuch“ ohne laufenden Fräser und Andruckvorrichtung starten. Vor allem wenn ein Falz bereits wenige Zentimeter (hier 2 cm) vom Brettanfang beginnt, ist das schräge Einschwenken über den Rückschlagstopp (Anschlagbrett) meist nicht möglich, da sonst der Falzanfang zu weit vorne beginnt (Bild 1). In diesen Fällen können Sie aber das Werkstück, geführt durch das Anschlagbrett, parallel zum Fräsanschlag in den Fräser einschieben.

3

Stellen Sie anschließend die obere Andruckvorrichtung auf die Brettstärke ein. Der obere Druckbalken ist an der Vorderkante etwas angeschrägt. Diese Schräge wirkt quasi wie eine Rampe. Wird das Werkstück unter den Druckbalken geschoben, hebt er sich selbstständig und automatisch etwas an. Schalten Sie also den Frästisch ein und …

4

… schieben Sie das Werkstück, mit der Rückkante am Anschlagbrett anliegend, in den laufenden Fräser. Schieben Sie das Brett danach sofort und ohne Unterbrechung weiter nach vorne. Jede Verzögerung könnte zu mehr oder weniger starken Brandspuren am Fräsanfang führen. Schieben Sie also zügig das Brett am Fräser vorbei, bis die …

5

… Vorderkante am linken Anschlagbrett anstößt. Versuchen Sie dann ebenfalls zügig und ohne Unterbrechung sofort das Brett aus dem Fräser heraus zu schwenken. Lassen Sie dazu das Brett mit dem linken Ende dicht am Anschlagbrett liegen und schwenken Sie es mit dem rechten Ende unter der Andruckvorrichtung wieder heraus.

6

Auf diese Weise sind keinerlei Rückschläge und an den Enden der Fräsungen auch keine Brandstellen zu erwarten. Aber das Beste: Die Falzfräsung verläuft – wie gewünscht – exakt zwischen den beiden Bleistiftmarkierungen. Sie können sich ein solches Anschlagbrett als Rückschlagschutz auch leicht selbst bauen (s. kleines Foto unten und Bauanleitung S. 274). Wichtig ist dabei nur, dass Sie dieses Brett immer mit zwei Schrauben auf der Tischverlängerung fixieren. Nur dann kann es mögliche Rückschläge durch den Fräser auch sicher abfangen, ohne sich dabei zu verdrehen. Das fertige Anschlagbrett der Fa. Aigner (dort heißt es Queranschlag) kostet jedenfalls etwa 35 Euro Aufpreis, wenn man es zusammen mit der Tischverlängerung (ab 170 Euro) ordert.

Eine Aussparung in die komplette Kante einfräsen

Eingesetzte nicht durchgehende Aussparungen sieht man oft bei innenliegenden Schubkästen. Sie dienen dort als Grifföffnung für die Hand bzw. Finger (s. Bild rechts). Aber auch Tisch- oder Bankkufen (etwa bei einer Hobelbank) werden mittig mit einer Aussparung versehen, damit sie nicht vollflächig, sondern nur außen mit den Kufenenden auf dem Fußboden aufliegen und so weniger wackeln. Im Gegensatz zum vorherigen Beispiel wird hier von der gesamten Kante etwas weggefräst, daher kann man in diesem Fall nach der Umschlagmethode vorgehen. Und da in aller Regel der Beginn und das Ende einer solchen Aussparung identisch sind – die Aussparung also exakt mittig im Werkstück sitzen soll – muss nur der Einsetzpunkt bestimmt werden (s. Bildfolge).

1 Soll die Aussparung mittig sein, reicht es völlig aus, wenn Sie sich nur an der Vorderkante den Beginn der Aussparung markieren. Durch die Umschlagmethode ist sie dann automatisch mittig.

2 In diesem Fall reicht es auch aus, wenn Sie nur den Einsetzpunkt – also den Bereich links vom Fräser – ermitteln. Dazu einfach eine Leiste mit winkligem Ende bis dicht an die linke Schneide heranführen.

3 Danach richten Sie das Werkstück mit der Markierung exakt auf das Leistenende aus. Achten Sie darauf, dass sich die Leiste und das Werkstück nicht mehr bewegen!

4 Halten Sie das Werkstück in Position und schieben Sie jetzt das Rückschlagbrett bis dicht an das Werkstück heran. Anschließend das Werkstück nach vorne schieben, so dass sich der Fräser …

5 … etwas über der Bretthälfte befindet (s. gepunktete Linie) und dort ein weiteres Stoppholz befestigen. Vor dem Fräsen unbedingt prüfen, ob man das Brett so schräg ansetzen kann, dass es mit …

6 … der linken Kante dicht an der linken Fräsbacke und **gleichzeitig (!)** mit der rechten Kante auch am Rückschlagbrett anliegt. Dabei dürfen die Fräserschneiden die Kante noch nicht berühren!

Senken Sie die Andruckvorrichtung wieder bis auf das Werkstück ab, damit der Fräserbereich verdeckt ist und die Hände geschützt sind. Anschließend schwenken Sie das Werkstück, dicht am Rückschlagbrett anliegend, in den laufenden Fräser hinein. Danach das Werkstück sofort weiter nach vorne bis zum linken Stoppholz schieben und am Stoppholz anliegend hinten wieder aus dem Fräser heraus schwenken.

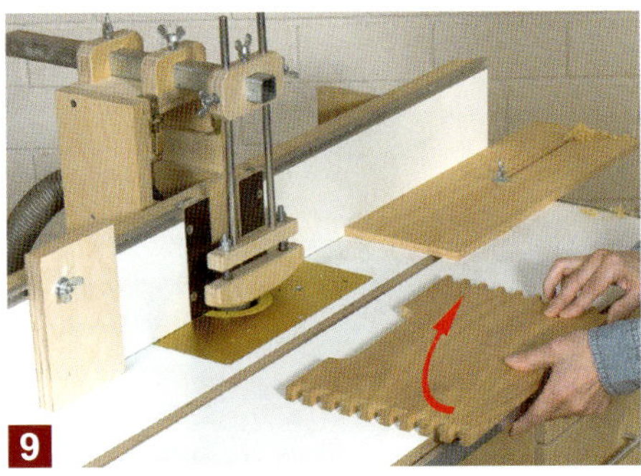

Wenden Sie das Werkstück einmal, so dass jetzt die gegenüberliegende Fläche auf dem Frästisch aufliegt (Umschlagmethode). Danach das Werkstück wieder schräg an den Anschlag und das Rückschlagbrett legen und ein weiteres Mal in den laufenden Fräser einschwenken. Auf diese Weise liegt die Aussparung exakt mittig und es sind auch keine Ausrisse zu befürchten.

Auch wenn Sie das Brett sofort nach dem Einschwenken nach vorne bewegen, sind kleine Brandstellen in den Rundungen leider kaum zu vermeiden (Bild 11). Diese Brandstellen lassen sich aber recht einfach mit einer solchen Schleifwalze auf einem Bohrständer beischleifen (Bild 12).

Maße bzw. Skizze des Rückschlagbretts

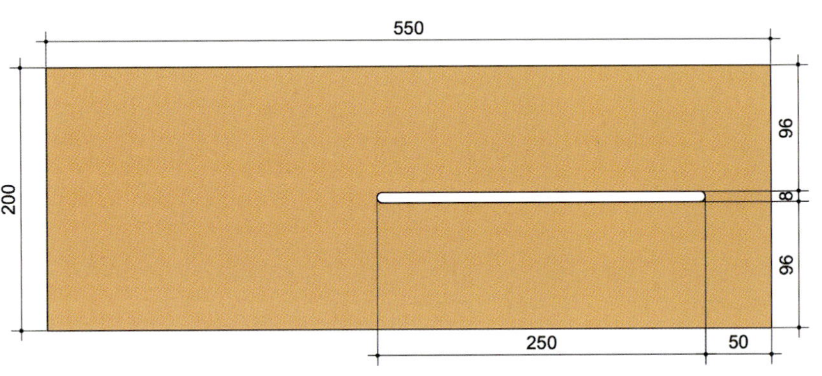

Das Rückschlagbrett sollte aus 12 bis 15 mm dickem Multiplex hergestellt werden. Die 8 mm breite und 250 mm lange Nut ist ebenfalls ein typisches Beispiel für das Einsetzfräsen (s. dazu S. 116). Zur Befestigung des Bretts über diese Nut benötigen Sie am Frästisch noch eine passende T-Nutschiene.

Hier der fertige Schubkasten mit Grifföffnung. Nach dem Verleimen werden nur noch die scharfen Kanten mit einem Abrundfräser samt Kugellager gerundet. Das Kugellager folgt dabei nicht nur den geraden Kanten, sondern auch der geschweiften Form der Grifföffnung.

Rahmenhölzer mit ein- und ausgesetztem Profil

Wenn Rahmen innen profiliert werden sollen, werden sie häufig auf Gehrung gearbeitet. Das Profil kann dann problemlos durchgefräst werden und stößt anschließend wie bei einem Bilderrahmen sauber und gleichmäßig auf 45° zusammen. Aber auch wenn die Rahmenstücke einfach stumpf im 90°-Winkel zusammenstoßen, ist eine Profilierung der Innenkante möglich. Allerdings dürfen Sie in diesem Fall die Rahmenhölzer an den Innenkanten nicht durchgehend profilieren. Das Profil muss nämlich in einem gleichmäßigen Abstand zu den Innenecken des Rahmens ein- bzw. ausgesetzt werden (s. Bild rechts), sonst klafft später eine unschöne Lücke. Also wieder eine typische Anwendung für das Einsetzfräsen, bei der es allerdings einiges zu beachten gilt, damit sich später auch alle Ein- und Aussetzpunkte an der gewünschten Stelle befinden.

Bei diesem Rahmen sind die Innenkanten nicht durchgehend profiliert, sondern in einem bestimmten Abstand ein- und wieder ausgesetzt.

Schritt 1: Ein- und Aussetzpunkte für die aufrechten Rahmenstücke festlegen

1 Legen Sie die Rahmenstücke zusammen und markieren Sie sich als erstes den Beginn und das Ende der Profilierung. In unserem Fall also von der Innenecke (Pfeil) des Rahmens 15 mm entfernt jeweils einen Strich auf die Rahmenfläche zeichnen. Anschließend ein winkliges Restholz …

2 … an die linke Schneide heranführen und die Markierung des aufrechten Rahmenstücks am Restholz ausrichten. Zum Schluss das Rückschlagbrett anbringen.

3 Der Einsetzpunkt der Profilierung ist somit schon mal festgelegt. Für den Aussetzpunkt führen Sie wieder zuerst das Restholzende dicht an die rechte Fräserschneide heran. An diesem Restholz richten Sie nun die rechte Markierung des Rahmenstücks aus (kleines Bild). Legen Sie ein simples Brettchen dicht gegen den Rahmenanfang und befestigen Sie es dort mit einer Zwinge. Mit diesem Stoppbrettchen ist nun auch der Aussetzpunkt präzise festgelegt.

Schritt 2: Alle aufrechten Rahmenstücke profilieren

Bevor Sie losfräsen, sollten Sie zuerst wieder kurz testen, ob ein schräges Einschwenken überhaupt möglich ist. Denn die Fräserschneiden dürfen beim schrägen Ansetzen die Rahmenkante noch nicht berühren. Das können Sie am besten im Stillstand und ohne Andruckvorrichtung feststellen.

Passt alles, befestigen Sie zuerst die Andruckvorrichtung am Fräsanschlag. Danach schalten Sie die Maschine ein und schwenken das Rahmenholz schräg nach vorne unter die Andruckvorrichtung hindurch, bis es dicht am linken Fräsanschlag anliegt. Dabei liegt es hinten dicht am Rückschlagbrett an. In …

… dieser schrägen Position hat das Werkstück noch keinen Kontakt mit dem Fräser. Erst wenn Sie das hintere Ende des Rahmenholzes am Anschlagbrett anliegend bis dicht an den Fräsanschlag einschwenken erfolgt der erste Kontakt zum Fräser. Damit es keine oder nur minimale Brandspuren gibt, sollten Sie versuchen, das Rahmenholz sofort danach ohne Unterbrechung weiter nach vorne bis zum vorderen Stoppholz zu schieben. Dort angelangt, dann ebenfalls das hintere Ende des Rahmenholzes sofort wieder unter der Andruckvorrichtung heraus schwenken. Auf diese Weise sollten sich lästige Brandstellen an den Ein- und Aussetzpunkten in Grenzen halten.

Schritt 3: Ein- und Aussetzpunkte für die kürzeren Querrahmenstücke festlegen

Da das Profil bei den Querrahmenstücken bereits 15 mm vom Rahmenanfang beginnt, ist diesmal ein schräges Einschwenken nicht möglich. Bei den Längsrahmenstücken waren es noch 70 mm und somit gefahrlos möglich.

Bei dem rechten Querrahmenstück sind die Auswirkungen beim schrägen Einschwenken gut sichtbar. Das Einfräsen des Profils beginnt deutlich früher und hat nicht mehr den gewünschten Abstand von 15 mm (s. Rahmenstück links).

9

10

Die kurzen Querrahmenstücke müssen also parallel zur Anschlagfläche in den Fräser eingetaucht werden. Dazu benötigen Sie ein Winkelbrett mit Anschlagleiste (1) und ein langes winkliges Rückschlagbrett (2). Zur Ermittlung des Einsetzpunktes muss das Rahmenstück dicht am Winkelbrett und seiner Anschlagleiste (Pfeil) anliegen.

11

12

Den Aussetzpunkt können Sie dann wieder ohne Winkelbrett festlegen. Dazu ein winkliges Restholz dicht an die rechte Schneide des Fräsers heranführen und den rechten Strich auf dem Rahmenstück dort ausrichten. Anschließend ein Stoppholz bis dicht an das linke Ende des Rahmenstücks anlegen und in dieser Position festzwingen.

Schritt 4: Alle Querrahmenstücke profilieren

13

14

15

Das eigentliche Fräsen ist dann wirklich simpel: Schalten Sie die Maschine ein und legen Sie das Querrahmenstück dicht an das Winkelbrett und die Anschlagleiste. Beides zusammen führen Sie jetzt am Rückschlagbrett entlang unter die Andruckvorrichtung hindurch in den laufenden Fräser, bis das Rahmenstück dicht am Fräsanschlag anliegt (Bild 13 und 14). Danach schieben Sie es sofort und ohne Unterbrechung weiter nach vorne bis es am linken Stoppholz anliegt. Auch dort sofort und möglichst ohne Unterbrechung das Rahmenstück wieder unter der Andruckvorrichtung heraus schwenken. Wenn Ihnen das gelingt, dann sind auch an den Ein- und Aussetzpunkten der Profilierung keine dunklen Brandstellen zu sehen (s. Bild 15).

Eingesetzte Tauchfräsungen mit einem Nutfräser

Das, was auf einer großen Tischfräse aufgrund des überstehenden Fräsdorns unmöglich ist, ist auf dem Frästisch ein Klacks. Und wer öfters Schablonen, Anschläge und Vorrichtungen mit eingesetzten Langlöchern herstellen möchte, der wird seinen Frästisch lieben. Damit Sie sich von der Einfachheit und Präzision solcher Tauchfräsungen überzeugen können, nehme ich Sie einfach mal mit bei der Herstellung der rechts abgebildeten Fräsvorrichtung für Dominos (Bauplan im Handbuch Oberfräse ab S. 146). Denn vor allem das Langloch in der Schablonenplatte (Pfeil)muss nicht nur absolut perfekt zur eingesetzten Kopierhülse passen, sondern auch genau parallel zu den Plattenkanten verlaufen. Nur wenn Sie diese Präzision erreichen, können Sie mit der Vorrichtung auch passgenaue Dominoverbindungen herstellen.

Schritt 1: Fräserhöhe und Abstand des Fräsanschlags einstellen

1 Nutzen Sie am besten einen 10-mm-Nutfräser mit einer zusätzlichen HW-Eintauchschneide. Stellen Sie die Fräserhöhe so ein, dass die Spitze ein klein wenig über der halben Plattendicke liegt.

2 Auf jeden Fall sollten Sie sich zuerst die Position des Langlochs genau aufzeichnen. Messen Sie anschließend den Abstand von der Plattenkante bis zur vorderen Markierung (Pfeil) aus. Genau …

3 … nach diesem Maß (hier 68 mm) stellen Sie jetzt den Abstand zwischen Fräsanschlag und vorderer Schneide des Nutfräsers ein. Das ist extrem wichtig, denn nur so fräsen Sie immer im Gegenlauf.

Schritt 2: Eintauchpunkte mit Stopphölzern festlegen

4 Bei einer solchen Eintauchfräsung befindet sich der Fräser nicht zwischen den Anschlagbacken, sondern immer vor dem Fräsanschlag. Daher können Sie die Spitzen der Anschlagbacken sehr schön als Einstellhilfe für den Ein- bzw. Aussetzpunkt nutzen. Dazu legen Sie das winklig zugeschnittene Multiplexbrettchen zuerst dicht an die rechte Fräserschneide und stellen die rechte Anschlagbackenspitze exakt bündig zum Multiplexbrettchen ein (s. Pfeil). Danach das Brettchen gegen die linke Anschlagbacke legen und dicht gegen die linke Schneide stoßen. Auf diese Weise erhalten Sie einen Spalt zwischen den beiden Anschlagbacken, der exakt dem Durchmesser und Schneidenflugkreis des Nutfräsers entspricht – also in unserem Fall exakt 10 mm. Dieser genial einfache Trick erleichtert Ihnen die Positionierung der beiden Stopphölzer ungemein (s. a. die beiden nächsten Bilder)!

Linke Markierung auf dem Multiplexbrettchen an die linke Anschlagbacke ausrichten und das rechte Stoppholz gegen die rechte Kante stoßen und fixieren.

Rechte Markierung auf dem Multiplexbrettchen an die rechte Backenspitze ausrichten und das linke Stoppholz gegen die linke Kante stoßen und fixieren.

Schritt 3: Eintauchfräsung vornehmen

Sind die Werkstücke groß genug (hier 200 x 120 mm) und liegen die Langlöcher nicht zu nah an den Kanten, kann man eine solche Eintauchfräsung auch problemlos ohne zusätzliche Hilfsmittel vornehmen (mehr dazu in Schritt 5). Und da der Fräser immer nur bis zur halben Holzstärke eingestellt ist, ragt er zu keiner Zeit aus dem Werkstück vor. Trotzdem sollten Sie das schräge Ansetzen und Eintauchen des Werkstücks erst einmal ohne laufenden Fräser üben, um ein Gefühl für diesen Vorgang zu bekommen. Und wenn Sie schon mal dabei sind, dann üben Sie auch gleich das schräge Ausschwenken.

Werkstück dicht an das rechte Stoppholz anlegen, dann absenken und schräg in den laufenden Fräser eintauchen. Werkstück drehen und den Vorgang nochmals von der anderen Kante aus wiederholen.

In der halben Werkstückdicke befindet sich jetzt bereits das Langloch. Für den Rest drehen Sie das Werkstück einfach um und führen es wieder schräg an das linke Stoppholz heran.

Dann das Werkstück wieder schräg nach unten in den laufenden Fräser absenken und nach vorne bis zum linken Stoppholz vorschieben. Die Fräserspitze ist jetzt zu sehen und das Langloch nimmt …

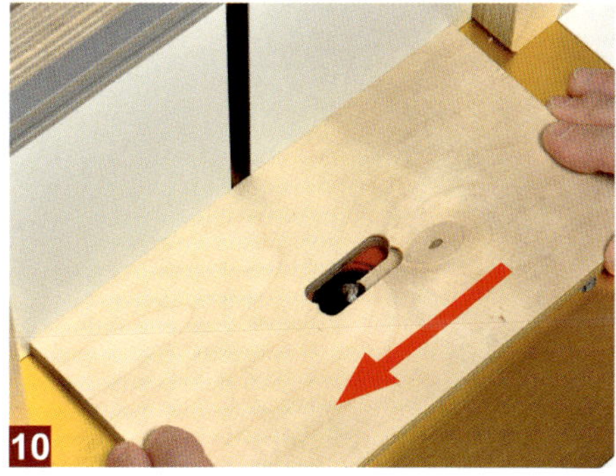

… langsam Form an. Anschließend auch hier wieder das Werkstück auf die Gegenkante drehen und das Langloch fertig fräsen. Hier ist gut zu erkennen, dass man immer im sicheren Gegenlauf fräst.

Schritt 4: Passgenauigkeit prüfen und bei Bedarf nachfräsen

12

13

Sie werden sich jetzt fragen: Warum hat der nicht gleich einen 17-mm-Nutfräser passend zur 17er Kopierhülse eingesetzt? Erstens kann man mit einem 10-mm-Nutfräser selbst die Passgenauigkeit zur Kopierhülse bestimmen, also wie stramm oder locker sie im Langloch laufen soll und zweitens liegt das Langloch so auch automatisch exakt in der Werkstückmitte. Beides ist extrem wichtig für die spätere Präzision einer solchen Schablone. Und ganz wichtig: Die Kopierhülse sollte beim ersten Test ruhig etwas zu stramm im Langloch sitzen. Dann kann man nämlich den Fräsanschlag minimal in Pfeilrichtung verschieben und das Langloch nochmal nachfräsen, bis alles perfekt passt.

Schritt 5: Präzise und wiederholgenaue Langlöcher für die verstellbaren Anschläge fräsen

Da diese Anschläge recht klein sind und die Langlöcher auch sehr nah an den Kanten beginnen, sollten sie unbedingt in eine solche Spannzwinge eingespannt werden (Bauplan im Handbuch Oberfräse S. 274). Die Spannarme verjüngen sich nicht wie bei einer Parallelzwinge aus Holz (s. S. 20), sondern sind an den Enden absolut gerade und rechtwinklig. Das ist ein riesiger Vorteil, weil man diese langen und geraden Kanten der Spannarme dann auch sehr gut zum Ein- und Ausschwenken nutzen kann (s. Bild 15). Das Schöne an dieser selbstgebauten Spannzwinge ist aber auch, dass Sie sich bei Bedarf schnell und einfach Zwingen mit größeren oder kleineren Spannarmen herstellen können. Also genauso, wie es das Werkstück oder die Anwendung gerade erfordert. Zum Festlegen der Ein- und Aussetzpunkte muss sich das Werkstück natürlich in der Spannzwinge befinden, denn an die beiden Stopphölzer stoßen später die Spannarme und nicht das Werkstück an. Und ganz wichtig: Fräsen Sie ein solches Langloch niemals in einem Arbeitsgang heraus, sondern immer in mehreren Frästiefen von jeweils maximal 5 mm (s. a. Infos im Bild 16).

14

Legen Sie das Werkstück zwischen die beiden Spannarme. Achten Sie beim Anziehen der beiden Flügelmuttern darauf, dass die Spannarme schön parallel und dicht an den Werkstückkanten anliegen. Notfalls etwas mehr Druck auf den vorderen Teil der Spannarme einstellen.

15

So gesichert können Sie jetzt das Werkstück wieder schräg nach unten in den laufenden Nutfräser eintauchen. Danach die Spannzwinge samt Werkstück nach vorne bis zum linken Stoppholz schieben und schräg nach rechts oben wieder aus dem Nutfräser herausheben.

Fräsen Sie das Langloch immer von beiden Plattenseiten aus ins Multiplex, soll heißen: Bei 18er Multiplex die Fräserhöhe des 8-mm-Nutfräsers zuerst auf knapp 5 mm einstellen und dann einmal alle Langlöcher von beiden (!) Plattenseiten aus ins Holz einfräsen (Umschlagmethode). Jetzt die Fräserhöhe auf etwas über die halbe Plattendicke einstellen (also knapp 10 mm) und den gesamten Vorgang nochmals wiederholen.

Sicherheitsvorteile: Der Fräser wird geschont, weil er nie mehr als 5 mm in einem Frägang abnehmen muss. Und der Fräser steht beim Eintauchen des Werkstücks niemals gefährlich über dem Werkstück heraus, sondern befindet sich immer bis zur Plattenmitte verdeckt im Langloch (s. Bild links). Wann immer es die Konstruktion zulässt, sollten Sie also nach dieser Umschlagmethode vorgehen. Schneller, schonender und sicherer geht es nicht!

Langlöcher an schmalen Endkanten für eine lange verstellbare Anschlagplatte fräsen

Möchten Sie lange und schmale Werkstücke mit der kurzen Endkante sicher und präzise am Fräsanschlag vorbeiführen, dann sollten Sie dazu entweder ein Winkelbrett (s. a. S. 18) oder einen Queranschlag einsetzen. Bei diesem Werkstück kommt jetzt noch erschwerend hinzu, dass es sich bei der Fräsung um ein eingesetztes Langloch handelt. Damit Sie das Werkstück nun wiederholgenau und exakt rechtwinklig in den Nutfräser einschwenken können, ist der Queranschlag am besten geeignet. Dazu befestigen Sie hinter dem Queranschlag ein Rückschlagbrett (roter Pfeil) für den Einschwenkpunkt (Beginn des Langlochs) und eine Stoppleiste (blauer Pfeil) für das Ende des Langlochs (s. Bild 1). Und ganz wichtig: Der Fräsanschlag muss dabei immer exakt parallel zur Tischnut des Queranschlags eingestellt sein.

Werkstück leicht schräg an Fräs- und Queranschlag anlegen und in den laufenden Fräser eintauchen. Werkstück mithilfe des Queranschlags weiter bis zum vorderen Stoppholz schieben und wieder aus dem Fräser rausschwenken.

Auch hier wieder das Langloch von beiden Plattenflächen aus ins Holz fräsen (Umschlagmethode). Ein- und Aussetzpunkte sind mit Stopphölzern sicher festgelegt und der Queranschlag verhindert ein Verkanten des Werkstücks.

Kapitel 3

Fräsarbeiten an geschweiften Werkstücken

Fräsarbeiten an geschweiften Werkstückkanten

Kreis- und bogenförmige (geschweifte) Werkstücke auf einem Frästisch zu bearbeiten, gehört ganz sicher zu den anspruchsvollsten Aufgaben eines Holzwerkers. Es ist daher besonders wichtig und geradezu unerlässlich, dass man zunächst eine gewisse Erfahrung bei der Bearbeitung von geraden Werkstückkanten gesammelt hat, bevor man sich an bogenförmige Werkstücke heran wagt. Dieses Kapitel befindet sich also nicht umsonst im mittleren Buchdrittel. Wenn Sie den vorderen Buchteil bereits erfolgreich durchgearbeitet haben, sind Sie auf jeden Fall bestens gerüstet, um diese spannende, aber auch komplexe Arbeitstechnik sicher und gefahrlos auf einem Frästisch ausführen zu können.

In diesem Kapitel beschäftigen wir uns zunächst einmal mit der Herstellung und Bearbeitung von perfekten kreisrunden Formen. Das können Sie alles noch problemlos mit den Bordmitteln ihres Frästisches durchführen. Danach werde ich Ihnen dann zunächst ein sehr wichtiges optionales Zubehör vorstellen, das zwingend zur Bearbeitung von frei geschwungenen Formen nötig ist. Im Anschluss daran zeige ich Ihnen, welche Fräser zur Herstellung exakter 1:1 Kopien nötig sind. Wer Kopien herstellen möchte, braucht dazu natürlich auch die passenden Schablonen. Deshalb zeige ich Ihnen gleich vier unterschiedliche Methoden zum Bau von perfekten Schablonen. An konkreten Anwendungsbeispielen lernen Sie dann noch, wie Sie die Schablonen sicher auf dem Werkstück befestigen und beides zusammen gefahrlos am Fräser vorbei schieben können. Dass man auf einem Frästisch auch mit Kopierhülsen arbeiten kann, erfahren Sie ebenfalls in diesem Kapitel. Ganz zum Schluss zeige ich Ihnen dann noch, wie man aus dem großen Falzfräser einen Bündigfräser macht.

Für den „Schwung“ dieser Gartenbank sorgt eine bogenförmige Rückenlehne. Die beiden geschwungenen Pfosten sind dabei absolut deckungsgleich, wenn sie mithilfe einer Schablone gefräst wurden.

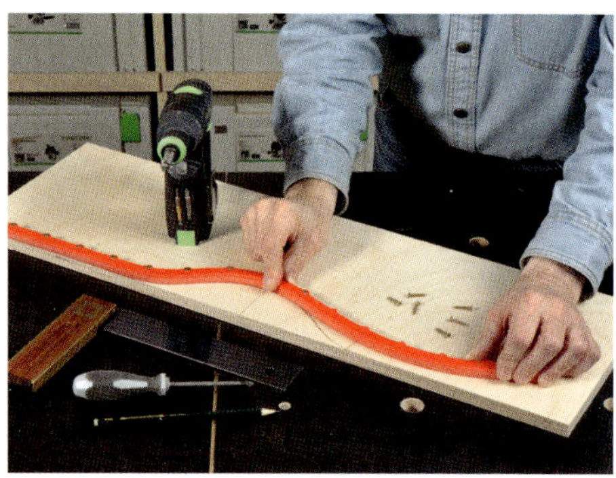

Mit einem flexiblen Kurvenlineal aus Spezialkunststoff sind gleichmäßig geschwungene Schablonenkanten ganz ohne Dellen in wenigen Minuten hergestellt. Vor allem bei der Anfertigung von geschweiften Rahmen-Füllungs-Türen ist das „kurvenlinfix®“ eine große Hilfe.

Bei interessanten Spielgeräten wie diesem Schaukelstuhl lohnt sich der Bau von Schablonen ganz besonders. Denn nachdem die ersten Freunde zu Besuch waren, gibt es garantiert jede Menge Folgeaufträge.

Kreisrunde Werkstücke herstellen

Die Herstellung kreisrunder Bauteile ist in der Holzbearbeitung keine Seltenheit. Sie werden beispielsweise bei runden Tischen und Regalbrettern, dekorativen runden Topfuntersetzern oder Frühstücksbrettchen, aber auch bei Kinderspielzeug mit kreisrunden Rädern benötigt. Es macht also durchaus Sinn, sich eine Methode anzueignen, mit der man solche kreisrunden Teile mit geringem Aufwand und Kosten auf einem Frästisch herstellen kann. Mit etwa 10 Euro Materialkosten ist meine Vorrichtung extrem günstig und Sie können damit kreisrunde Werkstücke ab einem Durchmesser von etwa 150 mm herstellen. Für kleinere Durchmesser sollten Sie aus Sicherheitsgründen besser die handgeführte Oberfräse einsetzen (Infos dazu in meinem Handbuch Oberfräse ab S. 90). Allerdings hat der Frästisch beim Einsatz eines großen Falzfräsers einen ganz entscheidenden Vorteil: Aufgrund des größeren Fräserdurchmessers und einer daraus resultierenden höheren Schnittgeschwindigkeit sind die Werkstückkanten meist sauberer gefräst und bedürfen in der Regel nur noch einer minimalen Nachbearbeitung mit Schleifpapier. Außerdem können Sie das Werkstück beim Einsatz eines Profilfräsers nicht nur kreisrund fräsen, sondern die Kanten auch gleichzeitig profilieren (s. Bild oben rechts). Zwei kleine Nachteile hat unsere Methode jedoch: Erstens befindet sich auf einer Seite des Werkstücks (genau in der Mitte) später ein 5-mm-Bohrloch. Sollte das stören, muss es mit einem passenden Querholzdübel oder sonstigen Mitteln kaschiert werden. Und zweitens müssen Sie das Werkstück schon mal grob mit der Bandsäge in eine kreisrunde Form bringen, die etwa 5 mm größer ist, als der fertige Enddurchmesser. Dieser Mehraufwand wird aber mit extrem sauber gefrästen Werkstückkanten belohnt.

Zur Herstellung kreisrunder Werkstücke benötigen Sie lediglich eine 15 mm dicke Multiplexplatte (1) (1200 x 270 mm), einen 60 mm schmalen Stützstreifen (2) aus dem gleichen Material und einen 5-mm-Rundstift in Form eines einfachen Bodenträgers (Gesamtkosten etwa 10 Euro).

So einfach ist die Herstellung von Nutplatte und Stützstreifen

Der buchstäbliche Dreh- und Angelpunkt der gesamten Vorrichtung ist ein einfacher Bodenträgerstift (kleine Bilder unten). Dieser hat einen Durchmesser von exakt 5 mm. Passend dazu benötigt die Multiplexplatte eine 5 mm breite und etwa 8 mm tiefe Führungsnut. Die Nut selbst ist 600 mm lang und sollte etwa auf der Hälfte der Plattenlänge enden. Am Ende der Nut liegt dann später der Bodenträgerstift an. Die Nut können Sie ganz einfach direkt auf ihrem Frästisch einfräsen. Dazu setzen Sie einen 5-mm-Nutfräser ein und fräsen in zwei Etappen von je 4 mm schrittweise die Nut ein. Damit Sie die Nut nicht zu weit fräsen, können Sie sich an die linke Fräsbacke noch ein Stoppbrettchen befestigen. Wichtig: Der Bodenträgerstift sollte leichtgängig durch die Nut gleiten. Sollte das nicht der Fall sein, dann können Sie den Fräsanschlag minimal nach hinten versetzen und die Nut verbreitern.

2

Wenn ihr Frästisch bereits über zwei durchgehende T-Nutschienen an den Seiten der Tischfläche verfügt, dann lässt sich die Vorrichtung wirklich blitzschnell, völlig unkompliziert und absolut sicher darin fixieren. Dazu bohren Sie zuerst mit einem 20-mm-Forstnerbohrer ein 6 mm tiefes Sackloch für den Sechskantkopf der M8 x 16 mm Schraube. Die Zentrierspitze des Forstnerbohrers hinterlässt dann exakt mittig eine Markierungsspitze in der Sie im nächsten Schritt die Zentrierspitze eines 8,5 mm großen Holzbohrers ansetzen und ein Durchgangsloch für das Gewinde bohren. Zum Schluss müssen Sie nur noch die Schraube einstecken und von unten eine Gleitmutter aufdrehen, die genau zur T-Nut der Schiene passt. Simpel aber super praktisch!

Zeichnung und Materialliste

Diese sehr einfach nachzubauende Kreisfräsvorrichtung bietet wirklich alles, was man zum präzisen Fräsen kreisrunder Bauteile benötigt und ich kann Ihnen den Nachbau nur wärmstens ans Herz legen. Sollte ihr Frästisch (noch) keine durchgehenden T-Nutschienen an den Tischenden besitzen, dann können Sie diese simple Vorrichtung auch problemlos mit Hebelzwingen auf der Tischfläche befestigen. Aber wie Sie schon auf den vorherigen Seiten (und den noch kommenden) feststellen konnten, sind diese beiden T-Nutschienen extrem nützlich. Ich nutze den Frästisch und diese ungewöhnliche Schienenposition jetzt bereits seit mehr als 10 Jahren und finde immer wieder neue praktische Befestigungsmöglichkeiten von Sicherheitszubehör und Vorrichtungen aller Art heraus, die einem das Arbeiten auf dem Frästisch deutlich erleichtern. Diese beiden T-Nutschienen werden auch Sie lieben, da bin ich mir sicher!

Materialliste: Kreisfräsvorrichtung

Pos.	Anz.	Bezeichnung	Maße (mm)	Material
1	1	Nutplatte	1200 x 270	15 mm Multiplex
2	1	Stützstreifen	1200 x 60	

Sonstiges: 4 Sechskantschrauben M8 x 16 mm
4 Gleitmuttern M8 für T-Nutschiene
1 Bodenträgerstift Ø 5 mm

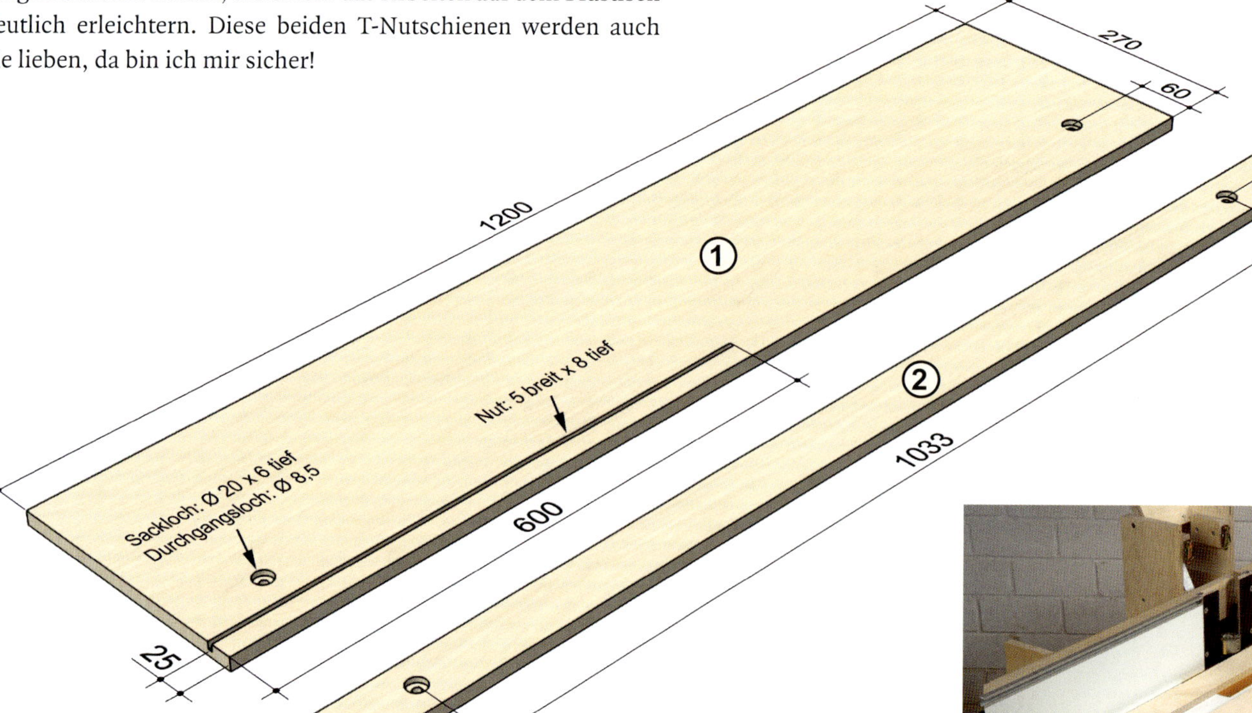

Und so benutzen Sie Nutplatte und Stützstreifen

1 Mit etwa 2 mm Abstand zu den Fräserschneiden befestigen Sie zuerst den 60 mm schmalen Stützstreifen in den T-Nutschienen. Anschließend schieben Sie auch die große Platte mit der Führungsnut in die T-Nutschienen ein. Das Ende der Nut (roter Pfeil Bild rechts) in der großen Platte sollte jetzt in etwa mittig zur Fräserachse bzw. Mitte des Falzfräsers (gelber Pfeil) verlaufen. Um den gewünschten Radius (also halben Durchmesser) einzustellen, legen Sie den …

2 … Meterstab dicht an die Fräserschneide und verschieben die große Platte in Pfeilrichtung vor oder zurück. Das Maß können Sie jetzt bequem am Nutende und Meterstab ablesen (in unserem Fall ein Radius von 15 cm). Sollen kleine Maßkorrekturen vorgenommen werden, reicht es völlig aus, wenn Sie nur die rechte Sechskantmutter öffnen, um die Platte leicht vor oder zurück zu schieben. Die Führungsnut muss nicht parallel zum Fräsanschlag verlaufen!

3 Die Werkstückmitte finden Sie am schnellsten heraus, wenn Sie zuerst die Diagonalen auf das Werkstück zeichnen. Danach zeichnen Sie mit einem Zirkel den gewünschten Kreisdurchmesser auf und bohren zum Schluss genau in den Kreismittelpunkt für den Bodenträgerstift ein passendes Loch (s. kleines Bild). **Wichtig:** Der Stift sollte stramm in der Bohrung sitzen und nicht von alleine wieder herausfallen. Zur Not das Loch besser mit einem 4,8-mm-Metallspiralbohrer, anstatt eines 5-mm-Holzspiralbohrers herstellen.

4 Mithilfe der Bandsäge (oder Stichsäge) sägen Sie die Kreisform mit etwas Übermaß vor. Optimal ist ein Überstand zur Kreislinie von maximal 3 mm. Dann lässt sich das Werkstück nicht nur leichter am Fräser vorbeiführen, sondern es besteht auch eine deutlich geringere Ausrissgefahr. Ausrisse sind aber beim Einsatz des 50 mm großen Falzfräsers mit Wechselschneiden sowieso kaum zu befürchten und treten eher bei kleineren Fräsern mit weniger als 20 mm Durchmesser auf.

5

Stecken Sie den Bodenträgerstift in das Loch des runden Bretts. Legen Sie das Brett mit dem Stift in die Führungsnut ein und richten Sie die Maserung schräg nach hinten in einem Winkel von etwa 45° zum Fräsanschlag aus (schwarze Linien). Das ist die optimale Brettposition für den Beginn der Fräsung. Schalten Sie nun die Maschine ein und schieben Sie das Brett in dieser Positionsgerade und geführt durch den Stift in der Nut unter dem Andruckschuh hindurch, bis der Stift dicht am Nutende anliegt.

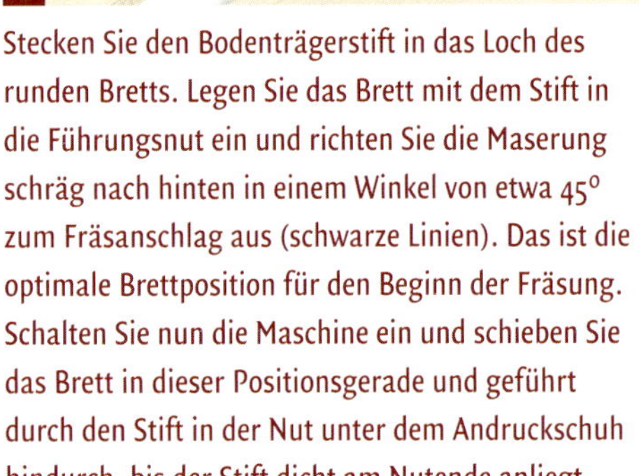

6

Drehen Sie das Brett dann sofort gegen den Uhrzeigersinn (s. Pfeilrichtung) im Gegenlauf zu den Schneiden am Fräser vorbei. **Vorsicht:** Wird das Brett auch nur geringfügig in die entgegengesetzte Richtung gedreht, sind erhebliche Rückschläge zu erwarten, weil Sie dann – wenn auch nur kurzzeitig – im Gleichlauf fräsen. Achten Sie also penibel darauf, das Brett sofort nach links zu drehen! Beste Fräsergebnisse ohne Ausrisse erzielen Sie mit dem 50 mm großen Falzfräser mit Wechselschneiden.

Hier das fertige kreisförmige Brett aus Kiefer Leimholz. Links sehen Sie die Brettseite ohne Loch und daneben, ganz außen, die Seite mit dem Loch, in dem der Führungsstift steckt. Sollte das Loch in ganz seltenen Fällen doch einmal stören und auch das Ausbessern mit einem Dübel oder Holzkitt nicht in Frage kommen, empfehle ich Ihnen die Herstellung einer kreisrunden Schablone. Die können Sie dann mit doppelseitigem Klebeband auf das grob vorgesägte Brett kleben und mithilfe eines Bündigfräsers kopieren (Infos dazu S. 136).

Kreisrunde Werkstücke an den Kanten bearbeiten

Wenn Sie nachträglich ein kreisrundes Werkstück (Holzplatte, Rad etc.) noch an den Kanten profilieren, falzen oder nuten möchten, können Sie das am besten mit einer einfachen V-förmigen Führungshilfe erledigen. Diese Vorrichtung funktioniert jedoch ausschließlich bei exakt kreisrunden Werkstücken. Die Kanten ovaler, ellipsenartiger oder frei geschwungener Formen lassen sich mit dieser Methode nicht bearbeiten. Das funktioniert nämlich nur mit Fräsern, die über ein Kugellager verfügen. Gegenüber diesen Fräsern bietet die V-förmige Vorrichtung jedoch zwei ganz entscheidende Vorteile:

1. Die Kante kann komplett auf der gesamten Stärke (Höhe) bearbeitet werden (s. re. Infokasten 1). Bei einem Fräser mit Kugellager wäre in diesem Fall eine zusätzliche Schablone nötig.
2. Die Frästiefe kann auf den Zehntelmillimeter genau durch Vor- und Zurückschieben des Fräsanschlags eingestellt werden (s. re. Infokasten 2). Bei einem Fräser mit Kugellager müsste der Kugellagerdurchmesser exakt zum gewünschten Fräsergebnis (z. B. einer Profilform oder Nuttiefe) passen. Das trifft jedoch in den seltensten Fällen zu.

Aber es gibt noch einen Vorteil: Da die Kreiskante als Führungsfläche genutzt wird, benötigen Sie bei dieser Vorrichtung kein Loch in der Kreismitte als Drehpunkt, wie bei der vorherigen Methode mit dem Bodenträgerstift. Wenn ein solches Loch jedoch nicht stören würde, könnten Sie auch beide Anwendungen problemlos mit der Vorrichtung mit Bodenträger und Führungsnut ausführen.

Aufbau und Herstellung der Vorrichtung

Die Vorrichtung selbst besteht aus je einem linken und rechten Führungsteil. Jedes Führungsteil wiederum besteht aus einem 45° angeschrägten Führungsbrett (Pos. 1), einem rechteckigen Befestigungsbrett (Pos. 2) und einem Stabilisierungswinkel (Pos. 3). Wichtig ist, dass die Teile so angeordnet und verbunden werden, dass die Schräge des Führungsbretts einmal nach rechts und einmal nach links zeigt (s. Bild unten).

1. Kantenhöhe komplett bearbeitbar

Mit dieser Vorrichtung kann die gesamte Kantenfläche eines kreisrunden Werkstücks nachträglich profiliert werden. Es reicht, wenn ein winziger Teil der Kante gerade bleibt und während des gesamten Fräsvorgangs dicht an den beiden Führungskanten (Pfeile) der Vorrichtung anliegt.

2. Frästiefe genau einstellbar

Indem Sie den Fräsanschlag samt festgespannter Vorrichtung vor- bzw. zurückschieben, können Sie exakt festlegen, wie tief der Fräser in die Holzkante einfräst. So können Sie beispielsweise auf den Zehntelmillimeter genau festlegen, wie tief diese Hohlkehlnut in die Radkante eingefräst werden soll und wie tief später der flexible „O-Dichtring“ in der Radkante versenkt ist bzw. aus der Kante vorsteht.

Materialliste: Kreiskantenvorrichtung

Pos.	Anz.	Bezeichnung	Maße (mm)	Material
1	2	Führungsbrett	250 x 250	21 mm Multiplex
2	2	Befestigungsbrett	220 x 130	
3	2	Stabilisierungswinkel	100 x 125	

Sonstiges: 12 Schrauben 4 x 45 mm

Der Zusammenbau ist kinderleicht und schnell erledigt. Nach dem Zuschnitt aller Bauteile (lt. Materialliste s. o.), schrauben Sie als Erstes das schräge Führungsbrett an das rechteckige Befestigungsbrett. Anschließend legen Sie den Stabilisierungswinkel ein, fixieren ihn mit einer Zwinge und befestigen ihn ebenfalls mit ein paar Schrauben an Führungs- und Befestigungsbrett.

Vorrichtung am Fräsanschlag befestigen und Frästiefe einstellen

1

2

Legen Sie die beiden Vorrichtungsteile, wie auf dem Bild zu sehen, gegen den Fräsanschlag und fixieren Sie jedes Teil mit einer Hebelzwinge an den Fräsbacken. Den Abstand zwischen der linken und rechten Vorrichtung können Sie durch Verschieben der Anschlagbacken schon mal so voreinstellen, dass der Fräser mit seinem Profil auch bequem hindurch passt. Die endgültige Einstellung hängt zunächst einmal von der Größe des Werkstücks ab. Bei kleineren Werkstücken sollte der Abstand (gelber Pfeilbereich Bild 2) enger gewählt und bei größeren kann er auch etwas weiter eingestellt werden. Auch mit dieser Verstellung kann man die Frästiefe beeinflussen. Präziser geht das jedoch, indem man den Fräsanschlag samt …

3

… festgespannter Vorrichtung vor- und zurückverschiebt (roter Pfeilbereich). Und da reicht es auch wieder völlig aus, wenn Sie für Korrekturen nur eine Seite des Fräsanschlags lösen und etwas nachstellen. Ist der Anschlag zusätzlich noch mit einer Feineinstellung ausgestattet (s. Bild 3) sind selbst minimalste Verstellungen kein Problem mehr. Trotz allem sollten Sie die Einstellung zuerst immer mit einer Probefräsung überprüfen. Dazu ist es hilfreich sich langsam und schrittweise an das gewünschte Endmaß heranzutasten. Wichtig ist dabei, dass noch ein kleiner Teil der Kante unbearbeitet bleibt und immer fest an den schrägen Führungsflächen (Kanten) der Vorrichtung anliegt (s. dazu Bild 2 nächste Seite).

Anwendung 1: Profil an eine kreisrunde Platte anfräsen

1 Legen Sie das kreisrunde Werkstück dicht an die rechte Führungskante der Vorrichtung. Schieben Sie es dort anliegend gerade unter den Druckschuh der Andruckvorrichtung, bis die Werkstückkante auch dicht an der gegenüberliegenden Führungskante anliegt. Sofort danach beginnen Sie damit, das Werkstück entgegen der Laufrichtung des Fräsers in Pfeilrichtung zu drehen.

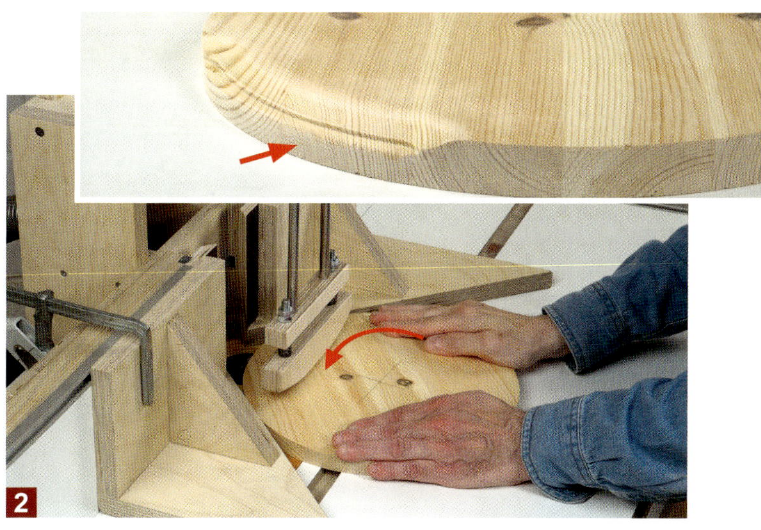

2 Drehen Sie das Werkstück einmal komplett um die eigene Achse, damit das Profil auch ringsum angefräst wird. Wichtig: Achten Sie darauf, dass immer mindestens ein kleiner Teil der Kante (roter Pfeil) unbearbeitet (gerade) bleibt, sonst wird der Kreis mit jeder Umdrehung kleiner. Außerdem erhalten Sie dann an der Kreiskante einen Absatz.

3 Hier die fertig gefräste Profilkante. Und selbst wenn das Werkstück beim Drehen nicht perfekt und dicht an den beiden schrägen Führungskanten anliegt, ist das noch kein Beinbruch. Dann wiederholen Sie das Ganze einfach nochmal. Da Sie nie zu viel, sondern nur zu wenig abfräsen können, lassen sich fehlende Stellen jederzeit noch mal nachfräsen.

4 Im letzten Schritt wird dann noch die Unterkante mit einem Abrundfräser bearbeitet. Und hier würde jetzt das Kugellager des Abrundfräsers in die vorhin gefräste Profilierung hineinragen. Dabei würde die Abrundung zu tief eingefräst und eine hässliche Kante entstehen. Da das Werkstück aber an den Führungskanten unserer Vorrichtung entlanggeführt wird und nicht am Kugellager anliegt, können solche Fehlfräsungen vermieden werden.

Zum Schluss wird das gesamte Profil noch von Hand mit etwas Schleifpapier oder noch besser mit einem flexiblen Schleifvlies nachgearbeitet. Dabei wird auch der Übergang der beiden Profilierungen an der Werkstückkante sauber nachgerundet. Das Ergebnis ist ein kreisrunder Teller mit einer präzisen komplett profilierten Kante.

Anwendung 2: Zusätzliche Hohlkehlnut (Saftrille) in die Kreisfläche einfräsen

1 Für das Einfräsen einer Saftrille eignen sich am besten sogenannte Hohlkehlfräser. Die sind stirnschneidend und können somit auch problemlos in die Werkstückfläche eintauchen. Dazu reichen 4 bis 6 mm Radius völlig aus und genauso weit sollte auch der Fräser aus dem Frästisch vorstehen.

2 Das kreisrunde Brett wird von oben in den laufenden Hohlkehlfräser eingetaucht. Beim Absenken muss es natürlich wieder dicht an beiden (!) Führungskanten anliegen. Testen Sie das zunächst einmal ohne laufenden Fräser. Je nachdem wie weit der Fräser aus der Tischfläche vorsteht, …

3 … kann es sinnvoll sein, zwei Brettchen mit doppelseitigem Klebeband kurzzeitig an den Führungskanten zu befestigen. Dadurch können Sie das Werkstück dann deutlich schräger ansetzen und so auch in weiter vorstehende Fräser noch sicher eintauchen.

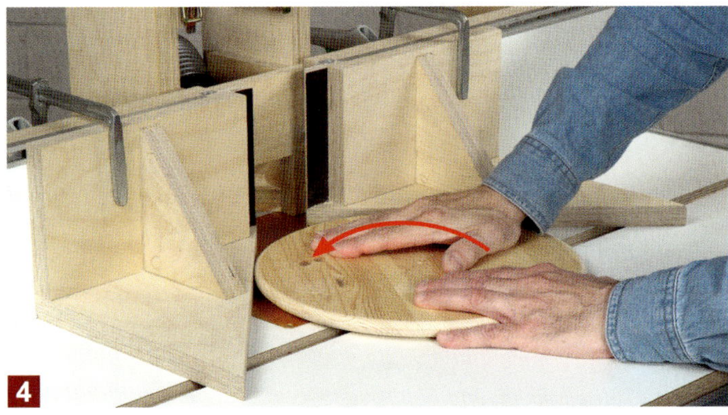

4 Auch hier sollten Sie das Werkstück dann sofort nach links in Pfeilrichtung weiterdrehen, damit keine dunklen Brandstellen in der Eintauchstelle entstehen. Und ganz wichtig: Diesmal müssen Sie penibel darauf achten, dass die Werkstückkanten immer dicht an der Vorrichtung anliegen und nicht wegdriften. Das wäre später als kleiner Schlenker an der Saftrille zu erkennen.

5 Nicht nur als Frühstücksbrettchen mit praktischer Saftrille zum Anrichten von Käse- oder Wurstspeisen, sondern auch als Topfuntersetzer sind diese runden Platten tolle Helfer für jede Küche. Und das Beste: Sie sind schnell und kostengünstig hergestellt und eignen sich daher auch sehr gut als kleines Geschenk für gute Freunde.

Anwendung 3: Die Kante einer kreisrunden Platte nuten (hier mit einer halbrunden Hohlkehlnut)

Das Laufrad einer solchen Kinderschubkarre würde beim Gebrauch in der Wohnung deutliche „Spuren“ auf empfindlichen Parkett- und Laminatböden hinterlassen. Auch das Laufgeräusch würde auf Dauer ganz sicher nerven. Abhilfe für beide Probleme schafft ein flexibler O-Dichtring aus Nitrilkautschuk (NBR), der in die Laufkante des Rads eingelassen wird. Mit unserer Vorrichtung ist das Einfräsen einer zum Dichtring passenden halbrunden Hohlkehlnut in wenigen Minuten erledigt.

Passend zur Materialdicke des O-Rings (hier 10 mm) benötigen Sie einen Profilfräser mit einem vorstehenden Hohlkehlprofil (s. Pfeil kleines Bild). Die Fräserhöhe so einstellen, dass sich die Hohlkehle exakt in der Kantenmitte des Rades befindet. Als Profiltiefe reichen etwa 4- 5 mm völlig aus.

Da wir in diesem Fall nicht die gesamte Profiltiefe bis zum Kugellager einfräsen können, lässt sich das Kugellager auch nicht als Anlauffläche nutzen. Hier kommen also wieder die beiden Führungskanten (Pfeile) unserer Vorrichtung ins Spiel, an denen das Werkstück dicht anliegend vorbeigeführt wird.

Als erstes werden die Kanten des Rades mit einem Abrundfräser (3 mm Radius) samt Kugellager abgerundet. Schieben Sie danach das Werkstück rechts an der Führungskante anliegend unter den Druckschuh an den laufenden Fräser heran.

Sobald das Werkstück die Schneiden berührt, drehen Sie es wieder sofort in Pfeilrichtung nach links entgegen der Laufrichtung des Fräsers. Dicht an beiden (!) Führungskanten anliegend das Rad einmal komplett um die eigene Achse drehen, ...

... bis die Hohlkehlnut ringsum eingefräst ist. Prüfen Sie dann erst mal die Hohlkehle auf Fehlfräsungen und wiederholen Sie bei Bedarf den gesamten Fräsvorgang noch einmal, bis sich eine saubere durchgängig gefräste Hohlkehle zeigt.

Der O-Dichtring ist relativ flexibel und kann sehr gut von Hand etwas gedehnt werden, wenn man ihn in die Nut einsetzt. Der O-Ring sollte mit genügend ...

... Spannung in der Nut sitzen, dann hält er dort auch besser (Probeversuche vornehmen!). Etwa die Hälfte des Materials sollte über dem Rad vorstehen.

Fräsen geschweifter Werkstücke mit und ohne Schablonen

In den Grundlagen haben Sie bereits erfahren, dass man auf einem Frästisch die Werkstücke immer von rechts nach links am Fräser vorbei schieben muss. Denn nur dann fräsen Sie im sicheren Gegenlauf und müssen keine Rückschläge durch den Fräser befürchten. Bei geraden Werkstücken sorgt der Fräsanschlag mit seinen langen Fräsbacken dafür, dass das Werkstück dabei automatisch in einer permanenten Vorwärtsbewegung sicher und rückschlagfrei am Fräser vorbeigeführt wird. Problematisch wird es aber, wenn Sie geschweifte Werkstücke bearbeiten. Den geraden Fräsanschlag können Sie dann in aller Regel nicht mehr einsetzen und sollten ihn idealerweise gegen einen sogenannten Bogenfräsanschlag (auch Bogenfräshaube genannt) tauschen.

Leider sieht man in vielen amerikanischen Internetvideos, wie geschweifte Werkstücke über einen Anschlagstift (s. Pfeil kleines Bild unten rechts) in den laufenden Fräser eingeschwenkt werden. Das Einschwenken ist allerdings nicht ungefährlich und kann bei falscher Anwendung schnell zu einem erheblichen Rückschlag führen. Vor allem dann, wenn der Fräser über ein großes ausladendes Profil verfügt, das weit über das Kugellager hinausragt (z. B. bei Abplattfräsern). In diesen Fällen hat das Werkstück zuerst Kontakt mit den Fräserschneiden, bevor es auf die sichere Anlauffläche des Kugellagers trifft.

Bei einem Bogenfräsanschlag mit einer Zuführleiste (s. Bild unten links), die genau bis zum Kugellager des Fräsers reicht, wird das Werkstück hingegen immer präzise und sicher bis zum Kugellager geleitet. Und da sich das Werkstück dabei automatisch in der Vorwärtsbewegung befindet, ist auch keine Rückschlaggefahr durch den Fräser zu befürchten. Die entsteht nämlich nur, wenn man das Werkstück nicht nach vorne gegen die Laufrichtung des Fräsers schiebt, sondern versehentlich oder aus Angst zurückzieht. Mit einem Bogenfräsanschlag samt Zuführleiste haben Rückschläge jedenfalls keine Chance mehr und selbst weit ausladende Abplattprofile lassen sich dann sicher und präzise an geschweifte Füllungen anfräsen. Daher mein eindringlicher Rat: Nutzen Sie beim Fräsen geschweifter Bauteile, wenn möglich, immer eine Bogenfräshaube. So etwas können Sie sich auch für allerhöchstens 10 Euro Materialkosten ganz einfach selbst bauen (s. Bild unten links). Die Bauanleitung dazu finden Sie in meinem „Handbuch Oberfräse" auf Seite 272. Wer keine Lust auf den Selbstbau hat, für den habe ich auf der rechten Seite aber auch eine interessante Kauflösung im Angebot. Es ist also für jeden etwas dabei und daher gibt es auch keinen Grund mehr auf dieses sinnvolle Sicherheitszubehör zu verzichten. Sie werden es jedenfalls nicht bereuen!

Oben: Die meisten kommerziellen Frästische besitzen nur einen einfachen Anschlagstift (Pfeil) über den man ein geschweiftes Werkstück in den Fräser einschwenken kann. Oft fehlt auch eine Schutzhaube samt Absauganschluss.

Links: Bei einem Bogenfräsanschlag wird das Werkstück sicher und in einer permanenten Vorwärtsbewegung von einer Zuführleiste auf das Kugellager geleitet. Wichtig: Schieben Sie das Werkstück immer nach vorne (in Pfeilrichtung). Sollte die Fräsung nicht ganz perfekt sein, beginnen Sie am besten wieder an der Zuführleiste und wiederholen den gesamten Fräsvorgang.

Die Alternative zum Selbstbau: Eine fertige Bogenfräshaube

Zum Fräsen geschweifter Werkstücke auf einer großen Tischfräse sind Bogenfräshauben mit Zuführleiste quasi Pflicht. Entsprechende Modelle für Tischfräsen finden Sie im Maschinenfachhandel bereits ab 130 Euro. Für den Frästisch bietet nach meinen Recherchen nur die Firma Festool eine Bogenfräshaube (BF-OF-CMS) für das herstellereigene, aber in Europa nicht mehr erhältliche CMS-Frästischmodul an. Die Preisempfehlung des Herstellers liegt bei knapp 70 Euro (Stand 2021). In einigen Internetshops wird die Bogenfräshaube aber bereits ab 60 Euro angeboten. Wer sich also nicht an den Nachbau meines Bogenfräsanschlags heran traut, dem kann ich zu diesem Preis mit gutem Gewissen die Festool Bogenfräshaube ans Herz legen. Sie ist zwar mit den Befestigungsbohrungen auf die Bohrungen in der CMS Modulplatte des Herstellers abgestimmt, kann aber auch problemlos auf anderen Frästischen eingesetzt werden (s. nächste Seite).

Es ist schon erstaunlich, dass bisher noch kein anderer Hersteller für Frästische eine ähnliche Bogenfräshaube mit verstellbarer Zuführleiste im Programm hat. Alle mir bekannten Lösungen basieren auf dem Einschwenken des Werkstücks in den Fräser über einen Stift oder eine gerundete Kante. So funktioniert auch der „Woodpeckers Freifräsanschlag“ aus den USA, der hier in Deutschland für knapp 45 Euro verkauft wird. Da bietet die Festool Bogenfräshaube für einen Aufpreis ab 15 Euro doch deutlich mehr Sicherheit beim Bogenfräsen. Aber egal, ob Sie sich nun für den Selbstbau oder die Kaufvariante von Festool entscheiden, mit einer Bogenfräshaube fräsen Sie in jedem Fall deutlich sicherer als mit der Einschwenkmethode über einen Stift.

Auf einer großen Tischfräse können erhebliche Rückschlagkräfte auftreten, wenn man nicht penibel genau darauf achtet, das Werkstück in einer ständigen Vorwärtsbewegung an die Fräserschneiden heran zu führen (Gegenlauffräsen). Wird das nicht beachtet, können Werkstücke problemlos mit über 150 km/h durch die Werkstatt geschleudert werden.

Auch die Festool Bogenfräshaube verfügt über eine verstellbare Zuführleiste (Pfeil). Sie verdeckt den gesamten hinteren Bereich des Fräswerkzeugs und verfügt dort auch über einen Anschluss für die Absaugung. Im vorderen Bereich befindet sich eine höhenverstellbare gebogene Acrylglashaube. Dieser transparente Sichtschutz kann genau auf Werkstückdicke eingestellt werden.

Die wohl eleganteste Befestigungsmethode sind 6-mm-Gewindebohrungen, in denen man die Bogenfräshaube direkt mit den mitgelieferten Schrauben befestigt. Dazu kann man z. B. entsprechende Gewinde in die Alubefestigungsplatte schneiden (s. Bildfolge nächste Seite). Liegen die Bohrungen im Bereich der Multiplexplatte, können Sie auch passende Gewindemuffen einsetzen.

So lässt sich die Bogenfräshaube direkt auf einer Aluplatte befestigen

1

In der Regel reichen bereits zwei Befestigungslöcher in der Aluplatte völlig aus. Dazu richten Sie die Klarsichthaube in etwa mittig über der Fräserachse aus und markieren sich die beiden vorderen Befestigungslöcher (Pfeile). Damit die Bohrspitze nicht wegrutscht, die Markierung noch gut ankörnen.

2

Wenn möglich, sollten Sie zum exakt senkrechten Bohren des zum 6-mm-Gewinde passenden Kernlochs einen mobilen Bohrständer einsetzen. Da es sich um weiches Aluminium handelt, werden an den Kernbohrer und den Gewindebohrer keine allzu großen Qualitätsansprüche gestellt.

3

Achten Sie darauf, dass Sie den Gewindebohrer schön senkrecht im Kernloch ansetzen. Mit leichtem Druck von oben den Gewindebohrer im Uhrzeigersinn eindrehen, bis er unten etwa 5 bis 10 mm rausschaut. Danach wieder vorsichtig zurückdrehen und den Lochrand noch leicht ansenken.

4

Links wird die Haube von einer kurzen und rechts von einer langen Schraube samt Hülse befestigt. Auf der Hülse steckt die schwarze Zuführleiste, die sich dort stufenlos auf jeder Höhe fixieren lässt. Außerdem kann die Zuführleiste über ein Langloch noch vor und zurück geschoben werden. Auf diese Weise …

5

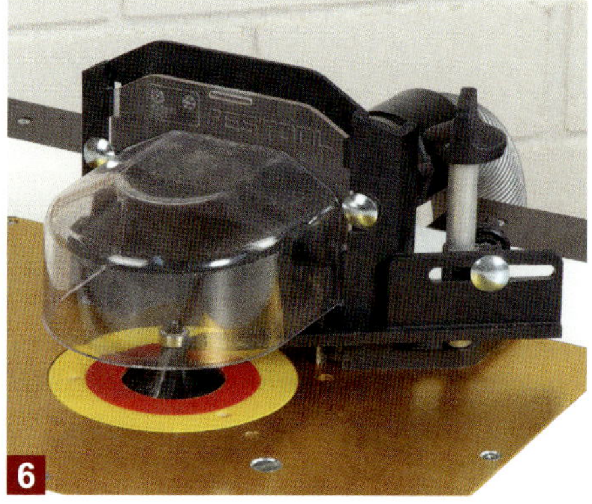

6

… lässt sich dann im ersten Schritt die Spitze der Zuführleiste genau auf das Kugellager einstellen. Im zweiten Schritt schieben Sie dann die Klarsichthaube auf, stellen sie in der Höhe bis knapp über das Werkstück und – falls vorhanden – einer Schablone ein und fixieren sie zum Schluss noch mit den beiden Befestigungsschrauben. Das Ganze dauert nicht mal eine Minute und schon können Sie mit einem absolut sicheren Gefühl zu Werke gehen. Die Anschaffung werden Sie also garantiert nicht bereuen – versprochen!

Die universelle Befestigungsmethode: Bogenfräshaube auf eine Multiplexplatte montieren

Auf den folgenden Bildern zeige ich Ihnen eine simple Methode, wie Sie die Bogenfräshaube auf jeder Frästischfläche (egal ob Aluminium oder Holz) ohne Gewindebohrungen befestigen können.

Der Nachbau bzw. Umbau ist wirklich kinderleicht und ideal für Frästische, die keine Befestigungsplatte aus Aluminium besitzen wie beispielsweise der Einsteiger-Frästisch von Seite 226.

Wenn Sie keine Bohrungen in ihren Frästisch machen möchten, dann können Sie die Bogenfräshaube auch auf eine Multiplexplatte schrauben. Die stufenlos in der Höhe verstellbare Haube ist nicht nur ein optimaler Fingerschutz, sondern erhöht auch maßgeblich die Absaugleistung.

Zum Festschrauben der Bogenfräshaube benötigen Sie eine 9 mm dicke Multiplexplatte (240 mm breit x 160 mm tief). An drei Stellen (Pfeile) benutzen Sie dazu einfache Spanplattenschrauben und Unterlegscheiben. Lediglich der Stab (blauer Pfeil) an dem sich die Zuführleiste befindet, ...

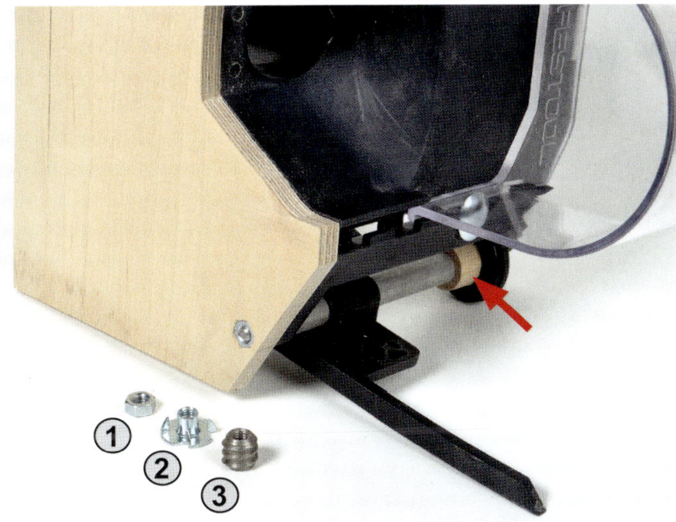

... benötigt auf der Plattenunterseite ein Gewinde. Dazu können Sie entweder eine einfache Sechskantmutter (1) in die Plattenfläche einlassen oder wieder eine Gewindemuffe (3) eindrehen. Auch eine bündig eingelassene Einschlagmutter (2) würde funktionieren. Damit die Schraube im Stab nicht auf der ...

... Plattenunterseite vorsteht, legen Sie noch einen 12 mm hohen Rundstab (Ø 20 mm) zwischen Stab und Drehknopf (s. rote Pfeile). Nicht vergessen die Multiplexplatte im Bereich des Absaugkanals noch entsprechend mit einer Stichsäge auszusägen (blauer Pfeil), sonst leidet die Absaugleistung.

Bündigfräser – der Schlüssel für eine perfekte Kopie des Werkstücks

Wenn Sie exakte 1:1 Kopien eines Werkstücks auf dem Frästisch herstellen möchten, dann sind sogenannte Bündigfräser genau das Richtige. Solche Fräser besitzen ein Anlaufkugellager, das im Durchmesser exakt zum Fräserdurchmesser (Schneidenflugkreis) passt (s. Bilder und Infos rechts). Die üblichen Fräserdurchmesser reichen von 6,35 mm bis zu etwa 28 mm. Auch hier gilt: Je größer der Durchmesser, umso höher ist die Schnittgeschwindigkeit und umso geringer ist die Gefahr von Faserausrissen. Durch leicht schräg eingelötete Schneiden lässt sich diese Gefahr nochmals deutlich verringern. Diese Art von Bündigfräser mit negativem Achswinkel gibt es bereits ab 12,7 mm Durchmesser und die überschaubaren Mehrkosten lohnen sich definitiv!

Bündigfräser mit fest eingelöteten Schneiden haben jedoch einen Nachteil: Werden sie nachgeschärft, verringert sich der Fräserdurchmesser und das Kugellager befindet sich nicht mehr exakt bündig zu den Schneiden. Für den seltenen Fall, in dem Sie wirklich eine absolut perfekte 1:1 Kopie benötigen, ist der Fräser also nicht mehr einsetzbar. Abhilfe schaffen hier Fräser mit auswechselbaren Schneidplatten (Wendeplatten). Auch bei höheren Anschaffungskosten sind diese Fräser auf Dauer viel günstiger, denn die Kosten der Wendeplatten mit etwa 4 Euro (Stand Herbst 2021) sind deutlich niedriger als die sonst üblichen Schärfkosten. Aber das Beste: Fräser mit Wendeplatten behalten immer den zum Kugellager passenden Durchmesser und sind nach dem Wenden der Schneidplatten sofort wieder einsatzbereit. Ein paar kleine Wermutstropfen gibt es aber doch: Diese Fräser benötigen deutlich mehr Pflege und Sorgfalt beim Reinigen und Wechseln der Wendeplatten (s. nächste Seite). Denn sie können bauartbedingt sehr schnell mit einer minimalen Unwucht laufen, was sich in einem erhöhten Lärmpegel bemerkbar macht. Außerdem gibt es diese Fräser erst ab 19 mm Durchmesser.

Bündigfräser besitzen immer ein zum Fräserdurchmesser passendes Kugellager. Das kann sich oben am Ende des Fräsers (linker Fräser) oder unterhalb der Schneiden am Schaft befinden (rechter Fräser). Für empfindliche Materialien wie beispielsweise Acrylglas oder Mineralwerkstoffe gibt es spezielle Kugellager mit einem Kunststoffmantel aus Polyacetal (s. Fräser rechts).

Es gibt auch Bündigfräser, die sowohl am Ende, als auch am Schaft ein Kugellager besitzen (linker Fräser). Sind die HW-Schneiden zusätzlich noch in einem leicht schrägen Achswinkel eingelötet, ergibt sich ein ziehender Schnitt, der für ausrissarme Fräsungen sorgt. Das lässt sich dann nur noch mit einem Spiralnutfräser mit doppeltem Kugellager toppen (Fräser oben). Ein absoluter High-End-Fräser mit überragenden Schnittleistungen (s. S. 143).

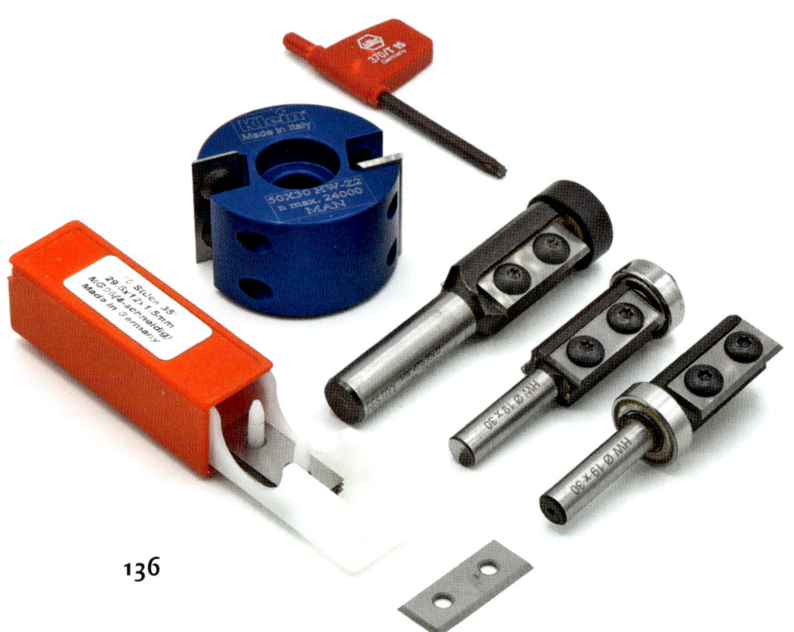

Wenn Sie Fräser mit Wechselschneiden kaufen, sollten Sie möglichst auf exakt gleiche Maße und Befestigungslöcher bei den Wendeplatten achten. Sie müssen dann nur eine einzige Sorte an Wendeplatten vorhalten, die man recht günstig im Zehnerpack kaufen kann. Der Falzfräser benötigt jedoch zwingend vierschneidige Wendeplatten (Schneidfasen auch an den Schmalkanten), die Sie allerdings auch problemlos auf den Bündigfräsern einsetzen können.

Fräser mit Wendeplatten reinigen, pflegen und richtig montieren

Nach intensivem Gebrauch ist ein Fräser schnell mit Harz und Sägemehl verklebt (s. Bild rechts). Dabei verschlechtern sich drastisch die Späneabfuhr und der Schnittwinkel. Der Fräser entwickelt eine deutlich höhere Reibungshitze. Das hat dann meistens zur Folge, dass die Schneiden durch Überhitzung schneller abstumpfen. Wir als Anwender merken das vor allem daran, dass wir mehr Vorschubkraft benötigen und die Qualität der Fräsung deutlich nachlässt (Faserausrisse, Brandspuren etc.). Dann wird es höchste Zeit, den Fräser und seine Schneiden einmal genauer unter die Lupe zu nehmen. Geschieht das frühzeitig, reicht es oft schon aus, den Fräser samt Schneiden sorgfältig mit einem Harzlöser (z. B. Tool & Bit Cleaner der Fa. Trend) von Staub und Harz zu befreien. Bringt das jedoch keine Verbesserung, dann hilft nur noch ein Wechsel bzw. Wenden der Hartmetallschneidplatten.

Zum Lösen, aber vor allem zum späteren Anziehen der Messer sollten Sie möglichst nur das mit dem Fräser gelieferte Originalwerkzeug einsetzen. Das stellt sicher, dass die Messer auch mit der optimalen Festigkeit angezogen werden. Denn Hartmetall ist ein spröder und empfindlicher Schneidstoff und ein zu festes Anziehen kann schnell zu einem Bruch der dünnen Schneidplatte führen. Aber auch nicht sorgfältig und komplett (!!!) gesäuberte Fräskörper und Schneidplatten können einen solchen Bruch verursachen. Oder noch schlimmer: Durch feinste Haarrisse können sich später Teile der HW-Schneide lösen und in der Werkstatt umherfliegen. Und ganz wichtig: Die Ersatzmesser müssen in Form und Abmessungen genau dem Original entsprechen.

Entfernen Sie am besten zuerst das Kugellager und erst danach die beiden Schneidplatten. Damit Sie später noch wissen, welche der beiden Schneidkanten schon mal benutzt wurde, markieren Sie sich die gebrauchten Kanten mit einem Filzstift (kleines Bild oben rechts).

Nicht nur die beiden Schneidplatten, sondern auch den gesamten Fräskörper mit einem Harzlöser besprühen und nach kurzer Einwirkzeit jeglichen Schmutz sorgfältig mit einem Lappen entfernen. Bereits durch kleinste Staubreste könnten die empfindlichen Hartmetallschneiden brechen! Vergessen Sie auch nicht alle Schraubenköpfe sorgfältig zu reinigen, damit der Inbusschlüssel einen perfekten Sitz hat und die Köpfe nicht ausleiern!

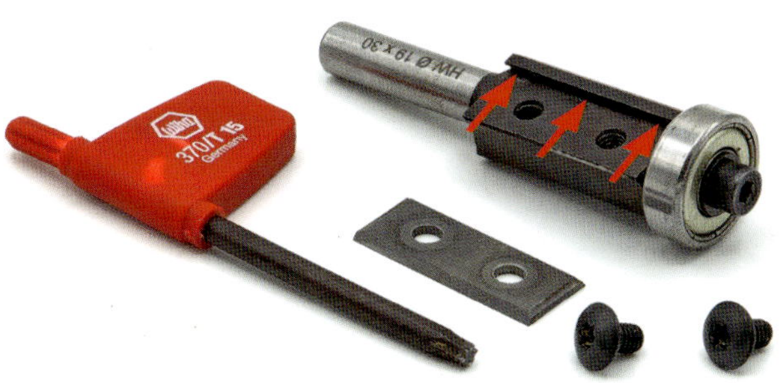

Schneidplatte mit der Fase nach oben zeigend dicht in die Auskerbungsnut (s. Pfeile) des Fräskörpers anlegen. Anschließend die Platte mit den beiden Schrauben und einem Fähnchenschlüssel (meist im Lieferumfang) von Hand festziehen. Achten Sie beim Festziehen penibel darauf, dass die Fase der Schneidplatte auch dicht in der Auskerbungsnut anliegt. Nur dann ist ein perfekter Schneidenflugkreis beider Platten gewährleistet. Noch ein Rat an alle Sparfüchse: Um eine Unwucht zu vermeiden, immer beide Schneiden ersetzen. Defekte und ausgebrochene Schneiden sofort gegen Neue austauschen.

Hier der fix und fertig gereinigte Fräser: Nicht nur optisch, sondern auch in Punkto Fräsleistungen kann er wieder voll und ganz überzeugen!

Vier Methoden zur Herstellung von Schablonen

Überall dort, wo viele geschweifte Holzkanten das Werkstück bestimmen, lohnt es sich, eine Schablone anzufertigen, die dann mithilfe eines Bündigfräsers abgefahren wird. So lassen sich im Nu beliebig viele exakte Kopien herstellen, die in der Qualität genau der Schablone entsprechen. Das bedeutet aber auch, dass sich jede noch so kleine Delle in der Schablone auch automatisch auf das Werkstück überträgt. Bei der Herstellung der Schablone müssen Sie also mit größter Sorgfalt vorgehen. Vier unterschiedliche Methoden stelle ich Ihnen dazu auf den folgenden Seiten zur Auswahl. Denken Sie daran: Schablonen können Sie immer wiederverwenden und in den meisten Fällen hat sich der Aufwand dafür bereits nach dem zweiten Werkstück gelohnt.

Die einfachste Methode: Schablonenform mithilfe eines Originalwerkstücks herstellen

Am einfachsten können Sie eine passende Schablone herstellen, wenn Sie über ein Originalwerkstück verfügen. Im nächsten Schritt gilt es dann, diese Form exakt auf eine mindestens 15 mm (besser 18 mm) dicke Holzplatte zu übertragen. Die Plattenkante sollte entsprechend robust sein und auch nach dem hundertsten Abfahren am Anlaufring keine Beschädigungen aufweisen. Am besten eignen sich dazu Multiplex- oder Sperrholzplatten. MDF-Platten sind aufgrund der doch recht druckempfindlichen Kanten als dauerhafte Schablonen eher ungeeignet.

1 Sägen Sie die Schablonenform zunächst einmal grob mit der Band- oder Stichsäge aus. Dann befestigen Sie das Original entweder mit Nägeln, doppelseitigem Klebeband oder, wie hier zu sehen, mithilfe einer weiteren Platte auf der Schablone.

2 Mit einem Bündigfräser, dessen Kugellager an der Originalform vorbei läuft, fräsen Sie dann den Überstand der Schablonenkante ab. Das Ergebnis ist eine absolut perfekte 1:1 Kopie der Originalform. Schneller und einfacher geht es nicht!

Die komfortabelste Methode: Schablonenform mithilfe eines flexiblen Kurvenlineals herstellen

Mit diesem flexiblen Kurvenlineal können Sie schnell und präzise geschwungene Schablonen herstellen – ganz ohne Dellen und Unebenheiten. Es lässt sich dazu in nahezu jede Form biegen und mit den passenden Schrauben auf dem Schablonenmaterial befestigen. Beim Anschrauben sollten Sie zwei Dinge beachten: Erstens nur die in der Anleitung empfohlenen Senkkopfschrauben in der zum Kurvenlineal passenden Größe einsetzen und zweitens müssen die Schraubenköpfe unbedingt in den Löchern versenkt sein und dürfen nicht vorstehen. Dadurch erhöht sich nämlich die Formstabilität des Kurvenlineals. Solche Kurvenlineale bieten mittlerweile viele Hersteller an.

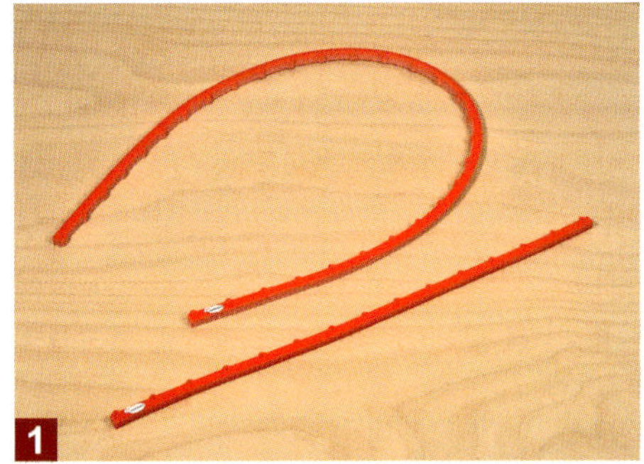

1 Das kurvenlinfix® der Fa. Protus gibt es in verschiedenen Längen und Querschnitten. Beim kurvenlinfix®-mini beträgt der kleinste mögliche Innenradius 50 mm und der kleinste Außenradius 70 mm. Saubere und gleichmäßig geschwungene Frässchablonen ohne Dellen gelingen damit im Handumdrehen.

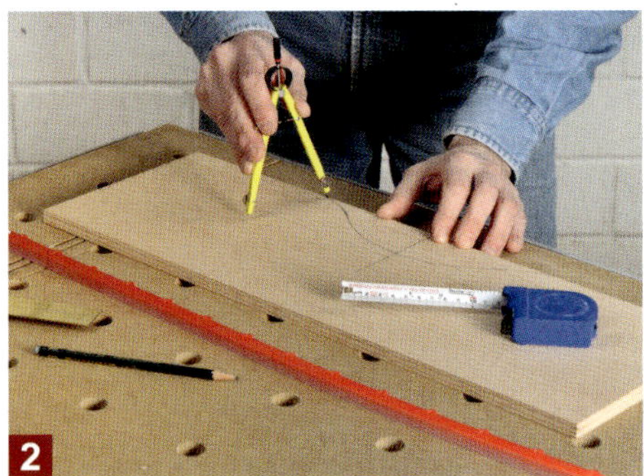

2 Zuerst zeichnen Sie die Form der Schablone mit Zirkel, Winkel und Maßband auf eine Multiplexplatte. Anschließend sägen Sie das Ganze grob mit der Stichsäge aus. Bleiben Sie dabei etwa 3 mm vom Strich weg.

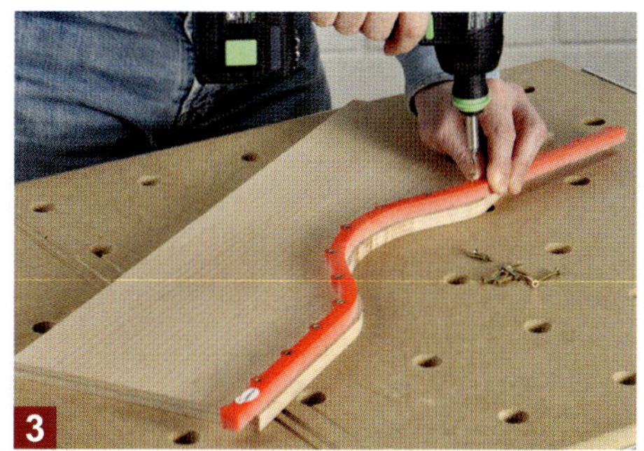

3 Das Kurvenlineal befestigen Sie danach mit der in der Anleitung empfohlenen Schraubengröße auf der Platte. Folgen Sie dabei der Bleistiftmarkierung aus Bild 2.

4 Den Überstand fräsen Sie nun mit einem Bündigfräser bis zum Kurvenlineal ab. Dabei läuft das Kugellager präzise an der gebogenen Form des Kurvenlineals vorbei. Am besten eignet sich ein …

5 … Bündigfräser mit Wechsel- bzw. Wendeschneiden. Denn Fräser mit fest aufgelöteten Schneiden haben nach dem Schärfen nicht mehr den gleichen Durchmesser wie das Kugellager.

Die aufwändigste Methode: Dünne Modellschablone herstellen und als Schablonenvorlage einsetzen

Obwohl ich die meisten meiner Möbel ausschließlich am Computer mit einem CAD-Zeichenprogramm entwerfe, zeichne ich aufwändig geschwungene Möbel (z. B. Stühle, Sessel oder Bänke) immer noch ganz altmodisch in Originalgröße auf eine 5 mm dicke Hartfaserplatte auf. Dieser 1:1 Aufriss hat für mich zunächst einmal den Vorteil, dass ich die Gesamtdimensionen des Möbels und seiner Bauteile besser einschätzen kann.

Ein weiterer Vorteil ist, dass ich aus dieser dünnen Platte bereits Modellschablonen heraussägen kann, mit denen ich dann die eigentliche robuste Schablone aus dickerem Multiplex herstelle. Denn eine dünne Kante einer Hartfaserplatte lässt sich deutlich einfacher bearbeiten, als eine 15–18 mm dicke harte Multiplexkante. Für eine dauerhafte Schablone ist eine Hartfaser- oder MDF-Platte jedenfalls an den Kanten zu weich und wäre dort schnell beschädigt. Bei einer Multiplexplatte mit ihren zahlreichen querverleimten Furnierschichten ist selbst nach jahrelangem intensivem Gebrauch kaum eine Abnutzung an den Kanten zu erkennen. Auch die Formstabilität ist bei Multiplex deutlich besser als bei MDF.

1 Ein Aufriss in Originalgröße auf eine dünne Hartfaserplatte ist bei Möbeln mit vielen geschweiften Bauteile sehr zu empfehlen.

2 Der Vorteil: Sie können die geschweiften Bauteile bequem aus der Platte aussägen und als Modellschablone benutzen.

3 Bei weit geschwungenen Formen erzielen Sie mit einem Schiffhobel sehr gleichmäßige Kanten, ansonsten nehmen Sie einfach einen Schabhobel.

4 Eine mindestens 15 mm dicke Multiplexplatte mit etwa 2 bis 3 mm Überstand aussägen und die Modellschablone mit Schrauben darauf fixieren.

Achten Sie darauf, dass Sie mit der Fräsung an der Zuführleiste beginnen und dass die Hartfaserplattenkante auch sicher am Kugellager anliegt (kleines Bild). Auf diese Weise erhalten Sie jetzt eine robuste Schraub- bzw. Stiftschablone aus 15 mm dickem Multiplex.

Optimal ist es, wenn die Schablone an den Enden um mindestens 20 mm übersteht. Das sorgt für eine bessere Zuführung auf das Kugellager und erleichtert später das Abnehmen der Schablone. Es reicht völlig aus, wenn Sie die Schablone mit ein paar dünnen Nägeln auf dem Werkstück …

… befestigen. Die hinterlassen deutlich geringere Beschädigungen als Schrauben und können später einfach mit etwas Holzkitt nahezu unsichtbar wieder verschlossen werden. Ich muss zugeben, dass ich leider auch viel zu oft und unnötiger Weise Schablonen mit Schrauben befestige.

Die klassische Methode: Schablone mit Schleifzylindern, Bandschleifer oder Schleifteller bearbeiten

Wenn Sie keine Modellschablone herstellen möchten, sondern direkt eine passende Schablone aus Multiplex, dann sollten Sie die Kanten besser schleifen und nicht mit einem Hobel bearbeiten. Denn die harten Multiplexkanten hinterlassen auf dem Hobelmesser bereits nach wenigen Metern tiefe Spuren, die Sie dann wieder mühsam rausschleifen müssen. Multiplexkanten sollten Sie daher besser mit geeigneten Schleifgeräten bearbeiten.

Innenradien können Sie dazu am besten mit Schleifzylindern (auch Schleifrollen oder Schleifhülsen genannt) bearbeiten, die Sie in die Bohrmaschine einspannen. Auf einem Bohrständer oder einer Säulenbohrmaschine lassen sich die Kanten dann genau rechtwinklig und sauber feinschleifen. Mit den Schleifzylindern können Sie jede Kantenform (egal ob gerade, nach innen oder außen geschwungen) bearbeiten. Allerdings besteht bei Schleifzy-

Schleifzylinder gibt es in verschiedenen Durchmessern und Höhen, so dass Sie selbst kleinste Innenradien ab 6 mm problemlos bearbeiten können.

Es gibt auch Schleifzylinder, auf die man günstiges Schleifpapier von der Rolle aufspannen kann, und das sogar bis 150 mm Schleifhöhe (links außen).

Um mit den Schleifhülsen zu arbeiten, müssen Sie ein Zusatzbrett, das im hinteren Bereich der Hülse entsprechend ausgeschnitten wurde, auf dem Bohrständertisch befestigen.

lindern immer die Gefahr, dass man bei ungleichmäßigem Druck oder stockenden Schleifbewegungen recht schnell Dellen in die Kante schleift. Deshalb ist es ratsam, Außenradien besser auf einem Bandschleifer oder Schleifteller zu schleifen. Noch besser sind spezielle oszillierende Kantenschleifmaschinen, denn durch die permanente Auf- und ab-Bewegung der Schleiffläche ist die Kantenqualität wirklich unübertroffen.

Aufgrund der geraden Schleiffläche bieten Schleifteller und Bandschleifer beim Schleifen von Außenradien eine größere Kontaktfläche als es ...

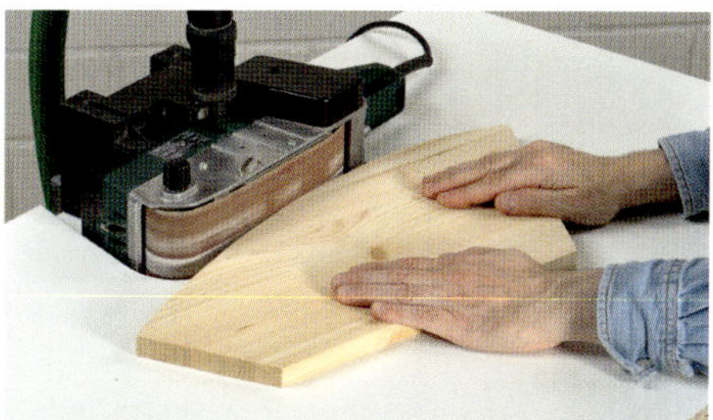

... bei Schleifzylindern der Fall ist. Dadurch sind bei diesen Schleifgeräten deutlich weniger Dellen und Unebenheiten an der Kante zu erwarten.

Werkstücke sicher auf einer Schablone befestigen (drei Varianten)

Mit Schrauben oder einfachen Nägeln lassen sich Schablonen am einfachsten absolut sicher auf einem Werkstück befestigen. Am besten positioniert man sie dort, wo später weitere Bauteile die Schraubenlöcher wieder verdecken (s. Bild 1). Ein großer Vorteil ist, dass man das Werkstück ringsum ohne Umspannen bearbeiten kann. Befindet sich die Schablone über dem Werkstück, können Sie einen Bündigfräser einsetzen, der am Ende ein Kugellager besitzt (s. Bild 3). Und wenn Sie das Ganze umdrehen (Schablone liegt jetzt unter dem Werkstück), nutzen Sie einfach einen Bündigfräser mit einem Kugellager am Schaft (s. Bild 4). Auf diese Weise können Sie bei schwierigem Maserverlauf auch die Ausrissgefahr minimieren (s. nächste Seite).

1

2

3

Etwas aufwändiger, dafür aber ohne Schrauben- oder Nagellöcher im Werkstück, ist der Einsatz von doppelseitigem Klebeband. Bereits mit drei kurzen Klebestreifen hält die Schablone absolut sicher ihre Position auf dem Werkstück. Das Klebeband sollte dabei nicht zu stark klebend sein, weil Sie sonst die Schablone kaum mehr runter bekommen und im schlimmsten Fall sogar Fasern vom Werkstück mit rausreißen.

4

Am schnellsten und absolut ohne jegliche Beschädigungen lassen sich die Werkstücke mit Schnellspannern auf einer Schablone befestigen und blitzschnell wechseln. Da sich die Schnellspanner aber immer auf der Schablone befinden, benötigen Sie dazu zwingend einen Bündigfräser mit am Schaft laufendem Kugellager (kleines Bild rechts).

1. Anwendungsbeispiel: Einsatz eines Bündigfräsers mit Achswinkel und zwei Kugellagern

Wenn Sie einen Bündigfräser einsetzen, der sowohl am Ende als auch am Schaft ein Kugellager besitzt, können Sie selbst schwierigste Maserverläufe und komplexe Formen nahezu ausrissfrei bearbeiten. Allerdings sollte man diese Methode erst dann ausprobieren, wenn man bereits über einige Erfahrung beim Fräsen von geschweiften Werkstückformen verfügt. Denn beim Ein- und Aussetzen des Werkstücks in den laufenden Fräser können sehr schnell Rückschläge auftreten. Aus diesem Grund sollte hier auch der Überstand des Werkstücks zur Schablonenkante nur maximal 2 mm betragen. Und ganz wichtig: Beginnen Sie zuerst mit der Schablone nach oben zeigend mit dem Fräsen (Bild 1). So können Sie genau verfolgen, wann das Kugellager an der Schablonenkante anliegt (Fräser: CMT 906.690.11b ab 40 Euro).

Je nachdem welches Kugellager Sie nutzen, befindet sich die Schablone entweder auf oder unter dem Werkstück. Weitere Fräser-Highlights sind: 51 mm Schnitthöhe und schräger Achswinkel der Schneiden.

Starten Sie am Schablonenüberstand (Pfeil) und setzen Sie im Grund des Bogens wieder aus. Setzen Sie am Scheitelpunkt des nächsten Bogens wieder an und in der Ecke wieder aus. Auf diese Weise fräsen Sie immer mit der …

… Maserung und nicht dagegen. Das Ziel ist, die Maserung möglichst in einem flachen Winkel zu bearbeiten, also in unserem Fall immer von außen nach innen in den Bogen hineinfahren und anschließend den Fräser wieder aussetzen.

Danach drehen Sie das Ganze um (Schablone liegt jetzt unten), stellen die Fräserhöhe so ein, dass das Kugellager unten am Schaft an der Schablone anliegt und fräsen jetzt die gesamte Schablonenkontur von Anfang bis Ende nach …

… ohne das Ein- bzw. Aussetzen des Fräsers. Auf diese Weise werden nun auch die verbliebenen Konturüberstände im flachen Winkel sauber und ohne Ausrissgefahr bündig zur Schablonenkante abgefräst. Ein perfektes Ergebnis!

2. Anwendungsbeispiel: Einsatz eines Spiralnut-Bündigfräsers mit Doppelkugellager

Dieser Bündigfräser spielt in einer ganz eigenen Liga. Nicht nur seine messerscharfen spiralförmigen Schneiden, sondern auch der Schaft und der Aufnahmedorn für die beiden Kugellager sind komplett aus einem einzigen Hartmetallrohling herausgefräst. Dieses aufwändige Verfahren und das teure Hartmetall sind zwar verantwortlich für den hohen Preis, aber auch der Grund, warum dieser Fräser über eine einzigartige Fräsqualität verfügt (s. Bild 3 und 4). Da sich das Kugellager oben am Ende des Fräsers befindet, kann man stets den Verlauf des Kugellagers an der Schablonenkante genau mitverfolgen. Außerdem befindet sich der ungenutzte Teil der Schneiden immer unterhalb der Tischfläche, was das Fräsen deutlich sicherer macht. Mit dem geringen Durchmesser von 12,7 mm kann dieser Fräser auch sehr enge Innenradien kopieren. Und sollte es mal richtig eng werden, bietet der Fräserhersteller CMT noch eine kleinere und deutlich günstigere Variante mit nur noch 6,35 mm Durchmesser an. Meine absoluten Lieblingsfräser!

Die Fräserdaten:
Vollhartmetall; Ø12,7 x 50 mm Schneidenlänge; Schaft 12 mm; n-max 24.000 U/min; Preis je nach Händler ab 95 Euro (CMT 191.127.11B). Eine kleinere Variante mit Ø 6,35 mm x 25,4 mm Schneidenlänge und Schaft 6 mm gibt es bereits ab 30 Euro (CMT 191.064.11B).

Bei einem Bündigfräser aus Vollhartmetall ist es besonders wichtig, dass Sie mit der Schablone nicht zu viel seitlichen Druck auf das Kugellager ausüben. Aus diesem Grund sollten Schablonen immer etwas über dem Werkstück ...

... vorstehen, damit man diesen Bereich als Anlage- und Zuführkante für das Kugellager nutzen kann, ohne dass die Schneiden schon Kontakt zum Werkstücküberstand haben. Das reduziert erheblich die Rückschlaggefahr und ...

...schont letztlich auch den Fräser. Was jedoch am meisten beeindruckt, ist die wirklich unübertroffen glatte und absolut ausrissfreie Fräskante selbst bei schwierigstem Maserverlauf in empfindlichem Weichholz. Verantwortlich ...

... dafür ist der ziehende Schnitt der beiden Spiralnutschneiden. Kein anderer Bündigfräser ist auch nur annähernd in der Lage diese fast spiegelglatten und seidenschimmernden Fräskanten zu erzeugen – einfach traumhaft!

3. Anwendungsbeispiel: Einsatz von Eckenabrund-Schablonen aus Aluminium

Vielleicht haben Sie ja auch schon einmal Plattenecken mit Stichsäge, Raspel, Feile und Schleifklotz gerundet und festgestellt, dass das nicht nur mühsam und lästig ist, sondern auch nur ganz selten wirklich gleichmäßig und präzise gelingt. Nun, da kann ich Ihnen jetzt eine Lösung präsentieren, die perfekt zu unserem Thema Frästisch passt, denn nur dort können Sie die rechts abgebildeten Aluschablonen sinnvoll einsetzen. Ebenfalls zwingend nötig ist ein Bündigfräser, der am oberen Ende ein Kugellager besitzt. Ist beides vorhanden, können Sie mit den Aluschablonen im Nu absolut präzise und gleichmäßig gerundete Plattenecken herstellen. Und wenn Sie dazu noch den hochwertigen Spiralnut-Bündigfräser einsetzen, werden Sie aus dem Staunen nicht mehr rauskommen. Da die Schablone nur mit dem Zeigefinger auf der Plattenecke in Position gehalten wird, sollten Sie diese Technik jedoch zu Anfang erst mal an einem Probestück üben. Kleine Radien bis 15 mm lassen sich dabei sogar komplett ohne Vorarbeit abfräsen. Allerdings sollten Sie stets folgendes beachten: Beginnen Sie mit der Fräsung immer von der Langholzkante aus und beenden Sie die Fräsung dann an der Stirnholzkante und möglichst nicht umgekehrt (s. auch Infos Bild 4–6)!

Jede Aluschablone besitzt zwei unterschiedliche Radien (hier 10 und 15 sowie 20 und 30 mm) und je zwei Anschlagkanten ober- und unterhalb der Schablone. Mit einem Loch in der Schablonenmitte lässt sich die Schablone auf der Werkstückecke sicher in Position halten (s. Bild 2 und 3 unten).

Schritt für Schritt zu perfekt gerundeten Ecken

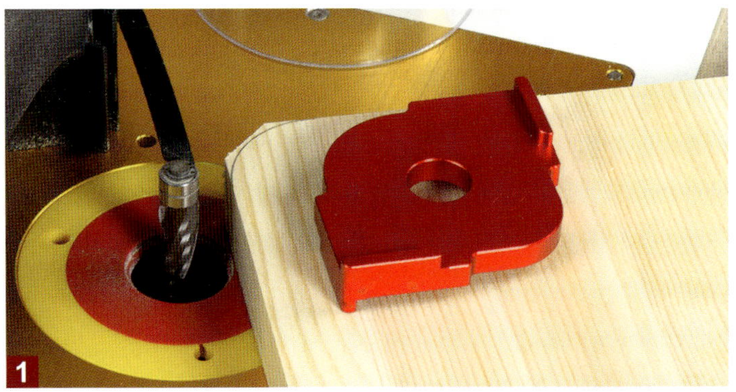

Bei größeren Radien ab 20 mm sollten Sie einen Teil der Werkstückecke zuvor etwas anschrägen. Das schont nicht nur den teuren Spiralnutfräser, sondern macht das Anfräsen der Rundung auch deutlich sicherer (s. Bild 1). Schalten Sie anschließend die Fräse ein und stoßen Sie die Schablone mit den beiden Anschlagkanten dicht an die Plattenecke. Stecken Sie den Zeigefinger in das Schablonenloch und halten Sie auf diese Weise die Schablone während der gesamten Fräsung immer dicht an der Plattenecke (s. Bild 2). Führen Sie Schablone samt Platte an den Fräser bzw. das Kugellager heran und beginnen Sie dann an der linken Rundungsecke mit der Fräsung (s. gelber Pfeil Bild 3). Fahren Sie die Schablonenrundung danach möglichst zügig bis zum rechten Ende ab (blauer Pfeil) und ziehen Sie die Schablone samt Platte wieder vom Fräser weg.

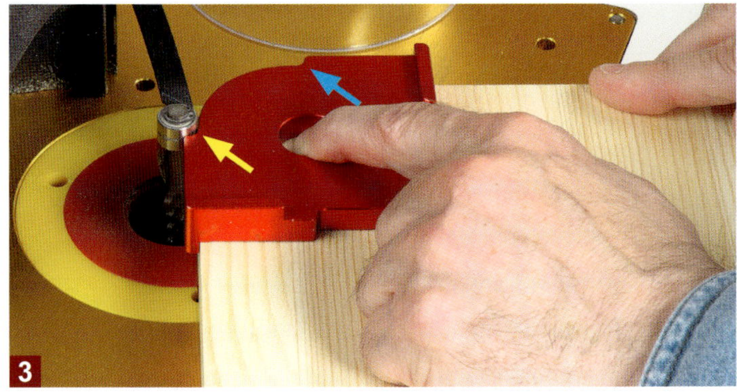

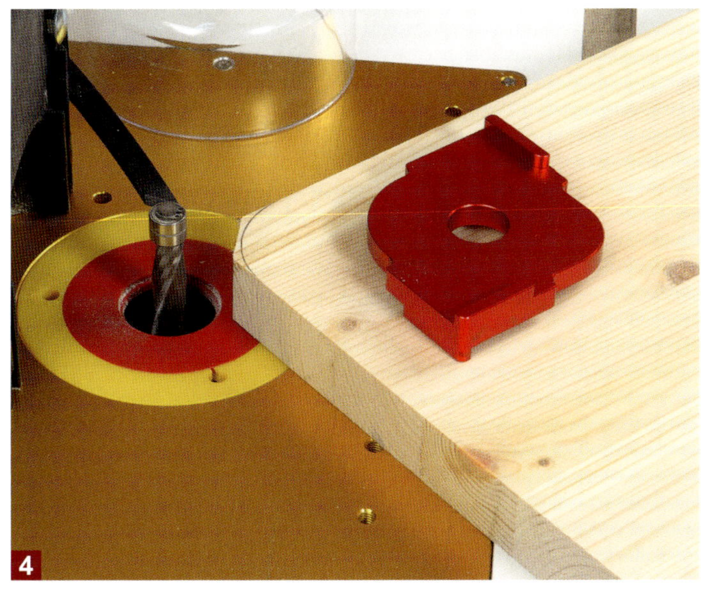

In aller Regel möchte man auch noch die gegenüberliegende Ecke abrunden. Dabei würde man jedoch diesmal von der Stirnkante aus zur Längskante hin die Rundung anfräsen – also in die Faser hinein (s. Bild 4). Vor allem bei einfachen Bündigfräsern und schwierigen Maserverläufen kann es hier zu Ausbrüchen kommen. Doch das lässt sich ganz einfach verhindern, indem Sie die Platte einmal auf die Gegenseite umdrehen (s. Bild 5). Jetzt können Sie die Ecke wieder von der Längskante aus beginnend abrunden (s. Bild 6).

Auch hier wieder links an der Rundung beginnen und den Fräser samt Kugellager einsetzen und rechts am Ende der Rundung wieder aussetzen. Wichtig: Die ganze Fräsung über die Schablone mit dem Zeigefinger immer dicht an die Kante ziehen bzw. dort durch permanenten Zug in Position halten.

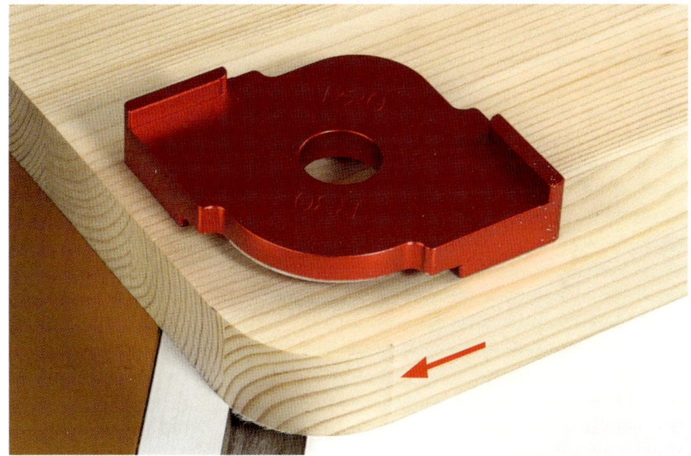

Das Ergebnis ist bis auf einen minimalen Absatz bzw. Übergang (Pfeil) absolut perfekt. Und dieser Absatz ist mit lediglich zwei bis drei Schleifhüben mit dem Handschleifklotz in wenigen Sekunden entfernt. Also nicht der Rede wert und angesichts des extrem günstigen Kaufpreises der beiden (!) Aluschablonen von gerade mal 17 Euro durchaus zu verschmerzen.

Sauber und absolut gleichmäßig abgerundete Plattenecken sind mit diesen Schablonen, einem Bündigfräser und einem Frästisch in kürzester Zeit erledigt. Ein absolut professionelles Ergebnis!

Kopierhülsen für den Frästisch

In Nordamerika sind Kopierhülsen mit Gewinde weit verbreitet und die Firma Porter Cable hat dort quasi den Standard für diese zweiteiligen Kopierhülsen gesetzt. Der Einsatz und die Befestigung dieser Hülsen geht wirklich blitzschnell und das Beste: Aufgrund des Einschraubgewindes ist die Zentrierung wirklich immer perfekt, was man leider von vielen Schnellwechselsystemen nicht immer behaupten kann. Auch der Wechsel zwischen unterschiedlichen Hülsengrößen dauert weniger als 30 Sekunden, so dass man auch bei diesem Einschraubsystem durchaus von einem Schnellwechselsystem sprechen kann.

In meinem „Handbuch Oberfräse" (s. S. 81) habe ich bereits über diese Kopierhülsen berichtet und sie als hochwertige Alternative zu vielen mitgelieferten Kopierhülsen vorgestellt. Jetzt möchte ich Ihnen einmal zeigen, dass man diese Gewinde-Kopierhülsen auch sehr gut auf einem Frästisch zum Abfahren komplexer Schablonenformen einsetzen kann. Allerdings nur, wenn man auch die richtige Aluplatte im Frästisch verbaut hat. Denn zur Aufnahme der Kopierhülsen muss die Aluplatte über einen passenden Einlegering verfügen. Es macht also durchaus Sinn, sich vor dem Kauf der Aluplatte darüber zu informieren, ob sich solche Kopierhülsen darin einsetzen lassen. Und das lohnt sich, denn diese Kopierhülsen bieten einige sehr interessante Anwendungsvorteile auf dem Frästisch, die ich Ihnen auf den folgenden Seiten noch etwas genauer vorstellen möchte.

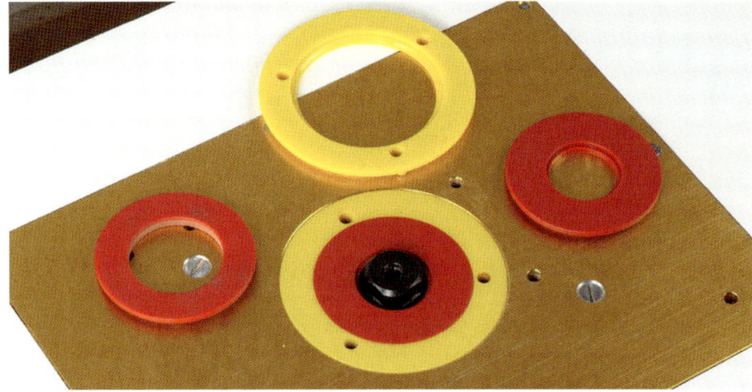

Viele Aluplatten zum Bau eines Frästisches besitzen solche Einlegeringe aus Kunststoff. Die können auch als Ersatzteil zur Aluplatte separat geordert werden und kosten im Set deutlich unter 10 Euro – also recht günstig. Auf diese Weise lassen sich dann auch schnell Einlegeringe mit anderen Öffnungen herstellen. So haben Sie eine noch feinere Abstufung der Einlegeringe passend zum Fräserdurchmesser (s. roten Einleger links außen).

Was die Wenigsten wissen ist, dass der rote Einleger in der Öffnung einen Falz besitzt für die Aufnahme von Kopierhülsen mit Gewindering. Diese Kopierhülsen sind genormt und es gibt sie mittlerweile auch bei uns in Deutschland problemlos zu kaufen. Entweder in einer Messing- (links) oder einer Stahlausführung (rechts) und neben den in Amerika üblichen Zoll-Durchmessern bieten einige Hersteller auch Hülsen mit metrischen Durchmessern an.

Hülsen kürzen – so klappt es perfekt!

1 Soll die Hülse später z. B. noch etwa 5 mm lang sein, nehmen Sie sich ein Brettchen in dieser Stärke und bohren dort ein Loch rein, durch das Sie …

2 … die Hülse stecken können. Beides zusammen spannen Sie danach in einen Schraubstock ein und sägen den Hülsenüberstand mit einer Eisensäge …

3 … ab. Sollte der Schnitt ein wenig verlaufen, können Sie ganz zum Schluss das Hülsenende noch mit einem Bandschleifer sauber bündig schleifen.

Kopierhülsen mit Gewinde sind blitzschnell montiert

1 Der Einbau ist wirklich kinderleicht: Erst den gewünschten Hülsendurchmesser auswählen und von oben in die Öffnung des Einlegerings stecken.

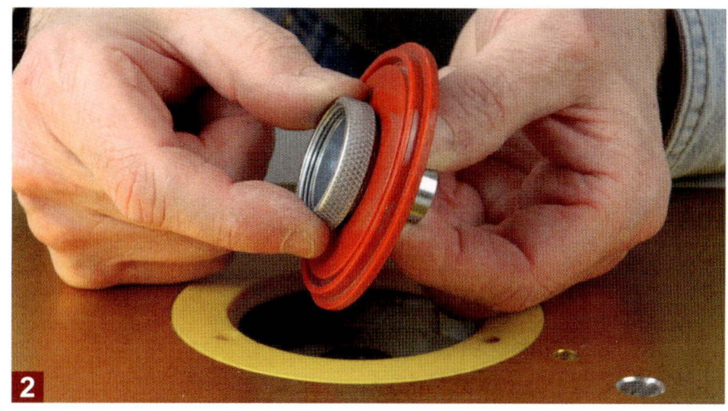

2 Anschließend die Rändelmutter (Gewindering) von unten auf das Gewinde der Kopierhülse aufdrehen und gut von Hand festziehen – fertig!

3

4 Da es im Frästisch recht eng zugeht, muss man erst den Fräser in die Maschine einbauen, bevor man die Einlegeringe samt Kopierhülse in die Aluplatte einklipst. Das bedeutet konkret: Diese Methode funktioniert nur mit Fräsern, die im Durchmesser kleiner sind, als der Innendurchmesser der Kopierhülse. Und noch ein wichtiger Punkt: Die Oberfräse sollte bis auf wenige Zehntelmillimeter auch exakt mittig unter den Einlegeringen montiert sein.

Durchmesser der Überwurfmutter beachten!

Die Kopierhülse bietet im unteren Bereich (innen) nur Platz für eine Überwurfmutter mit allerhöchstens 25 mm Durchmesser. Bei kleinen Oberfräsen mit 8 mm Schaftaufnahme ist das normalerweise überhaupt kein Problem. Die standardmäßig mitgelieferte Überwurfmutter einer Festool OF 2200 ist aber leider zu groß und kann daher nicht in die Kopierhülse von unten eintauchen. Das bedeutet, man verliert bei einer zu großen Überwurfmutter einiges an Fräserhöhe. Allerdings passen auf die OF 2200 auch die alten Spannzangen und Überwurfmuttern einer OF 1400 (z. B. Art. Nr. 492141) oder der großen Suhner Motoren (s. a. S. 219) und die haben exakt 25 mm Durchmesser, so dass es damit dann keine Probleme gibt.

1. Anwendungsbeispiel: Offene Schwalbenschwanzzinken

Normalerweise gibt es für diese Vorrichtung (Dovetail-Template-Master) aus meinem Handbuch Oberfräse (s. S. 122) einen passenden Zinken- bzw. Gratfräser mit 1/4 Zoll-Schaft und einem am Schaft laufenden Kugellager in 5/8 Zoll Durchmesser. Die Kopierhülse hat exakt den gleichen Außendurchmesser von 5/8 Zoll und passt daher auch perfekt und absolut spielfrei zwischen die Führungsfinger der Schablone. Ein Kugellager ist daher nicht mehr nötig ...

... und man kann jeden „normalen" Zinkenfräser mit 12,7 mm Durchmesser und 8° Schräge einsetzen. Das ist eine gängige Größe, die auch im Zinkenfräsgerät D4R der Fa. Leigh eingesetzt wird. Und das Beste: Den gibt es auch noch mit 8-mm-Schaft und in sehr guter Qualität z. B. direkt bei www.leigh.de oder der Fa. CMT (Infos unter: www.AKE.de). Detaillierte Infos zur Herstellung offener Schwalbenschwanzzinken auf dem Frästisch finden Sie ab Seite 194.

2. Anwendungsbeispiel: Konturen nach Schablone fräsen

1

Wenn Sie keine 1:1 Kopie benötigen, dann können Sie mit diesen Kopierhülsen auch auf dem Frästisch Bauteile nach Schablonen herstellen. Während Sie bei einem Bündigfräser zuerst die Kontur grob mit der Stich- oder Bandsäge vorsägen müssen, ist das bei einem stirnschneidenden Nutfräser nicht mehr nötig. Das spart nicht nur Zeit, sondern, weil man aus „dem Vollen" fräst, sind in der Regel auch weniger Ausrisse an der Fräskante zu befürchten.

2

Also: Einfach 10-mm-Nutfräser einspannen, 15,9-mm-Hülse aufstecken, Schablone festschrauben und schon kann es losgehen. Wichtig: Die Fräserschneiden sollten zur Kopierhülse mindestens ringsum etwa 2 mm Luft haben. Wenn Sie die Hülsen kürzen, dann kann die Luft auch geringer ausfallen. Die Fräserschneiden müssen sich dann aber über der Hülse freilaufend befinden. Ein 12-mm-Nutfräser mit langem Schaft wäre dann problemlos einsetzbar.

Am besten lassen Sie die Schablonenkante seitlich (Pfeil) etwas über dem Werkstück vorstehen. Dann können Sie die Schablone an die Kopierhülse anlegen, ohne dass die Schneiden bereits die Werkstückkante berühren. Wichtig: Auf eine Bogenfräshaube als Abdeckung über dem Fräser sollten Sie auf gar keinen Fall verzichten.

Auf keinen Fall die Form in einem Arbeitsgang ausfräsen, sondern – wie üblich – in mehreren Fräsetappen zu je 6 mm Frästiefe. Der Fräser wird es Ihnen danken und letztlich wird auch die Fräsung an der Werkstückkante deutlich sauberer.

Ein weiterer Vorteil von Kopierhülse und einem stirnschneidenden Nutfräser ist, dass Sie damit auch problemlos bogenförmige Nuten herstellen können. Eine interessante Anwendung wäre beispielsweise das Einfräsen einer gebogenen Führungsnut in die Seitenwände eines Schranks, in dem dann ein Rollladen läuft.

Wenn Sie dann im letzten Frässchritt die gesamte Kontur quasi ausschneiden, fallen auch kleinere Abschnitte ab. Die können dabei vom Fräser zur Seite geschleudert werden. Daher ist es extrem wichtig, dass Sie hier immer einen Bogenfräsanschlag mit Schutzhaube einsetzen (Schutzhaube wurde hier nur zur besseren Sicht auf Fräser und Hülse abgenommen).

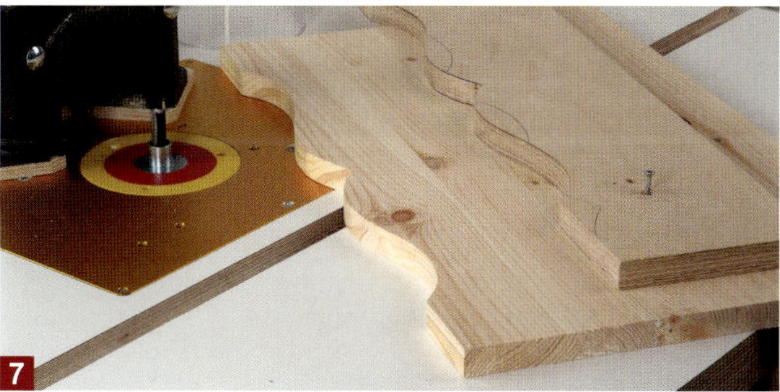

Die fertige Fräsung ist absolut perfekt und völlig ohne Ausrisse. Lediglich einen kleinen Versatz von knapp 3 mm zwischen Schablonen- und Werkstückkante müssen Sie in Kauf nehmen. Das Werkstück wird bei dieser Vorgehensweise immer ein klein wenig größer ausgefräst als die Schablone. Eine exakte 1 : 1 Kopie ist beim Einsatz von Kopierhülsen nicht möglich. Bei einem 10-mm-Nutfräser und einer 15,9-mm-Kopierhülse beträgt der Versatz exakt 2,95 mm.

Die Rechnung dazu ist wirklich ganz einfach: Zuerst die Differenz zwischen Hülse und Fräser berechnen und zum Schluss dieses Ergebnis dann noch halbieren – also: 15,9 – 10 = 5,9 und 5,9 / 2 = 2,95

Selbst engste Radien und bis zu 50 mm dicke Werkstücke lassen sich kopieren

Dieser Spiralnutfräser ist aus hochwertigem Feinstkornhartmetall hergestellt und wurde zusätzlich noch mit einer Chrombeschichtung überzogen. Sie reduziert die Reibung und der Fräser verklebt weniger. Die extrem harte und diamantartige Beschichtung verhindert aber auch hohe Temperaturen von bis zu 400°C. Dadurch kann der Fräser vor allem bei hohen Drehzahlen nicht so schnell überhitzen und hält somit auch länger die Schärfe. Gegenüber herkömmlichen unbeschichteten Fräsern besitzt dieser Spiralnutfräser eine dreimal längere Lebensdauer. Das relativiert dann auch den sehr hohen Kaufpreis von bis zu 140 Euro (je nach Größe – Stand 2021).

Dieser Spiralnutfräser (hier in Ø 12 mm und einer Schneiden-Nutzlänge von 52 mm) besitzt eine Gesamtlänge von 100 mm. Dadurch kann er problemlos 60 mm aus der Spannzange herausragen und sitzt immer noch perfekt gesichert in der Spannzange (Fa. CMT Art.Nr: C190.121.41 – Mehr Infos unter: www.AKE.de).

Der Fräser besitzt eine aufwendig konstruierte Spiralform aus zwei positiven und zwei negativen Spiralschneiden. Dadurch ergeben sich sowohl auf der Ober- als auch Unterseite des Werkstücks absolut saubere und völlig ausrissfreie Kanten. Das gesamte Fräsbild der Kantenfläche sieht aufgrund des ziehenden Schnitts fast wie poliert aus (s. nächste Seite). Da die Spiralform auch für einen sehr guten Spanauswurf sorgt, trägt sie natürlich ebenfalls zu einer niedrigen Arbeitstemperatur bei.

Dieser absolute High-End-Nutfräser der Fa. CMT wurde eigentlich für den harten Einsatz auf stationären CNC-Maschinen entwickelt. Besitzt man für seine Oberfräse aber die passenden Spannzangen, dann lassen sich diese Fräser natürlich auch dort einsetzen. Interessant sind für den Einsatz auf einer Oberfräse vor allem die Varianten in 8 und 12 mm Durchmesser, die in unterschiedlichen Schneidenlängen von 25 bis 52 mm erhältlich sind. Mit dem 8 mm Durchmesser können Sie in Verbindung mit einer Kopierhülse beispielsweise extrem enge Konturen und filigranste Schablonenmuster abfahren und kopieren. Dabei spielt es keine Rolle, ob Sie weiches oder hartes Massivholz, Sperrhölzer, Multiplex oder sonstige Plattenwerkstoffe bearbeiten, ja sogar für Laminat und viele Kunststoffe ist dieser Vollhartmetallfräser bestens geeignet. Und wie einfach man mit diesem Spiralnutfräser und einer Kopierhülse nach Schablonen fräsen kann, sehen Sie in der Bildfolge. Dieser spezielle Spiralnutfräser stellt jedenfalls mit seiner einzigartigen Oberflächengüte jeden herkömmlichen Nutfräser locker in den Schatten.

Die Multiplexschablone können Sie entweder mit Nägeln oder Schrauben befestigen. Dürfen keine Löcher auf dem Werkstück zurück bleiben, reichen auch ein paar kurze Streifen doppelseitiges Klebeband völlig aus. Beim Einsatz von …

… Kopierhülsen muss sich die Schablone unterhalb des Werkstücks befinden. Das hat den Vorteil, dass Sie das Werkstück auch mit Kniehebelspannern befestigen könnten (s. dazu auch S. 156). In jedem Fall ist auch hier wieder …

3

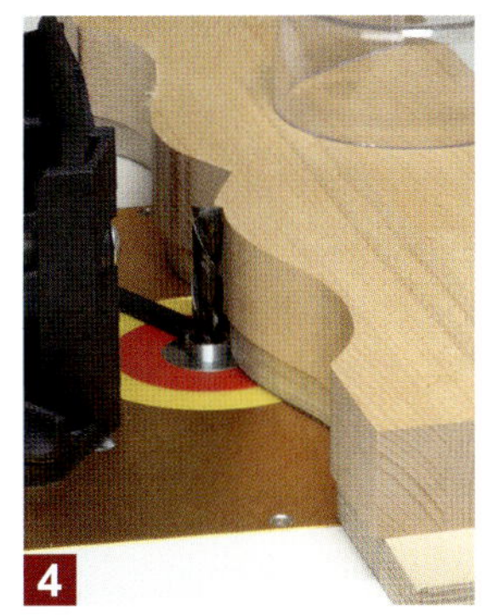
4

... der Einsatz einer Bogenfräshaube unerlässlich. Die Klarsichthaube dazu bis kurz vor das Werkstück absenken (Bild 2), so ist der Fräserbereich verdeckt und die Absaugleistung wird verbessert. Anschließend die Maschine einschalten und den Schablonenüberstand an die Kopierhülse heranführen (Bild 3). Danach die Schablone samt Werkstück dicht an der Hülse anliegend am Fräser vorbei schieben (Bild 4).

5

Auch bei diesem leistungsfähigen Fräser sollten Sie auf gar keinen Fall mehr als 3 mm vom Werkstück abfräsen, sonst steigt die Rückschlaggefahr. Auch der Fräser wird stärker belastet und die Fräsqualität kann sich deutlich verschlechtern. Da wir den 12-mm-Fräser zusammen mit einer 17-mm-Kopierhülse einsetzen, bleibt natürlich auch ein kleiner Überstand von 2,5 mm zur Schablonenkante, denn genaue 1:1 Kopien sind ja mit der Kopierhülse nicht möglich. Falls das tatsächlich mal nötig sein sollte, müssen Sie also diesen Versatz bei der Herstellung der Schablone mitberücksichtigen.

6

Wenn Sie das beachten, erhalten Sie mit diesem Spiralnutfräser ein absolut überragendes Fräsbild, dass keine Nacharbeit mehr erfordert. Auch mit einem 40 mm dicken harten Buchholz wird der Fräser spielend fertig und es ist eine wahre Freude, damit zu arbeiten. Selbst bei filigranen und sehr eng bzw. spitz zulaufenden Konturen (s. Pfeil in der Mitte der Schablone) hinterlässt der Fräser nur einen kleinen 6 mm Radius. Solche Rundungen können Sie aber bei Bedarf mit einem großen scharfen Stechbeitel in wenigen Sekunden scharfkantig nachstemmen.

Praxistipp: Kopierhülsendurchmesser und Klebeband

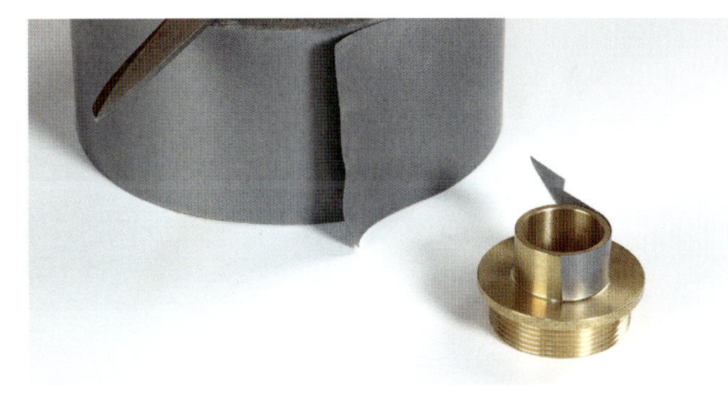

Den Durchmesser einer Kopierhülse können Sie leicht verändern, indem Sie die Hülse einfach mit Klebeband (z. B. Isolierband) umwickeln. Je mehr Lagen umso größer wird der Durchmesser. Sie können diese Technik auch zum Feinfräsen nutzen. Dabei fahren Sie im ersten Frägang die Schablonenkontur mit einer Lage Klebeband ab. Für den zweiten Fräsgang entfernen Sie nun das Klebeband und fahren die Kontur nochmals ab. Dabei wird dann nur noch ein winziger Hauch abgenommen bzw. feingefräst.

Falzkopf zum Bündigfräser umrüsten

Einer meiner absoluten Lieblingsfräser für die Oberfräse im Frästisch ist dieser 50-mm-Falzkopf mit Wechselschneiden (s. a. S. 45). Mit einer starken Oberfräse von etwa 2000 Watt erreicht man damit bereits eine Leistungsfähigkeit, die man sonst nur von der großen Tischfräse her kennt. Da dieser Falzkopf kein Kugellager besitzt, kann man damit nicht nur beliebig tief falzen, sondern im Handumdrehen auch lange Zapfen anfräsen (s. a. S. 174). Dieser große Vorteil ist aber zugleich auch ein Fluch. Denn ohne Kugellager oder Anlaufring ist beispielsweise das Kopieren von geschweiften Formen nach Schablonen leider nicht möglich. Und mal ganz unter uns: Was könnte man mit einem derart leistungsfähigen Fräser nicht alles für herrliche Sachen kopieren? Also Grund genug sich die Sache mal etwas genauer anzuschauen und Ihnen eine genial einfache und absolut präzise Lösung zu präsentieren, die wirklich jeder nachbauen kann.

Alles, was Sie dazu benötigen, ist ein exakt zum Fräserdurchmesser passender kreisrunder Anlaufring. Den können Sie entweder aus einer 9 mm dicken Multiplexplatte herstellen oder aus extrem robustem Hartpapier-Schichtpressstoff, besser bekannt unter dem Produktnamen Pertinax®. Dieses Material lässt sich ebenfalls sehr gut bohren, fräsen, sägen oder schleifen, besitzt aber eine noch höhere Kantenstabilität und Verschleißfestigkeit als Multiplex und ist somit genau das richtige Material für einen stabilen und langlebigen Anlaufring.

Mit einem einfachen Anlaufring aus 8 mm dickem Pertinax® wird aus dem Falzkopf mit Wendeplatten im Nu ein extrem leistungsfähiger Bündigfräser. Damit lassen sich geschwungene Werkstücke genauso schnell und sauber kopieren wie auf einer großen Tischfräse.

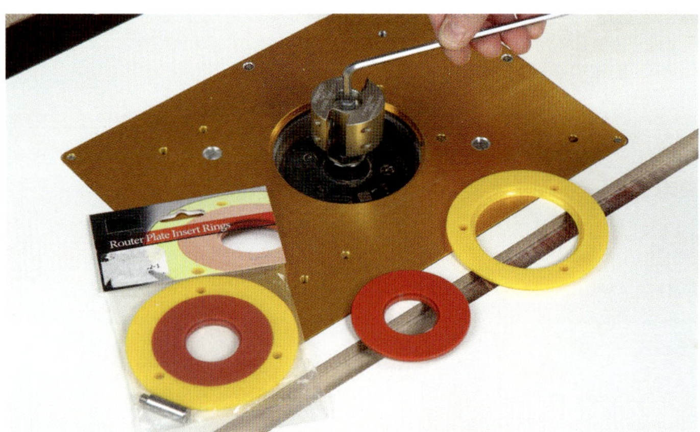

Viele hochwertige Montageplatten zur Befestigung der Oberfräse im Frästisch besitzen im Fräserbereich solche Einlegeringe. Je nach Hersteller sind diese Ringe entweder aus Kunststoff zum Einclipsen (s. oben), aus Aluminium zum Einschrauben oder aus Stahl für den werkzeuglosen Halt mit Magneten hergestellt. Alle diese Einlegeringe lassen sich problemlos als Zubehör nachkaufen und mit einem Anlaufring aufrüsten.

In unserem Fall nutzen wir den roten Kunststoffring, um daran einen 50 mm großen Anlaufring aus Pertinax® zu befestigen. Damit dieser Anlaufring später auch exakt zentrisch zur Fräserachse und zu den Schneiden des Falzfräsers ausgerichtet ist, müssen Sie nur den Falzkopf aus Aluminium entfernen. Die Spindel mit der 12-mm-Aufnahme für den Falzkopf bleibt in der Oberfräse montiert und wird zum Ausrichten genutzt.

Variante 1: 50-mm-Kreis mit Kreisschablone und Kopierhülse aus Pertinax®-Platte ausfräsen

1
In ein einfaches 9 mm dickes Multiplexbrett ein passendes Loch für die Kopierhülse bohren. Anschließend einen Nagel im exakten Abstand von 25 mm zur Fräserschneide einschlagen. Leider …

2
… lässt sich der Radius bei dieser Variante nicht nachjustieren und muss auf Anhieb passen. Da die Pertinaxfläche sehr hart ist, sollten Sie für den Nagel ein kleines Führungsloch vorbohren.

3
Anschließend aus der 8 mm dicken Pertinaxplatte in drei Etappen von je 2,5 mm Frästiefe den Kreis ausfräsen. So bleibt noch etwa 0,5 mm Material stehen und die Kreiskante hat keine Fräsmacken.

Variante 2: Kreis mit Tischverbreiterung samt Feineinstellung auf den Zehntelmillimeter genau ausfräsen

1
Wenn Sie die Tischverbreiterung zusammen mit der Feineinstellung (Pfeil) einsetzen, dann können Sie den Radius auf den Zehntelmillimeter genau einstellen und bei Bedarf auch nachjustieren.

2
Auch hier nutzen Sie einen dünnen Nagel als Drehpunkt. Der muss sowohl in der Tischverbreiterung, als auch in der Pertinaxplatte wieder absolut spielfrei geführt sein. Fräsen Sie den Kreis jetzt …

3
… schrittweise mit einem 8-mm-Nutfräser (hier aus Vollhartmetall) heraus. Lassen Sie wieder etwas Material stehen, dass Sie dann zum Schluss mit einem Bündigfräser abfräsen.

Variante 3: Kreis mithilfe einer Edelstahlscheibe und einem Bündigfräser exakt kopieren

1
Es gibt im Internet auch fertige Edelstahlscheiben (Ronde) mit 50 mm Durchmesser günstig zu kaufen. Die kann man als Vorlage benutzen und mit doppelseitigem Klebeband auf einen grob, …

2
… mit etwas Überstand vorgesägten Pertinaxkreis aufkleben. Die Ronde spannen Sie danach in die Hobelbank oder eine Holzzwinge ein und fräsen den Überstand des Pertinaxkreises mit einem …

3
… Bündigfräser bis dicht an die Edelstahlronde ab. Hat die Ronde exakt 50 mm Durchmesser, dann ist auch der Pertinaxkreis genau 50 mm groß und absolut kreisrund ohne jegliche Dellen.

4

5

6

7

Egal für welche Variante Sie sich entschieden haben, Sie benötigen zum Schluss immer eine kleine Markierung bzw. ein kleines Loch, das sich genau im Kreismittelpunkt befinden muss. Bei dieser Edelstahlronde können Sie mit einem passenden Holzbohrer den Mittelpunkt ankörnen und danach den …

… Pertinaxkreis wieder vorsichtig abziehen. Hat die Ronde kein Loch, können Sie den Mittelpunkt auch ganz einfach mit einem sogenannte Zentrierwinkel anzeichnen. Dazu den Winkel an mehreren Stellen anlegen und jeweils mittig einen Strich zeichnen. Dort, wo sich die Striche schneiden, ist die exakte Mitte.

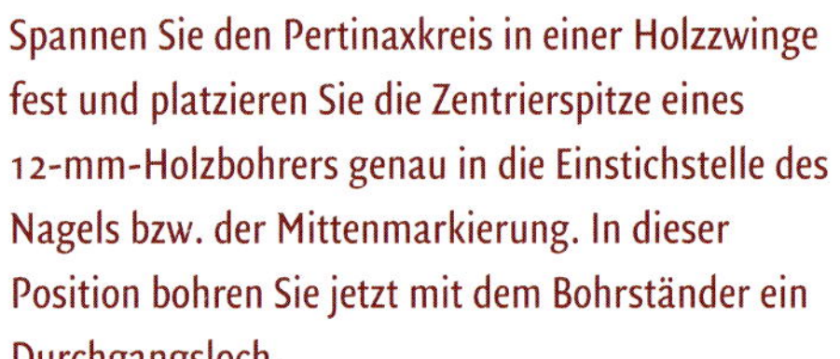
8

Spannen Sie den Pertinaxkreis in einer Holzzwinge fest und platzieren Sie die Zentrierspitze eines 12-mm-Holzbohrers genau in die Einstichstelle des Nagels bzw. der Mittenmarkierung. In dieser Position bohren Sie jetzt mit dem Bohrständer ein Durchgangsloch.

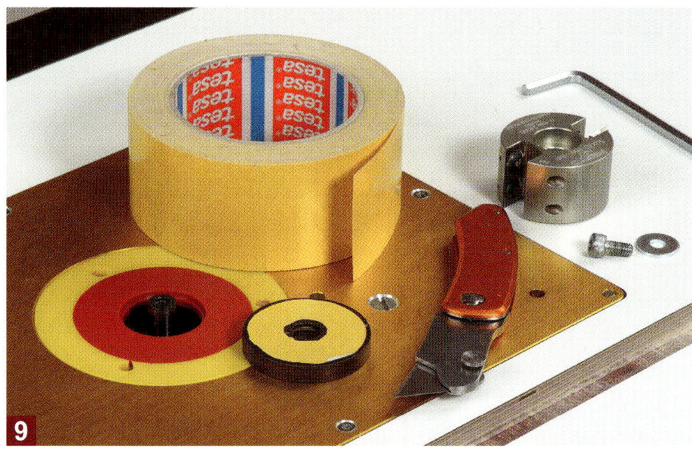

9

Anschließend bekleben Sie die Unterseite des Pertinaxkreises vollflächig mit doppelseitigem Klebeband. Den Überstand sorgfältig mit einem Cuttermesser abschneiden, es darf nichts überstehen. Den gelben und roten Einlegering in die Aluplatte einclipsen und die 12-mm-Spindel (ohne Falzkopf!) etwa 6 bis 8 mm aus den Ringen vorstehen lassen.

Lassen Sie zunächst noch die Folie auf dem Klebeband und testen Sie erst mal, ob sich der Pertinaxkreis spielfrei auf die Spindel stecken lässt (Bild 10). Erst wenn das funktioniert, ziehen Sie die Folie ab und senken den Pertinaxkreis schön senkrecht und gleichmäßig über die Spindel nach unten auf den roten Einlegering ab. Dort noch mal ringsum fest andrücken (Bild 11). Zum Schluss die Oberfräse samt Spindel nach unten absenken und den roten Einlegering mit dem festgeklebten Pertinaxkreis vorsichtig rausnehmen.

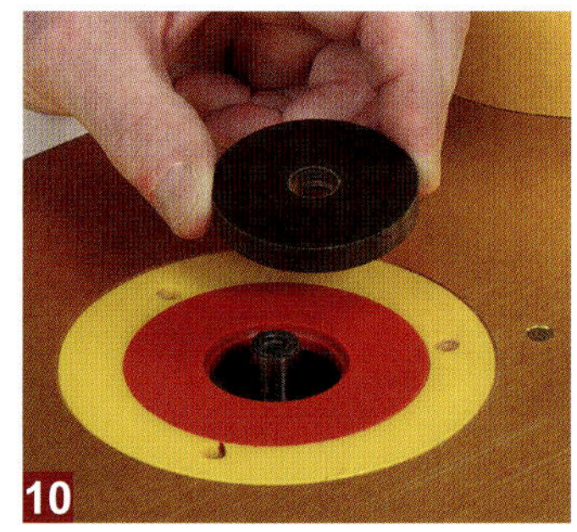
10

11

Zusätzlich zum Klebeband muss der Pertinaxkreis noch mit drei kleinen Schrauben gesichert werden. Bohren Sie dazu einfach von unten drei passende Löcher in den roten Einlegering. Den Pertinaxkreis dabei am besten nicht oder nur minimal anbohren, damit die Schrauben auch gut halten.

Spannen Sie den kompletten Ring wieder in einer Holzzwinge oder einem Maschinenschraubstock fest und platzieren Sie die Ringöffnung in etwa mittig unter einem 30-mm-Forstnerbohrer. Holzzwinge unbedingt festspannen und erst dann das 12er Loch im Pertinax mit dem Forstnerbohrer aufbohren.

So schnell und einfach ist der Pertinax-Anlaufring einsatzbereit

Nachdem Sie die Spindel ohne Falzkopf in der Oberfräse befestigt haben, clipsen Sie als erstes den gelben Einlegering in die Aluplatte. Anschließend nehmen Sie den roten Einlegring samt Pertinaxkreis und clipsen ihn fest in den gelben Ring ein. Die Spindel hat ringsum ausreichend Luft zum Pertinax.

Jetzt stecken Sie den Falzkopf auf die 12er-Spindel und sichern ihn von oben mit der U-Scheibe samt Zylinderkopfschraube. Danach senken Sie die Oberfräse samt Falzkopf soweit ab, bis zwischen Pertinax und Falzkopf noch etwa 2 bis 3 mm Luft verbleiben. Nicht vergessen die Fräserhöhe zu arretieren!

Mit einem Winkel kann man jetzt sehr gut überprüfen, ob die Schneiden ringsum auch bündig zur Pertinaxkreiskante stehen (Bild links). Aber nicht zu kritisch sein! Denn minimale Lichtspalte sind absolut unproblematisch, weil man das später der Kontur bzw. Kopie nicht ansehen kann.
Ein Testlauf zeigt dann eindrucksvoll, wie sich der Falzkopf mit über 20.000 U/min dreht, während der darunter liegende Anlaufring aus Pertinax samt Einlegering wie angewurzelt in Position bleibt (Bild rechts). Einfach genial!

Der „Bündig-Falzfräser" im Praxiseinsatz

Da sich der Pertinaxring unter dem Fräser befindet, muss sich auch die Schablone immer unterhalb des Werkstücks befinden. Das bietet Vorteile bei der Befestigung eines Werkstücks. Denn die …

… können jetzt blitzschnell mit Schnellspannern fixiert und gewechselt werden. Die Schablonen können auch deutlich komplexer gestaltet werden, beispielsweise mit verstellbaren Anschlägen.

Diese beiden Anschläge und eine simple Mittenmarkierung (Pfeile) erleichtern das wiederholgenaue Positionieren bei der Serienfertigung gleich großer Bauteile wie dieser Querrahmenstücke.

Wichtig bei der Gestaltung solcher Schablonen ist, dass sie immer mindestens 3 bis 4 cm länger sein sollten als das Werkstück. Dadurch ergibt sich vor dem Werkstück eine schöne Anlaufkante (Pfeil) …

… für den Pertinaxring oder ein Kugellager, ohne dass der Fräser bereits Kontakt zum Werkstück hat. Dadurch befindet man sich bereits in der sicheren Vorwärtsbewegung (Pfeilrichtung) und …

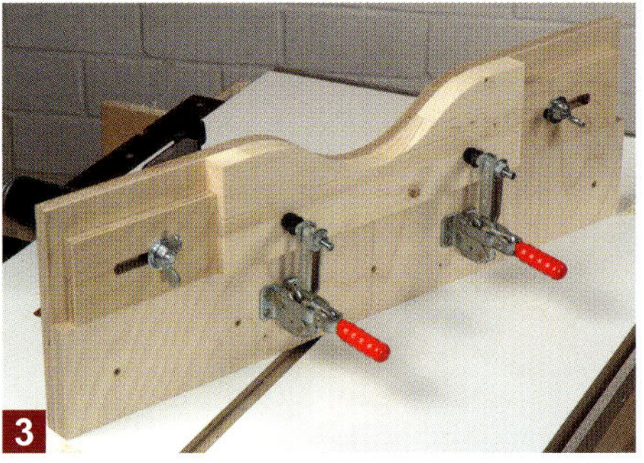

… die Rückschlaggefahr wird drastisch reduziert. Auch die Hände sind geschützt, wenn Sie die Schnellspanner, wie auf den Bildern zu sehen, umklammern und nicht an den Griffen festhalten.

In die geschweifte Kante einen zusätzlichen Falz einfräsen

Soll die geschweifte Kante jetzt noch einen Falz für eine Füllung oder ähnlichem bekommen, dann entfernen Sie einfach den Pertinaxring und setzen dafür einen roten Einlegering samt Kopierhülse ein (s. a. S. 147). Beispielsweise könnte man mit dem 50-mm-Falzfräser und einer 30-mm-Kopierhülse eine Falztiefe von exakt 10 mm erzeugen (50–30 = 20 halbiert = 10). Kleinere Kopierhülsendurchmesser können aber leider nicht eingesetzt werden, weil die …

… Aufnahmespindel des Falzfräsers nicht mehr hindurch passen würde. Außerdem darf die Hülse nicht zu lang sein, damit man den Falzfräser auch weit genau nach unten absenken kann. Lange Hülsen, wie beispielsweise die Messinghülse auf dem linken Bild, müssten dann erstmal gekürzt werden. Ansonsten ist die Montage wieder wie gehabt: Spindel montieren, dann die beiden Einlegeringe samt Hülse einclipsen und zum Schluss den Falzkopf befestigen.

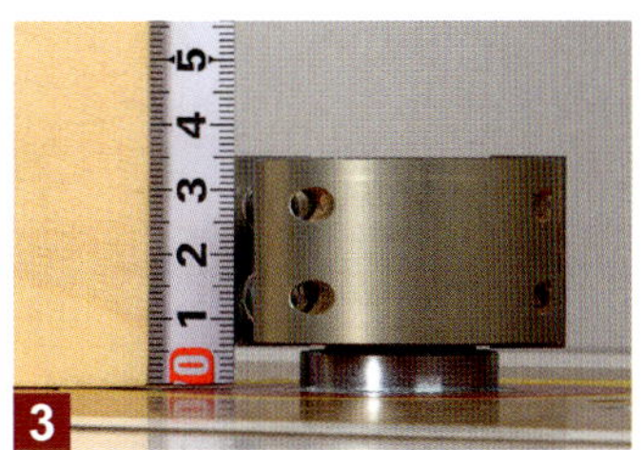

Bei einer Hülsenhöhe von 5 mm können Sie die Dicke der Falzkante stufenlos zwischen 6 (Bild 3) und 14 mm (Bild 4) einstellen. Zusammen mir der maximalen Schneidenhöhe des Falzfräsers von 30 mm sind so Werkstückdicken von 36 bis 44 mm möglich. Das dürfte für die allermeisten Anwendungen im Möbelbau absolut ausreichen. Das Ganze ist jedoch auch abhängig von der Dicke der Aluminium-Einlegeplatte und der eingesetzten Oberfräse oder besser gesagt deren Fräshub und Spannzangensystem.

Stellen Sie die schwarze Zuführleiste so ein, dass ihre Spitze genau auf der Kopierhülse ausläuft. Sie ist zwingend notwendig, denn nur so wird das Werkstück sicher in der Vorwärtsbewegung auf die Kopierhülse geleitet und es …

… sind keine Rückschläge zu erwarten. Auch der Einsatz einer Schutzhaube ist zwingend erforderlich, weil sie den überstehenden Teil des Fräsers abdeckt. Trotz allem gilt: Das Werkstück immer möglichst gleichmäßig und ohne …

… Unterbrechung nach vorne schieben. Sollten Sie von der Kopierhülse wegdriften, auf gar keinen Fall das Werkstück zurückziehen, um die Stelle nachzufräsen, sondern den gesamten Fräsvorgang einfach noch mal an der …

… Zuführleiste beginnen und komplett wiederholen. Wenn Sie das beachten, können Sie mit dem großen Falzfräser absolut sauber und ausrissfrei falzen. Dazu aber unbedingt Zuführleiste und Schutzhaube einsetzen!

Tipp: Kopierring für die Kopierhülse

Sie können sich auch für die 30-mm-Kopierhülse einen 10 mm breiten Anlaufring mit einem Außendurchmesser von 50 mm herstellen (1). Allerdings ist es sehr wichtig, dass dieser Ring auch schön stramm auf der Hülse sitzt (2) und sich nicht durch Vibrationen lösen kann. Auch damit sind dann Bündig- und Kopierfräsungen möglich.

Der „Bündig-Falzfräser" und die Doppelschablone – ein perfektes Duo zum Kopieren

Wenn Sie ein schmales Werkstück wie beispielsweise diesen Schiebestock kopieren möchten, dann sollten Sie die Form in zwei Hälften zerlegen. Das bedeutet, dass Sie eine Schablone herstellen, die an einer Kante die erste Formhälfte als Kontur bekommt und an der gegenüberliegenden Schablonenkante die zweite (s. Bild 1). Der Fachmann spricht dabei von einer Doppelschablone. Diese Schablonen können deutlich breiter hergestellt werden und bieten somit mehr Auflagefläche. Außerdem bleibt mehr Platz, um Griffe oder Spannelemente weiter aus dem Gefahrenbereich des Fräsers zu platzieren. Die Breite und Länge einer Schablone hängt aber nicht nur von der Werkstückform ab, sondern auch von der Werkstückbefestigung. So benötigen beispielsweise Schnellspanner (Kniehebelspanner) deutlich mehr Platz, als die hier gezeigte Methode mit Schlossschrauben und Sterngriffen bzw. einfachen Flügelmuttern (s. Bildfolge).

Der Schablonenrohling aus 18 mm dickem Multiplex sollte so groß sein, dass jeweils die halbe Werkstückform bequem darauf Platz findet. Achten Sie auch darauf, dass in der Mitte noch genügend Platz bleibt für die beiden …

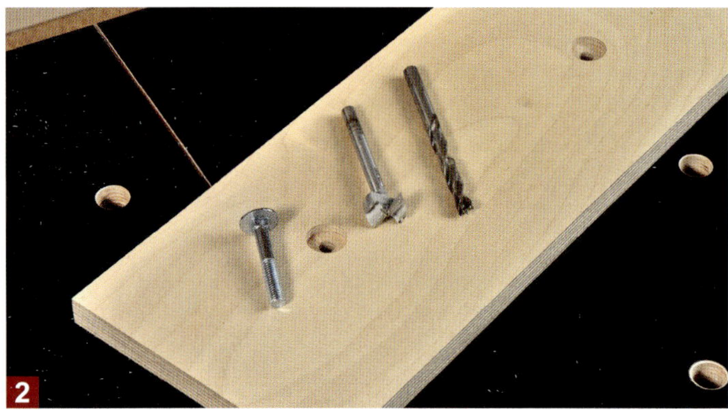
… 10-mm-Schlossschrauben. Die werden von unten in die Schablone eingeschlagen. Dazu bohren Sie zuerst für den Schraubenkopf ein 25-mm-Sackloch.

Sägen Sie die Umrisse der Schablone zunächst nur grob mit der Bandsäge aus. Bleiben Sie etwa 2 bis maximal 3 mm vom Bleistiftriss weg.

Es ist wichtig, dass sich die Werkstücke später immer an der gleichen Position der Schablone befinden. Dazu können Sie die Werkstücke sehr gut mit …

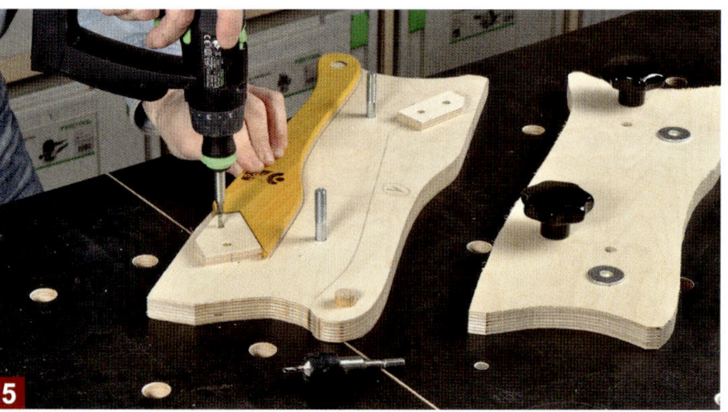
… Rundstäben, Dübeln oder dünnen Holzbrettchen fixieren. Wichtig: Die Werkstücke dürfen sich später in der Schablone nicht mehr bewegen.

Die grob vorgesägte Schablone wird im nächsten Schritt mithilfe der Originalform (Schiebestock) und einem Bündigfräser in die endgültige Form gebracht. Der Bündigfräser muss dazu ein Kugellager am oberen Ende des Fräsers besitzen (s. kleines Bild).

Die 10 mm dicken Holzrohlinge, aus denen die Schiebestöcke gefräst werden, erhalten zunächst (wie das Original) eine Bohrung (Pfeil). Anschließend sägen Sie – ebenfalls nach dem Originalvorbild – die schräge Ausklinkung in das gegenüberliegende Ende.

Auf diese Weise sind die Rohlinge exakt auf der Schablone positioniert und können sich selbst bei hohem Kantendruck durch die Fräserrotation nicht verschieben. Wichtig: Legen Sie immer zwei Werkstückrohlinge in die Schablone ein. Nur dann kann die obere Platte auch auf beide Rohlinge gleichmäßig …

… Druck ausüben. Zur Not spannen Sie auf die Gegenseite einfach einen fertig gefrästen Schiebestock als Blindstück ein. Die obere Platte muss außerdem in der Form ringsum mindestens 10 mm kleiner zugeschnitten werden, als die Schablone darunter. Der Fräser sollte die Druckplatte nicht bearbeiten.

Mit dem zum Bündigfräser modifizierten Falzfräser können Sie jetzt die eingespannten Holzrohlinge in wenigen Sekunden exakt in Form fräsen. Anschließend entschärfen Sie die Kanten dann nur noch mit einem Abrundfräser.

Mit einer solchen Doppelschablone steht der Serienfertigung von Schiebestöcken oder anderen schmalen Werkstücken jedenfalls nichts mehr im Weg.

Kapitel 4

Die wichtigsten klassischen Holzverbindungen

Die wichtigsten klassischen Holzverbindungen

Einfache Feder-Nut-Verbindungen hatte ich Ihnen zusammen mit der Herstellung unterschiedlicher Verleimprofile bereits ausführlich auf den Seiten 70–107 vorgestellt. Die Oberfräse gilt aber nicht umsonst als ein Tausendsassa und in Kombination mit einem Frästisch können Sie damit eine Vielzahl weiterer Holzverbindungen in einer derart hohen Präzision herstellen, die man mit Handwerkzeugen nur mühsam und mit sehr viel Übung und Geschick erreichen kann.

Einige Holzverbindungen, wie beispielsweise Kreuzüberblattungen, Fingerzinken oder offene Schwalbenschwanzzinken verlangen geradezu nach einem Frästisch und sind schöne Beispiele dafür, wie man das Leistungsspektrum mit einfachen, selbstgebauten oder auch fix und fertig gekauften Schablonen erweitern kann. Vor allem diese filigranen und komplex wirkenden Holzverbindungen sind absolute Hingucker bei jedem Möbelstück und stehen seit Generationen für hohe Handwerkskunst.

Für die Herstellung großflächiger Holzverbindungen setzen wir dann wieder unseren leistungsfähigen Falzkopf ein. Damit wird das Anfräsen breiter Überblattungen oder langer und dicker Zapfen zum reinsten Vergnügen und kann sogar eine ernste Konkurrenz zur großen Tischfräse darstellen. Und wer glaubt, dass man schwere Zimmertüren mit Konterprofil nur auf einer solchen Tischfräse herstellen kann, der kann sich auf den letzten Seiten des Kapitels vom Gegenteil überzeugen.

Filigrane Sprossengitter mit Kreuzüberblattungen in den unterschiedlichsten Abständen und Varianten lassen sich auf dem Frästisch mit wenigen Hilfsmitteln einfach und passgenau herstellen.

Mit einem leistungsstarken Falzkopf mit Wechselschneiden können Sie auf einem Frästisch in mehreren Durchgängen auch großformatige Zapfen schnell und extrem präzise anfräsen.

Und wenn Sie die richtige Schablone einsetzen, dann sind neben den geraden Fingerzinken auch passgenaue offene Schwalbenschwanzzinken auf dem Frästisch überhaupt kein Problem mehr.

Einfache Überblattung von Rahmenhölzern (Eck- und Kreuzüberblattung)

Eine Überblattung (auch Überplattung genannt) ist die einfachste aller Rahmen-Eckverbindungen. Damit beide Rahmenteile später übereinander passen, müssen sie jeweils um die halbe Werkstückdicke bis zur Werkstückbreite hin ausgeklinkt werden. Zur Herstellung sind also lediglich zwei absolut identische Fräsungen notwendig. Da diese Fräsungen allerdings immer wechselseitig erfolgen müssen, ist es sehr wichtig, alle Bauteile vorher eindeutig mit dem Werkzeichen (Schreinerdreieck) zu markieren und am besten noch den Abfallbereich zu schraffieren. Wenn man von außen auf einen fertigen Rahmen schaut, dann laufen in der Regel die aufrechten Rahmenfriese über die Querrahmenfriese durch (s. Bild rechts). Das sollten Sie beim Anfräsen der Überblattung beachten, damit sich später auch die schöne Sichtseite der Rahmenhölzer außen befindet (s. Schritt 4).

Schritt 1: Falzkopf mit Wendeschneiden auf Werkstückmaße einstellen

Legen Sie ein Rahmenstück gegen den Fräsanschlag und verschieben Sie ihn, bis die Kante exakt bündig mit der Schneide des Falzkopfes abschließt (s. Bild 1). Soll die Überblattung mit dem Queranschlag hergestellt werden, muss der Anschlag exakt parallel zur Tischnut verlaufen. Das können Sie schnell und präzise mit dem verschiebbaren Lineal eines Kombinationswinkels einstellen (Bild 2).

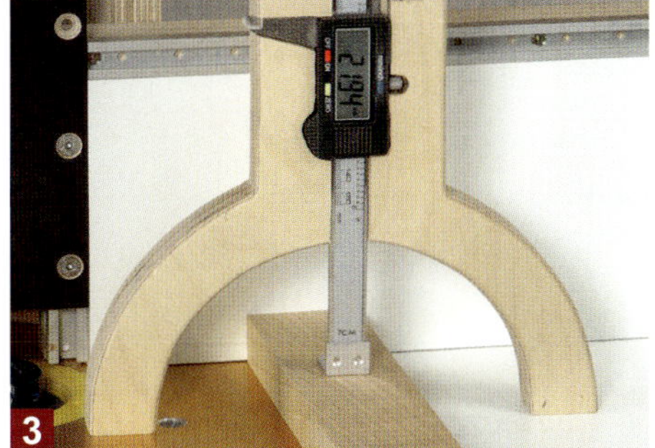

Die Fräserhöhe lässt sich vorab bereits sehr genau mit einer digitalen Messbrücke einstellen. Dazu legen Sie ein Rahmenstück flach auf den Frästisch und messen zuerst die Rahmendicke aus.

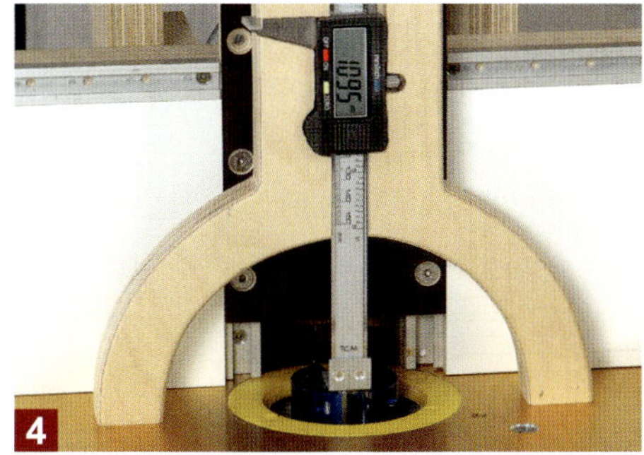

Diesen Wert halbieren Sie, stellen den Messchenkel auf die Fräserschneide und heben den Fräser soweit an, bis im Display dieser Wert (= halbe Rahmendicke) angezeigt wird.

Zu guter Letzt verschließend Sie noch die Fräserlücke mit einem Vorsatzbrett oder – wie hier zu sehen – mit einem höhenverstellbaren Kehlbrett (Bauanleitung dazu s. S. 254).

Schritt 2: Queranschlag vorbereiten oder als Alternative ein Winkelbrett benutzen

Damit es an der Rückkante der Rahmenstücke nicht zu hässlichen Ausrissen kommt, schrauben Sie noch eine etwa 300 mm lange Leiste (40 x 20 mm) als Splitterholz an den Queranschlag. Zum Schutz der Finger bekommt die Leiste noch eine Acrylglasscheibe. Die verdeckt den gefährlichen Fräserbereich und Sie können trotzdem noch das gesamte Fräsgeschehen beobachten.

Das Winkelbrett als Alternative

Bei dieser Methode schieben Sie das Rahmenstück zusammen mit einem rechtwinkligen Brett am Anschlag vorbei. Großer Vorteil: Wenn das Winkelbrett etwas dünner ist als das Werkstück, können Sie auch eine Andruckvorrichtung einsetzen. Wichtig: Der Andruckschuh muss unbedingt vor dem Fräser und der Fräseröffnung platziert werden. Er darf keinen Druck auf den Fräser ausüben.

Schritt 3: Fräserhöhe überprüfen und ggf. korrigieren

1

2

3

Fräsen Sie in ein Reststück, das exakt die gleiche Rahmenstärke hat, von beiden Seiten aus jeweils eine kurze Rundung ein, die sich in der Mitte etwas überlappen müssen (Bild 1). Sollte dort noch Material stehen bleiben (Bild 2), entspricht die Fräserhöhe noch nicht der halben Holzstärke und muss noch etwas angehoben werden. Aber nicht zu viel, denn die Verstellung verdoppelt sich, weil Sie wieder von beiden Seiten nachfräsen (Bild 3).

Schritt 4: Überblattungen anfräsen

1

2

Legen Sie zuerst die aufrechten Rahmenstücke mit dem Schreinerdreieck nach oben zeigend gegen das Splitterholz und fräsen Sie schrittweise die Überblattung heraus. Nehmen Sie dazu etwa …

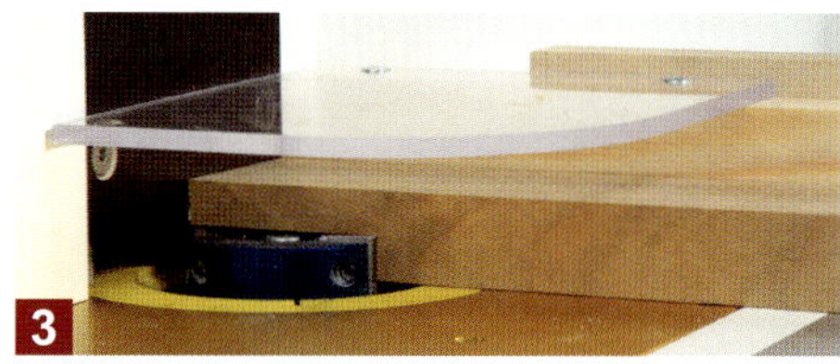
3

… 15 bis 20 mm Material pro Arbeitsgang ab, bis die Stirnkante dicht am Fräsanschlag anliegt. Das Kehlbrett sorgt auch im Fräserbereich für eine durchgehende Anschlagfläche.

4

5

Danach bearbeiten Sie auf die gleiche Weise auch die Querrahmenstücke. Wichtig: Diesmal muss das Schreinerdreieck nach unten zur Tischfläche zeigen. Legen Sie zum Schluss eine Ecke zusammen und …

6

… überprüfen Sie, ob die beiden Rahmenstücke eine plane Fläche ohne fühlbare Absätze bilden. Auch an den Außenkanten sollte nichts überstehen und alles schön bündig abschließen.

Da der Falzkopf auch im oberen Bereich Schneidkanten besitzt, sind die Auflageflächen der Überblattungen auch unübertroffen sauber und passgenau gefräst. Sie können auf diese Weise auch sehr breite Überblattungen mit Überstand herstellen. Bei der rechts abgebildeten Uhr wurde dazu die Überblattung deutlich breiter ausgefräst, damit die Enden kreuzweise überstehen. Auch das ist eine optisch interessante Variante für diese ansonsten sehr einfache Holzverbindung.

Variante: Kreuzüberblattungen an den Außenecken am Beispiel eines Bilderrahmens

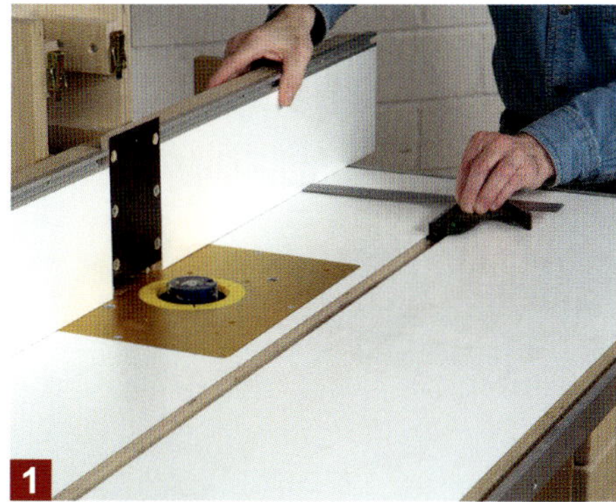

Indem Sie den Fräsanschlag weiter nach hinten schieben, stellen Sie den Überstand der Rahmenenden an den Kreuzüberblattungen ein. Wird der Queranschlag eingesetzt, muss auch der Anschlag wieder parallel zur Tischnut verlaufen (Bild 1). Setzen Sie diesmal auch eine Andruckvorrichtung ein, die das Rahmenende auf die Tischfläche drückt. Passend dazu wird das Splitterholz am Ende etwas ausgeklinkt (s. Pfeil in Bild 2).

Mit dieser Einstellung fräsen Sie zunächst einmal eine Überblattung in ein Probestück (Bild 3). Denn wenn Sie sich die Rahmenhölzer bereits passend dazu auf Breite aushobeln, müssen Sie den Anschlag nicht mehr verstellen. Passend zum Durchmesser des Falzkopfes wäre die Rahmenbreite also 50 mm. Wichtig: Da die Rahmenkanten später noch etwas geschliffen werden, darf hier das …

… Rahmenstück ruhig stramm sitzen. Fräsen Sie anschließend in alle Rahmenstücke bis zur halben Holzstärke die Überblattung ein. Auch wenn der Falzkopf extrem leistungsfähig ist, sollten Sie die Ausklinkung in mindestens zwei (Höhen-)Etappen herstellen. Das schont den Fräser und die Menge an Spänen kann besser abgesaugt werden.

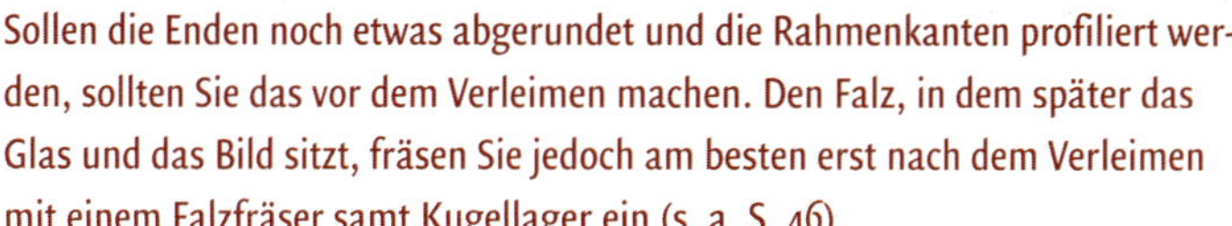
Sollen die Enden noch etwas abgerundet und die Rahmenkanten profiliert werden, sollten Sie das vor dem Verleimen machen. Den Falz, in dem später das Glas und das Bild sitzt, fräsen Sie jedoch am besten erst nach dem Verleimen mit einem Falzfräser samt Kugellager ein (s. a. S. 46).

Kreuzüberblattungen in schmalen Sprossen herstellen

Japanische Schiebetüren (auch Shoji genannt) ziehen aufgrund ihrer schlichten Eleganz jeden Betrachter sofort in ihren Bann. Mit ihren vielfältigen geometrischen Sprossenmustern und der hellen, beruhigend wirkenden Optik des Japanpapiers lassen sie sich in nahezu jedem Wohnstil verbauen. Optisch sind Shoji aber nur dann eine Augenweide, wenn alle Sprossen abstandsgenau und präzise überblattet wurden. Da die Sprossen mit nur 10 mm Dicke und 19 mm Höhe jedoch sehr filigran sind, bedarf es schon einer gewissen Sorgfalt bei der Herstellung eines kompletten Sprossengitters. Aber zum Glück gibt es ja den Frästisch und passende Spiralnutfräser. Denn mit diesem Duo und einem einfachen Balken samt Anschlagleiste verlieren selbst die komplexesten Sprossenmuster ihren Schrecken. Aber das Beste: Mit dieser Methode können Sie auch mehrere Sprossen gleichzeitig nuten! Und wenn Ihnen rechteckige Sprossengitter zu langweilig sind, dann schwenken Sie doch einfach mal den Queranschlag um beispielsweise 30° und schon lassen sich im Handumdrehen herrliche rautenförmige Sprossengitter herstellen (s. a. S. 169).

Kirschbaum-Kommode mit japanischem Flair: Zwei Shoji-Schiebetüren mit Kreuzsprossen flankieren den mittleren Schubkastenbereich.

Türen zu und aufgeräumt! Unschöne Aktenordner und sonstige Büroutensilien versteckt hinter drei wunderschönen japanischen Schiebetüren.

Genial einfach: Überblattete Kreuzsprossen mit Balken, Anschlagleiste und Spiralnutfräser

1 Schrauben Sie als Erstes an den Queranschlag einen 75 mm breiten und 21 mm dicken Multiplexstreifen. Multiplexstreifen und Balken sollten in etwa die gleiche Höhe haben. Bohren Sie dann in …

2 … einen 1,20 Meter langen, rechtwinklig ausgehobelten Balken (Querschnitt etwa 75 x 44 mm) ein paar 9-mm-Löcher, um ihn mit zwei Anschlagklemmen (z. B. Milescraft-FenceClamps) schnell …

3 … und einfach am Multiplexstreifen zu befestigen. So lässt sich der Balken jederzeit nach links oder rechts verschieben und stufenlos in jeder anderen Position mit dem Multiplexstreifen wieder fixieren.

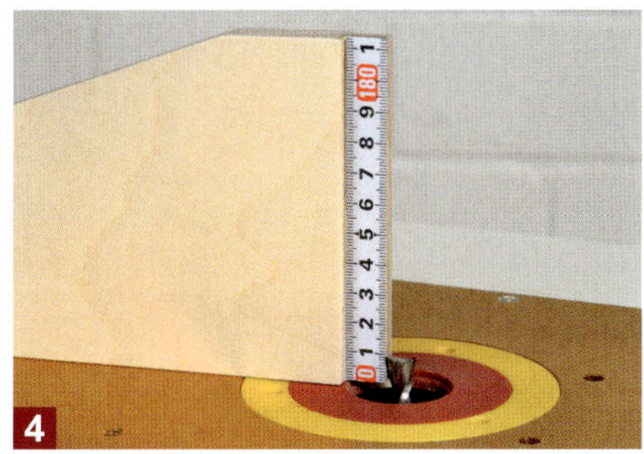

Als nächstes stellen Sie die Fräserhöhe auf die halbe Sprossenhöhe ein. Bei 19 mm hohen Sprossen also exakt 9,5 mm. Die Sprossen dürfen später zusammengesteckt weder vor- noch zurückstehen!

Im nächsten Schritt fräsen Sie dann mit dem Spiralnutfräser die erste Nut in den Balken. Die Nut sollte in unserem Fall etwa 300 mm vom linken Balkenende entfernt sein. Jetzt die Klemmen …

… lösen und den Balken so in Pfeilrichtung verschieben, bis der gewünschte Sprossenabstand (hier 130 mm) erreicht ist. In dieser Position den Balken wieder mit den beiden Klemmen fixieren.

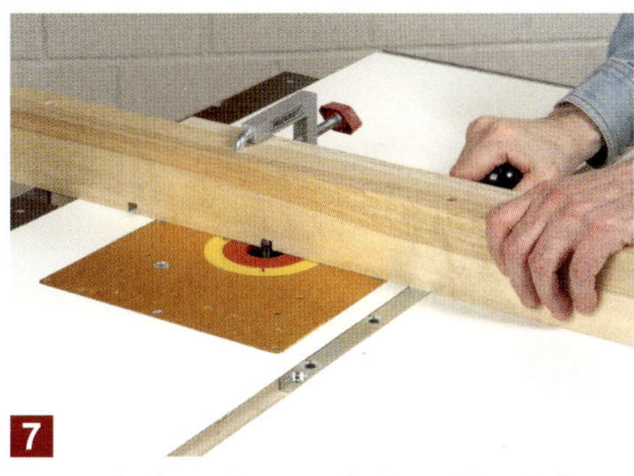

Jetzt noch eine weitere Nut in den Balken einfräsen. Der Abstand zwischen diesen beiden Nuten entspricht nun exakt dem späteren Sprossenabstand.

Sechs bis sieben Sprossen lassen sich problemlos in einem Arbeitsgang bearbeiten. Damit die Sprossen dabei immer dicht auf dem Frästisch aufliegen und die Finger nicht in den Bereich des …

… Fräsers gelangen können, habe ich mir einen Winkel aus Acrylglas und Multiplex gebaut. Der sitzt dicht auf den Sprossen auf und wird einfach mit zwei weiteren Klemmen am Balken fixiert.

Fräsen Sie die erste Nut ungefähr in der Sprossenmitte ein. Damit sich die Sprossen dabei nicht seitlich verschieben, sollten Sie unbedingt noch links und rechts vom Acrylglas je eine Einhandzwinge einsetzen.

Stellen Sie sich als Nächstes für die Nut im Balken eine passende Anschlagleiste mit einer Länge von etwa 200 mm her. Die Leiste sollte spielfrei, aber nicht zu stramm in der Nut sitzen (evtl. die Kanten noch leicht anfasen).

Sind alle Sprossenleisten in der Mitte genutet, werden Sie einfach nacheinander mit dieser Nut von oben auf die Anschlagleiste gesteckt. Die dient jetzt als Abstandshalter für alle weiteren Nutfräsungen.

13 Links und rechts neben der mittleren Nut entstehen so zwei weitere Nuten im Abstand von exakt 130 mm (s. Bild 6). Auch hier sollten Sie die Sprossenleisten mit zwei Einhandzwingen sichern.

14 Auf diese Weise können Sie schnell und einfach nacheinander weitere abstandsgleiche Nuten in die Leisten einfräsen. Dabei ist es völlig egal, wie lang die Sprossenleisten letztlich sind.

15 Es ist jedenfalls immer wieder erstaunlich, wie schnell man mit dieser Methode absolut passgenaue und abstandsgleiche Sprossengitter herstellen kann. Mein Tipp: Unbedingt mal ausprobieren!

Kleiner Exkurs: Sprossentür mit MADOCA-Papier bekleben

Bevor Sie das sogenannte Shojipapier aufkleben, sollten die Türen zuerst immer mit einer kompletten Oberflächenbehandlung versehen werden. Aufgrund der vielen Sprossen bietet sich bei diesen Schiebetüren ein zwei- bis dreimaliger Auftrag mit Holzöl an. Für Shojitüren nutze ich fast ausschließlich das extrem strapazierfähige MADOCA-Papier, ein Verbundmaterial aus zwei Papierschichten mit einer Mittellage aus PET-Folie. Das verleiht diesem speziellen Japanpapier eine unglaubliche Reißfestigkeit. Es ist somit ideal für stark beanspruchte Wohn- und Büroräume. Im Gegensatz zu herkömmlichen Shojipapieren, wird das MADOCA-Papier nicht mit einem flüssigen Klebstoff, sondern mit einem nur 0,21 mm dünnen doppelseitigen Klebeband auf Rahmen und Sprossen befestigt. Die Klebekraft ist wirklich enorm und wenn das Papier einmal mit dem Klebeband in Berührung gekommen ist, ist eine Korrektur der Papierlage nicht mehr möglich. Deshalb sollten Sie nur zu zweit arbeiten und den gesamten Klebeprozess zuerst einmal „trocken" durchspielen (Klebeanleitung liegt dem MADOCA-Papier bei).

1 Zuerst das komplette Sprossengitter verleimen. Anschließend das fertige Gitter mit Leim in den Außenrahmen einfügen. Zum Schluss alle Holzteile fix und fertig ölen, wachsen oder lackieren.

2 Passend zum Madoca-Papier gibt es ein spezielles doppelseitiges Klebeband. Dieses nur 6 mm breite, hauchdünne und extrem stark klebende Band auf den Rahmen und die Sprossen aufkleben.

3 Das mit genügend Überstand zurecht geschnittene Madoca-Papier zuerst am unteren Rahmenstück festkleben. Erst dann die restlichen Schutzfolien abziehen und mit einem Helfer zusammen das straff gezogene Papier nach und nach auf die Sprossen absenken und auf das Klebeband andrücken. Zum Schluss den Papierüberstand mit einem Cuttermesser abtrennen.

Überblattete Kreuzsprossen im Rautenmuster

Neben quadratischen oder rechteckigen Sprossenfeldern können auch schräg verlaufende Kreuzsprossen in einem Rautenmuster einem Möbelstück ein ganz besonderes und einzigartiges Aussehen verleihen. Um beispielsweise das rechts in der Skizze abgebildete Rautenmuster zu erzeugen, müssen Sie dazu nur den Queranschlag um exakt 30° zur Seite schwenken. Alle anderen Parameter, wie Fräser-einstellung oder Sprossenquerschnitt bleiben unverändert und sind absolut identisch mit dem vorherigen Anwendungsbeispiel. Auch den Balken in Verbindung mit der kleinen Anschlagleiste können Sie wieder benutzen. Allerdings würde ich bei dieser schrägen Überblattung nicht mehr als maximal sechs Sprossen gleichzeitig auf die Anschlagleiste stecken und dann in einem Arbeitsgang nuten, sonst könnte die Präzision der Nutabstände darunter leiden.

Da man bei schrägen Überblattungen die Sprossen nicht drehen kann, beginnt man hier mit dem Nuten immer etwa 30 bis 50 mm vom Sprossenende und fräst dann schrittweise alle weiteren Nuten bis zum anderen Sprossenende ein. Die Sprossen werden daher auch niemals vorab korrekt auf Länge zugeschnitten. Denn bei einem Rautenmuster (s. Grafik rechts) gibt es sehr viele unterschiedlich lange Sprossen. Erst wenn das komplette Rautenmuster zusammengesteckt wurde, sägen Sie es in die gewünschte Rechteckform für den Rahmen.

1

2

3

Schwenken Sie den Queranschlag exakt um 30° nach außen. Befestigen Sie den Balken wieder so, dass die erste Nut etwa im Abstand von 300 mm zum Balkenende beginnt. Jetzt fräsen Sie mit dem 10-mm-Spiralnutfräser die erste Nut in den Balken. Dann Balken lösen und um den gewünschten Sprossenabstand zur Seite verschieben (in unserem Beispiel um 130 mm). Die dünne Anschlagleiste können Sie jetzt auch schon in die Nut des Balkens einstecken. Mit zwei Einhandzwingen und zusätzlich von oben mit der Acrylglasabdeckung gesichert fräsen Sie die erste Nut in bis zu sechs Sprossen ein. Anschließend die Sprossen mit dieser Nut auf die Anschlagleiste aufstecken und die nächste Nut einfräsen (Bild 1). Auf die gleiche Weise nacheinander bis zum Sprossenende alle weiteren Nuten einfräsen (Bild 2). Die sechs Sprossen können jetzt schon präzise zu einem Rautenmuster zusammengesteckt werden (Bild 3).

Exkurs: Abstandsgleiche Nuten für Böden, Trennwände oder auch CD- bzw. DVD-Hüllen

In die Schlitze können Sie nicht nur CD-Hüllen, sondern beispielsweise auch Einlegeböden aus Acrylglas einschieben. Darauf lassen sich dann auch CD-Boxen oder Audiokassetten stellen.

Die auf den vorherigen Seiten gezeigte Technik mit dem Balken und der Anschlagleiste können Sie auch ganz hervorragend zum Einfräsen von abstandsgleichen Nuten in Regalwände oder Schubkastenseiten nutzen. Dort lassen sich dann Böden, Trennwände oder wie in unserem Beispiel CD-Hüllen einschieben (s. Bild links). Auch hier übernimmt der Balken zusammen mit der Anschlagleiste wieder die wiederholgenaue Positionierung aller Werkstücke in einem beliebigen Rastermaß. Auf diese Weise können Sie eine Abstandspräzision erreichen, die problemlos mit jeder CNC-Maschine mithalten kann. Da die Kosten für Balken und Anschlagleiste allerhöchstens 10 Euro ausmachen, sollten Sie diese Rastertechnik unbedingt einmal an Resthölzern ausprobieren. Ich bin mir ganz sicher, dass Sie danach genauso begeistert davon sein werden wie ich. Und das ist noch stark untertrieben, denn Sie werden nachts von den unzähligen Möglichkeiten, die Ihnen diese Technik bietet, träumen und morgens mit vielen neuen Ideen aufwachen. Genug geschwärmt – schauen wir uns das Ganze mal genauer an.

So einfach gelingen Ihnen abstandsgleiche Nuten in jedem beliebigen Raster

1 Zeichnen Sie sich auf alle Regalseiten zuerst die Position der mittleren Einschubnut an. Richten Sie diese Markierung exakt mittig zum 12 mm Nutfräser aus und fräsen Sie zuerst nur die mittlere Nut.

2 Sind alle mittleren Nuten eingefräst, verschieben Sie den Balken exakt um 22 mm nach rechts in Pfeilrichtung. Dieser Wert ergibt sich aus der Nutbreite von 12 mm und dem Abstand von 10 mm …

3 … zwischen den jeweiligen Nuten. Stellen Sie sich als Nächstes wieder ein Anschlagleistchen her, das absolut spielfrei in die vorhin gefräste Nut der Regalseite passt. Dieses Leistchen stecken Sie …

4 … jetzt in die rechte Nut des Balkens ein. Es reicht, wenn die Leiste nur etwa 15 mm aus dem Balken vorsteht. Dieses simple Leistchen ist der Schlüssel für absolut identische Nutabstände.

5 Schieben Sie nun die Regalseite mit der Nut auf das Anschlagleistchen. Wenn die Regalseite dabei dicht am Balken anliegt, ist sie perfekt gegen Verrutschen gesichert.

6

Auf diese Weise können Sie jetzt sicher und präzise die nächste Nut in die Regalseite einfräsen. Danach diese gefräste Nut auf das Anschlagleistchen stecken und eine weitere Nut einfräsen.

7

So entsteht Nut für Nut, die alle jeweils immer exakt den gleichen Abstand zueinander aufweisen. Die letzte Nut sollte etwa 40 mm Abstand zum Ende der Regalseite haben.

8

Um auch die restliche Hälfte der Regalseite zu nuten, drehen Sie das Brett einfach um 180° und stecken es wieder mit der mittleren Nut (s. Bild 5) auf das Anschlagleistchen.

9

Da alle Nuten immer von der Mitte ausgehend zum Brettende hin eingefräst werden, liegt die Seitenwand immer sicher am Balken an und kann gefahrlos mit der Hand festgehalten werden.

10

Setzen Sie zum Nuten am besten einen hochwertigen Nutfräser mit stirnseitig eingelöteter Hartmetallschneide ein. Damit erzielen Sie auch in Multiplex nahezu ausrissfreie Nutkanten.

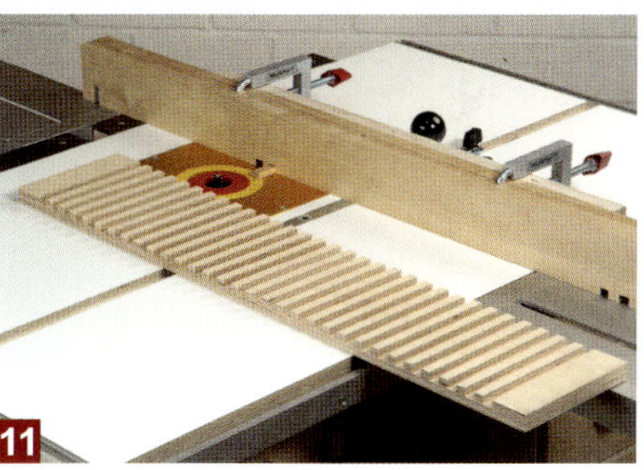

11

Der einfache Balken mit Anschlagleiste sorgt für eine Abstandspräzision, die Sie sonst nur mit einer CNC-Fräse erreichen können. Das sollten Sie unbedingt einmal ausprobieren!

Auch wenn Sie keine Verwendung für ein solches CD-Regal haben, können Sie diese Anwendungstechnik auch sehr gut für ein Trennwandsystem in Schubkästen einsetzen. Dazu die Schubkastenseiten mit Abstandsnuten versehen und dort dann einfach nach Bedarf Trennwände einschieben.

Tiefe Kreuzüberblattungen für ein Steckspielhaus

Dieses herrliche Spielhaus ist vom Aufbau her mit den Blockhäusern für den Garten vergleichbar. Es besteht aus vielen einzelnen Holzbrettern, die sich an den Schlitzen einfach zusammenstecken lassen. Dadurch können die unterschiedlichsten Bauten entstehen, wie beispielsweise ein Spielhaus, ein Kaufladen oder ein Kasperletheater. Ein weiterer nicht zu unterschätzender Vorteil ist die Platz sparende Lagerung des Spielhauses in Einzelteilen.

Damit der Aufbau für die Kinder nicht zu schwierig wird, besteht dieses Stecksystem – bis auf Giebel-, Boden- und Regalbretter – lediglich aus drei unterschiedlichen Brettlängen (s. Bild unten). Die Brettbreite beträgt bis auf wenige Ausnahmen immer exakt 100 mm. Als Material habe ich 12 mm dickes Sperrholz gewählt (z. B. Seekiefersperrholz). Das ist durch den mehrschichtigen Aufbau nicht nur sehr stabil, sondern auch relativ leicht.

Das gesamte Stecksystem basiert auf einer sogenannten Kreuzüberblattung. Das sind in unserem Fall Schlitze, die in der Breite der Brettstärke und in der Tiefe einem Viertel der Brettbreite entsprechen. Wichtig: Damit sich die Bretter später von den Kindern auch mühelos und leichtgängig zusammenstecken lassen, sollten Sie die Schlitze ruhig bis zu einem halben Millimeter breiter herstellen. Werden die geschlitzten Bauteile später an den Enden kreuzweise zusammengesteckt (Kreuzüberblattung), treffen Sie sich in der Brettmitte (s. Bild rechts unten). Das bedeutet, dass man für den Anfang eines solchen Spielhauses in jedem Fall auch zwei Bretter in der halben Breite (also 50 mm) benötigt (s. roter Pfeil Bild rechts oben).

Solche Kreuzüberblattungen lassen sich hervorragend und sehr präzise auf einem Frästisch herstellen. Dazu benötigen Sie allerdings einen passenden Nutfräser, der mindestens 25 mm aus dem Frästisch herausragt, damit die gesamte Schlitztiefe (ein Viertel der Brettbreite von 100 mm) erreicht werden kann. Außerdem benötigen Sie noch einen Queranschlag, um die Bretter sicher hochkant über den Nutfräser zu führen. Dabei müssen die Bretter unbedingt am Queranschlag mit Hebelzwingen festgespannt werden. Um den gesamten Prozess zu beschleunigen, können Sie hier auch problemlos mehrere Bretter zusammenspannen und in einem Arbeitsgang bearbeiten. Da beim Fräsen von Sperrhölzern das erste Brett in der Reihe gerne an der Furnierschicht etwas ausreißt, sollten Sie hierzu immer ein Reststück benutzen, das auch bei den nächsten Brettern wieder als erstes Brett eingesetzt wird. Wie das Schlitzen genau funktioniert und was Sie dabei alles beachten sollten, zeige ich Ihnen Schritt für Schritt in der Bildfolge auf der nächsten Seite.

Das gesamte Steckspielhaus basiert auf nur drei verschiedenen Brettlängen: 92 mm lange Bretter mit mittig jeweils zwei Nuten, 312 mm lange Bretter mit vier Nuten und 1000 mm lange Bretter mit acht Nuten. Für den Anfang am Fußboden benötigt man noch zwei halb so breite Bretter mit nur vier Nuten (s. roter Pfeil Bild oben).

1 Zum Schlitzen der 12 mm dicken Sperrholzbretter am besten einen 12 mm Nutfräser einsetzen. Anschließend den Abstand zwischen Fräser und Anschlagfläche auf 40 mm einstellen. Bis zu 15 Bretter lassen sich problemlos …

2 … hochkant am Queranschlag befestigen. Die komplette Schlitztiefe von 25 mm nicht in einem Arbeitsgang, sondern am besten in vier Etappen von je etwa 6–7 mm herausfräsen. Das schont Fräser und Maschine.

3 Um die beiden mittleren Schlitze in die 1000 mm langen Bretter einzufräsen, stellen Sie sich ein dünnes Anschlagleistchen her, dass exakt in die Nut des Ausreißbrettchens (hier aus Kiefer Leimholz) passt. Jetzt ein 312 mm …

4 … langes Sperrholzbrett mit den Schlitzen auf den Fräser und das Anschlagleistchen aufstecken und in dieser Position mit dem Queranschlag verschrauben. Damit ist der korrekte Abstand für die mittleren Schlitze eingestellt.

5 Jetzt stecken Sie einfach die langen Bretter mit den bereits fertig gefrästen äußeren Schlitzen auf das Anschlagleistchen Dieses Mal sollten Sie aber nicht mehr als 10 Bretter auf einmal anlegen und festspannen. Außerdem …

6 … sollten Sie das andere Brettende mit einem Rollenbock oder noch besser einer Tischverlängerung abstützen. Das gesamte Paket mit Hebelzwinge sichern und nacheinander die vier mittleren Schlitze in mehreren Etappen einfräsen.

Schlitz- und Zapfenverbindungen herstellen

Zur Herstellung ist in aller Regel ein Zusammenspiel von handgeführter und stationär im Tisch eingesetzter Oberfräse nötig. Da man die Zapfenlöcher mit der handgeführten Oberfräse herstellt, können sie auch nur so tief eingefräst werden, wie es der Nutfräser und seine Schneidenlänge zulässt. Solange Sie keine tiefen, durchgehenden und von außen sichtbaren Schlitz- und Zapfenverbindungen herstellen möchten, dürften die erreichbaren Nuttiefen von bis zu 60 mm für die meisten Möbelbauprojekte aber völlig ausreichen.

Anders sieht das bei den Zapfen aus. Die werden entweder mit einem großen stirnschneidenden Nutfräser (Ø 30 mm) oder noch besser mit dem Falzkopf samt Wechselschneiden auf dem Frästisch hergestellt und können daher auch beliebig lang angefräst werden. Die Werkstücke können Sie dazu entweder mit einem einfachen Winkelbrett am Fräsanschlag vorbeiführen (s. a. S. 18) oder mit einem Queranschlag, der spielfrei in einer Nut der Tischfläche läuft. Bei großen und schweren Werkstücken nutze ich am liebsten den Queranschlag (s. Bildfolge rechts).

1. Anwendungsbeispiel: Untergestell einer Hobelbank

Mit einem Nutfräser (12-mm-Schaft), der über mindestens 50 mm Schneidenlänge verfügt, können Sie ausreichend tiefe Zapfenlöcher herstellen, um sogar schwere massive Hobelbankgestelle bombenfest zu verbinden. Auch die ...

... ungewöhnlichen Zapfen an den Stirnenden der Pfosten, die in passende rechteckige Löcher unterhalb der Bankplatten eingreifen, können Sie mit der Kombi Frästisch und handgeführte Oberfräse absolut passgenau herstellen.

Schritt 1: Beginnen Sie am besten mit dem Schlitz- bzw. Zapfenloch

Da es einfacher, ist den Zapfen an einen bestehenden Schlitz bzw. ein Zapfenloch anzupassen, sollten Sie, wenn möglich, zuerst immer das Zapfenloch herstellen. Das geht am besten mit der handgeführten Oberfräse und einem doppelten Parallelanschlag (Bild 1). So ist die Maschine zwangsgeführt und kann nicht wegdriften. Setzen Sie außerdem einen Nutfräser mit Bohrschneide ein, der im Durchmesser der gewünschten Zapfenstärke entspricht. Die runden Lochenden können Sie zum Schluss noch eckig nachstemmen.

Schritt 2: Anfräsen des passenden Zapfens

Fräsen Sie den Zapfen immer schrittweise in mehreren Etappen ins Stirnholz. Die Zapfenlänge stellen Sie über den Fräsanschlag ein. Die Zapfendicke sollte etwa ein Drittel der Holzdicke betragen.

Mit dem leistungsfähigen Falzfräser werden die Zapfenflanken nicht nur extrem sauber und maßhaltig, sondern die Zapfen können auch beliebig lang hergestellt werden. Soll der Zapfen an …

… den Schmalkanten noch etwas „abgesetzt" werden, stellen Sie die Fräserhöhe neu ein und führen das Rahmenstück im Anschluss einfach noch mal hochkant über den Fräser.

Variante: Anfräsen großer rechteckiger Zapfen

Mit seiner Schnitthöhe von 30 mm eignet sich der Falzfräser auch zum Anfräsen von ungewöhnlichen Zapfendimensionen an großen Pfostenquerschnitten (hier 130 x 90 mm). Wenn Sie dazu noch ein …

… Vorsatzbrett einsetzen, dann können dabei auch kaum Fehlfräsungen auftreten. Der Queranschlag samt Splitterholz (Pfeil) sorgt zudem für saubere Rückkanten ohne jegliche Ausrisse.

Da man hier zuerst die Zapfen anfräst, muss die Schablone für das Zapfenloch genau darauf abgestimmt sein. Aber auch der Durchmesser von Kopierhülse und Nutfräser ist zu berücksichtigen.

Die Schlitz- und Zapfenverbindung sollte möglichst passgenau sein, damit der Leim eine optimale Klebekraft entwickeln kann. Zusätzlich können Sie eine solche Verbindung aber auch noch mit Rundstäben stabilisieren. Die können Sie auch bewusst von außen sichtbar als Gestaltungselement einsetzen.

Schlitz- und Zapfen bei Stollenbauweise und Rahmentüren mit Glasfalz

Im Möbelbau sind die typischen Dimensionen von Schlitz und Zapfen recht filigran. Das ist einer der Gründe, warum ich solche Verbindungen viel lieber mit der handgeführten und der stationär im Frästisch eingespannten Oberfräse herstelle, als mit der großen Tischfräse. Und die rechts abgebildete Glasvitrine in Stollenbauweise ist ein gutes Beispiel dafür, wie präzise und sicher man mit einer Oberfräse derart kleine Querschnitte bearbeiten kann.

Bei einer solchen Vitrine und generell bei Möbeln mit Glasfüllungen ist es besonders wichtig, dass man die Konstruktion so wählt, dass die Füllungen bei Glasbruch leicht wieder austauschbar sind. Dazu darf das Glas im Gegensatz zu einer Holzfüllung auf keinen Fall in einer Nut stecken, sondern muss in einen Falz eingelegt werden und anschließend mit Glashalteleisten gesichert werden. Diesen sogenannten Glasfalz gilt es nun beim Anfräsen der Zapfen zu berücksichtigen. Das bedeutet konkret: Eine Zapfenflanke muss genau passend zu dieser Falztiefe kürzer sein. In der Praxis wird es jedoch so sein, dass Sie zuerst alle Zapfenlöcher herstellen, danach auf dem Frästisch die beiden unterschiedlich langen Zapfenflanken anfräsen und erst ganz zum Schluss in alle Bauteile den passenden Falz einfräsen (s. Schritt 1 bis 3). Und die dazu nötige Falztiefe können Sie am besten direkt an den Zapfen nachmessen bzw. abgreifen.

Bei dieser Vitrine in Stollenbauweise ist die klassische Schlitz- und Zapfenverbindung die beste Wahl. Die garantiert trotz der geringen Querschnitte von Stollen (40 x 40 mm) und Rahmenhölzern (40 x 25 mm) eine optimale Festigkeit aller Bauteile. Eine Alternative dazu wäre lediglich noch der Domino-Dübel, mit dem ich beispielsweise die drei schmalen Quertraversen der Front mit den Stollen verbunden habe.

Die Zapfenmaße für die Stollenseitenteile

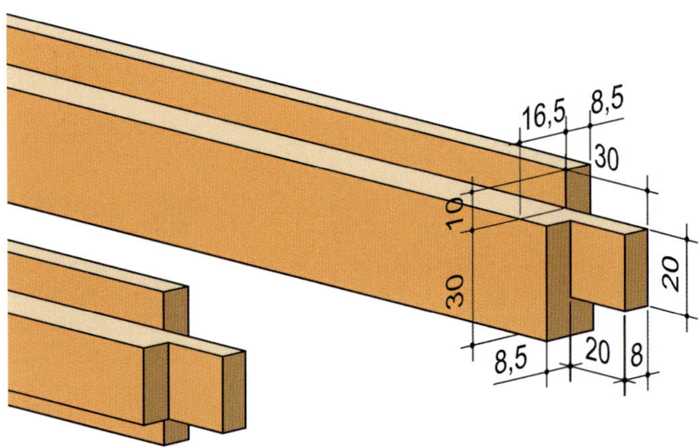

Die Stollen bzw. Rahmenstücke sind 40 mm breit und werden mit einem 10 mm tiefen Glasfalz versehen. Exakt um diese 10 mm muss jetzt die nach innen zum Falz zeigende Zapfenflanke kürzer sein. Wenn die äußere Zapfenflanke also 30 mm lang ist, darf die Innere nur noch 20 mm Länge haben.

Die Zapfenmaße für die Rahmentüren

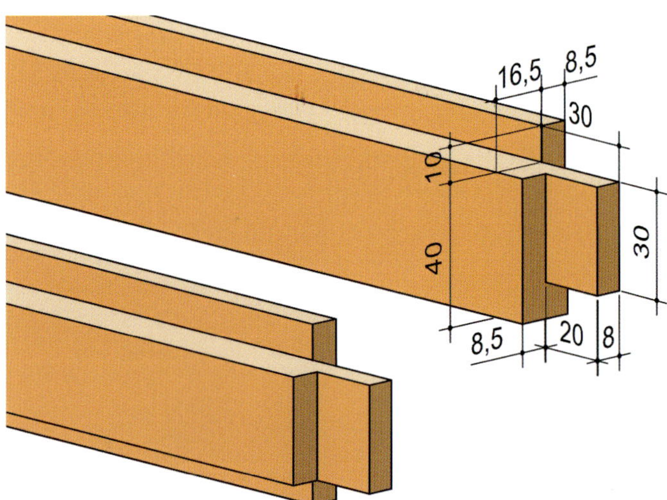

Die Rahmenstücke für die Glastüren sind mit 50 mm etwas breiter, wodurch sich auch die Zapfenbreite auf 30 mm erhöht. Das verleiht dem Rahmen nochmals deutlich mehr Stabilität und er kann das Gewicht der Glasscheiben besser auffangen. Ansonsten sind alle restlichen Zapfenmaße identisch.

Schritt 1: Einfräsen der Zapfenlöcher mit der handgeführten Oberfräse

Die Stollen sitzen spielfrei zwischen den Führungsbacken des doppelten Parallelanschlags. Die Backen wiederum liegen auf dem Werktisch auf, so dass die Oberfräse nicht nur zwangsgeführt ist, …

… sondern auch nirgends wegkippeln kann. Das Ganze funktioniert natürlich auch bei den dünnen Rahmenstücken. Wichtig ist nur, dass die Backen immer satt auf der Tischfläche aufliegen und …

… quasi die Lauffläche der Oberfräse bilden. Die Grundplatte der Oberfräse darf und soll ruhig etwas Luft zum Werkstück haben. So erzielen Sie mit dem 8-mm-Nutfräser präzise Zapfenlöcher.

Schritt 2: Anfräsen der passenden Zapfen auf dem Frästisch

Die passenden Zapfen fräsen Sie nun mit dem großen Falzkopf an. Nutzen Sie dazu den Queranschlag, der in der Tischnut läuft, und verschließen Sie die Anschlaglücke mit einem Vorsatzbrett.

Testen Sie vorab unbedingt an einem Restholz, ob die Fräserhöhe eine Zapfenstärke von 8 mm ergibt, die exakt in die vorhin gefrästen Zapfenlöcher passt. Ist das der Fall, fräsen Sie zuerst die …

… 30 mm lange Zapfenflanke an. Sind alle langen Flanken angefräst, verschieben Sie den Fräsanschlag um 10 mm nach vorne, um auch die kürzere 20-mm-Zapfenflanke anzufräsen.

Schritt 3: Glasfalz einfräsen

Die Zapfenflanken haben also einen Längenunterschied von 10 mm und um genau diese 10 mm muss jetzt der Falzfräser aus dem Fräsanschlag vorstehen. Die Fräserhöhe …

… stellen Sie genau bündig zur oberen langen Zapfenflanke ein (s. kleines Bild links). Beim Falzen darauf achten, dass die Rahmenstücke immer mit der langen Zapfenflanke nach oben zeigen.

Nur das mittlere Querrahmenstück wird an beiden Kanten gefälzt. Zum Schluss alle Zapfenlöcher noch eckig nachstemmen und schon können Sie den Türrahmen verleimen.

Fingerzinken auf dem Frästisch herstellen

Fingerzinken kann man auf dem Frästisch mit relativ einfachen Mitteln herstellen (s. Variante 1 auf der nächsten Seite). Saubere und ausrissfreie Zinken erzielen Sie dabei vor allem mit hochwertigen Spiralnutfräsern. Die gibt es in unterschiedlichen Durchmessern (meist 6 bis 12 mm) und Längen von bis zu 90 mm (kleines Bild). Zinken sollten Sie möglichst nur Massivhölzer bis zu einer Dicke von maximal 30 mm. Möchten Sie beispielsweise Multiplex zinken, dann sollten Sie dazu besser die Formatsäge einsetzen. Auf dem Frästisch wären starke Ausrisse zu befürchten und die teuren Spiralnutfräser würden extrem schnell abstumpfen. Aber egal ob Formatsäge oder Frästisch, beim Fingerzinken besteht immer ein recht hohes Unfallrisiko, wenn man das Werkstück nicht festspannt oder mit einem vernünftigen Fingerschutz den Fräserbereich abdeckt. Und genau deshalb zeige ich Ihnen, wie man einen solchen Fingerschutz auch problemlos noch nachträglich anbringen kann.

Möbeltür mit Fingerzinkenscharnier – ein handwerkliches und optisches Highlight!

Die meisten denken bei Fingerzinken an eine dekorative Eckverbindung für kleine Kästchen, Transportkisten oder auch einen größeren Schrankkorpus. Die gerade steckbare Form der Fingerzinken eignet sich aber auch ganz hervorragend zur Herstellung hölzerner Scharniere. Die sehen nicht nur beeindruckend aus, sondern sind bei Verwendung eines Hartholzes (z. B. Esche) auch äußerst robust und stehen ihren metallenen Kollegen in nichts nach. Der unten abgebildete Schuhschrank ist in unserem Haushalt nun schon seit über 10 Jahren täglich im Gebrauch und die Türen lassen sich immer noch leichtgängig öffnen und schließen. Auch die Spaltmaße zwischen den Türen haben sich über die Jahre nicht verändert. Meine Frau ist jedenfalls begeistert!

Die beiden großen, grifflosen Spiegeltüren mit Fingerzinkenscharnieren öffnen sich bei Gegendruck. Der nur 23 cm tiefe Schrank bietet dann Stauraum für etwa 30 Paar Schuhe.

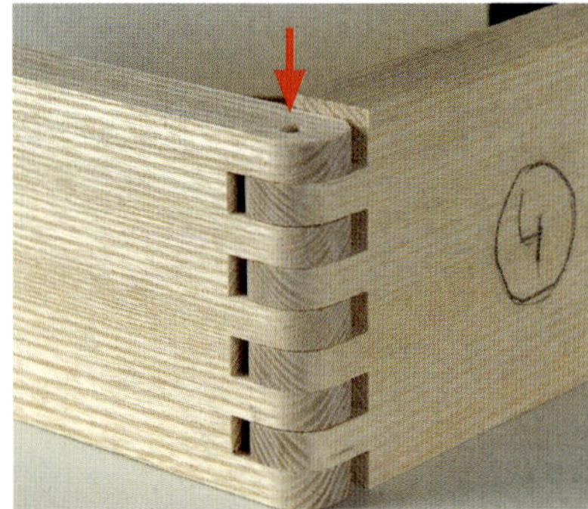

Damit sich die Türen später leichtgängig öffnen lassen, dürfen die Fingerzinken nicht zu stramm hergestellt werden. Außerdem müssen die normalerweise eckigen Zinkenenden abgerundet werden. Die Drehachse bildet später ein runder Stahlstift, der mittig durch die Zinken gesteckt wird (Pfeil).

Das Abrunden der Zinkenenden geht hervorragend auf einem Frästisch samt Queranschlag. Der Radius des Abrundfräsers muss exakt die halbe Holzstärke betragen.

1. Die Selbstbaulösung: Fingerzinken am Queranschlag mit einfacher Anschlagplatte

Wenn ihr Frästisch eine Tischnut samt Queranschlag besitzt, dann können Sie bereits mit einem einfachen 24 mm dicken Multiplexbrett (400 x 125 mm), einem 5 mm dicken Sperrholzstreifen und einem kleinen Anschlagleistchen extrem saubere und präzise Fingerzinken herstellen (s. Bild rechts). Kleiner Wermutstropfen: Die Vorrichtung kann nur mit einem einzigen Fräserdurchmesser genutzt werden und in der Einfachvariante gibt es keine Feineinstellung der Zinkenfestigkeit. Dafür dauert die Herstellung einer solchen Anschlagplatte allerhöchstens eine Stunde. Auf den folgenden Seiten werden wir die Vorrichtung aber auch noch mit einer Feineinstellung und einem Fingerschutz nachrüsten.

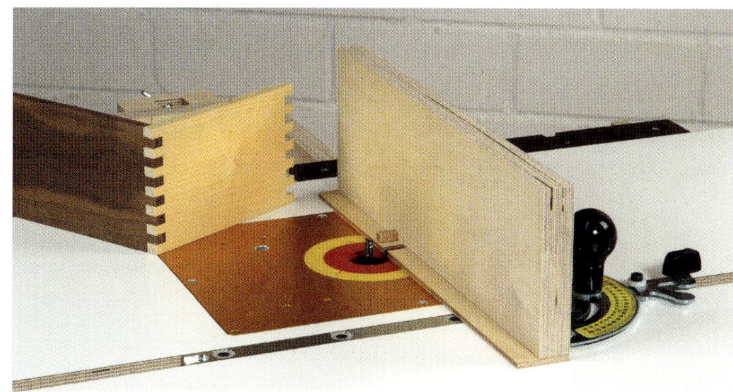

Spannen Sie einen Spiralnutfräser im gewünschten Durchmesser (= Zinkenbreite) ein und fräsen sie eine 5 mm tiefe Nut in die Plattenkante. Fixieren Sie dazu die Platte mit einer Hebelzwinge am …

… Queranschlag. Hobeln oder sägen Sie eine Leiste zurecht, die absolut spielfrei in die Nut passt. Sie darf weder zu locker noch zu stramm in der Nut der Anschlagplatte sitzen. Sägen Sie von der …

… Leiste etwa 50 mm ab. Danach die Leiste mit etwas Holzleim in die Nut stecken. Sie sollte etwa 15 mm aus der Plattenfront rausstehen. Den Überstand an der Plattenrückseite bündig absägen.

Auf die Unterkante der Platte schrauben Sie jetzt noch einen 5 mm dünnen und 40 mm breiten Sperrholzstreifen. Schrauben gut versenken, sonst gibt es später Kratzer auf dem Frästisch.

Anschlagplatte wieder vor den Queranschlag stellen und zwischen Fräser und eingeleimter Leiste einen weiteren Leistenabschnitt legen. In dieser Position die Anschlagplatte am Queranschlag …

… festschrauben. Das wars auch schon. Und wenn Sie das Werkstück immer mit einer Hebelzwinge fixieren, können Sie auch mit dieser simplen Anschlagplatte sicher und präzise fingerzinken.

Anschlagplatte mit zusätzlicher Feineinstellung und Fingerschutz erweitern

Rückseitig bekommt die Anschlagplatte einen weiteren Streifen Multiplex. In ein Streifenende bohren Sie zuerst ein Loch für eine M8-Einschraubmuffe, die Sie danach genau senkrecht eindrehen.

Für die beiden Klemmen (z. B. die Milescraft-Fence Clamps oder ähnliche Tischklemmen) bohren Sie in die obere Längskante noch zwei weitere Löcher passend zu den Klemmen.

Im nächsten Schritt spannen Sie die Anschlagplatte (samt Anschlagleistchen) mit dem Multiplexstreifen zusammen (Unterkanten und Ende bündig) und fixieren Beides mit Schrauben.

Anschlagplatte samt Multiplexstreifen bekommen jetzt zum Schluss noch eine 9 mm dicke Multiplexplatte aufgeschraubt, auf der sich später das Werkstück und der Fingerschutz befindet.

Für die Befestigung am Queranschlag einen weiteren Multiplexstreifen zuschneiden. An das Ende ein Stück Multiplex mit einem Loch für den Gewindestab zur Feineinstellung festschrauben.

Auf den Gewindestab eine Flügelmutter aufdrehen und mit einer Sechskantmutter kontern. Gewindestab in das Loch einstecken, zwei weitere Muttern aufdrehen und den Gewindestab in die …

… Einschraubmuffe der Anschlagplatte eindrehen. Das Ganze mit den beiden Klemmen fixieren und so am 8-mm-Nutfräser ausrichten, dass zwischen Anschlagleiste und Fräser exakt 8 mm Abstand …

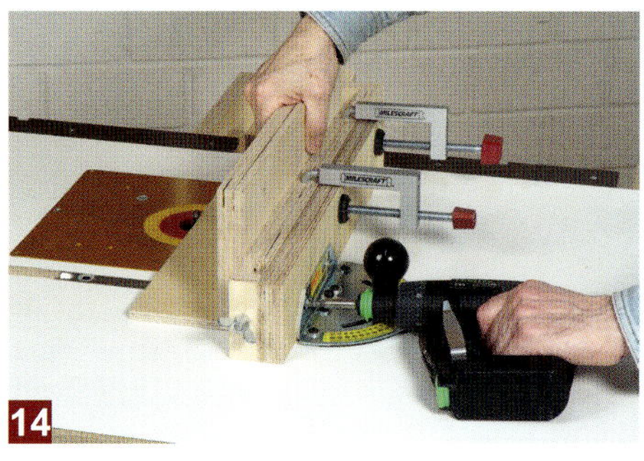

… ist. Alles in dieser Position halten und nur den hinteren Multiplexstreifen mit zwei Schrauben am Queranschlag befestigen. So kann die Anschlagplatte nach Lösen der beiden Klemmen mit der …

… Flügelmutter fein eingestellt werden. Mit dem Fräser zunächst nur in die Werkstückauflage eine Nut bis unter die vordere Anschlagplatte einfräsen. Eine Platte (Pfeil) begrenzt den Verschiebeweg.

16

Wenn Sie das Werkstück bei jedem Zinken immer schön mit einer Hebelzwinge fixieren und die Hände auf die Anschlagplattenkante legen, können Sie die Vorrichtung auch so schon sicher einsetzen. Deutlich schneller und genauso sicher arbeiten Sie jedoch mit einem zusätzlichen Fingerschutz.

17

Dazu bohren Sie zuerst in die beiden Halter ein 5 mm tiefes Sackloch für den Kopf der M6 x 50 mm Schlossschraube und anschließend noch ein 6 mm Durchgangsloch für das Gewinde. In die obere Schutzplatte fräsen Sie passend dazu zwei Langlöcher ein und klinken den vorderen Bereich noch …

18

… mit der Stich- oder Bandsäge aus, damit man den Fräser und die Anschlagleiste immer gut im Blick hat. Zum Schluss befestigen Sie die Schutzplatte mit Flügelmuttern an den beiden Haltern. Alle wichtigen Maße dazu finden Sie in der Zeichnung auf der nächsten Seite.

19

Den gesamten Fingerschutz jetzt mit zwei Zwingen auf der Werkstückauflage festspannen. Anschlagleiste und Nut sollten sich dabei in etwa mittig zur Aussparung befinden (s. Zeichnung nächste Seite).

20

In dieser Position schrauben Sie jetzt die beiden Halter von unten mit der Werkstückauflage fest. Hier noch mal gut zu erkennen, dass die Nut in der Werkstückauflage nur bis unter die vordere …

21

… Anschlagplatte reicht und nicht durchgeht. Optional können Sie über die Ausklinkung der Schutzplatte noch eine Acrylglas-Sichtscheibe mit drei Schrauben befestigen.

22

23

Anstelle des Incra Gehrungsanschlags können Sie die Vorrichtung natürlich auch an einen selbstgebauten Queranschlag festschrauben (Bild 22). Über die beiden Langlöcher können Sie die Schutzplatte bequem auf Werkstückdicke einstellen, sie verringert zudem die Kippgefahr des Werkstücks (Bild 23). **Wichtiger Tipp:** Wie in Bild 15 zu sehen, sollten Sie den Verschiebeweg der Vorrichtung mit einer Platte oder Anschlagleiste begrenzen. Die können Sie auch einfach nur mit einer Zwinge auf der Tischfläche festspannen. Praktischer ist natürlich die Platte mit Langloch, die man dann auch zum Einsetzfräsen nutzen kann (s. S. 112).

Explosionszeichnung und Materialliste zur Fingerzinken-Vorrichtung

Materialliste: Fingerzinken-Vorrichtung

Pos.	Anz.	Bezeichnung	Maße (mm)	Material
1	1	Befestigungsstreifen für Queranschlag	450 x 74	24 mm Multiplex
2	1	Befestigungsstreifen für Anschlagplatte	400 x 65	24 mm Multiplex
3	1	Anschlagplatte	400 x 125	24 mm Multiplex
4	1	Winkelstück für Feineinstellung	74 x 24	18 mm Multiplex
5	1	Werkstückauflage	400 x 128	9 mm Multiplex
6	1	Anschlagleistchen (Hartholz z. B. Buche)	39 x 8	5 mm Massivholz
7	2	Halter für Fingerschutz	60 x 50	30 mm Multiplex
8	1	Schutzplatte	180 x 80	15 mm Multiplex
9	1	Sichtfenster	80 x 45	10 mm Acrylglas

Sonstiges:

2 Befestigungsklemmen (z. B. Milescraft FenceClamps)

Für die Feineinstellung:
1 Einschraubmuffe M8 x 15; 1 Gewindestange M8 100 mm lang; 1 M8-Flügelmutter (deutsche Form) und 3 M8-Sechskantmuttern

Für den Fingerschutz:
2 Schlossschrauben M6 x 50; 2 U-Scheiben und 2 Flügelmuttern M6 (deutsche Form)

Spanplattenschrauben

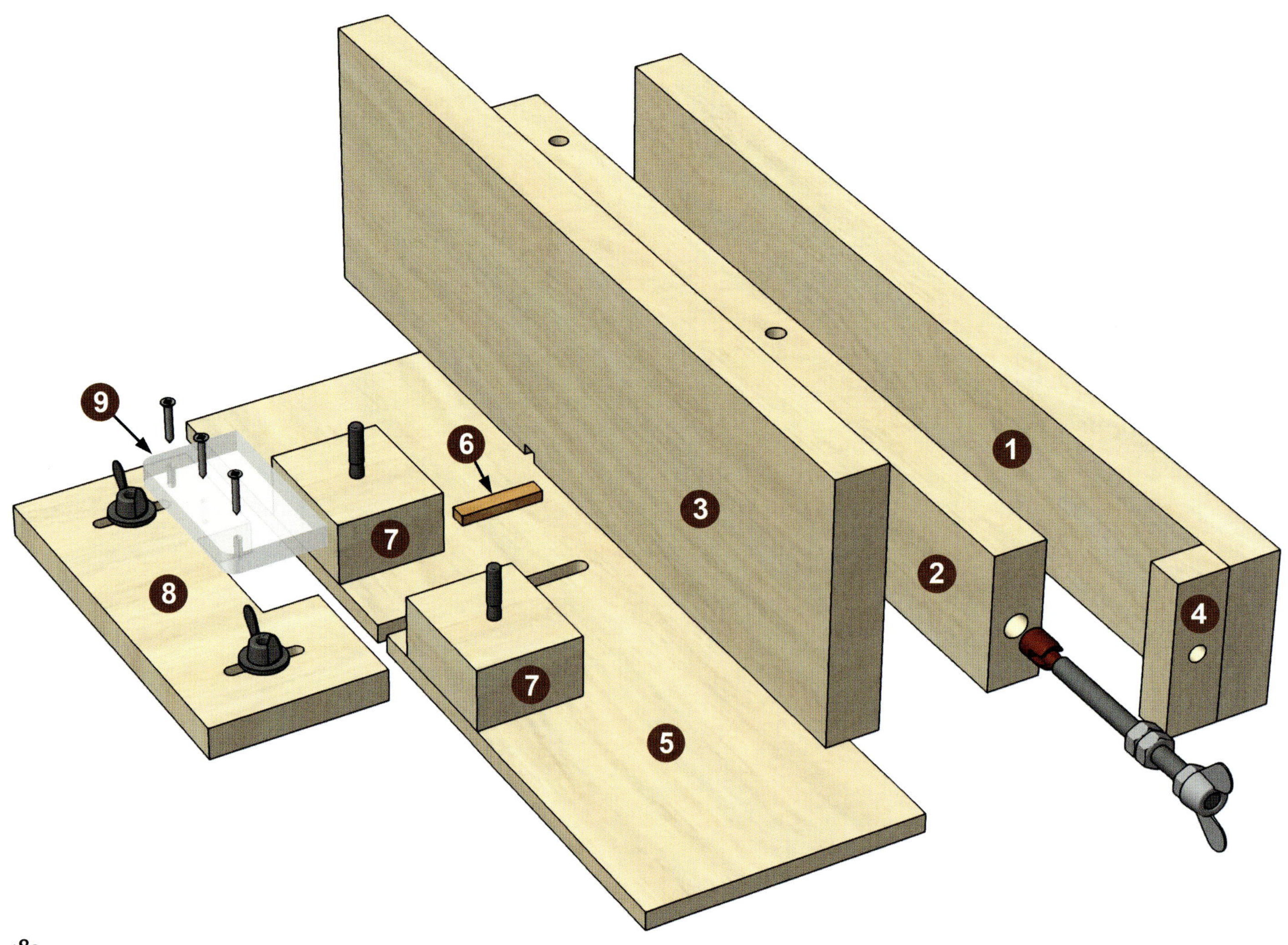

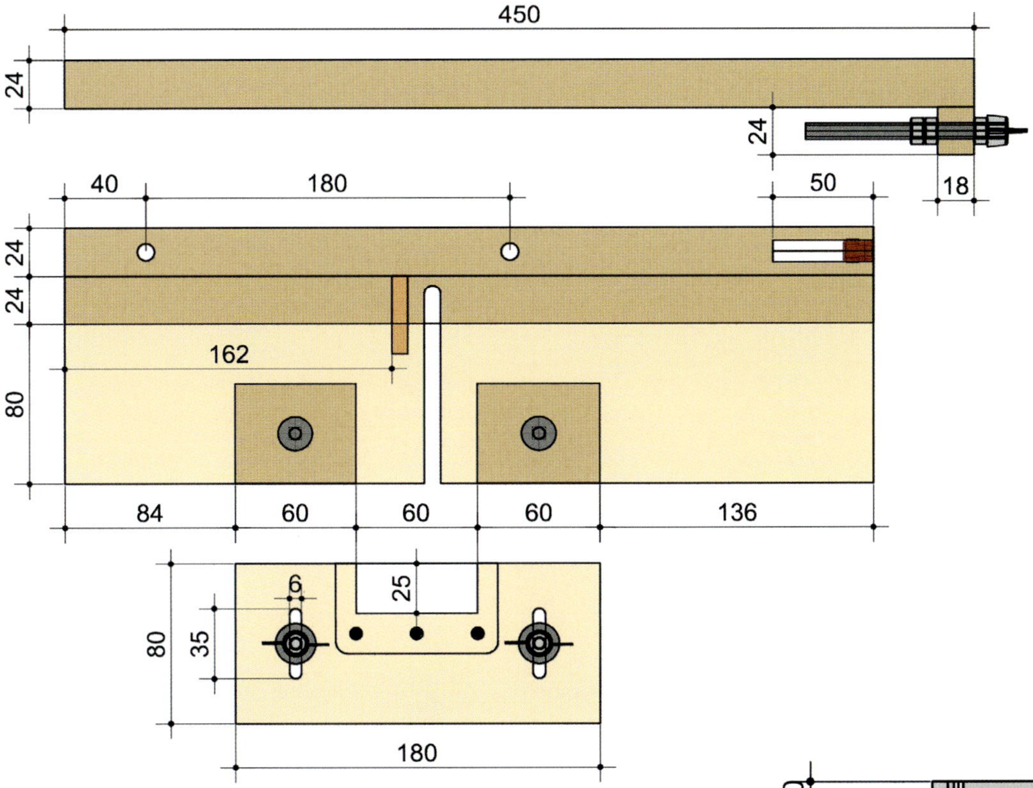

Draufsicht

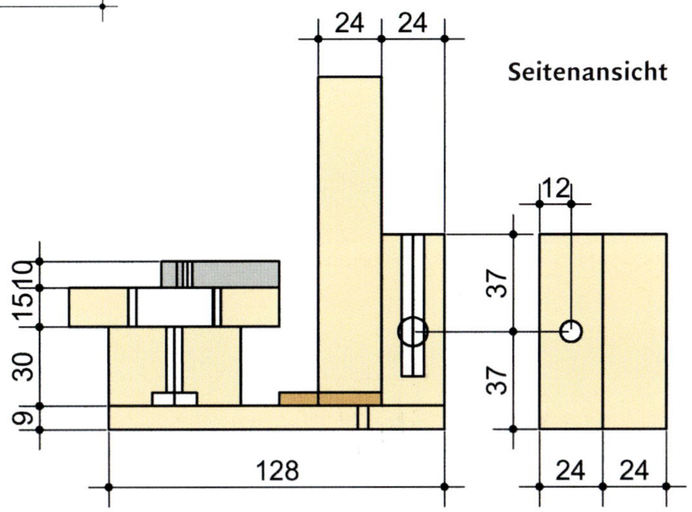

Seitenansicht

Der grundlegende Einsatz der selbstgebauten Fingerzinken-Vorrichtung

Das Werkstück wird einfach hochkant vor die Anschlagplatte und dicht auf die Werkstückauflage gelegt. Da sich vor dem Werkstück eine Fräserabdeckung (Fingerschutz) befindet, können Sie das Werkstück gefahrlos mit den Händen an der Frontplatte festhalten. Es muss diesmal nicht zusätzlich noch mit einer Zwinge fixiert werden. Liegt das Werkstück dicht an oder auf der Anschlagleiste (s. Bildfolge nächste Seite), wird es langsam über den laufenden Spiralnutfräser geschoben.

Wichtig: Der Fingerschutz ist später in der Bildfolge nur zur besseren Sicht auf die Zinken und den Fräser entfernt worden. Er muss natürlich bei der Bearbeitung ständig in Position bleiben!

Schritt 1: Zinkenfestigkeit überprüfen und einstellen

Fräsen Sie einfach in zwei Restbretter je eine Nut ein. Lassen sich beide Fingerzinken spielfrei und leicht zusammenstecken, ist die Passgenauigkeit perfekt (s. Bild 3). Falls nicht, können Sie mit der Flügelmutter und dem Gewindestab die vordere Anschlagplatte sehr feinfühlig und präzise nach links oder rechts verschieben (s. Bild 2). Diese simple Feineinstellung funktioniert wirklich hervorragend und ich kann Sie nur ermutigen, das Ganze genauso nachzubauen.

Noch ein wichtiger Sicherheitshinweis: In den folgenden Bildern habe ich die Schutzplatte nur zur besseren Sicht auf die Zinken und den Fräser entfernt. Sie muss bei der realen Arbeit natürlich stets montiert sein! Außerdem sollte die Materialabnahme pro Arbeitsgang etwa dem Fräserdurchmesser entsprechen. Bei einem 8er Nutfräser wären das also 8 bis allerhöchstens 10 mm in einem Arbeitsgang.

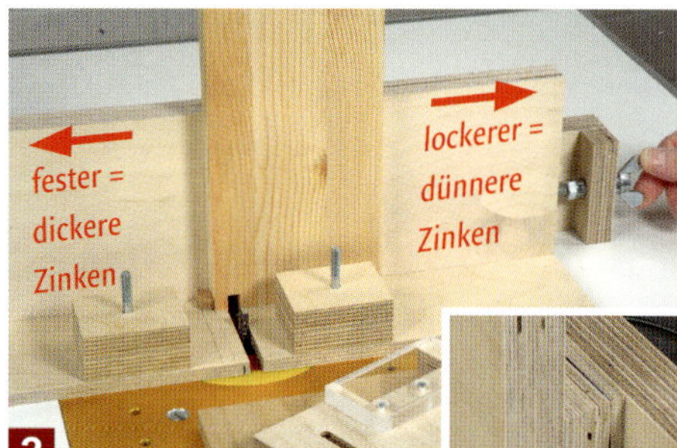

Um die Festigkeit der Fingerzinken justieren zu können, werden zuerst immer die beiden Klemmen gelöst (Bild 1). Jetzt können Sie mit der Flügelmutter den gesamten vorderen Bereich mit der Anschlagplatte nach links oder rechts bewegen. Ein „F" bzw. „L" zeigt an, in welche Richtung Sie die Flügelmutter drehen müssen, damit die Verbindung „fester" oder „lockerer" wird (Bild 2). Nach jeder Verstellung unbedingt die Festigkeit nochmals mit einer Probefräsung überprüfen (Bild 3).

Schritt 2: In das erste Brett Fingerzinken einfräsen

Bei einer Fingerzinkung greifen immer zwei Bretter mit einem Versatz um Fingerzinkenbreite zusammen. Zuerst bearbeitet man immer das Brett, das mit einem Fingerzinken beginnt. Dazu wird das Brett einfach dicht gegen die Anschlagleiste gelegt und die erste Nut eingefräst (1). Diese Nut stecken Sie dann auf die Anschlagleiste und fräsen die nächste Nut in die Brettkante (2). Diesen Schritt wiederholen Sie jetzt so oft, bis die gesamte Brettkante mit Nuten und Fingerzinken eingefräst wurde (3–6).

Wichtig: Fingerzinken sollten Sie aus Stabilitätsgründen nur ins Stirnholz einfräsen. Fingerzinken quer zur Holzfaser brechen bereits bei geringer Belastung ab!

Schritt 3: In das Gegenbrett die Fingerzinken einfräsen

Weil das erste Brett mit einem Fingerzinken beginnt, muss das Gegenbrett mit einer dazu passenden Aussparung beginnen. Diesen Versatz erreicht man am einfachsten, indem man das erste Brett als Anschlaghilfe einsetzt (s. Bild 1–3). Absolut simpel und super präzise! Der Rest (s. Bild 4–7) ist dann wieder identisch mit dem Einfräsen der Fingerzinken im ersten Brett. Optisch am schönsten sind Fingerzinken, die in der Brettbreite exakt dem Vielfachen des Fräserdurchmessers entsprechen und symmetrisch aufgeteilt sind. Das bedeutet: Das erste Brett beginnt und endet jeweils mit einem Fingerzinken. Dazu wird der Fräserdurchmesser (hier 8 mm) einfach mit einer ungeraden Zahl multipliziert (Beispiel: 13 x 8 mm = 104 mm Brettbreite). Aber auch eine unsymmetrische Zinkenteilung, oder eine Abweichung vom Vielfachen des Fräserdurchmessers ist problemlos möglich. Und wie das genau funktioniert, erfahren Sie auf den nächsten beiden Seiten.

Ist das erste Brett fertig gezinkt, drehen Sie es einmal um 180°. Die Rückseite zeigt nach vorne.

Rechte Nut auf die Anschlagleiste stecken und Gegenbrett dicht dagegen schieben.

In dieser Positiondie erste Aussparung ins Gegenbrett fräsen. Danach erstes Brett entfernen.

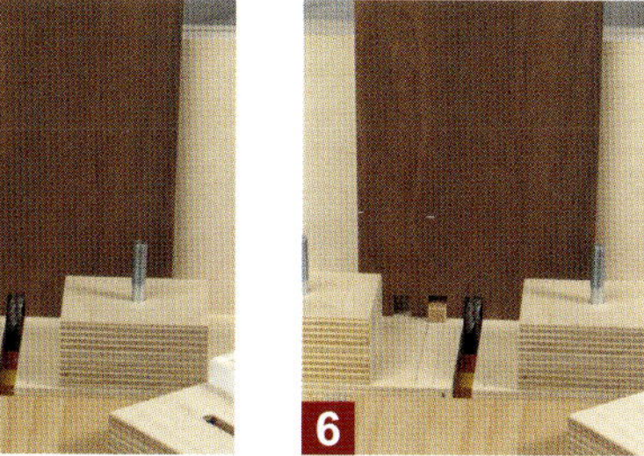

Brett mit der Aussparung dicht an die Anschlagzunge legen und die nächste Nut fräsen. Diese Nut auf die Anschlagzunge stecken und eine weitere …

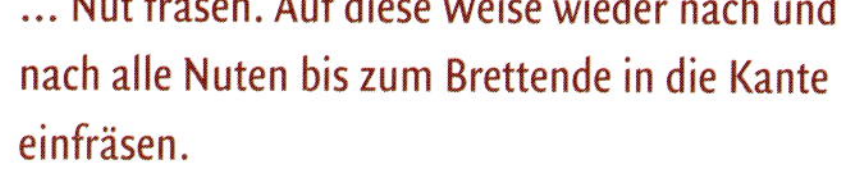

… Nut fräsen. Auf diese Weise wieder nach und nach alle Nuten bis zum Brettende in die Kante einfräsen.

Selbst bei einer hohen Anzahl von Fingerzinken sollten sich beide Werkstücke noch leicht von Hand (ohne Hammer!) zusammenstecken lassen. Bei zu festen Verbindungen wird später der Leim rausgedrückt und die Zinkung hält nicht vernünftig. Die Zinkung darf aber auch nicht zu locker sein oder Spiel haben.

Zwei Varianten: Wenn die Brettbreite einmal nicht durch den Fräserdurchmesser teilbar ist.

Nicht immer lässt sich die Brettbreite exakt auf den Fräserdurchmesser abstimmen. Für diese Fälle möchte ich Ihnen zwei einfache Lösungen präsentieren, mit denen Sie auch solche Brettbreiten problemlos zinken können. Die Fingerzinkungen unterscheiden sich dabei nur optisch und sind ansonsten genauso stabil und haltbar wie jede andere Fingerzinkung auch. Und das Beste: Beide Varianten lassen sich auf wirklich jeder Fingerzinkenvorrichtung für den Frästisch umsetzen, egal, ob die Vorrichtung selbst gebaut oder gekauft ist. Wenn es die Brettbreite zulässt, sollten Sie dabei immer der zweiten Variante, aufgrund der symmetrischen Optik, den Vorzug geben. Dieser minimale Unterschied fällt später dem Betrachter kaum auf, während die unsymmetrische Optik der ersten Variante schon eher für Verwunderung sorgt. Für beide Varianten habe ich beispielhaft einen 8-mm-Spiralnutfräser eingesetzt. Sie können die Technik natürlich auch mit jedem anderen Fräserdurchmesser nutzen.

1. Variante: Schmaler Eckzinken

Die Zinkung unterscheidet sich nur darin, dass an einem Ende ein schmalerer Eckzinken (Pfeil) übrig bleibt. Er sollte aber nicht dünner als der halbe Fräserdurchmesser sein. Bei dieser Variante ist es extrem wichtig, alle Werkstücke zuerst mit dem Schreinerdreieck eindeutig zu markieren. Denn mit dieser Kante müssen die Fingerzinken immer beginnen und genau die müssen Sie immer zuerst an die Anschlagleiste legen (s. Bildfolge).

Brett mit dem Schreinerdreieck gegen die Anschlagleiste legen und erste Nut einfräsen.

Dann zum Einfräsen jeder weiteren Nut die vorherige wieder auf die Anschlagleiste aufstecken.

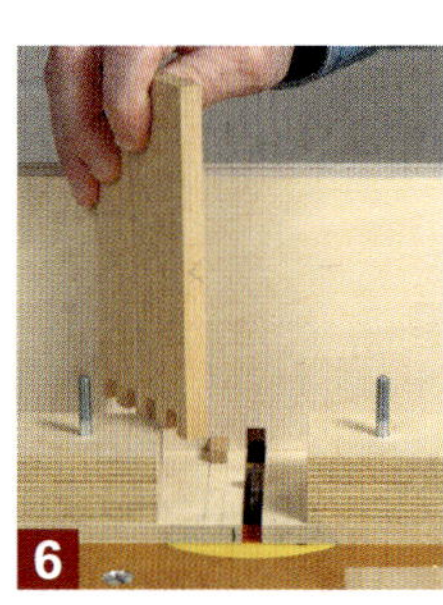

Am Brettende bleibt dann ein schmaler Rest als Eckzinken übrig. Brett danach einmal drehen …

… und mit der zuerst gefrästen Nut wieder auf die Anschlagleiste stecken. Gegenbrett mit dem Schreinerdreieck dicht dagegen stoßen und die …

… erste Ecknut in das Gegenbrett einfräsen. Das erste Brett wieder von der Anschlagleiste entfernen und die gerade gefräste Ecknut an die …

… Anschlagleiste legen. So Nut für Nut ins Gegenbrett einfräsen, bis am Ende eine schmale Ecknut passend zum schmalen Eckzinken übrig bleibt.

2. Variante: Breiter Mittelzinken

Bei dieser Methode werden die Brettkanten immer wechselseitig gegen die Anschlagleiste gelegt. So ergibt sich dann automatisch eine schöne symmetrische Zinkenteilung mit einem breiteren Mittelzinken (s. Pfeil). Dadurch können die fertig gefrästen Bretter auch problemlos verdreht werden und passen dann immer noch perfekt zusammen. Die Brettkanten mit dem Schreinerdreieck zu markieren, ist hier nicht zwingend notwendig.

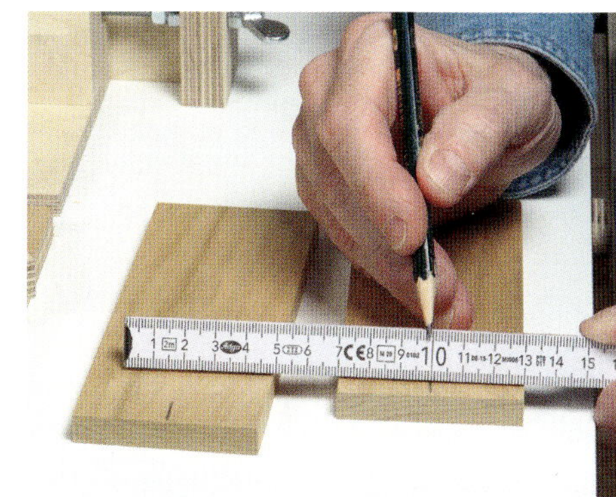

Brett gegen die Anschlagleiste legen und erste Nut einfräsen. Brett drehen und mit der Gegenkante ...

... wieder an die Anschlagleiste legen und die zweite Nut einfräsen (links und rechts je eine Nut).

Brett mit der ersten Nut wieder auf die Anschlagleiste aufstecken und weitere Nut fräsen. Brett ...

... wieder drehen, mit der zweiten Nut aufstecken und die mittlere Nut verbreitern. Dieses Brett ...

... mit der ersten Nut auf die Anschlagleiste stecken, Gegenbrett dicht dagegen stoßen und die ...

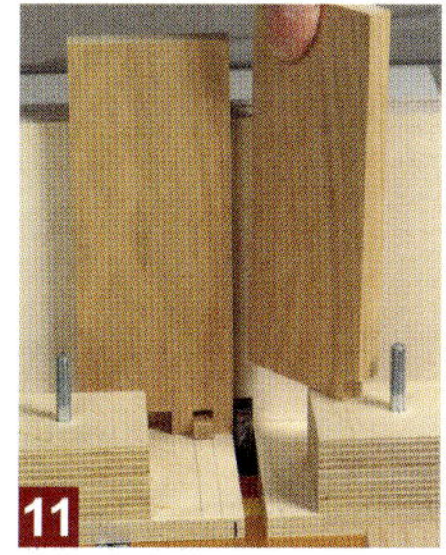

... erste Ecknut einfräsen. Gegenbrett drehen und mit der Gegenkante wieder dicht anlegen.

Jetzt auch die zweite Ecknut einfräsen (Bild 13) und das erste Brett wieder entfernen. Als nächstes die Ecknut dicht an die Anschlagleiste legen und eine weitere Nut einfräsen (Bild 14). Brett einmal drehen und mit der gegenüberliegenden Ecknut wieder dicht an die Anschlagleiste legen. Dann eine weitere Nut einfräsen. Mittig bleibt jetzt ein zum ersten Brett passender Zinken übrig.

2. Die Kauflösung: I-BOX Fingerzinkenvorrichtung der Fa. Incra mit Feineinstellung

Wer unter dem Namen I-BOX eine App für das Smartphone vermutet, mit der man auf Knopfdruck perfekte Fingerzinken herstellen kann, den muss ich leider enttäuschen. Vielmehr handelt es sich dabei um eine wirklich geniale und extrem hochwertig verarbeitete Fingerzinkenvorrichtung der amerikanischen Firma INCRA (s. Bild rechts). Die kann sowohl auf einem Frästisch, als auch auf einer Tisch- oder Formatkreissäge eingesetzt werden. Das Geniale und Einzigartige an dieser Vorrichtung ist die Feineinstellung der beiden beweglichen Anschlagzungen.

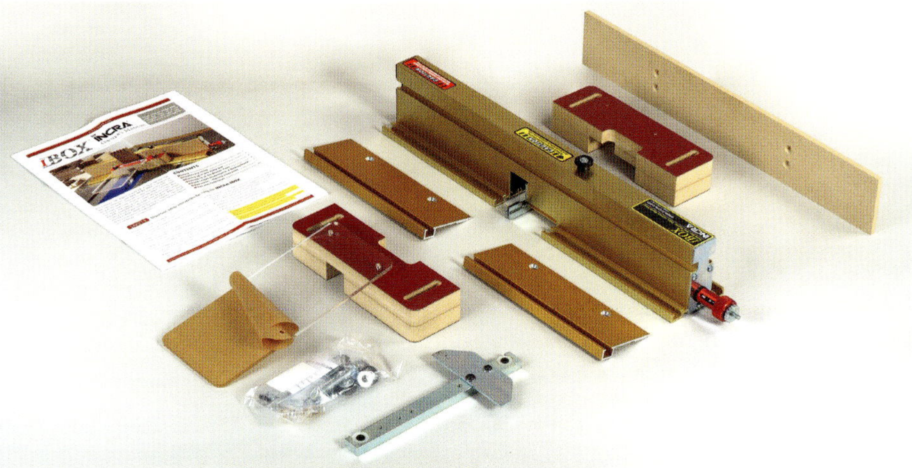

Und genau das unterscheidet die I-BOX von der vorhin gezeigten Selbstbau-Variante. Wer also eine fix und fertige universelle Fingerzinkenvorrichtung sucht, die man schnell und einfach auf absolut jeden Fräserdurchmesser einstellen kann, egal ob neu oder nachgeschärft, der kommt an der etwa 210 Euro teuren I-BOX mit Feineinstellung (erhältlich bei www.feinewerkzeuge.de) nicht vorbei, denn es gibt nichts Vergleichbares! Und eines kann ich Ihnen schon jetzt versichern: Bereits nach dem ersten Einsatz werden Sie die I-BOX lieben und nicht mehr hergeben wollen.

Grund dafür ist die absolut geniale Feineinstellung der beiden Anschlagzungen. Dafür hat sich der Hersteller INCRA nämlich etwas ganz Besonderes einfallen lassen. Die beiden Anschlagzungen lassen sich synchron per Gewinde und rotem Drehknopf zusammen und auseinander bewegen. Der Clou ist, dass man damit nicht nur die Nutbreite exakt auf die Schneidenbreite abstimmen kann, sondern die I-BOX auch gleich den korrekten Abstand zu den Schneiden aufweist. Und sollten doch noch kleinste Feinheiten in der Festigkeit der Verbindung nötig sein, gibt es dafür hinter dem roten Drehknopf noch eine dünne silberne Drehscheibe. Mit der kann man die fertig auf Abstand eingestellten Anschlagzungen noch präzise und feinfühlig seitwärts bewegen.

Für den Einsatz der I-BOX benötigen Sie lediglich eine 19 mm (3/4 Zoll) breite und mindestens 9,5 mm tiefe Führungsnut in der Tischfläche ihres Frästisches. Oder Sie nutzen gleich die passende Incra-T-Nutschiene, die ich Ihnen noch zusammen mit dem Incra-Gehrungsanschlag auf der Seite 304 vorstellen werde.

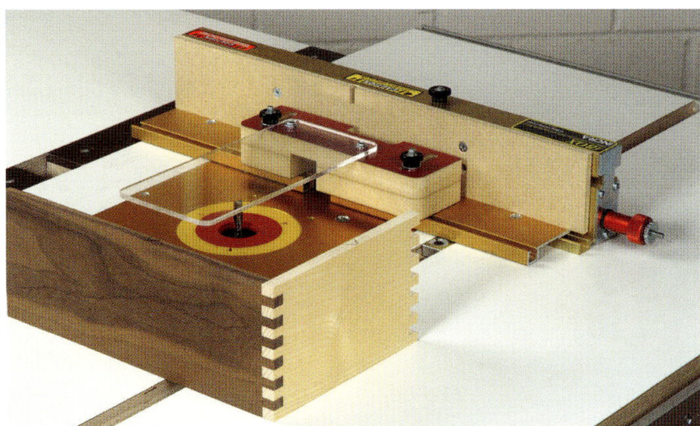

So sieht die I-BOX fertig montiert mit den im Lieferumfang befindlichen Sicherheitseinrichtungen aus. Sie passt auch so gerade noch in meine 19,5 mm breite Tischnut und kann dort dann absolut spielfrei geführt werden.

Mit ein paar kleinen Umbaumaßnahmen (gefälztes Kantholz und zwei Sägeblattabdeckungen) kann man die I-BOX auch sicher und präzise auf einer Formatsäge einsetzen (s. mein Buch „Formatkreissäge" ab S. 209).

Schritt 1: I-BOX auf Tischnutbreite und Anschlagzungen auf Fräserdurchmesser einstellen

Damit man die I-BOX auf einem Frästisch einsetzen kann, muss dieser entweder über eine 19 mm breite und etwa 10 mm tiefe Tischnut oder eine passende T-Nut-schiene verfügen (s. a. S. 304). Dort läuft später ein spezieller Führungsgleiter, auf dem die I-BOX befestigt wird (s. Bild 1 und 2). Dabei sollten Sie die I-BOX so positionieren, dass sich die Spannzange bzw. der Fräser in etwa mittig in der rechteckigen Aussparung im Anschlag befindet.

Auf einer sehr gut gemachten Video-DVD, die jeder I-BOX beiliegt, kann man nicht nur den gesamten Einstellprozess, sondern auch die Herstellung verschiedener Fingerzinkungen nochmals Schritt für Schritt mitverfolgen. Auch wenn das Video nur in englischer Sprache vorliegt, ist es auch ohne Englischkenntnisse eine große Hilfe bei der Inbetriebnahme dieser genialen Fingerzinken-Vorrichtung. Vor allem mit dem Feineinstell-Mechanismus der beiden Anschlagzungen sollte man sich vor dem ersten Fräseinsatz ein wenig vertraut machen. Dabei ist es sehr wichtig, dass man die Funktionsweise und den Unterschied zwischen der großen roten Rändelschraube und der davor sitzenden silbernen Rändelscheibe verstanden hat.

So wie beim Gehrungsanschlag von Incra können Sie auch hier den Führungsgleiter mit zwei Dehnscheiben und Senkkopfschrauben exakt spielfrei auf die Tischnut einstellen.

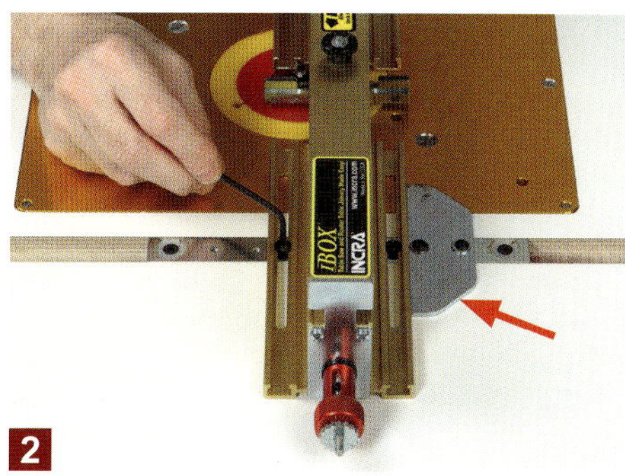

Den Anschlag befestigen Sie danach mit zwei Maschinenschrauben auf dem Gleiter. Er muss dabei dicht am Querstück (Pfeil) anliegen, damit er genau rechtwinklig zum Gleiter ausgerichtet ist.

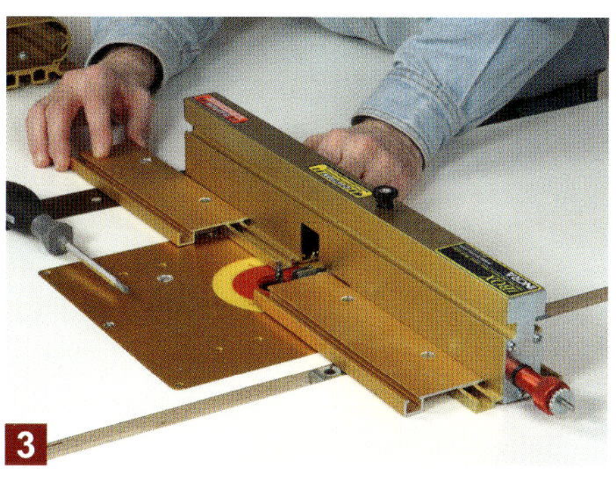

Die beiden Werkstückauflagen lassen sich seitlich in die T-Nuten des Anschlags einschieben. Sie können stufenlos bis knapp neben den Fräser und die Anschlagzungen verschoben und arretiert werden.

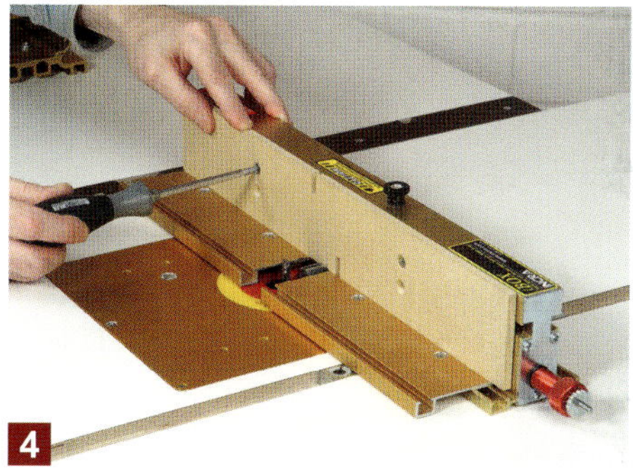

Zum Schluss schieben Sie noch die mitgelieferte etwa 6 mm dicke MDF-Platte in die Front-T-Nut des Anschlags. Sie dient als Splitterschutz und verhindert Ausrisse auf der Werkstückrückseite.

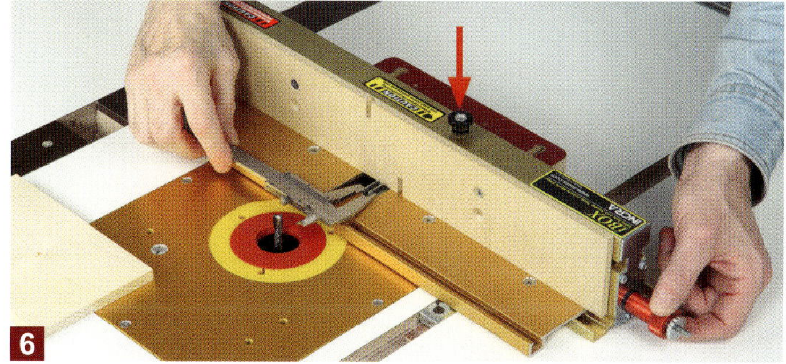

Lösen Sie die obere Rändelschraube (s. Pfeil Bild 6). Im nächsten Schritt drehen Sie die rote Rändelschraube gegen den Uhrzeigersinn bis beide Anschlagzungen dicht zusammenstoßen. Halten Sie die rote Rändelschraube in Position und drehen Sie mit der anderen Hand die silberne Rändelscheibe gegen den Uhrzeigersinn, bis die linke Anschlagzunge dicht an der Fräserschneide ...

... anliegt (Bild 5). Jetzt die rote Rändelschraube diesmal im Uhrzeigersinn drehen und die beiden Anschlagzungen wieder auf Fräserdurchmesser (hier 8 mm) auseinander bewegen. Synchron dazu, werden beide Zungen auch automatisch vom Fräser weg um exakt 8 mm nach rechts verschoben. Mit einem Messschieber oder genuteten Restbrett den Abstand überprüfen (Bild 6 und 7).

Schritt 2: Fräserhöhe einstellen und Zinkenfestigkeit testen und justieren

Zum Einstellen der Fräserhöhe (hier ein 8-mm-Spiralnutfräser) das Werkstück auf die IBOX und dicht an den Fräser legen. Die Fräserspitze sollte ein klein wenig (max. 0,5 mm) über dem …

… Werkstück vorstehen. Auch bei Testfräsungen sollten Sie immer den Fräserschutz einsetzen. Der lässt sich schnell und einfach von der Seite aus ins T-Nutprofil der Werkstückauflage einschieben.

Den Fräserschutz seitlich mit der Aussparung über den Anschlagzungen ausrichten, danach bis dicht ans Werkstück heranschieben und mit den Rändelschrauben fixieren.

In zwei Restbretter je eine Nut einfräsen und durch Zusammenstecken die Passgenauigkeit prüfen (s. Bild 4). Haben die Zinken zu viel Spiel, dann drehen Sie nur (!) die silberne Rändelscheibe (die Rote dabei festhalten) ein klein wenig im Uhrzeigersinn (s. Bild 5). Beide Anschlagzungen bewegen sich jetzt, ohne das sich dabei der Abstand zwischen den Zungen verändert (!), etwas nach rechts. Das ergibt dann breitere Zinken und somit eine festere Verbindung. Lassen sich die Zinken jedoch nicht zusammenschieben, drehen Sie die silberne Scheibe gegen den Uhrzeigersinn. Die beiden Anschlagzungen bewegen sich jetzt nach links und die nächsten Zinken werden dünner. Zum Einstellen der Zinkenfestigkeit also immer die silberne Rändelscheibe benutzen. Mit der roten Rändelschraube nur den Abstand zwischen den beiden Zungen einstellen. **Wichtig:** Jede Verstellung mit einer Probefräsung überprüfen!

Schritt 3: Fingerzinken einfräsen

Da das Werkstück beim Einfräsen der ersten Nut nur bis dicht an die Anschlagzungen angelegt wird, kann es dort auch leicht wegdriften, wenn Sie es nicht mit einer Zwinge fixieren. Bei den folgenden Nuten kann man auch …

… ohne Zwinge arbeiten. Um das Gegenbrett zu zinken, nutzen Sie einfach das vorhin gefräste Brett. Wichtig ist dabei, dass beide Markierungen (Schreinerdreieck) an den Kanten zusammengelegt werden.

Auch hier müssen Sie das Gegenbrett bei der ersten und diesmal auch bei der zweiten Nut unbedingt wieder mit einer Zwinge fixieren, sonst kann das Brett durch die Fliehkraft des Fräsers vom …

… ersten Brett bzw. der Anschlagzunge wegdriften. Zum Fräsen der zweiten Nut das rechte Brett (aus Esche) entfernen und das linke Brett (aus Nussbaum) bis dicht an die Anschlagzunge …

… schieben und gut festzwingen! Denn erst beim Fräsen der dritten Nut sitzt die zweite Nut wieder spielfrei auf beiden Anschlagzungen und hält das Werkstück seitlich fest in Position.

Zur Sicherheit schadet es natürlich nicht, wenn Sie das Werkstück bei jeder Nut gut mit einer Zwinge am Anschlag befestigen. Dazu können Sie anstelle von Hebelzwingen auch sehr gut eine solche Holzzwinge mit zwei gegenläufigen Feingewinden einsetzen (s. Bild 6).

So können Sie jedenfalls sicher sein, dass später auch alle Fingerzinken wirklich präzise gefräst wurden und perfekt zusammenpassen (Bild 7).

Die Selbstbau-Alternative zur I-BOX

Wenn Ihnen die I-BOX zu teuer ist und Sie nach einer günstigen Selbstbaulösung suchen, dann sollten Sie sich die Fingerzinkenvorrichtung aus meinem „Handbuch Oberfräse“ (ab Seite 242) einmal genauer anschauen. Auch diese Vorrichtung besitzt zwei verstellbare Anschlagzungen, die sich stufenlos auf absolut jeden beliebigen Fräserdurchmesser (auch nachgeschärfte Fräser) einstellen lassen. Die fertig eingestellten Anschlagzungen kann man dann noch mit einem Gewindestab samt Flügelmutter exakt auf die zum Fräser passende Zinkenbreite einstellen. Damit lässt sich auch die Festigkeit der Fingerzinkung ganz nach Belieben einfach und präzise feineinstellen.

Die I-BOX optimiert montieren

Die I-BOX ist wirklich toll, was mich aber schon bei der ersten Anwendung massiv gestört hat, ist das starke Wegdriften des Werkstücks von den Anschlagzungen. Es ist daher kein Wunder, dass im Anwendungsvideo des Herstellers immer wieder darauf hingewiesen wird, das Werkstück bei jeder Fräsung sorgfältig mit einer Zwinge zu sichern. Warum das Werkstück stark wegdriftet, hängt mit der Fliehkraft des Fräsers und der Position der beiden Anschlagzungen zusammen (mehr Infos dazu in den beiden Bildern rechts oben).

Dieses Problem ließe sich aber ganz einfach lösen, indem man (entgegen der Anleitung des Herstellers!), die I-BOX einfach um 180° gedreht mit der Feineinstellung nach links zeigend auf dem Gleiter montiert (s. Bildfolge 1 bis 4). Ob es einen besonderen Grund gibt, dass der Hersteller diese Position nicht in der Anleitung zeigt, konnte ich leider nicht in Erfahrung bringen. Nachteile sind mir aber in der gedrehten Montage und Nutzung auch nicht aufgefallen, so dass ich ehrlich gesagt nur Vorteile sehe, die ich Ihnen auf der nächsten Seite noch genauer erläutern möchte.

Bei der Konstruktion meiner eigenen Fingerzinken-Vorrichtungen habe ich genau diese Fräserfliehkraft natürlich mit berücksichtigt und daher befindet sich die Anschlagzunge bzw. -leiste immer links vom Fräser. Das ist nämlich die gleiche Position, wo auch der Fräsanschlag wäre, wenn man beispielsweise in eine Brettfläche von unten eine Nut einfräst. Auch dabei sorgt der Fräser automatisch dafür, dass das Brett immer dicht am Fräsanschlag anliegt (s. a. S. 182).

Es liegt natürlich bei Ihnen, wie Sie letztlich die I-BOX montieren. Mir geht es nur darum, Ihnen eine Alternative aufzuzeigen, die meiner Meinung nach deutliche Vorteile bietet.

Schlecht: Die Fliehkraft bzw. Drehrichtung des Fräsers (roter Pfeil) ist dafür verantwortlich, dass das Werkstück immer nach links von den Anschlagzungen wegdriftet, wenn man es nicht ordentlich mit Zwingen festspannt.

Optimal: Sitzen die Anschlagzungen hingegen links vom Fräser drückt die Fliehkraft des Fräsers das Werkstück immer dicht gegen die Anschlagzunge. Das Festzwingen des Werkstücks ist dann nicht mehr zwingend notwendig.

1 Mit der Feineinstellung nach rechts zeigend ist die Position, die der Hersteller in seiner Anleitung zeigt. Die I-BOX ist aber so konstruiert, dass …

2 … man Sie auch problemlos um 180° drehen kann. In dieser Position sitzen die beiden Anschlagzungen dann links von der Fräseröffnung.

3 Montieren Sie die I-BOX wieder so, dass sich der Fräser in etwa mittig zu dieser Fräseröffnung befindet. Wenn die Tischnut nicht zu weit vom …

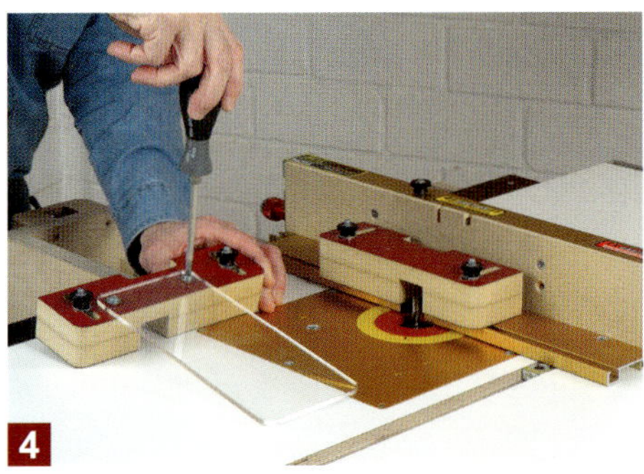

4 … Fräser entfernt ist, dürfte die Montage gut funktionieren. Die rückseitige Fräserabdeckung kommt nach vorne. Auch das Acrylglasschild tauschen.

Vorteil 1: Kein Verrutschen beim Einfräsen der Eckzinken

Beim Einfräsen der Eckzinken können Sie das Werkstück problemlos mit der Hand festhalten. Die Fräserfliehkraft sorgt nämlich automatisch dafür, dass das Brettchen immer dicht an die Anschlagzunge gezogen wird. Allerdings sollten Sie bei extrem schmalen Brettchen trotzdem eine Zwinge einsetzen, um zu verhindern, dass das Brettchen nach links unten in Pfeilrichtung abkippen kann. In diesem Bereich gibt es leider keine Auflage für das Werkstück.

Vorteil 2: Kein Verrutschen beim Einfräsen der Ecknut im Gegenbrett

Die Kippgefahr verringert sich aber, wenn Sie die Ecknut im Gegenbrett einfräsen. Dabei nutzen Sie ja immer zwei Bretter, die dicht zusammenstoßen. Das vergrößert die Auflagefläche und beide Bretter stabilisieren sich auf diese Weise gegenseitig. Auch hier wird das Gegenbrett mit der Ecknut (rechts im Bild oben) automatisch immer dicht an das erste Brett mit dem Zinken herangezogen. Und das sitzt ja unverrückbar auf den beiden Anschlagzungen.

Vorteil 3: Kein Verrutschen beim Einfräsen der zweiten Nut im Gegenbrett

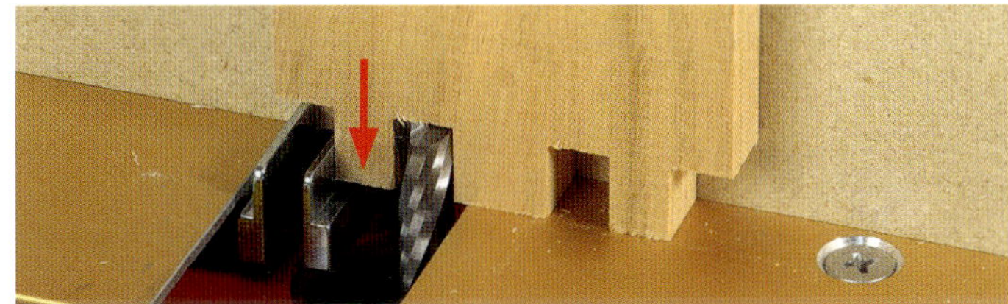

Auch beim Einfräsen der zweiten Nut liegt das Brett während der gesamten Fräsung immer dicht an der Anschlagzunge an. Allerdings besteht jetzt auch bei etwas breiteren Brettchen schon eine deutlich höhere Kippgefahr nach links unten (s. Pfeil). Denn je nach Brettbreite liegt nur noch gut die Hälfte der Stirnkante auf der Werkstückauflage. Es macht also auch hier durchaus Sinn, das Werkstück nochmal mit einer Zwinge zu fixieren.

Schwalbenschwanzzinken auf dem Frästisch herstellen

Offene Schwalbenschwanzzinken faszinieren jeden Holzwerker, egal ob Anfänger oder Profi. Das liegt vor allem an der einzigartigen Optik einer sauber und passgenau hergestellten Zinkung. Um diese Präzision von Hand zu erreichen, benötigt man allerdings einiges an Übung und nicht zu vergessen hochwertige perfekt geschärfte Handwerkzeuge. Wenn Sie sich dieser Herausforderung (noch) nicht gewachsen fühlen, dann wäre der Bau einer speziellen Vorrichtung für den Frästisch genau das Richtige für Sie.

Wer bereits mein Handbuch Oberfräse aufmerksam gelesen hat, der wird sich vielleicht noch an den Dovetail-Template-Master erinnern (s. dort S. 117–123). Die beiden Vorrichtungen, die ich Ihnen auf den folgenden Seiten vorstellen möchte, basieren auf dem gleichen Prinzip: Eine aus mehreren Platten aufgebaute Werkstückhalterung (Spannblock) und einem darunter aufgeschraubten Schablonenkamm. Und genau dieser Schablonenkamm ist das Herzstück der Vorrichtung und muss sehr präzise gefertigt sein.

Bei der ersten Vorrichtung nutzen wir dazu eine fertige Metallschablone für ein Zinkenfräsgerät (s. Infos rechts). Die setzen wir quasi als Muster zur Herstellung einer exakten 1:1 Kopie aus 9 mm dickem Multiplex ein (s. Bildfolge 1–5). Die Herstellung des Spannblocks ist noch einfacher und Sie müssen nur darauf achten, dass er passend zum Schablonenkamm eine Dicke zwischen 74 bis 75 mm hat. Außerdem ist es wichtig, dass die beiden Außenflächen, die später als Splitterschutz dienen, aus MDF (mitteldichte Faserplatte) gefertigt sind. Da man in diese MDF-Platten immer hineinfräst, nutzen sie sich natürlich irgendwann auch ab. Es lohnt sich also direkt ein paar Platten mehr anzufertigen, so hat man bei Bedarf schnell Ersatz zur Hand.

Präzise hergestellte offene Schwalbenschwanzzinken sind eine absolute Augenweide. Sie stehen wie keine andere Holzverbindung für hohes handwerkliches Können und verleihen jedem Massivholzmöbel einen ganz besonderen Reiz. Und genau deshalb gehört in ein Buch über Frästische natürlich auch der Bau einer Vorrichtung, mit der man diese traditionelle Holzverbindung ohne langwierige Einstellerei kostengünstig, schnell und absolut präzise herstellen kann.

Das brauchen Sie für die Herstellung des Schablonenkamms

Der Hersteller IGM bietet für sein Zinkenfräsgerät FD 300 auch eine Zusatzschablone zur Herstellung offener Zinken an (Art.-Nr.: FD 3170 Preis: etwa 70 Euro, erhältlich bei: www.sautershop.de). Passend zum Schablonenkamm benötigen Sie noch einen Nutfräser Ø 8 mm x 25 in Kombination mit einer Kopierhülse Ø 11,11 mm und einen Zinkenfräser Ø 12,7 mm x 20 mm x 8° Schräge in Kombination mit einer Kopierhülse Ø 15,88 mm. Die beiden Kopierhülsen im Zollmaß findet man im Internet bereits ab 25 Euro in einem Set mit fünf weiteren Größen. Ich kann Ihnen den Kauf dieser Kopierhülsen-Sets einmal in Zoll und einmal in metrischen Maßen nur wärmstens ans Herz legen (s. a. S. 146).

1 Übertragen Sie die Schablonenumrisse auf eine 9 mm dicke Multiplexplatte und bohren Sie die Rundungen mit einem 12-mm-Forstnerbohrer vor.

2 Jetzt mit der Stichsäge etwa 2 mm vom Strich entfernt bis zu den Rundungen sägen .

3 Befestigen Sie die Metallschablone mit zwei Schrauben exakt bündig auf den 9 mm dicken Schablonenkamm aus Multiplex (480 x 115 mm). Die rückseitig austretenden Schraubenspitzen sorgfältig bis bündig zur Multiplexfläche abfeilen.

4 Mit einem Bündigfräser Ø 12,7 mm fräsen Sie jetzt den Überstand der Multiplexschablone exakt bündig zur Metallschablone. Achten Sie darauf, dass keine Späne oder Staub zwischen Kugellager und Metallschablone gelangen. Die würden nämlich …

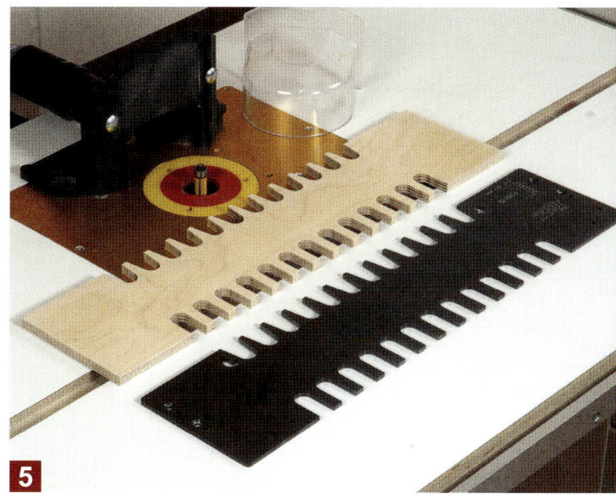

5 … das Fräsergebnis verfälschen. Am besten reinigen Sie kurz alle Zwischenräume nach dem ersten Fräsgang und wiederholen den gesamten Fräsvorgang noch mal. Auf diese Weise erhalten Sie eine perfekte 1 : 1 Kopie der Metallschablone.

Und so bauen Sie die Werkstückhalterung (Spannblock)

Der Spannblock hat eine Breite von 480 mm und eine Höhe von 140 mm und sollte 74 bis 75 mm dick sein. Diese Dicke erreichen Sie beispielsweise mit einer 30 mm dicken Multiplexplatte in der Mitte und außen je eine MDF Platte in 19 und eine in 25 mm Dicke. Alternativ dazu funktionieren auch drei Plattenlagen aus 25er MDF. Jede Platte bekommt links und rechts jeweils 40 mm vom Ende ein 10,5-mm-Loch passend für eine M10 x 210 mm lange Gewindestange. Mit den beiden Gewindestangen, U-Scheiben und Sechskantmuttern werden alle drei Plattenlagen fest zusammengeschraubt, weitere Schrauben sind nicht nötig. Zum Schluss stecken Sie von außen noch je eine Druckleiste 480 x 40 x 30 mm (Multiplex oder Massivholz) auf die Gewindestangen, gefolgt von je einer großen U-Scheibe und einer Flügelmutter (deutsche Form).

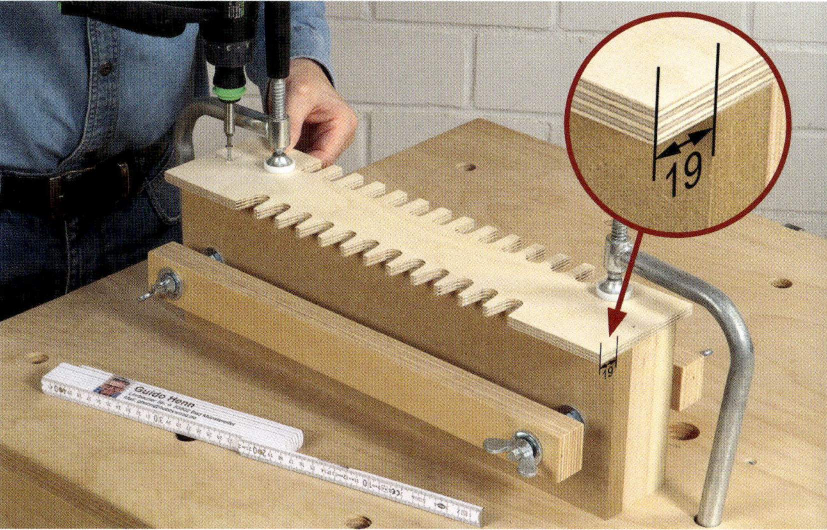

Ist der Spannblock fertig, schrauben Sie auf seine Unterkante den Schablonenkamm auf. Dabei ist es wichtig, dass die schrägen Kammausbuchtungen einen parallelen Abstand zur MDF-Fläche von exakt 19 mm aufweisen. Befestigen Sie die Schablone für den ersten Testeinsatz zunächst einmal nur mit zwei Schrauben. Ist die Verbindung beispielsweise zu locker, wird der Abstand von 19 mm einfach auf 19,5 mm minimal vergrößert. Ist die Verbindung zu fest, verringern Sie den Abstand ein wenig. Erst wenn alles perfekt passt, schrauben Sie den Schablonenkamm endgültig mit fünf Schrauben fest.

Schritt 1: Schwalbenschwänze einfräsen

Beginnen Sie immer mit der Herstellung der Schwalbenschwänze, denn das fertige Schwalbenbrett wird später zur Kontrolle der Festigkeit der Verbindung benötigt. Und die kann nur über die Zinken (s. Schritt 2) eingestellt werden. Die Schwalben werden mit dem Zinkenfräser hergestellt. Dazu greift die Kopierhülse spielfrei in die geraden Fingerausbuchtungen des Schablonenkamms. Diese festen Fingerabstände bestimmen auch die Zinken- bzw. Schwalbenabstände. Für eine symmetrische Verbindung sollte das Werkstück daher ein Vielfaches von 25,4 mm betragen plus mindestens 3 mm Zugabe, sonst werden die äußeren Eckzinken zu schmal. Die Zugabe können Sie aber von 3 bis 12 mm frei wählen. Dadurch lässt sich die Gesamtbreite des Werkstücks noch ein klein wenig variieren und anpassen. Und noch eine Beschränkung gibt es: Aufgrund der maximalen Schneidenlänge des Zinkenfräsers dürfen die Zinkenbretter nur eine Dicke von maximal 19 mm haben. Noch ein kleiner Tipp: Zur wiederholgenauen Positionierung der Werkstücke, können Sie noch zwei verstellbare Seitenanschläge anbauen.

1

2

Spannen Sie den Zinkenfräser (Ø 12,7 x 20 x 8°) ein und befestigen Sie passend dazu die größere Kopierhülse (Ø 15,88 mm) in dem roten Einlegering (Bild 1). Da der Innendurchmesser der Hülse größer ist als der Fräser, können Sie anschließend bequem den Einlegering samt Kopierhülse über den Fräser stülpen und sicher in den gelben Einlegering einklicken (Bild 2).

3

Zur Einstellung der Fräserhöhe legen Sie einfach zwei Zinkenbretter unter den Schablonenkamm und stellen die Fräserspitze so ein, dass sie minimal über dem Schablonenkamm hinaus ragt. Auf diese Weise können Sie sicher sein, dass die Schwalbenenden ein klein wenig überstehen. Sie sollten auf keinen Fall zurückstehen!

4

Markieren Sie sich auf einen Schablonenfinger die Mitte und richten Sie die Werkstückmitte exakt auf diese Mittenmarkierung aus. Spannen Sie das Werkstück mit der Druckleiste fest und halten …

5

… Sie die Vorrichtung an den Außenenden fest. Führen Sie so die Vorrichtung satt aufliegend der Kopierhülse samt laufendem Fräser zu. Fahren Sie nacheinander die Ausbuchtungen ab. Da die …

6

… Kopierhülse spielfrei zwischen die Führungsfinger passt, ist die Vorrichtung quasi zwangsgeführt und Sie können hier überhaupt nichts falsch machen.

Schritt 2: Zinken einfräsen

Zum Einfräsen der Zinken setzen Sie einen 8 mm Nutfräser zusammen mit einer 11,11 mm großen Kopierhülse ein. Damit das gefahrlos funktioniert, muss die Oberfräse mit ihrer Fräserachse perfekt mittig zu den Einlegeringen montiert sein. Denn zwischen Hülse und Fräserschneiden ist ringsum nur noch ein halber Millimeter Luft. Setzen Sie deshalb hier nur Kopierhülsen aus Messing und auf gar keinen Fall Stahlhülsen ein. Messing schlägt nämlich keine Funken und eine kurze Berührung dürfte den Fräserschneiden in aller Regel auch nichts ausmachen.

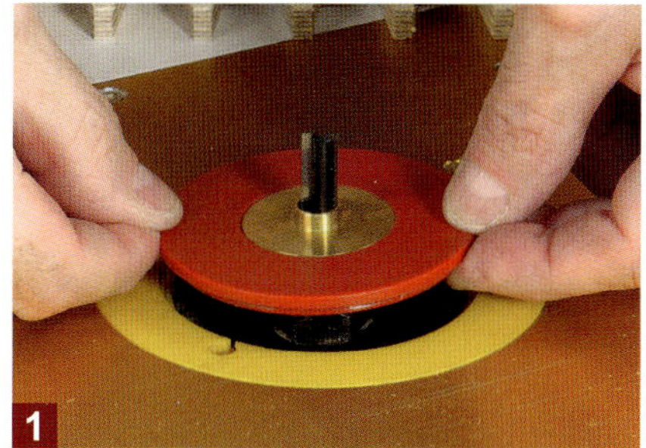

Zur Einstellung der Fräserhöhe legen Sie diesmal die Schwalbenbretter unter den Schablonenkamm und lassen die Fräserspitze wieder minimal über den Schablonenkamm hinausragen.

Richten Sie das Zinkenbrett mittig über dem Schablonenkamm mit den schrägen Führungsfingern aus und spannen Sie es wieder mit der Druckleiste fest. Da die Kopierhülse diesmal kleiner als die ...

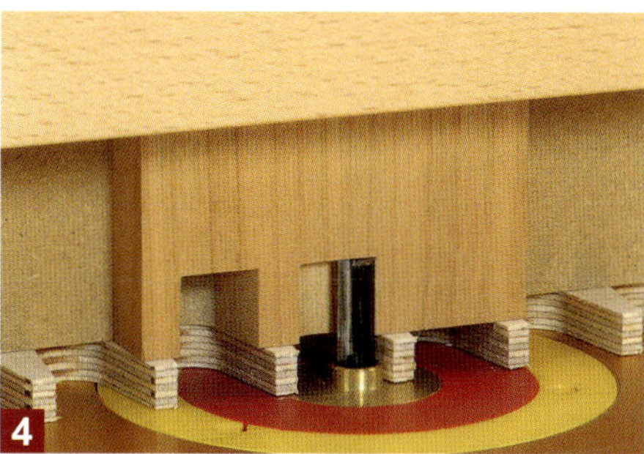

... Ausbuchtung ist, setzen Sie die Hülse immer rechts an den Führungsfinger an und fräsen mit geringer Spanabnahme die gesamte Ausbuchtung von rechts nach links im Gegenlauf ab.

Wenn Sie dabei immer nur wenig Material pro Seitwärtsbewegung abnehmen, müssen Sie auch keine Ausrisse befürchten. Lediglich bei weichen Nadelhölzern (z. B. Kiefer) können hier und da kleine Ausrisse entstehen. Hier lohnt es sich, anstelle des normalen geraden Nutfräsers einen Spiralnutfräser mit 8 mm Durchmesser einzusetzen. Doch egal welchen Nutfräser Sie jetzt nutzen, bei diesem Arbeitsschritt werden jede Menge Späne nach vorne auf die Tischfläche ausgeworfen. Auf der nächsten Seite zeige ich Ihnen deshalb, wie Sie auch dort die Späne sehr gut absaugen können.

Zum Schluss stecken Sie beide Bauteile zusammen und überprüfen die Passgenauigkeit. Korrekturen – also eine festere oder lockere Verbindung – können Sie nur über die schrägen Führungsfinger des Zinkenkamms erzielen. Dazu wird der Schablonenkamm gelöst, der Abstand zur MDF-Platte minimal verändert (höchstens 0,5 mm) und die Schablone wieder mit zwei Schrauben fixiert. Im Anschluss daran fräsen Sie dann nochmals in ein Testbrett neue Zinken ein. Diese Prozedur müssen Sie in der Regel auch nur ein einziges Mal vornehmen. Danach können Sie sich immer über passgenaue Verbindungen freuen!

So einfach optimieren Sie die Absaugleistung

Für den Bau dieser genialen und sehr günstigen Absaugvorrichtung benötigen Sie lediglich eine Andruckfeder mit Klemmschiene, die sowieso zu jedem guten Frästisch dazu gehört, und zusätzlich noch die Festool Absaughaube VS 500 GE (Art. Nr.: 467328 etwa 13 Euro). Der Umbau ist sehr einfach und in knapp 5 Minuten erledigt (s. Bildfolge). Die Funktionsweise ist simpel: Werden die roten Flügelmuttern angezogen, drückt sich die Klemmschiene fest in die Tischnut. Zum Schluss noch den Absaugschlauch aufstecken – fertig!

Die Absaughaube lässt sich mit der Klemmschiene blitzschnell und sicher in der Tischnut fixieren.

Die Absaugleistung ist enorm und nahezu die gesamten Späne werden zuverlässig aufgesaugt.

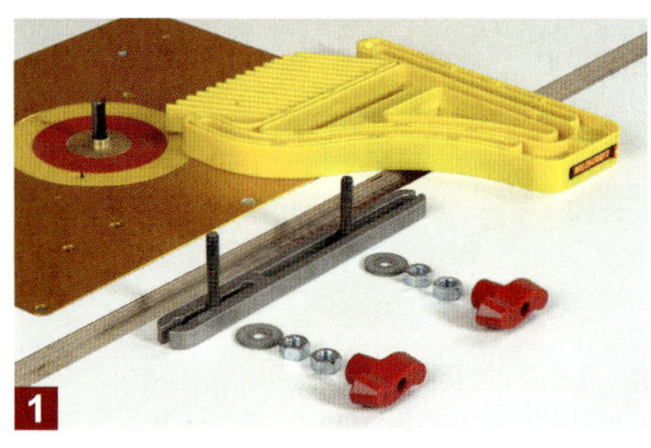

1 Sie benötigen nur die 19 mm breite Klemmschiene samt Schrauben, U-Scheibe und Flügelmutter sowie vier M8er Sechskantmuttern zum Ausgleichen der zu langen Schrauben.

2 Die äußeren Bohrungen der Absaughaube werden im nächsten Schritt mit einem 6,5-mm-Metallbohrer für die 1/4-Zoll-Schrauben in der Klemmschiene aufgebohrt (keinen Holzbohrer nehmen!).

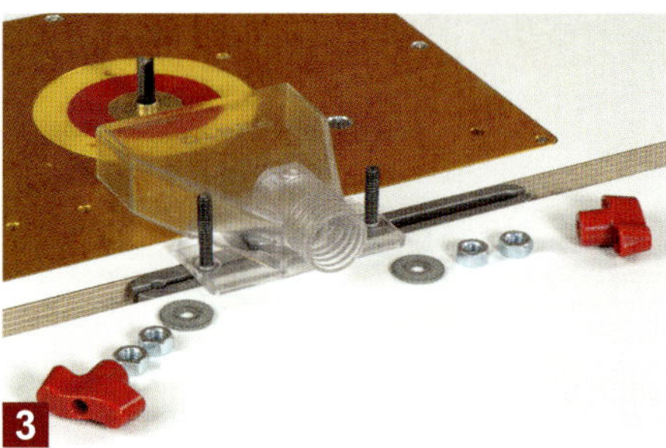

3 Jetzt können Sie die Absaughaube auf die Schrauben in der Klemmschiene aufstecken. Danach die U-Scheibe und als simplen Distanzausgleich die beiden Sechskantmuttern hinzufügen.

Dünne Werkstücke sind dank Kopierhülsentechnik kein Problem

In den Koffertüren des Badschranks auf Seite 194 befinden sich solche Regalkonsolen für Badartikel. Die 10 mm dünnen Seiten und der Boden sind nur lose mit offenen Schwalbenschwänzen formschlüssig verbunden.

Da die Fräser immer durch die Kopierhülse passen, können Sie dort auch problemlos auf jede beliebige Höhe abgesenkt werden. Die Position der Kopierhülse verändert sich – im Gegensatz zu einem schaftseitigen Kugellager – dabei nicht und liegt zu jeder Zeit sicher an den Schablonenfingern an.

Auch Fingerzinken in 12,7 mm Breite können Sie herstellen

Der Abstand von einem Finger zum nächsten beträgt exakt 25,4 mm. Wird dieser Wert halbiert, ergibt sich die Breite der Fingerzinken und der nötige Durchmesser des Nutfräsers. In unserem Fall also ein 12,7 mm Nutfräser in Kombination mit der 15,88 mm Kopierhülse. Die Brettbreite …

… sollte auch möglichst ein Vielfaches von 12,7 mm betragen. Das erste Brett beginnt immer mit einem Fingerzinken. Dazu richten Sie es gleichmäßig links und rechts über dem Fräskamm aus (Bild 1). Das dazu passende Gegenbrett muss dann mit einer entsprechenden Ausklinkung …

… beginnen (Bild 2). Der Anfang des Bretts befindet sich diesmal über einer Ausbuchtung und wird ebenfalls links und rechts gleichmäßig über den Schablonenfingern ausgerichtet. Auch hier ist die Kopierhülse quasi zwangsgeführt und das Ergebnis passt in aller Regel auf Anhieb (Bild 3).

Die zweite (fast) fertige Lösung: Dovetail Jig der Firma Peachtree

Dieser hochwertige Schablonenkamm aus massivem schwarz eloxiertem Aluminium stammt aus den USA (www.ptreeusa.com) und wird dort ab etwa 160 US-Dollar angeboten (15 Zoll-Schablone mit zwei Fräsern). Bei dieser Schablone beträgt die Zinkenteilung nicht 25,4 mm (1 Zoll), sondern exakt 28,575 mm. Dadurch sind die Schwalben um gut 3 mm breiter als bei der vorherigen Schablone, was eher einer Handzinkung entspricht und mir daher besonders gut gefällt. Aufgrund der Dicke von 12,7 mm können Sie die Aluschablone auch direkt auf einen Spannblock schrauben. Eine Kopie aus dickerem Multiplex ist also nicht nötig. Zudem lassen sich bei Bedarf weitere Schablonen einfach und präzise mit zwei Maschinenschrauben verbinden (s. Bild unten rechts). Neben den üblichen offenen Schwalbenschwanzzinken in verschiedenen Varianten können Sie an den geraden Führungsfingern der Schablone auch Fingerzinken herstellen (Zinkenbreite = 14,2875 mm). Dazu bietet der Hersteller einen speziellen Nutfräser mit schaftseitigem Kugellager an, der – wie alle anderen – nur mit 1/4-Zoll-Schaft erhältlich ist.

Der Spannblock (hier 460 mm lang und 120 mm hoch) muss diesmal eine Dicke von exakt 57 mm haben. Das erreichen Sie entweder durch drei 19-mm-MDF-Platten oder, wie hier mittig eine 25 mm dicke Multiplex- und außen je eine 16 mm dicke MDF-Platte (weitere Infos in der Bedienungsanleitung).

Erst die Schwalbenschwänze – danach die Zinken

1 Mit dem Zinkenfräser sollten Sie nur Werkstückdicken ab 14 mm bearbeiten, sonst hat das Kugellager nicht mehr genügend Anlauffläche. Wenn Sie jedoch das Kugellager abnehmen und passend …

2 … dazu wieder eine 15,88 mm Kopierhülse einsetzen, sind auch dünnere Bretter kein Problem. Zur Einstellung der Fräserhöhe legen Sie einfach wieder zwei Zinkenbretter unter die Schablone.

3 Damit es an den Kanten der Schwalbenbretter nicht zu Ausrissen kommt, werden sie vorab mit einem Streichmaß angeritzt.

4

5

Richten Sie das Werkstück gleichmäßig über dem Schablonenkamm mit den geraden Führungsfingern aus. Anfang und Ende liegen in einer Ausbuchtung. Bei einer hohen Anzahl von Werkstücken lohnt es sich zusätzlich noch ein Anschlagbrett ans MDF zu schrauben. Jetzt fräsen Sie nach und nach die Schwalben ein. Das Kugellager sitzt dabei immer spielfrei zwischen den Führungsfingern.

6 Danach den Bündigfräser einspannen, die Schwalbenbretter unter die Schablone legen und die Fräserspitze wieder bis zur Kammoberkante …

7 … einstellen. Danach richten Sie das Zinkenbrett gleichmäßig links und rechts über dem Schablonenkamm mit den schrägen Führungsfingern aus.

8 Damit Sie im Gegenlauffräsen das Kugellager rechts am Führungsfinger ansetzen und dann nach links schrittweise die Zinken ausfräsen.

9

Die Verbindung sollte nicht zu stramm sein und sich leicht von Hand zusammenstecken lassen. Die Passgenauigkeit ist jedenfalls überragend (s. Bild rechts).

Auch größere Schwalben sind kein Problem

1

2

Wenn Sie den Zinkenfräser nicht durch jede Ausbuchtung schieben, sondern, wie in Bild 2 zu sehen, jeweils eine überspringen, können Sie auch breitere Schwalbenschwänze herstellen (s. Bild 1). Aber auch zwei unterschiedlich breite Schwalbenschwänze können sehr reizvoll aussehen. Beispielsweise könnte man die gleiche Eckverbindung auch außen mit je einem schmalen Schwalbenschwanz herstellen und mittig bliebe dann eine breite Schwalbe übrig.

3

4

Egal für welches Muster Sie sich entscheiden, anschließend werden erst einmal alle Zinken ins Gegenbrett gefräst. Danach erst wird das Zinkenbrett soweit nach rechts verschoben, dass die Außenzinken noch sicher auf der Schablone aufliegen. Jetzt legen Sie den Bündigfräser mit dem Kugellager links an den Schablonenfinger an und fräsen vom zweiten und vierten Zinken jeweils ein großes Stück ab.

5

6

Anschließend verschieben Sie das Zinkenbrett soweit wie möglich nach links (also in die andere Richtung), um auch noch den übrigen Rest des zweiten und vierten Zinkens zu entfernen. Diesmal legen Sie das Kugellager rechts an den Führungsfinger. Auf diese Weise sollten keine Ausrisse entstehen und die Zwischenräume sind komplett und sauber ausgefräst zur Aufnahme der großen Schwalbenschwänze aus Bild 2.

Die Festigkeit der Verbindung einstellen

Die Festigkeit der Verbindung lässt sich ausschließlich über die schrägen Zinken einstellen. Die Schablone besitzt dazu vier in Langlöchern sitzende Schrauben. Ist die Verbindung beispielsweise zu fest, dann sind die Zinken zu dick bzw. breit und müssen etwas dünner gefräst werden. Dazu werden die Schrauben in der Schablone etwas gelockert und die Schablone ein klein wenig (!) in Pfeilrichtung „lockerer“ verschoben. Achten Sie darauf, dass Sie die Schablone immer exakt parallel zur MDF-Fläche verschieben. Mit dieser neuen Schablonenposition fräsen Sie dann ein Zinkenbrett nochmal nach und testen erneut die Verbindung. Solange sich die Dicke des Spannblocks nicht ändert, bleibt die Einstellung – egal welche Dicke das Werkstück hat – unverändert.

Zimmertür im Landhausstil mit Konterprofil

Auch wenn ein Frästisch nicht die Leistungsfähigkeit einer großen Tischfräse erreicht, bin ich trotzdem immer wieder überrascht, was man mit einem vernünftigen Frästisch samt leistungsstarker Oberfräse und hochwertigen Fräsern so alles anstellen kann. Einen dieser Überraschungsmomente habe ich unten links im Bild festgehalten und ich denke, man kann meine Begeisterung sehr gut erkennen. Und wer Spaß am Landhausstil hat, der kann mit einem genau aufeinander abgestimmten Fräserset (s. Bild unten rechts) auch auf einem Frästisch wirklich hochwertige Zimmertüren aus Massivholz herstellen.

Mit dem Fräserset können Sie Türen mit einer Stärke von 35 bis 44 mm herstellen. Die übliche Holzstärke für eine Zimmertür beträgt exakt 40 mm. Sie müssen deshalb als erstes den langen zusammengesetzten Fräser für die Herstellung der Längsprofile auf genau dieses Maß einstellen. Dazu wird einfach der Abstand zwischen den beiden Scheibennutfräsern verändert. Dort befinden sich nämlich unterschiedlich dicke Distanzringe, mit denen man die Nutbreite verändern kann, nämlich von 9,5 bis knapp 16 mm. Die Einstellung des Fräsers auf die Türdicke kann also nur zwischen den beiden Nutscheiben durch Wegnehmen oder Hinzufügen von Distanzringen erfolgen! Ich betone das deshalb so deutlich, weil sich auch zwischen den beiden Kugellagern dünne Scheibchen befinden. Die dürfen Sie jedoch nicht entfernen, verändern oder beim Umbau in den Spänen verlieren, sonst passt das Rahmenprofil nicht mehr exakt zum Konterprofilfräser. Das Konterprofil befindet sich nämlich fest auf der Schneide und kann nicht verändert werden.

Ist der Fräser einmal auf die Rahmenstärke eingestellt (s. dazu a. S. 209), stellen Sie sich als erstes eine kleine Türrahmenecke mit Längs- und Konterprofil her (s. Schritt 1 und 2). Mit dieser Musterecke können Sie dann jederzeit die beiden Fräser wieder exakt einstellen und weitere Zimmertüren bauen. Und eines kann ich Ihnen versichern: Bei dem Ergebnis werden Sie nicht lange auf Kundschaft warten müssen.

Zum Fräsen der Rahmenhölzer sind eigentlich nur der mittlere Profilfräser zur Herstellung der Konterprofile im Stirnholz und der vom Gegenprofil her exakt passende Fräser rechts außen zum Fräsen der Längskanten zwingend nötig. Der Hersteller CMT bietet beide in einem Fräserset mit der Art.Nr.: 955.806.11 für knapp 240 Euro an. Daneben finden Sie im CMT Katalog aber auch noch ein dreiteiliges Fräserset mit einem zusätzlichen großen Scheibennutfräser zur Herstellung von Schlitz und Zapfen bzw. Feder und Nuten (Art.Nr.: 900.527.11 etwa 420 Euro). Wenn Sie den Scheibennuter sowieso benötigen, dann können Sie mit diesem Set ein paar Euros sparen (mehr Infos unter: www.AKE.de).

Exkurs: Die Alternative zum Queranschlag – die Spannlade „Contermax“

Wer keine Tischnut samt Queranschlag im Frästisch hat, der kann mit dem Contermax der Fa. Aigner trotzdem sicher und äußerst präzise Konterprofile an schmale Stirnkanten anfräsen. Dabei wird das Werkstück einfach in die Spannlade eingespannt und beides zusammen am Fräsanschlag anliegend vorbei geschoben. Aufgrund seiner Länge von 420 mm und dem stabilen Handgriff können Sie mit dem Contermax auch sehr schmale Stirnkanten (z. B. Sprossen) extrem sicher am Fräser vorbeiführen. Mit einem maximalen Spannbereich von 200 mm lassen sich aber auch sehr breite Querrahmenfriese, wie man sie bei Zimmertüren vorfindet, problemlos einspannen. Der Contermax ist nicht nur einfach zu bedienen, sondern auch blitzschnell einsatzbereit (s. Bildfolge). Daher nutze ich bei der Herstellung von Konterprofilen auch vorzugsweise den Contermax und nicht den Queranschlag. Ein weiterer Vorteil: Beim Contermax muss der Fräsanschlag auch nicht parallel zur Tischnut verlaufen!

Für den Einsatz des Contermax benötigen Sie lediglich ein Brett aus Weichholz (z. B. Kiefer) in der Holzstärke der Rahmenfriese als Splitterschutz. Um dieses Brett mit der Längskante bündig zur Führungskante zu befestigen, legen Sie einfach die Brettkante und den Contermax dicht gegen den Fräsanschlag. Senken Sie dann den Contermax auf das Brett ab, so dass sich die beiden Spitzen (Pfeile) unter der …

… Schiebeleiste in die Brettfläche einbohren. Damit ist die Position des Bretts (Splitterholz) festgelegt und es kann sich nicht mehr verschieben. Lösen Sie jetzt den Sterndrehknopf (Pfeil) und heben Sie im nächsten Schritt den Contermax vom Brett ab. Übrigens: Das Splitterholz hat eine Länge von 300 mm und eine Breite von 200 mm.

Übrig bleibt die Schiebeleiste, die mit ihren Spitzen fest im Brett steckt. Dieses Metallstück befestigen Sie anschließend mit zwei Senkkopfschrauben auf der Brettfläche. Dabei schützen die beiden Spitzen davor, dass sich die Position der Schiebeleiste verändert. Trotzdem ist es vor allem bei Weichholz ratsam zuerst mit einem Zentrierbohrer vorzubohren.

Im letzten Schritt stecken Sie den Contermax mit seiner Nut wieder auf die Schiebeleiste, legen das Klemmstück auf und fixieren das Ganze mit dem Sterndrehknopf samt U-Scheibe. Das Befestigen des Splitterholzes dauert höchstens drei Minuten und dann ist der Contermax auch schon einsatzbereit. Und wie das genau funktioniert, zeige ich Ihnen auf den folgenden Seiten.

Schritt 1: Probestück mit Längsprofil herstellen

Stellen Sie als erstes den Fräser auf die Holzstärke ein. Danach markieren Sie sich auf ein Reststück in der gleichen Rahmenstärke mit einem Streichmaß die Position der Nut (von beiden Werkstückseiten aus anreißen!).

Auf diese Weise sitzt die Nut exakt mittig. Mithilfe dieser Markierungen, stellen Sie nun die Fräserhöhe so ein, dass beide mittleren Scheibennutfräser exakt auf diese beiden Markierungen ausgerichtet sind.

Im nächsten Schritt stellen Sie den Fräsanschlag mithilfe einer geraden Leiste oder eines Metalllineals fluchtgenau zu den beiden Kugellagern ein. Damit ist der Überstand der Fräserschneiden …

… aus der Anschlaglücke perfekt eingestellt und Sie können eine erste Testfräsung vornehmen. Für ein optimales Fräsergebnis sollten Sie auch dazu unbedingt eine Andruckvorrichtung einsetzen.

Mit einem Messschieber kontrollieren Sie jetzt, ob die Nut exakt in der Kantenmitte sitzt. Dazu reicht ein kurzes Stück des Profils völlig aus. Erst wenn alles passt, fräsen Sie die gesamte Kantenlänge.

Schritt 2: Konterprofilfräser einstellen und alle Konterprofile in die Querfriese einfräsen

Jetzt spannen Sie den Konterprofilfräser ein und stellen mit dem vorhin gefrästen Probestück die Fräserhöhe so ein, dass das obere Schneidenende exakt bis zum Beginn der Nut reicht.

Diese Einstellung überprüfen Sie jetzt zuerst mit einem weiteren Probestück, bevor Sie an die Originale rangehen. Legen Sie dazu den Contermax dicht gegen den Fräsanschlag. Schieben Sie …

… das Werkstück ein und stellen Sie das Splitterholz so ein, dass zwischen dem Druckstück und der Werkstückkante etwa 2 mm Luft bleibt (s. kleines Foto). Das sollte als Klemmdruck ausreichen.

Legen Sie den Contermax mitsamt dem Probestück dicht gegen die rechte Anschlagbacke und führen Sie beides zusammen am Fräser vorbei. Halten Sie dazu den Contermax immer mit beiden Händen am Griff fest und achten Sie darauf, dass er die gesamte Fräsung über dicht am Anschlag anliegt. Auf diese Weise bekommt das Probestück dann die erste Konterprofilierung.

Danach drehen Sie das Probestück um auf die andere Seite und stecken es wieder in den Contermax ein, um auch das zweite Konterprofil anzufräsen. Der kurze Zapfen, der dabei entsteht, sollte eine Länge von exakt 13 mm haben. Durch Verschieben des Anschlags lässt er sich nachjustieren. Die Zapfenstärke muss zur Nut des in Schritt 1 gefrästen Längsprofils passen.

Das testen Sie jetzt, indem Sie beide Probestücke einmal zusammenstecken. Der kurze Zapfen sollte dabei nicht zu stramm in der Nut sitzen und die Rahmenbrüstungen sowie die beiden Profile sollten dicht zusammenstoßen. Ist das der Fall, fräsen Sie mit dieser Einstellung in alle drei Querrahmenfriese die Konterprofile in die Stirnholzenden.

Schritt 3: Längsprofile in alle Rahmenstücke einfräsen

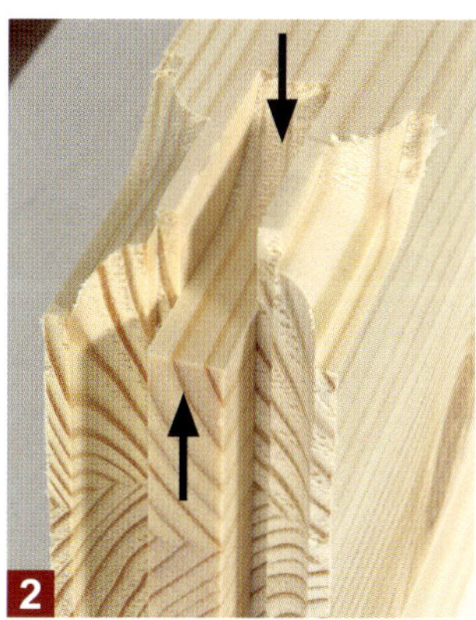

Jetzt spannen Sie wieder den in Schritt 1 verwendeten Fräser für die Längsprofile ein. Die Höhe können Sie sehr gut mit dem Probestück einstellen. Zum Testen der Fräserhöhe setzen Sie das Probestück aus Schritt 2 ein. Am Konterprofil (s. Bild 2) können Sie nämlich sehr gut erkennen, ob der Fräser exakt mittig eingestellt ist. Nut und Feder müssen genau auf einer Ebene liegen (s. Pfeile in Bild 2).

3 Stimmt die Einstellung, fräsen Sie zuerst an alle Querfriese das Langprofil an. Denken Sie daran, dass Sie nur an das mittlere Querfries an beide Längskanten ein Profil anfräsen dürfen und setzen Sie in jedem Fall eine Andruckvorrichtung von oben ein.

4 Zum Fräsen der langen aufrechten Rahmenfriese sollten Sie zusätzlich noch zwei Tischverlängerungen einsetzen. Zur Not können Sie die langen Friese aber auch mit zwei Rollenböcken abstützen.

Schritt 5: Den kompletten Türrahmen mit Dominodübeln verbinden

1

2

Die Rahmenfriese lassen sich mit der großen Dominofräse DF700 besonders einfach verbinden. Dazu reichen je zwei 8 mm starke und 80 mm lange Dominos pro Rahmenecke völlig aus. Allerdings reißt die Maschine mit gut 1000 Euro schon ein tiefes Loch in die Haushaltskasse des Hobbyholzwerkers, so dass man sich diese Investition schon gut überlegen sollte.

Günstige Alternative: Dominos mit selbstgebauter Schablone einfräsen

1 Die 8 mm starken Dominos können Sie aber auch sehr gut mit einer selbstgebauten Schablone (s. a. Handbuch Oberfräse ab Seite 146) und einer Oberfräse samt Kopierhülse einfräsen. Für die tiefen Langlöcher benötigen Sie allerdings einen 8-mm-Nutfräser mit langem Schaft oder noch besser einen 90 mm langen Spiralnutfräser (z. B. Fa. CMT – Art.Nr.: 191.082.11).

2 Markieren Sie sich zuerst alle Positionen der Dominos auf den Rahmenteilen. Die Querfriese spannen Sie zum Fräsen hochkant in die Hobelbank ein. Die Schablone richten Sie jetzt auf die Markierungen aus und befestigen Sie mit zwei Zwingen. Danach die Oberfräse mit der Kopierhülse in die Schablone einstecken und schrittweise das Langloch herausfräsen.

Die Längsfriese spannen Sie zum Fräsen mit der Nut nach oben zeigend auf die Hobelbank. Die Schablone richten Sie wieder auf die Markierungen aus und fixieren Sie mit zwei Zwingen. Danach die Kopierhülse der Oberfräse in das Langloch der Schablone einstecken und den Dominoschlitz wieder Schritt für Schritt herausfräsen. Die Schlitzweite können Sie mit den beiden Schrauben exakt auf den Domino einstellen. Für eine optimale Stabilität sollte er möglichst passgenau und ohne seitliches Spiel im Schlitz sitzen.

Schritt 6: Füllungen ausmessen und abplatten

Stecken Sie als nächstes den gesamten Türrahmen einmal probeweise zusammen. Dabei können Sie nicht nur die Dominopositionen überprüfen, sondern auch gleich die beiden Füllungen ausmessen. Dazu benutzen Sie am besten zwei Meterstäbe, die Sie dicht in die Nut einstecken (Bild 2). Von diesem Maß ziehen Sie dann noch insgesamt 5 bis maximal 6 mm Luft ab, damit die Füllung genügend Platz zum „Arbeiten“ (Schwinden/Quellen) hat.

Zum Abplatten der Füllung reicht bereits der große Falzkopf mit Wendemessern und ein Hohlkehlfräser mit etwa 8–10 mm Radius völlig aus. Die Hohlkehle passt auch sehr gut zur Rundung des Rahmenprofils und es ergibt sich ein stimmiges Gesamtbild. Außerdem können Sie Tiefe und Breite der Abplattung mit einem separaten Falzfräser völlig frei festlegen und sind nicht auf die festen Maße eines teuren Abplattfräsers beschränkt.

Während die Rahmenhölzer aus 40 mm dickem Leimholz gefertigt sind, reichen für die beiden Füllungen bereits 27 mm Stärke. Auch hier sollten Sie zuerst die Abplattung bzw. den Falz in ein Restbrett gleicher Stärke einfräsen. Dazu wird das Brett auf beiden Seiten so gefälzt, dass mittig eine Feder entsteht, die exakt in die Nut der Rahmenfriese passt. Die Falzbreite beträgt hier etwa das doppelte der Nuttiefe, also 26 mm. Diese Breite unbedingt in zwei Etappen herausfräsen.

5 Bereits die Feder des Probestücks sollte möglichst ohne Kraftanstrengung in die Rahmennut passen, denn sonst gibt es später bei den langen und breiten Füllungen garantiert Probleme.

6 Jetzt können Sie auch die Breite der Abplattung bzw. deren Optik zum Rest des Türrahmens sehr gut beurteilen. Die Breite sollte aber nicht mehr als das Dreifache der Nuttiefe betragen.

7 Beginnen Sie die Fräsung immer quer zur Maserung und drehen Sie die Füllung dann gegen den Uhrzeigersinn, um die nächste Kante zu falzen. So vermeiden Sie Ausrisse an den Kantenenden.

8 Sind die Füllungen gefälzt, spannen Sie den Hohlkehlfräser ein. Stellen Sie die Höhe so ein, dass die Fräserrundung noch einen Abstand von etwa 2 bis 3 mm zur Falzfläche hat. Den Fräsanschlag stellen Sie so ein, dass die Falzkante etwa bis zur Frästermitte reicht und eine kleine Viertelrundung eingefräst wird.

9 Auch beim Fräsen der Hohlkehle wieder quer zur Maserung beginnen. Da Leimholzplatten in den seltensten Fällen hundertprozentig eben sind, sollten Sie beim Fräsen von Falz und Hohlkehle immer eine starke Andruckvorrichtung einsetzen, die die Platte fest auf den Frästisch drückt.

10 Bevor es ans Verleimen geht, sollten Sie in jedem Fall die gesamte Tür probeweise mal ohne Leim zusammenstecken. Es ist sehr wichtig, dass die Füllungen nicht zu stramm, aber natürlich auch nicht zu locker in der Rahmennut sitzen. Es kann also durchaus sein, dass Sie die Abplattungen hier und da noch etwas nacharbeiten müssen, bis die Füllungen perfekt passen.

11 Was jetzt noch fehlt, ist der Außenfalz (25 mm hoch und 13 mm tief) an den beiden Längsfriesen und dem oberen Querfries, das Einbohren der Türbänder, sowie das Einfräsen des Türschlosses. In meinem „Handbuch Elektrowerkzeuge" werden diese Arbeitsschritte auf den Seiten S. 277 bis 279 beim Bau einer modernen Zimmertür genau beschrieben.

Zeichnungen und Materialliste

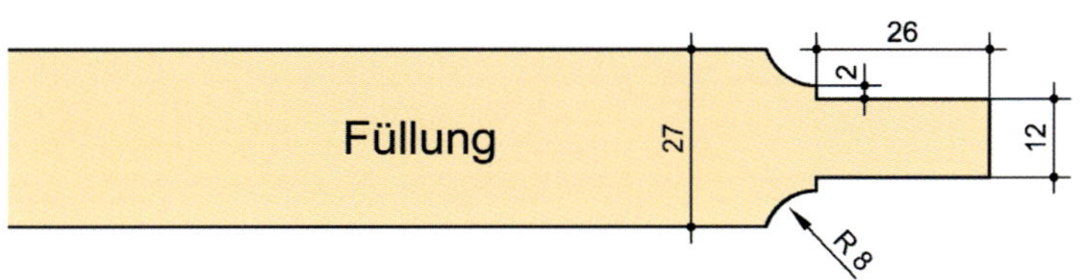

Um die exakte Länge der Querfriese zu berechnen, müssen Sie vor allem die Nuttiefe von 13 mm beachten, die vom Fräser vorgegeben ist. Bezogen auf die Türmaße rechts (für ein 86er Türblatt) muss man also zu den 620 mm (Innenbreite des Rahmens) noch zweimal 13 mm hinzuaddieren, was dann exakt 646 mm entspricht. Wenn Sie das nicht beachten, ist die Tür später zu schmal.

Fräser auf Rahmenstärke einstellen

Bei 40 mm starken Türrahmen sollten Sie 2 mm dicke Distanzringe zwischen die beiden Scheibennuter legen. Damit erreichen Sie eine Nutbreite von etwa 12 mm, die auch oben in der Zeichnung angegeben ist.

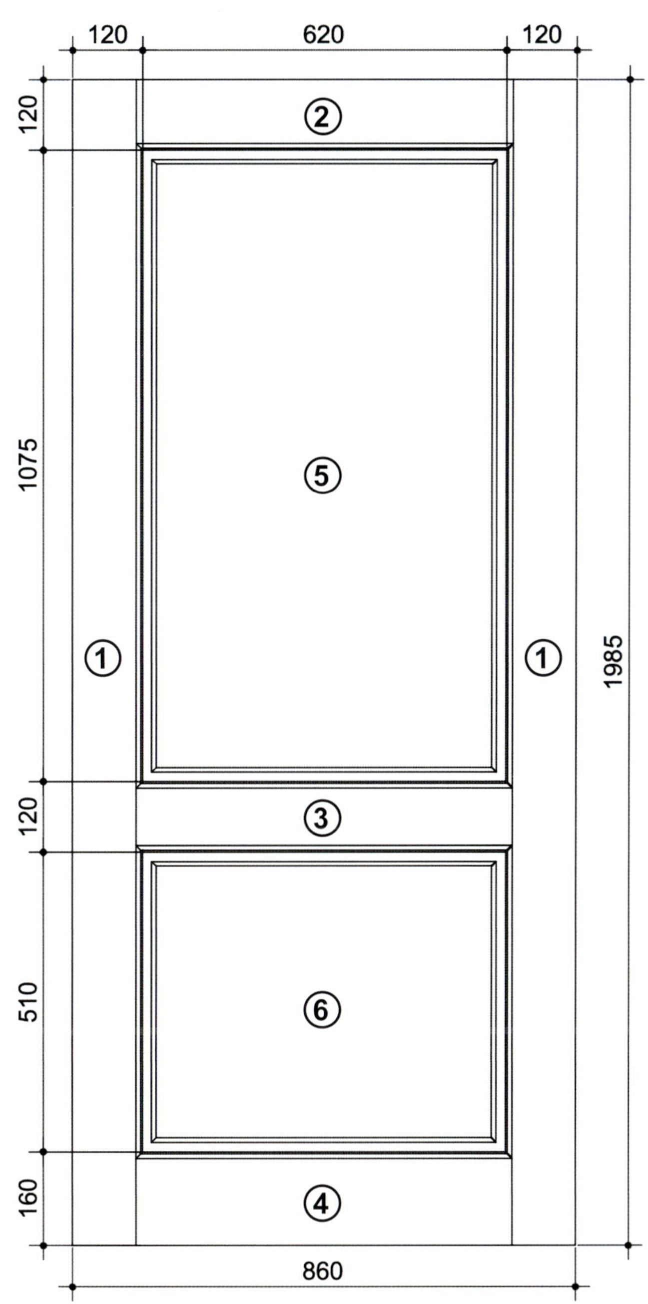

Materialliste: Zimmertür im Landhausstil

Pos.	Anz.	Bezeichnung	Maße (mm)	Material
1	2	Längsfriese	1985 x 120	40 mm Leimholz
2	1	Querfries oben	646 x 120	40 mm Leimholz
3	1	Querfries mitte	646 x 120	40 mm Leimholz
4	1	Querfries unten	646 x 160	40 mm Leimholz
5	1	Türfüllung oben	1095 x 640	27 mm Leimholz
6	1	Türfüllung unten	530 x 640	27 mm Leimholz

Sonstiges: Dominodübel 8 x 80 mm

Kapitel 5

Alles Wichtige zum Bau des eigenen Frästisches

Das Herzstück des Frästisches: Ein leistungsfähiger Motor

Man kann es nicht oft genug wiederholen, aber das Wichtigste im Frästisch ist Leistung, Leistung und nochmals Leistung. Aus diesem Grund sollten Sie im Frästisch nur Oberfräsen oder Fräsmotoren mit mindestens 1400 Watt einsetzen. Richtig Spaß macht der Frästisch aber erst ab 1800 Watt, denn im Frästisch muss eine solche Maschine oft im Dauerbetrieb viele Laufmeter Leisten, Bretter oder sonstige Bauteile bearbeiten. Der Motor wird also deutlich stärker belastet als im Handbetrieb. Erschwerend kommt hinzu, dass kleine Oberfräsen in aller Regel auch deutlich lauter und kreischender sind. Selbst mit einem hochwertigen Gehörschutz kann einem das schon ziemlich schnell auf den Gehörgang und die Nerven gehen. Daher mein Rat: Wenn Sie sich, ihrer Umwelt und letztlich auch ihren Holzprojekten etwas Gutes tun wollen, dann sparen Sie auf gar keinen Fall beim Fräsmotor!

Neben ausreichend Leistung sollte man den Motor mindestens mit 8 und 12 mm Spannzangen ausstatten können. Und wenn Sie öfters Fräser aus den USA oder England einsetzen möchten, dann sollte der Hersteller auch noch eine 6,35 mm (1/4 Zoll) und eine 12,7 mm (1/2 Zoll) Spannzange passend zur Maschine liefern können. Spannzange samt Überwurfmutter sollten außerdem möglichst weit aus der Maschinengrundplatte herausragen, wenn der Motor komplett abgesenkt wurde. Das erleichtert das

Ein solcher Sicherheitsschalter (Nullspannungsschalter) schützt nach einer Stromunterbrechung vor ungewolltem Wiederanlaufen der Maschine und sollte daher an keinem Frästisch fehlen.
Doch Vorsicht: Bei den neuen Oberfräsen mit eigenem Wiederanlaufschutz bleibt lediglich das Auslösen des Notaus bestehen (s. Infokasten unten)!

Ansetzen des Maulschlüssels zum Fräserwechsel ungemein. Die Grundplatte selbst sollte für den Einsatz großer Abplattfräser auch über eine entsprechend große Öffnung verfügen.

Seit diesem Jahr gilt zudem eine neue Oberfräsen-Norm (s. Infokasten), die Sie beim Kauf zukünftiger Oberfräsen unbedingt im Blick behalten sollten. Daher kann ich Ihnen nur dringend dazu raten, sich noch im Restbestand der Händler oder auf dem Gebrauchtmarkt eine Oberfräse anzuschaffen die noch keinen Wiederanlaufschutz verbaut hat. Einige Hersteller haben aber bereits Nachfolgemodelle speziell für den Frästisch angekündigt.

Wichtiger Hinweis: Neue Norm bei handgeführten Oberfräsen

Aufgrund einer neuen Norm müssen alle Oberfräsen ab 2022 entweder über einen nicht arretierbaren Schalter verfügen oder – falls der Schalter arretierbar ist – muss in der Maschine ein Anlaufschutz verbaut sein. Der verhindert, dass die Oberfräse nach einer Stromunterbrechung bei arretiertem Schalter wieder selbstständig anläuft. Der Schalter muss in dem Fall zuerst wieder in die Aus-Stellung gebracht werden, damit man die Maschine anschließend wieder wie gewohnt über den Schalter einschalten kann. Bei Oberfräsen mit einem solchen Wiederanlaufschutz kann man die Maschine zwar mit einem externen Sicherheitsschalter ausschalten, das erneute Einschalten funktioniert aber leider nicht mehr. Dafür muss man unter den Frästisch greifen und den Schalter an der Maschine zuerst aus- und danach wieder einschalten. Für den Einsatz im Frästisch sind also Oberfräsen mit Wiederanlaufschutz nicht zu empfehlen.

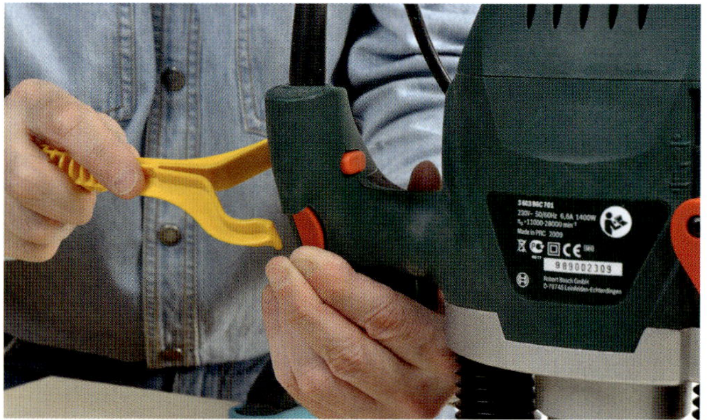

Anders sieht das bei Oberfräsen aus, die einen nicht arretierbaren Schalter besitzen (z. B. Bosch POF 1400). Bei diesen Maschinen kann man den Schalter über eine Einschaltklemme (s. Bild) oder Kabelbinder feststellen und anschließend bequem über den Sicherheitsschalter ein- und ausschalten.

1. Tauch-Oberfräsen mit integrierter Höhenverstellung

Die Trend T11 ist eine für den Frästisch optimierte Oberfräse auf der Basis einer DeWalt DW625, die wiederum baugleich mit der Trend T10 ist. Optisch erinnern alle diese Maschinen an die gute alte ELU MOF 177 und genau diese unverwüstliche Technik steckt auch heute noch im Inneren der T11 bzw. T10. Im Gegensatz zur T10 und der DW625 besitzt die T11 allerdings eine sehr gute Höhenverstellung (s. oben) und eine deutlich größere Grundplattenöffnung für die Aufnahme von bis zu 86 mm (!) großen Fräswerkzeugen.
Wichtig: Diese Maschine gibt es leider nur noch als Restbestände oder auf dem Gebrauchtmarkt und wird zukünftig durch die neue Trend T14 ersetzt.

Die CMT7E (baugleich zur Triton TRA001) ist mit 2400 Watt ein extrem kraftvoller Antrieb. Für den Einsatz im Frästisch wird zuerst die Feder in der Hubsäule entfernt. Mit der mitgelieferten Kurbel lässt sich die Fräserhöhe dann bequem von oben über der Frästischfläche einstellen. Auch dieses Modell wird zukünftig durch ein Neues (Triton TRA002) ersetzt, das man auch normgerecht im Frästisch betreiben kann.

2. Oberfräsen mit separatem Motorblock sowie Fräskorb mit integrierter Höhenverstellung

Mit 1400 Watt ist die AEG MF1400 leistungstechnisch das Minimum, was man in einen Frästisch einbauen sollte (erhältlich ab etwa 350 Euro). Allerdings erhält man hier ein Set aus zwei Fräskörben, in die man mit wenigen Handgriffen den separaten Motorblock einspannen kann. Bleibt die Kopiereinheit unter einem Frästisch dauerhaft montiert, sollte man besser auch die beiden großen Griffhörnchen abschrauben. Direkt am Motor befindet sich auch der Ein- und Ausschalter, dadurch lässt er sich auch problemlos als separater Antriebsmotor in einen Fräslift einspannen (s. a. Seite 216). Wenn Sie diese Maschine für den Einsatz im Frästisch nutzen möchten, dann sollten Sie darauf achten, dass noch kein Wiederanlaufschutz verbaut ist (mehr dazu im Infokasten auf der linken Seite).

Das gleiche Konzept aus Motorblock und zwei Fräskörben bietet auch die mit 1600 Watt etwas leistungsstärkere Bosch GOF/GMF1600 (erhältlich ab etwa 500 Euro). Tauch- und Kopiereinheit lassen sich wirklich sehr gut bedienen und auch der Wechsel des Motors geht richtig fix. Allerdings lässt sich der Motor nur in einem der beiden Fräskörbe ein- bzw. ausschalten. Er kann also nicht einzeln, sondern immer nur in Verbindung mit einem Fräskorb betrieben werden. Lobenswert: Der Schalter kann zumindest auf Dauerbetrieb festgestellt werden und der Motor besitzt (noch) keinen Wiederanlaufschutz, was jedoch bei zukünftigen Oberfräsen sicher noch aufgrund der neuen Norm geändert wird. Lediglich bereits produzierte Lagerbestände dürfen noch ohne Wiederanlaufschutz verkauft werden.

Befestigungsplatten: Die Schnittstelle zwischen Tischplatte und Oberfräse

Bei den meisten Frästischen „hängt" die Oberfräse an einer speziellen Befestigungsplatte, die entweder aus Kunststoff oder Aluminium gefertigt ist. Damit die Kunststoffplatten einigermaßen stabil sind, sollten Sie schon eine Dicke von etwa 10 mm besitzen. Aluplatten bieten aber bereits ab einer Dick von 6 mm deutlich mehr Stabilität und Planheit und sind vor allem für Oberfräsen mit wenig Hub aus der Grundplatte zu empfehlen. Achten Sie aber unbedingt darauf, dass bei der Platte die Fräseröffnung mithilfe von Einlegeringen dem Fräserdurchmesser angepasst werden kann. Bei Platten mit sehr großen Fräseröffnungen müssen Sie zudem darauf achten, dass die Befestigungslöcher ihrer Oberfräse noch im Aluminium der Platte sitzen. Bei kleineren Oberfräsen (unter 1400 Watt) liegen diese Löcher meist nicht weit genug auseinander. Aber keine Angst, denn selbstverständlich zeige ich Ihnen auch dafür auf der nächsten Seite im Infokasten eine einfache Lösung. Und noch ein wichtiger Hinweis: Kaufen Sie nur Aluplatten, bei denen Sie in die Einlegeringe auch Kopierhülsen im amerikanischen „Porter-Cable-Style" einsetzen und festschrauben können (s. a. Bild ganz unten rechts und die Infos zu diesen Kopierhülsen auf der Seite 146).

Sie haben die Wahl zwischen Kunststoff oder unterschiedlich dicken Aluminium-Platten

Die 9,5 mm dicke Kunststoffplatte der Fa. Trend ist zwar etwas günstiger als die meisten Aluplatten, da sie aber nicht wirklich plan ist, muss sie aufwändig unterlegt und fixiert werden.

Die Fa. Sauter (www.sautershop.de) bietet aber als Alternative auch eine kaum teurere 6 mm dicke Aluplatte in den gleichen Abmessungen (306 x 229 mm) mit wechselbaren Einlegeringen an.

Bei dieser 10 mm dicken Aluplatte (Fa. Rutlands aus England) werden die Einlegeringe nicht eingeclipst, sondern mit einem mitgelieferten Stirnlochschlüssel eingedreht und verriegelt.

Mein absoluter Favorit: Die Aluplatte der Fa. Incra

Absolut überzeugend, sowohl in der hochwertigen Verarbeitung (Eloxierung), als auch den durchdachten Details, ist diese 9,5 mm dicke massive Aluplatte (298,5 x 235 mm) der Fa. Incra (erhältlich bei: www.feinewerkzeuge.de).

Die hochpräzisen Einlegeringe sind aus Stahl gefertigt und werden von vier starken Magneten sicher gehalten. Aber das Beste: Diese Magnete lassen sich in der Höhe sehr präzise verstellen, so dass Sie die Einlegeringe wirklich perfekt …

… auf eine Ebene mit der Aluplatte einstellen können – einfach traumhaft! Neben den drei mitgelieferten Ringen können Sie noch 10 (!) weitere Abmessungen zukaufen, darunter auch ein Ring zur Aufnahme von Einschraub-Kopierhülsen.

Runde Befestigungsplatten sind im Nu eingelassen

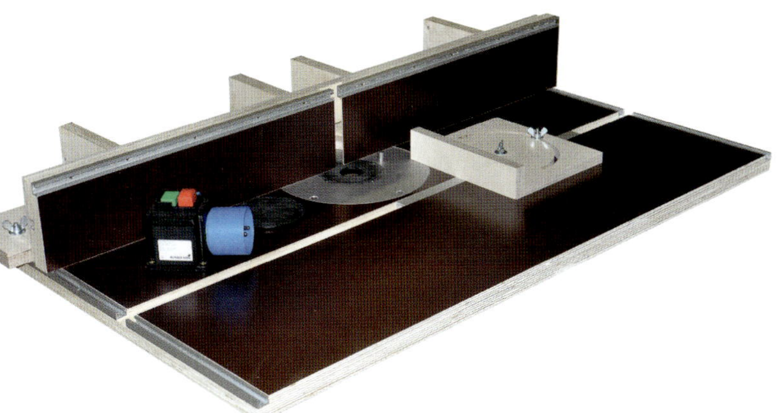

Ich habe mir vor Jahren für meine Frästischkurse runde Aluplatten mit schwarzen Kunststoffringen anfertigen lassen (s. Bild links), weil man runde Platten ganz einfach und ohne zusätzliche Schablone mit einem Stangenzirkel einlassen kann. Warum es in Deutschland immer noch keinen Hersteller gibt, der eine solche simple wie geniale Lösung anbietet, ist mir ehrlich gesagt schleierhaft und wird sich hoffentlich mit diesem Buch ändern. In der Zwischenzeit, können Sie sich aber auch aus stabilem Pertinax® (10 mm dick) eine solche Befestigungsplatte samt Einlegeringen selbst herstellen (s. Bild oben rechts).

Und so einfach gehts:

1 Stecken Sie einen 20-mm-Nutfräser ein und stellen Sie den Radius am Stangenzirkel etwa einen halben Millimeter größer ein als die runde Aluplatte.

2 Die Befestigungsplatte darf nicht stramm in der Aussparung sitzen, sondern sollte etwas Luft haben. Anschließend sägen Sie den mittleren …

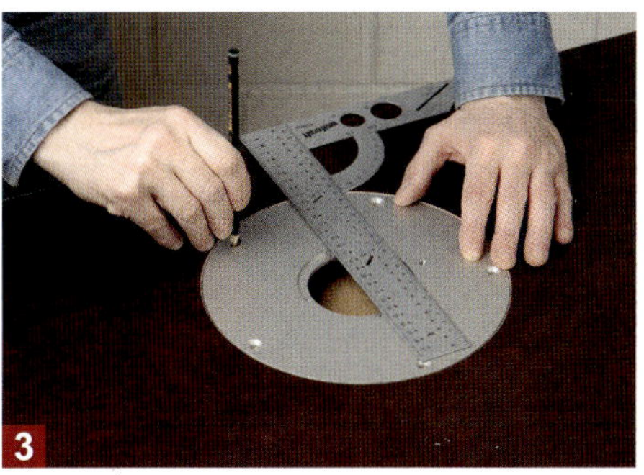

3 … Rest mit einer Stichsäge heraus. Die Platte sollte 5 Befestigunungslöcher besitzen, damit man sie schön plan zur Tischfläche befestigen kann.

Befestigungstipp: Kleine Oberfräse – große Aluplatte

Um eine kleine Oberfräse an eine Aluplatten mit großer Einlegeringöffnung zu befestigen, nutzen Sie einfach zwei Gewindestangen und zwei Hartholzleisten. Die Gewindestangen stecken Sie dazu in die Aufnahmen, in denen auch die Stangen des Parallelanschlags sitzen. Anschließend schrauben Sie zuerst je eine Sechskantmutter auf, stecken danach die beiden Harthölzer auf und fixieren zum Schluss alles noch mal mit je einer

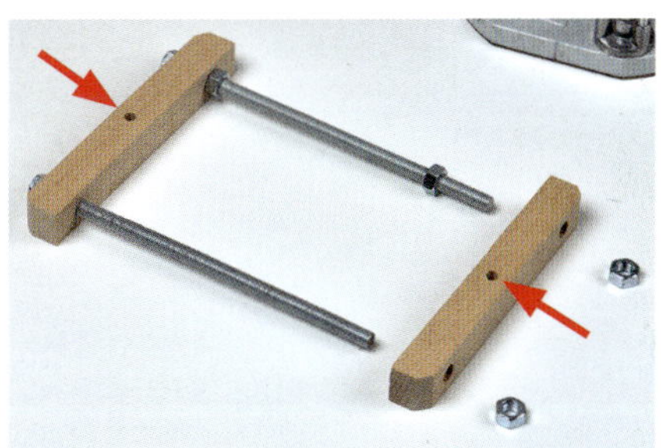

Sechskantmutter. Durch die beiden Bohrungen in der Hartholzleiste (Pfeile) kann die Maschine jetzt sicher angeschraubt werden.

Der Fräslift: Ein Komfort, der seinen Preis hat

Durch die neue Oberfräsennorm (Stichwort: Wiederanlaufschutz s. a. S. 212) werden hier in Europa zukünftig deutlich mehr Fräslifte mit separatem Motor angeboten. Denn für externe Fräsmotoren gilt die Norm nicht und daher muss dort auch kein Wiederanlaufschutz verbaut sein. Einige englische Versender haben bereits solche Fräslifte samt starkem 2400-Watt-Motor im Angebot (komplett ab 650 Euro). Das entspricht etwa 3,25 PS und dürfte selbst für die anspruchsvollsten Fräsarbeiten völlig ausreichen. Ein weiterer Vorteil: Der Motor bleibt immer montiert und ist genau auf den Fräslift abgestimmt. Dadurch sitzt er in aller Regel auch exakt mittig zu den Einlegeringen und senkrecht zur Liftplatte. Und die Einstellung der Fräserhöhe ist ein Traum!

Fräslifte werden ausschließlich mit separaten Fräsmotoren betrieben. Sie müssen dazu am Motorgehäuse einen Ein-/Aus-Schalter und eine Drehzahlregulierung besitzen. Optimalerweise hat der Fräsmotor auch gleich einen Durchmesser von 107 mm und eine Leistung von mindestens 1800 Watt. Nicht zu verwechseln mit Fräsmotoren samt 43 mm Eurohalsaufnahme!

Oberfräsenlifte aus den USA besitzen in der Regel eine Motoraufnahme mit 107 mm Durchmesser. Die wird spielfrei in zwei großen Hubsäulen geführt und kann präzise über ein Trapezgewinde...

... in der Höhe verstellt und danach mit einer Schraube (Pfeil) sicher arretiert werden. Für kleinere Fräsmotoren gibt es auch passende Adapter- bzw. Distanzringe aus Kunststoff (Fa. Rockler).

Achten Sie darauf, dass der Fräsmotor in der höchsten Stellung auch durch die Liftplatte passt und dort etwas vorsteht. Dann lassen sich die Fräser besonders bequem und einfach wechseln.

Der Wagenheber: Der günstige Fräslift für alle Tauch-Oberfräsen

Wer einmal mit einem hochwertigen Fräslift samt Motor gearbeitet hat, der wird wohl nie wieder etwas anderes nutzen wollen. Allerdings muss man sich diesen Luxus auch leisten können. Und obwohl ich zwei Top-Fräslifte aus den USA besitze (s. Bilder oben), nutze ich in meinem Frästisch zur Einstellung der Fräserhöhe immer noch einen simplen Scherenwagenheber. Das liegt einfach daran, dass ich dort eine Festool Tauchfräse (OF2200) einsetze und für Tauchfräsen gibt es keine bessere und günstigere Lösung!

Mit einem kleinen Labor-Hebetischchen oder einem leicht modifizierten Scherenwagenheber aus dem KFZ-Handel lässt sich jede Tauch-Oberfräse bequem Heben und Senken (s. a. S. 249).

Der Router Raizer: Eine universelle Höhenverstellung für viele Tauch-Oberfräsen

Mit diesem Umbau-Kit (Bild 1) können viele Tauch-Oberfräsen mit einer sehr präzisen Höhenverstellung ausgestattet werden. Mehr Infos zum Umbau und eine Liste aller unterstützten Oberfräsen finden Sie auf der Website des amerikanischen Herstellers (www.routertechnologies.com). Dank der guten Anleitung verlief der Umbau meiner DeWalt DW 625 völlig problemlos. Lediglich in die dünne Grundplatte musste noch mit einem Forstnerbohrer ein Loch für die Kurbel gebohrt werden (s. Bild 3).

Nach dem Umbau lässt sich die Oberfräse sowohl von oben (2), als auch von unten durch die Grundplatte (3) präzise in der Höhe verstellen.

Einzigartig: Schwenkbarer Oberfräsenlift für Fräsmotoren mit 43-mm-Eurohals

Die Fa. Sauter (www.sautershop.de) bietet mit dem OFL3.0 einen weltweit einzigartigen schwenkbaren Fräslift für Fräsmotoren mit 43-mm-Euro-Spannhals an. In den USA gibt es zwar auch schwenkbare Fräslifte, allerdings nur für die großen Fräsmotoren mit 107 mm Durchmesser. Vorteil der Sauter-Lösung: Alle Bedienhebel sind aufgrund der kleinen Fräsmotoren sehr gut erreichbar. Zum Schwenken müssen Sie lediglich die beiden schwarzen Exzenterspannhebel lösen und schon lässt sich der Fräsmotor um bis zu –5° nach vorne und 50° nach hinten neigen. Da sich beim Schwenken auch die Position des Fräsers ändert, kann der Fräsmotor nach dem Lösen der beiden roten Spannhebel auch vor und zurück bewegt werden. Die Fräserhöhe lässt sich bequem von oben mit einem Inbusschlüssel einstellen. Der Mechanismus über die Trapezspindel ist extrem leichtgängig. Selbst kleinste Veränderungen der Fräserhöhe lassen sich „butterweich“ vornehmen und über eine Zehntelmillimeter-Skala auch noch sehr präzise ablesen. Damit sich die eingestellte Höhe beim Fräsen nicht verändert, befindet sich vor der Höhenverstellung noch eine Arretierschraube (LOCK), die ebenfalls mit dem Inbusschlüssel bedient wird. Hier wurde wirklich an alles gedacht!

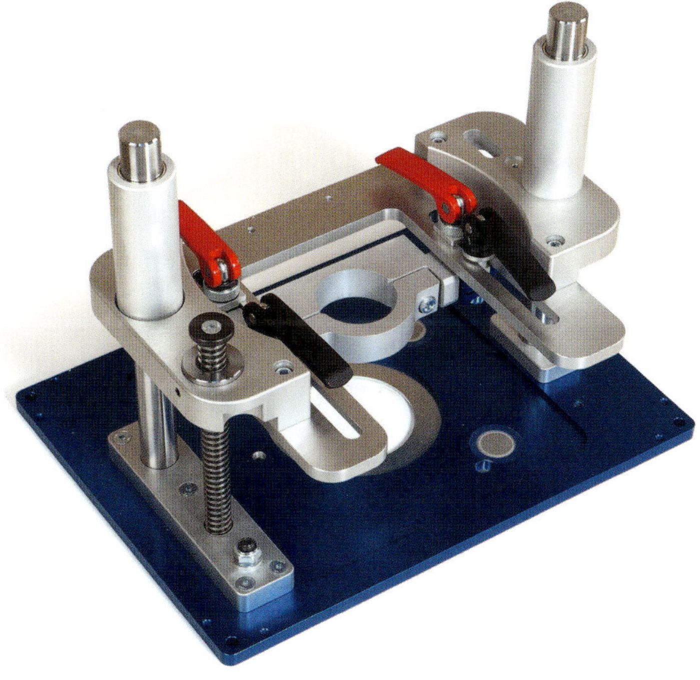

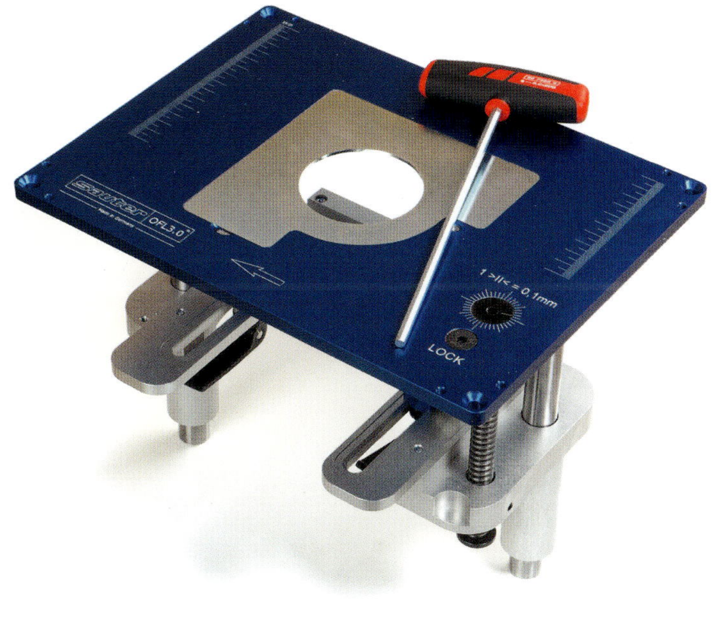

Die Einstellmöglichkeiten: Schwenken und lineare Ausrichtung der Schwenkachse

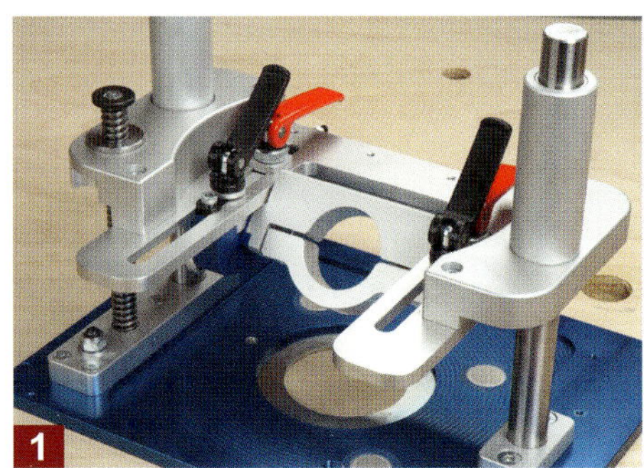

Stellen Sie als erstes immer die gewünschte Schräge ein. Dazu lösen Sie die beiden schwarzen Spannhebel. Ist der korrekte Winkel eingestellt, beide Klemmhebel sofort wieder festziehen.

Für die wichtigsten Winkel (15°; 22,5°; 30° und 45°) gibt es Rastpunkte, so dass man schnell und relativ präzise diese Winkel einstellen kann. Da sich in den Rastpunkten ein minimales Spiel …

… befindet, sollten Sie den Winkel am besten noch mit einem digitalen Neigungsmesser kontrollieren. Sollen andere Winkel eingestellt werden, den Rastknopf etwas in Pfeilrichtung drücken.

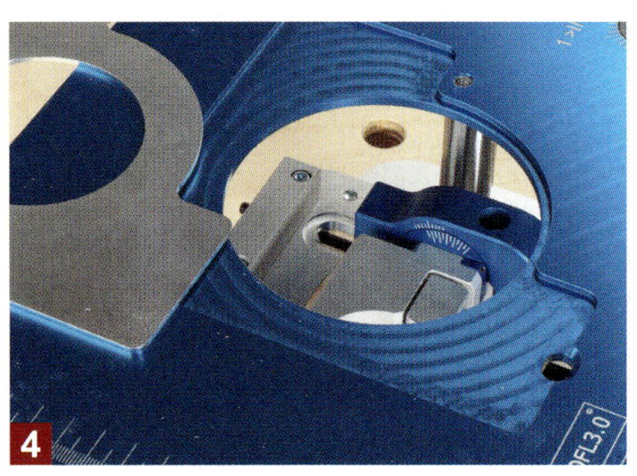

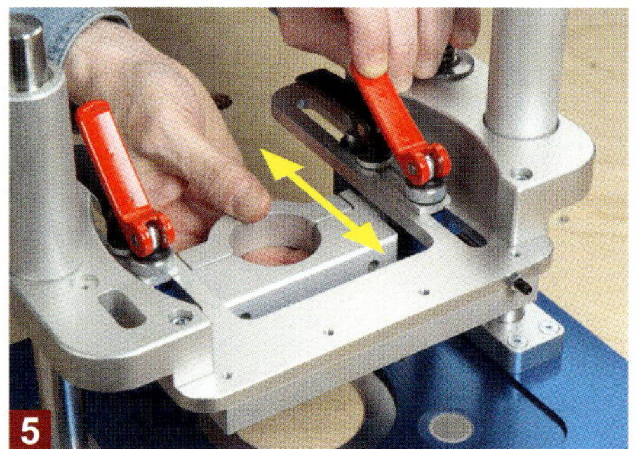

Von oben gut sichtbar kann man die Schwenkung auch für andere Winkel, die außerhalb der Rastpunkte liegen, über eine Nonius-Skala gradgenau ablesen (Bild 4). Je nach Schräge und eingespanntem Fräser müssen Sie auch den geschwenkten Motor vor oder zurück bewegen, damit der Fräser in etwa mittig aus der Reduzierplatte heraus schaut. Dazu lösen Sie einfach die beiden roten Klemmhebel (Bild 5).

Die perfekte Ergänzung: Suhner-Fräsmotoren mit 43-mm-Euro-Spannhals

Lassen Sie sich nicht von der kompakten Größe täuschen, denn Suhner-Fräsmotoren gibt es mit bis zu 1800 Watt Leistung. Der abgebildete Motor (Suhner UAK30 SPZ12) besitzt eine Leistung von 1600 Watt mit einem stufenlos einstellbaren Drehzahlbereich von 3.500 bis 30.000 U/min. Eine Konstantelektronik verhindert zudem, dass die eingestellte Drehzahl unter Last abfällt. Der Sanftanlauf und der temperaturabhängige Überlastschutz runden den Motor ab und unterstreichen seine hochwertige Verarbeitung. Allerdings gibt es einen kleinen Wermutstropfen: Laut Herstellerangaben beträgt der maximale Fräserdurchmesser lediglich 40 mm (beim 1800-Watt-Motor sind es 55 mm). Wenn Sie also größere Fräser einsetzen, was problemlos funktioniert, dann handeln Sie auf eigene Gefahr. Dieser Hinweis ist mir sehr wichtig, weil ich auf den folgenden Seiten auch den großen Falzkopf mit 50 mm Durchmesser im Fräsmotor einsetze. Eine Garantie, dass das auch gefahrlos bei Ihnen funktioniert, kann ich nicht geben!

Spannzangen für nahezu jeden Fräserschaftdurchmesser!

Dass die leistungsfähigen Suhner-Fräsmotoren hauptsächlich in kleinen CNC-Maschinen eingesetzt werden, merkt man auch an dem riesigen Angebot hochwertiger Spannzangen. Neben den metrischen Maßen 3, 4, 5, 6, 8, 10 und 12 mm bietet der Hersteller auch die wichtigsten Inch-Maße 1/8, 1/4, 3/8 und 1/2 Zoll für seine beiden größten Fräsmotoren mit 1600 und 1800 Watt an. Und die gute Nachricht: Alle diese Spannzangen passen auch in viele Oberfräsen anderer Hersteller, wie beispielsweise Trend T10, T11, DeWalt DW 625, Festool OF1400, OF2000, OF 2200 (DeWalt/Trend im kleinen Bild links und Festool rechts).

Das Einbaumaß (306 x 229 mm) passt zu vielen bestehenden Befestigungsplatten

Da die Aluplatte des Fräslifts das Maß der Trend Kunststoffplatte und einiger anderer Hersteller hat, kann man sie auch sehr gut als Upgrade nutzen, ohne dafür großartig etwas nachfräsen zu müssen. Ich musste lediglich noch den mittleren Ausschnitt etwas mit der Stichsäge vergrößern, damit die Liftmechanik von oben in die Aussparung hinein passt (Bild 2). Es gibt den Sauter-Fräslift samt Aluplatte auch in dem für die amerikanischen Firmen Kreg, Incra und Jessem passenden Außenmaß von 298 x 235 mm.

Den optionalen Nivelierrahmen sollten Sie sich unbedingt gönnen. Der verhindert, dass sich die Madenschrauben (s. Bild 3) ins Holz „eingraben“.

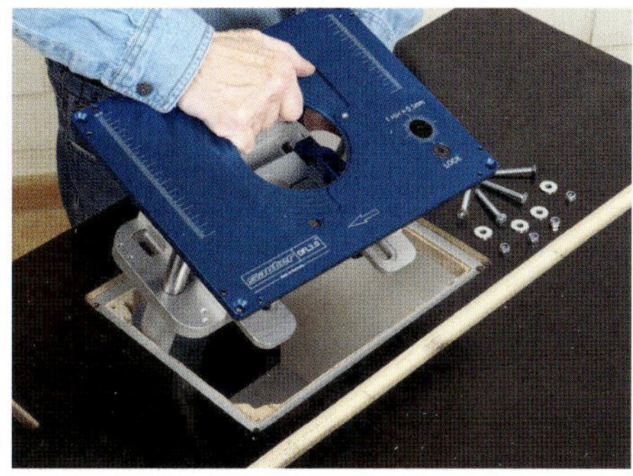

Den Fräslift etwas schräg nach vorne neigen, damit man ihn von oben in die Aussparung absenken kann. Dann die vier M6er-Schrauben einstecken ...

... und von unten U-Scheibe und Mutter locker aufdrehen. Mit zwei Madenschrauben können Sie jede Ecke exakt auf das Tischnivau einstellen.

Wird der Lift samt Motor ganz nach oben gedreht, lassen sich die Fräser bequem mit zwei Maulschlüsseln über der Tischfläche wechseln.

Im Fräslift selbst dürfen nur Fräser mit einem Durchmesser von maximal 55 mm eingesetzt werden. Das reicht für den beliebten 50-mm-Falzkopf.

Typische Einsatzmöglichkeiten eines schwenkbaren Fräslifts

Mit einem schwenk- bzw. neigbaren Fräslift lassen sich Fräswerkzeuge noch vielseitiger einsetzen. So können Sie beispielsweise mit dem großen Falzkopf oder einem beliebigen Nutfräser Holzkanten in nahezu jedem beliebigen Winkel anschrägen. Mit relativ wenig Aufwand gelingen Ihnen so präzise auf Gehrung gefertigte Viereck-, Sechseck- oder Achtecksäulen. Aber auch wenn Sie ein Faible für „schräge Möbel" haben und daher öfters Rückwände oder Schubkastenböden schräg einnuten müssen, werden Sie einen schwenkbaren Fräslift schnell zu schätzen wissen. Und zu guter Letzt können Sie durch das Schwenken des Fräsmotors auch Profilfräser in verschiedenen Winkeln und Schrägen auf die Werkstückfläche ansetzen. Das hat den großen Vorteil, dass Sie das Werkstück weiterhin flach oder hochkant auf die Frästischfläche auflegen und präzise am Fräsanschlag vorbeiführen können, ohne gefährliche und komplizierte schräge Unter- und Anbauten herstellen zu müssen.

So interessant ein schwenkbarer Fräslift aber auch ist, bringt er nur dann einen Anwendungsvorteil, wenn man die Schräge auch präzise einstellen und den Winkel genau ablesen kann. Denn wenn Sie einen auf Gehrung gearbeiteten Korpus herstellen möchten, dann müssen Sie sich hundertprozentig darauf verlassen können, dass der Falzkopf samt Schneiden auch exakt auf 45° geneigt ist. Ein hochwertiger digitaler Neigungsmesser ist also Pflicht! Denn sind die Gehrungen später trotzdem undicht, liegt das in den meisten Fällen an einer ungenauen Einstellung oder an Bauteilen, die nicht exakt die gleiche Größe haben.

1. Anwendungsbeispiel: Exakte 45°-Schräge anfräsen

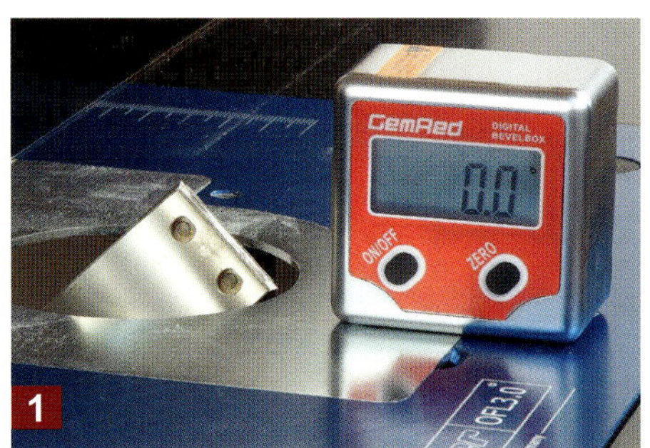

Legen Sie den digitalen Neigungsmesser zuerst auf die Liftplatte auf und drücken Sie die „Zero" Taste, um die Anzeige auf Null Grad zu stellen. Denn nur durch dieses sogenannte „Nullen" zur Referenzfläche (in diesem Fall der Liftplatte) ist eine exakte Messung an den Fräserschneiden möglich.

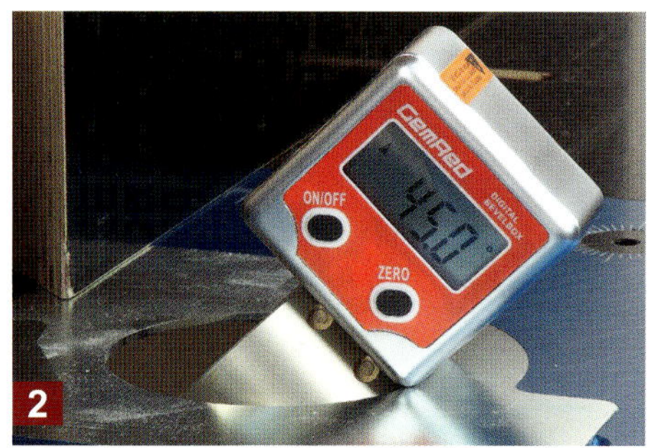

Legen Sie anschließend den Neigungsmesser gegen die Fräserschneiden. Im Display erscheint nun die eingestellte Schräge (hier exakt 45°). Die Genauigkeit eines Neigungsmessers liegt in der Regel bei +/– 0,1°. Auf diese Weise können Sie natürlich auch jeden anderen Winkel präzise einstellen.

Fräsen Sie zuerst die Schräge in die beiden Stirnkanten hinein. Damit es an den Längskanten nicht zu Ausrissen kommt, schieben Sie das Werkstück zusammen mit einem Winkelbrett am Fräser vorbei. Und ganz wichtig: Die Andruckfeder darf niemals im Bereich der Schräge Druck ausüben!

Sind beide Stirnkanten gefräst, kommt erst ganz zum Schluss die Längskante dran. Auf diese Weise können Sie sicher sein, dass es zu keinerlei Ausrissen kommen kann.

Ich habe mal spaßeshalber mit einem hochwertigen Gehrmaß die 45°-Schräge überprüft und bin schon sehr beeindruckt, wie präzise man den Fräser mit einem Neigungsmesser einstellen kann.

Mit dem Falzkopf sind Schrägen mit einer Länge von maximal 30 mm möglich. Das reicht völlig aus, um an bis zu 21 mm dicke Platten exakte 45°-Gehrungen anzufräsen.

2. Anwendungsbeispiel: Schrägen von mehr als 45° anfräsen

Den Fräslift können Sie bis maximal 50° nach hinten schwenken. Das bedeutet mit einem Falzkopf lassen sich nur Schrägen bis maximal 50° herstellen. Es kommt aber im Möbelbau oft vor, dass man noch flachere Schrägen benötigt. Kleine Werkstücke kann man dazu noch bequem hochkant am Fräsanschlag vorbeiführen, mit zunehmender Größe wird das jedoch immer unhandlicher und gefährlich. Wenn Sie jedoch einen 45°-Fasefräser in Kombination mit dem schwenkbaren Fräslift einsetzen, lassen sich dort auch alle flachen Schrägen jenseits der 45° einfach und gradgenau einstellen.

Diese Fasefräser gibt es in aller Regel mit Kugellager bis zu einem Durchmesser von 65 mm und einer Schneidenlänge von gut 36 mm. Da Sie aber im Fräslift nur Fräser bis maximal 55 mm Durchmesser einspannen dürfen, können Sie dort leider nur den nächst kleineren Fasefräser mit 45 mm Durchmesser und einer Schrägen- bzw. Schneidenlänge von gut 25 mm einsetzen. Aber auch damit können Sie schon eine ganze Menge anstellen. Man muss nur wissen, wie es geht und das zeige ich Ihnen auf den folgenden Bildern.

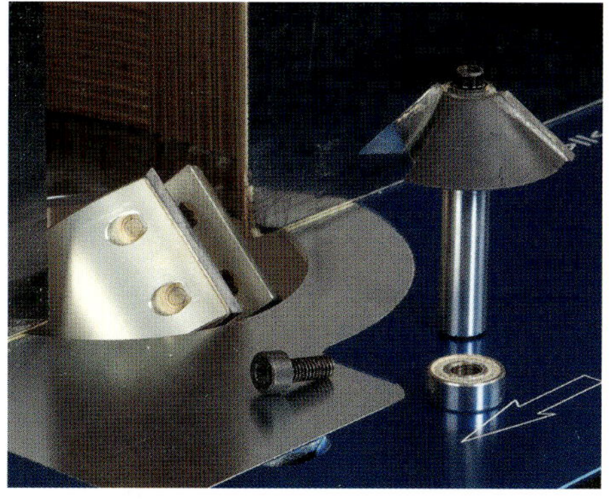

Ein auf 45° geschwenkter Falzkopf macht genau das Gleiche, wie ein einfacher 45°-Fasefräser. Wenn Sie von dem Fasefräser jedoch das Kugellager entfernen, können Sie damit auch deutlich …

… flachere Schrägen herstellen. Sie müssen lediglich zur Schwenkung des Fräslifts immer die 45°-Schräge des Fasefräsers hinzuaddieren, Beispiel: 15°-Schwenkung plus 45°-Fräser = 60°-Fase

Mit dieser 60°-Fase bzw. Schräge könnten Sie beispielsweise aus drei gleich großen Brettchen eine dreieckige Säule herstellen. Beim Fräsen müssen Sie wieder unbedingt darauf achten, dass die Andruckfeder nicht im Bereich der Schräge drückt!

Lange und flache Schräge (Schweizer Kante) anfräsen

1

Auch wenn die Schneidenlänge auf den ersten Blick nicht ausreicht, können Sie trotzdem deutlich längere Schrägen anfräsen. Wichtige Voraussetzung: Der Kugellagerstutzen am Fräserende (s. Pfeile) darf nicht über der Schneidenschräge …

2

… vorstehen. Zeichnen Sie sich als erstes die gewünschte Schräge auf die Stirnkante und stellen Sie den Fräser auf den oberen Bereich der Schräge ein (Bild 1). Ist dieser Bereich gefräst, stellen Sie Fräserhöhe und Fräsanschlag auf den weiteren …

3

… Schrägenverlauf ein (Bild 2). So fräsen Sie schrittweise bis nach unten die Schräge heraus. Ganz zum Schluss wird die Schrägfläche noch etwas mit dem Handhobel oder Exzenterschleifer bearbeitet und fertig ist die „Schweizer Kante“.

3. Anwendungsbeispiel: Profilieren mit schwenkbarem Fräslift

Durch das Schwenken des Fräsers können Sie das Profil in verschiedenen Winkeln und Schrägen auf die Werkstückfläche ansetzen. Vor allem, wenn Sie eine bestehende Leiste mit der exakt gleichen Profilform erweitern müssen, haben Sie mit einem schwenkbaren Fräslift deutlich mehr Einstellmöglichkeiten. Beachten Sie dabei aber unbedingt, dass das Werkstück auch nach der Profilierung noch genügend Auflagefläche hat. Am besten fräsen Sie zuerst das Profil in ein breites Brett (s. Bild 2) und sägen erst ganz zum Schluss die gewünschte Profilleiste daraus zu.

1 Damit der Profilfräser geschont wird, ist es sinnvoll, schon einen Teil der Kante vorab etwas anzuschrägen. Da an der Unterkante je nach Schräge und Profilgröße sehr viel Material weggefräst …

2 … wird, verringert sich auch deutlich die Auflagefläche. Schmale Leisten können dann leicht nach unten in den Fräser abkippen.

4. Anwendungsbeispiel: Nuten mit schwenkbarem Fräslift

1 Mit dem Schwenklift und einem Scheibennutfräser können Sie die Nutposition exakt dem Bauteil anpassen. Auf 45° geneigt können Sie beispielsweise in 45°-Gehrungen eine zusätzliche Nut zur …

2 … Aufnahme einer Sperrholzfeder einfräsen. Nutzen Sie dazu ein Winkelbrett und achten Sie darauf, dass die Andruckfeder keinen Druck im Bereich der Fräsung ausübt. Hier reichen zwei …

3 … einfache Holzklötze als Abstandshalter hinter der Andruckfeder völlig aus. Die Sperrholzfeder stabilisiert nicht nur die Gehrung, sondern hält auch die Position aller Bauteile beim Verleimen.

5. Anwendungsbeispiel: Grat- bzw. Keilnut für Hoffmann-Schwalbe® in Gehrung einfräsen

1 Mit dem passenden Schwalben-Fräser (hier in der Gr. W2). können sie in solche Gehrungen auch eine Gratnut einfräsen, in die Sie dann einen Schwalbenverbinder aus Kunststoff einschlagen können.

2 Den Fräsmotor dazu wieder auf 45° neigen und das Werkstück mithilfe von Winkelbrett und Andruckfeder am Fräser vorbeiführen. Die Frästiefe sollte etwas mehr als die halbe Verbinderbreite …

3 betragen, damit der Schwalbenverbinder beim Einschlagen in die Gratnuten die Bauteile auch schön dicht zusammenzieht. So entsteht im Nu ein auf Gehrung gefertigter Schranksockel.

T-Nutschienen – flexible und stabile Befestigungshelfer

T-Nutschienen (auch C-Schienen oder C-Profil genannt) sind ideal, wenn es darum geht, Vorrichtungen, sowie Arbeits- und Maschinentische mit beweglichen Anschlägen und Fixierhilfen auszustatten. Neben den gelochten T-Nut-Schienen der Schweizer Firma Aweso (s. Bild rechts), können Sie mittlerweile in vielen Online-Shops aber auch deutlich günstigere ungelochte Schienen bekommen (je nach Shop etwa 6 bis 13 Euro pro Meter). In den Außen- und Innenmaßen können die Schienen jedoch ein klein wenig variieren. So ist die Aweso Schiene mit einer Höhe von 10,5 mm etwa einen halben Millimeter dünner als meine ungelochte Schiene in den Bildern. Das hat dann auch Auswirkungen auf das Innenmaß der T-Nut, so dass eine normale Sechskantmutter nicht ohne etwas Nacharbeit (dünner feilen) hinein passt. Bei dünnen Muttern oder Sechskantschrauben gibt es keine Probleme, da hier der Sechskantkopf etwas dünner ausfällt. Dafür ist die Aweso-Schiene mit einer T-Nutbreite von 13,2 mm und der oberen Nutweite von 8,2 mm etwas weiter als die ungelochte Schiene. Es kann also durchaus sein, dass Sie bestimmte T-Nutensteine vor dem Einsatz in der ungelochten Schiene ein klein wenig in der Breite anpassen müssen. Das ist aber alles überhaupt kein Hexenwerk und mit wenigen Feilenzügen schnell erledigt.

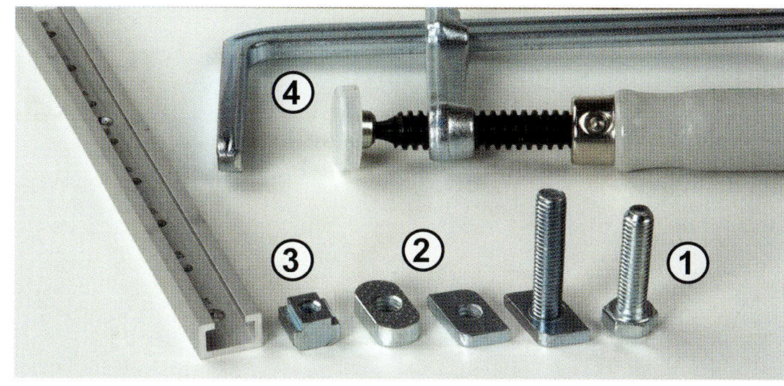

In den T-Nuten können Sie nicht nur normale Sechskantmuttern und -schrauben (1) einsetzen, sondern auch Gleitmuttern (2), T-Nutensteine (3) und sogar die Spezialzwingen (4) zur Befestigung von Führungsschienen.

Ungelochte T-Nutschienen gibt es für M8er Muttern (13 mm Nutbreite) und für M6er Muttern (10 mm Nutbreite). Achten Sie auf eloxierte T-Nutschienen, sonst können später dunkle Verfärbungen auf dem Holz sein. Außerdem sind die Gleiteigenschaften einer eloxierten Oberfläche deutlich besser.

T-Nutschienen richtig und sicher befestigen

Achten Sie beim Kauf von ungelochten T-Nut-Schienen auf eine durchgehende Mittenkerbe im Nutgrund. Das erleichtert erheblich die exakt mittige Zentrierung des Bohrlochs (s. Bild 1). Zur Befestigung der Schienen eignen sich am besten 3 bis maximal 3,5 mm dicke Senkkopfschrauben. Dazu bohren Sie zuerst mit einem 3 bzw. 3,5 mm Bohrer ein Durchgangsloch und senken es anschließend so tief, dass der Schraubenkopf nicht mehr in der T-Nut vorsteht (s. Bild 2). Am besten einen Bohrständer mit Tiefenstopp einsetzen, damit die Senkungen alle gleich und nicht zu tief ausfallen.

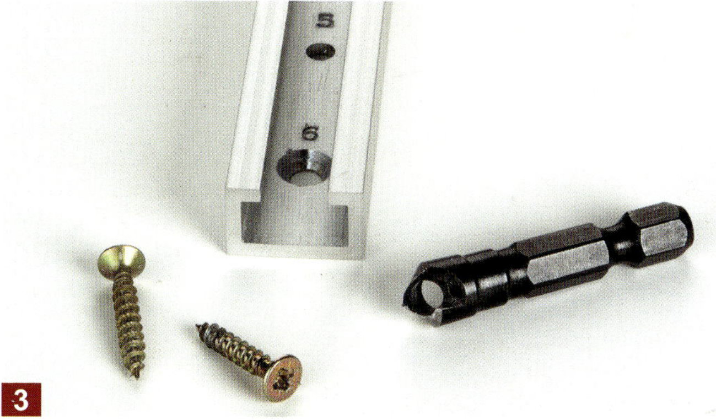

Zum Ansenken benutze ich am liebsten einen Querlochsenker, da er eine ex-trem saubere und gratfreie Senkfläche hinterlässt. Sie können aber auch normale Kegelsenker einsetzen. Wichtig: Der Außendurchmesser des Senkers darf nur maximal 8 mm betragen, sonst passt er nicht in die T-Nut hinein (hier im Bild der Wolfcraft Querlochsenker 8 mm Art. Nr. 4370000). Bei der gelochten Aweso-Schiene müssen keine Durchgangslöcher mehr gebohrt werden. Hier kann der Querlochsenker direkt in den nummerierten Löchern angesetzt werden.

4

Ein Nutfräser, der genau zur Schienenbreite passt, erleichtert das Einlassen der T-Nutschienen enorm. Hochwertige Nutfräser im Durchmesser von 17 mm fertigt beispielsweise die Fa. Sistemi Klein – entweder mit 8 oder 12 mm Schaft. Die Nutbreite entspricht damit bereits perfekt passend der Schienenbreite und Sie müssen dann nur noch die Nuttiefe von etwa 10,5 bis 11 mm (je nach Hersteller der Schienen) in zwei Etappen einfräsen (Zustellung pro Fräsgang maximal 5 bis 6 mm). Dazu ein kleiner Tipp: Versuchen Sie die Schiene möglichst bündig zur Plattenfläche einzulassen oder allerhöchstens 0,1 mm tiefer. Eine zu tief eingelassene Schiene hebt sich bei jedem Anziehen einer Zwinge oder einer Sechskantschraube nach oben und löst dabei irgendwann die Befestigungsschrauben in den Schienen. Sollte unterhalb der Schiene nicht mehr genügend Plattenmaterial für die Verschraubung zur Verfügung stehen, dann können Sie die T-Nutschiene auch mit einem Zweikomponentenklebstoff (z. B. 2K-Epoxidkleber UHU-Plus) einkleben.

Flügelmutter und Flügelschraube: Die Form ist entscheidend!

Flügelmuttern gibt es in einer deutschen und in einer amerikanischen Form. Die deutsche Form besitzt deutlich größere und schön abgerundete Flügel. Im Gegensatz zur amerikanischen Form lässt sie sich viel bequemer greifen und fester anziehen. Der Einsatz teurer Sterngriffe ist in den meisten Fällen dann nicht mehr notwendig. Manchmal sind Sterngriffe aber auch zu groß und schwer für eine Vorrichtung. Dann sind Flügelmuttern in deutscher Form genau das Richtige.

Neben den Flügelmuttern gibt es auch sogenannte Flügelschrauben. Auch die können sehr hilfreich sein, wenn es darum geht, etwas mit Gleitmuttern in den T-Nutschienen zu fixieren (s. a. Infos auf der nächsten Seite). Eine Flügelschraube kann man sich aber auch leicht selbst herstellen. Dazu benötigt man lediglich eine Flügelmutter, eine Sechskantmutter und einen ausreichend langen Gewindestab oder eine Sechskantschraube (s. Infokasten rechts). Das schöne an einer selbstgebauten Flügelmutter ist aber, dass Sie die Gewindelänge mithilfe der Kontermutter ganz genau festlegen und sogar nachträglich noch leicht verändern können.

Die deutsche Form (links) macht nicht nur optisch einen großen Unterschied aus, sondern sie lässt sich auch deutlich kraftvoller anziehen.

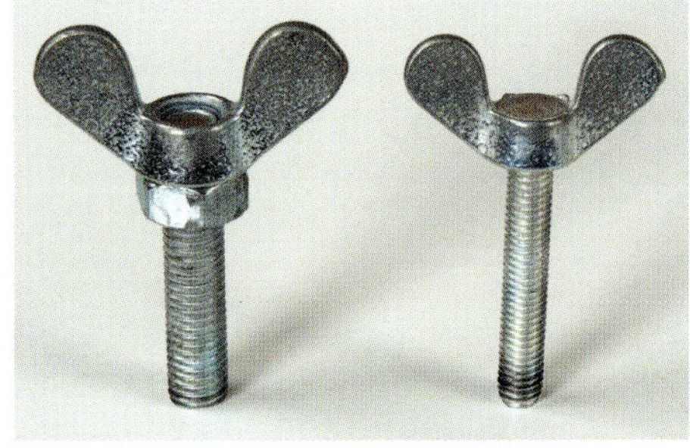

Fertige Flügelschrauben (rechts im Bild) gibt es ebenfalls in der deutschen Flügelform. Für den gelegentlichen Einsatz reicht auch ein „Selbstbau".

Praxistipp: Flügelschrauben selbst herstellen

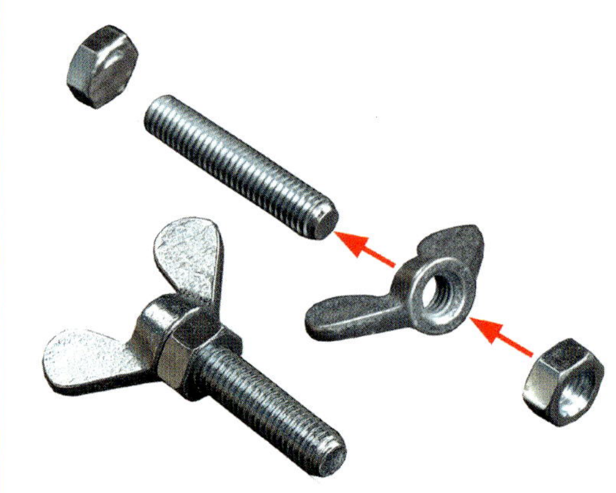

1. Sägen Sie von einer ausreichend langen Sechskantschraube den Sechskantkopf ab.

2. Drehen Sie dann auf das restliche Gewinde zuerst eine Flügelmutter auf.

3. Danach noch eine Sechskantmutter zum Kontern der Flügelmutter aufdrehen – fertig!

Extrem günstige Alternativen: Schiebemutter und Hammerkopfschraube

Anstelle von teuren T-Nutensteinen und ovalen Gleitmuttern können Sie auch die im rechten Bild gezeigte Schiebemutter in den T-Nutschienen einsetzen. Diese 4 mm dünnen Schiebemuttern werden normalerweise in Montageschienen zur Rohrinstallation eingesetzt (C-Profil 27 x 18). Sie werden in verschiedenen Größen angeboten und die 13 mm breiten und 22 mm langen Muttern passen perfekt in T-Nutschienen mit 13 mm breiter Innennut. Aber das Beste an den Schiebemuttern ist der Preis. Denn gegenüber den ovalen Gleitmuttern, die je nach Shop bis zu einem Euro pro Stück kosten, sind diese Schiebemuttern mit knapp 20 Cent pro Stück (Stand 2021) ein wahres Schnäppchen.

Passend zur Größe der Schiebemutter gibt es aber auch noch sogenannte Hammerkopfschrauben (im Bild rechts außen). Beide – Schiebemutter und Hammerkopfschrauben – können für zahlreiche Befestigungssituationen in den T-Nutschienen genutzt werden. Abraten möchte ich von selbst gefrästen T-Nuten in Multiplex- oder Massivholzplatten. Direkt ins Holz gefräste T-Nuten besitzen auf Dauer niemals die Stabilität und Haltbarkeit wie fertige Aluschienen und graben sich bereits nach kurzer Zeit ins Holz ein. Auch die Gleitfähigkeit und Präzision von Aluschienen ist deutlich besser als bei selbst gefrästen Holz-T-Nuten.

Schiebemuttern (links) werden in aller Regel zusammen mit einer Flügelschraube benutzt. Bei der Hammerkopfschrauben (rechts) ist bereits eine Gewindestange in der Mutter befestigt. Leider kommt es schon mal vor, dass sich dieses Gewinde löst. Dann sollte man es mit 2-K-Kleber fest einkleben.

Der praktische Einsatz von Hammerkopfschrauben, Flügelmuttern und Flügelschrauben

1 Im Gegensatz zu einer normalen Sechskantschraube bietet die Hammerkopfschraube eine deutlich längere Spannfläche und somit auch mehr Festigkeit. Außerdem lässt sie sich wesentlich leichter in der Nut hin und her schieben und verhakt sich dabei nicht. Beim Einsatz von Sterngriffen darf das Gewinde jedoch nicht zu weit vorstehen und muss gegebenenfalls gekürzt werden.

2 Auch für die Positionierung von Anschlagbrettern in der T-Nut sind diese Hammerkopfschrauben den normalen Sechskantschrauben in punkto Festigkeit deutlich überlegen. Und wenn Sie einfache Flügelmuttern einsetzen, stört es auch nicht, wenn das Gewinde mal etwas länger ausfällt und über der Flügelmutter vorsteht.

3 Wenn Sie jedoch Gleitmuttern in der T-Nut nutzen, dann muss die Gewindelänge genau auf Brettdicke, T-Nuttiefe und mögliche U-Scheibendicke abgestimmt sein. Ein zu kurzes Gewinde greift beispielsweise nicht tief genug in die Gleitmutter ein und ein zu langes sitzt auf dem Grund der T-Nut auf, ohne das Brett zu fixieren. Mit einer selbstgebauten Flügelmutter hat man das Problem aber sehr gut im Griff.

Der Einsteiger-Frästisch (Low-Cost-Selbstbau)

Dass die Oberfräse eines der vielseitigsten Elektrowerkzeuge ist und dass man durch den Einbau der Maschine in einem Frästisch das Einsatzspektrum nochmals stark erweitern kann, dürfte den eifrigen Lesern meiner Artikel und Bücher sicher bekannt sein. Viele haben bereits erfolgreich den mobilen Frästisch aus meinem **Handbuch Oberfräse** nachgebaut und möchten auf die Vorteile eines stationären Fräsens nicht mehr verzichten. Allerdings gab es auch immer wieder Anwender, denen der Nachbau zu kompliziert war oder schlicht und einfach zu lange dauerte.

Das war für mich Grund genug, einmal eine Frästischlösung zu entwickeln, die sehr einfach ohne großen Maschinenpark an maximal einem Tag nachzubauen ist und mit nur etwa 40 Euro Materialkosten (ohne Sicherheitsschalter und Spanntisch!) selbst hartnäckigste „Frästischverweigerer" überzeugen dürfte. Und eines kann ich Ihnen schon jetzt versprechen: Sogar mit dieser einfachsten Variante eines Frästisches ist jede Menge Frässpaß garantiert! Es gibt also keinen Grund mehr, sich um den Bau eines Frästisches zu drücken.

Auf das Wesentliche reduziert

Für einen funktionalen Frästisch braucht man eigentlich nur zwei elementare Dinge: Eine Tischplatte mit Loch für den Fräser und einen Fräsanschlag in Form einer Holzleiste mit einer runden Aussparung für den Fräser. Unter die Tischplatte schraubt man dann die Oberfräse fest und der „Holzleisten-Fräsanschlag" wird einfach mit Zwingen auf der Tischfläche befestigt – fertig ist ein vollwertiger Frästisch. Allerdings mit einer ganz massiven Einschränkung: Je nach Tischdicke verlieren Sie bei den in Europa

Als sichere und stabile Grundlage für diesen einfachen Frästisch eignet sich am besten ein einfacher Spanntisch wie z. B. der Master 200 der Fa. Wolfcraft. Dieser Spanntisch ist nicht nur extrem günstig, sondern bietet für unsere Bosch POF 1400 auch eine ausreichende Spannweite (blauer Pfeilbereich) von 145 mm. Auch viele andere Oberfräsen passen bequem zwischen die beiden Spannbacken (s. Infos S. 231). Unter der Frästischplatte und seitlich neben der Oberfräse befinden sich zwei Spannplatten (rote Pfeile). Damit lässt sich die Frästischplatte im Handumdrehen sicher und bombenfest in den Spanntisch einklemmen. Mit einem einfachen Hebelarm lässt sich sogar die Fräserhöhe schnell und einfach vorjustieren. Und mit einem Sicherheitsschalter können Sie die Oberfräse bequem ein- und ausschalten. So ausgerüstet können Sie sich dann mit einem sicheren Gefühl ins Fräsabenteuer stürzen – viel Spaß dabei!

weit verbreiteten Tauchoberfräsen extrem viel an Frästiefe, und wenn Sie Pech haben, schaut der Fräser nur noch 2 mm aus der Tischplatte heraus.

Auch das hier verwendete Oberfräsenmodell – die Bosch POF 1400 ACE – gehört zu diesem Maschinentyp und selbst wenn Sie die 5 mm dicke Kunststofflaufsohle entfernen, steht der Fräser bei einer 21 mm dicken Multiplexplatte nicht weit genug vor, um damit vernünftig arbeiten zu können.

Oberfräse in die Frästischplatte einlassen

Sie kommen also nicht umhin, die Grundplatte der Oberfräse in die Multiplexplatte einzulassen, so dass nur noch eine Restdicke von ca. 10 mm übrig bleibt. Diese 10 mm reichen bei den extrem stabilen Multiplexplatten selbst für große und schwere 2000 Watt Oberfräsen auch völlig aus. Dafür sollten Sie die Maschine später aber mit mindestens drei Schrauben in der Aussparung befestigen. Dann sitzt sie wirklich bombenfest und kann sich auch beim harten Fräseinsatz nicht von der Platte lösen. Am einfachsten fräsen Sie die runde Aussparung mithilfe der Oberfräse, einer Kopierhülse und einem dünnen Brettchen in die Multiplexplatte (s. Bildfolge 1 bis 2). Falls Sie keinen passenden 17-mm-Forstnerbohrer zur Hand haben, um das Führungsloch für die Kopierhülse zu bohren, dann können Sie die Maschine auch direkt an das Brettchen festschrauben. Entfernen Sie dazu einfach die Laufsohle, wie in Bild 4 zu sehen, und nutzen Sie sie als Schablone, um die Bohrpunkte auf das Brettchen zu übertragen. Genauso, wie Sie später die Befestigungslöcher in der Aussparung markieren, durch die dann die Oberfräse festgeschraubt wird.

Bohren Sie in ein maximal 10 mm dickes Sperrholz oder Multiplexbrettchen ein 17-mm-Loch passend zur mitgelieferten Kopierhülse. Von der Lochmitte aus 76 mm entfernt schlagen Sie einen Nagel als Drehachse ein.

Wenn Sie jetzt einen 12-mm-Nutfräser einsetzen, erhalten Sie eine Kreisnut von 164 mm Durchmesser (2 x 76 mm plus 12 mm). Die Frästiefe sollte etwa 11 mm betragen. Wichtig: Fräsen Sie die komplette Nuttiefe in zwei bis drei Durchgängen heraus.

Entfernen Sie die Kopierhülse und fräsen Sie frei Hand– ebenfalls in zwei bis drei Etappen – den Rest heraus. Lassen Sie aber in der Mitte ein ca. 45 mm großes Stück als Auflage (Abstützung) für die Fräse stehen.

Entfernen Sie die 5 mm dicke Kunststoffsohle und legen Sie sie, wie im Bild zu sehen, in die Aussparung. Markieren Sie sich dann mindestens drei Schraubenlöcher.

Fräseröffnung richtet sich nach der Maschine

Auch wenn Sie von großen Abplattfräsern träumen, die Sie später in ihrem neuen Frästisch einsetzen möchten, lohnt sich erstmal ein Blick in die Bedienungsanleitung ihrer Oberfräse. Denn vor allem die kleinen und mittleren Fräsen mit maximal 8 mm Schaftaufnahme sind nur für Fräserdurchmesser bis höchstens 50 mm ausgelegt. Und obwohl beispielsweise dieser Wert auch in unserer Bosch Bedienungsanleitung angegeben wird, rate ich Ihnen dringend davon ab das einmal auszuprobieren. Die Folge wäre nämlich, dass der gesamte Mechanismus zur Aufnahme der Kopierhülse zerstört würde. Mehr als 43 mm Fräserdurchmesser sind hier leider nicht möglich und deshalb reicht auch ein 45 mm großes Loch in der Tischfläche völlig aus. Fazit: Lesen der Bedienungsanleitung ist zwar gut, deren Kontrolle am lebenden Objekt aber unbedingt erforderlich!

5 Bohren Sie in die Markierungen genau senkrecht verlaufende 4 mm Löcher. Legen Sie ein Restholz unter die Platte, damit nichts ausreißt. Zum Schluss die Löcher auf der Gegenseite noch ansenken.

6 Stecken Sie einen 6 mm Nutfräser in die Maschine, befestigen Sie sie mit drei M4 x 16 mm Senkkopfschrauben in der Aussparung und bohren Sie so ein Loch durch die Tischplatte. Danach die Oberfräse wieder abmontieren.

7 Drehen Sie die Tischplatte um und bohren Sie mit einer Lochsäge ein etwa 45 mm großes Loch in die Platte. Nutzen Sie das 6 mm Loch als Führung für den Bohrer der Lochsäge.

Fräsanschläge von ganz einfach bis einfach genial

Auch wenn eine einfache Holzleiste als Fräsanschlag für den Anfang sicher ausreicht, werden Sie sich früher oder später einen richtigen Winkelanschlag mit Absaugmöglichkeit wünschen. Wenn Sie sich die nötigen Teile präzise zuschneiden lassen, ist der spätere Zusammenbau wirklich sehr einfach, vor allem wenn Sie eine verdeckte Schraubverbindung anwenden – auch Pocket-Holes genannt (s. Bildfolge 11–13).

Da in unsere Bosch Oberfräse nur Fräser bis 43 mm Durchmesser passen, reicht eine Fräseröffnung von 45 mm Breite im Anschlagbrett völlig aus. Aufgrund der kleinen Öffnung können wir auch auf den Einsatz verschiebbarer Fräsbacken verzichten, die Sie aber später bei Bedarf noch problemlos nachrüsten können.

Obwohl Sie den Anschlagwinkel auch mit zwei Zwingen auf dem Frästisch fixieren können, ist der einfach zu bauende Spannmechanismus auf Dauer die komfortablere Lösung. Ein großer Vorteil des Anschlags ist außerdem, dass er so über die gesamte Tischfläche verschoben und an jeder beliebigen Position festgeklemmt werden kann. Als sinnvolles Zubehör sollten Sie sich noch zwei Andruckfedern gönnen (auf den Bildern zu sehen der Druckkamm der Fa. Milescraft).

Fräsanschlag-Variante 1: Einfache Holzleiste

Eine einfache Holzleiste (ca. 110 mm breit und ab 30 mm Stärke) reicht als einfacher Fräsanschlag für den Anfang sicher aus. In der Mitte bohren oder sägen Sie eine ca. 30 mm tiefe und 45 mm breite halbrunde Aussparung für den Fräser. Die Leiste wird dann einfach mit zwei Zwingen auf dem Frästisch befestigt.

Fräsanschlag-Variante 2: Hoher Anschlagwinkel (entweder verdeckt verschraubt oder mit Flachdübeln verbunden)

Mit einer Taschenloch-Bohrschablone (z. B. Undercover-Jig von wolfcraft) können Sie schnell und einfach schräge Sacklöcher für eine verdeckte Schraubverbindung einbohren. Dazu wird die Bohrhilfe einfach mit einer Zwinge auf dem Bauteil befestigt und mit dem mitgelieferten Stufenbohrer ein …

… schräges Loch gebohrt. Anschließend werden die zu verbindenden Bauteile zusammengespannt und mit Schrauben durch die schrägen Löcher verbunden. Zusätzlich noch etwas Leim zu benutzen schadet auf keinen Fall und erhöht die Stabilität der Verbindung.

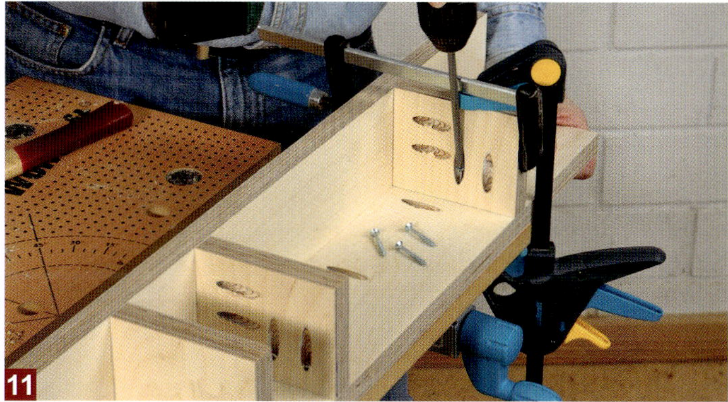

Zur Versteifung des Anschlagwinkels schrauben Sie auf die gleiche Weise noch vier Eckhölzer an den Anschlag. Fertig ist ein extrem stabiler Anschlagwinkel!

Sie können den Anschlagwinkel auch mit Flachdübeln verbinden. Spannen Sie ein Hilfsbrett in den Werktisch, legen Sie das Anschlagbrett mit der rechteckigen Aussparung hochkant dagegen und fräsen Sie sechs Schlitze in das Brett.

Das Gegenbrett mit der runden Aussparung legen Sie flach auf den Werktisch und fräsen in die Kante ebenfalls die sechs Flachdübelschlitze ein.

Markieren Sie sich die Positionen der Eckhölzer und spannen Sie die Anschlagbretter so aufeinander, dass das obere als Anschlagkante für die Flachdübelfräse fungiert.

Achten Sie beim Verleimen darauf, die Zwingen so anzusetzen, dass die beiden Anschlagwinkel genau einen rechten Winkel bilden. Mit den Eckhölzern können Sie das leicht überprüfen.

Der Spannmechanismus besteht lediglich aus einem L-förmig verschraubten Klemmbrett, das mit einer 10-mm-Schlossschraube unter dem Anschlagwinkel befestigt wird.

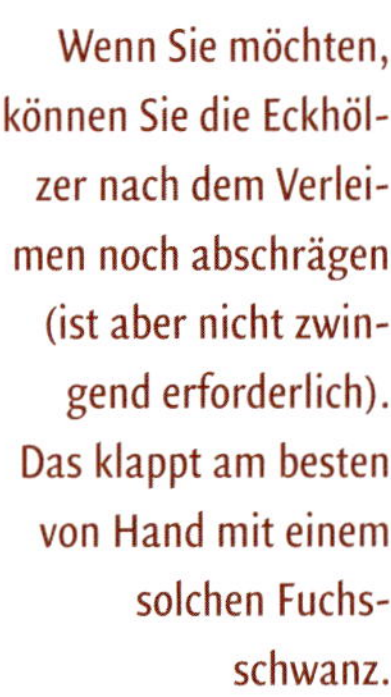

Wenn Sie möchten, können Sie die Eckhölzer nach dem Verleimen noch abschrägen (ist aber nicht zwingend erforderlich). Das klappt am besten von Hand mit einem solchen Fuchsschwanz.

Zur Befestigung einer Druckfeder fräsen Sie in eine 300 mm lange Multiplexleiste (50 x 21 mm) einen Falz passend zur Klemmschiene (hier 19 x 10 mm) der Andruckfeder (s. Bild 19).

Auf diese Weise entsteht oberhalb des Anschlags eine Nut passend zur Klemmschiene. Dadurch können Sie jetzt die Druckfeder bequem vor und zurückschieben und zusätzlich noch in der Höhe genau vorjustieren.

Die gleiche Druckfeder lässt sich ohne Klemmschiene auch direkt unter eine Holzplatte schrauben. Seitlich wird sie noch mit Platten unterfüttert und kann dann problemlos mit Zwingen auf der Tischfläche fixiert werden.

Einfacher Spanntisch als stabile Grundlage

Da Platz bei vielen Holzwerkern Mangelware ist, lässt sich der Frästisch einfach bei Bedarf auf einem klappbaren Spann- bzw. Werktisch festspannen und nach getaner Arbeit wieder Platz sparend verstauen. Ganz entscheidend bei der Auswahl des passenden Spanntisches ist seine maximal mögliche Spannweite (= Abstand zwischen den beiden Werktischplatten). Für unsere Bosch POF 1400 müssen sich beispielsweise die Spannbacken (Tischplatten) 140 mm weit öffnen lassen, damit die Maschine auch bequem dazwischen passt. Entsprechend dazu werden dann auch die Einspannplatten unter der Tischfläche auf diese Breite zugeschnitten (s. Bild 21). Denn erst diese beiden simplen Plattenstücke sorgen dafür, dass Sie den Frästisch in Sekundenschnelle sicher und bombenfest zwischen die Tischplatten des Spanntisches klemmen können – einfach und genial! Mit unserem Spanntisch (Master 200) erreichen Sie so eine Arbeitshöhe von etwa 82 cm.

Um die Tischplatte ohne lästige Zwingen sicher auf dem Spanntisch zu fixieren, schrauben Sie einfach zwei 21 mm dicke Multiplexplatten unter die Tischfläche. Bei der Bosch POF 1400 reichen dazu Einspannplatten (Pos. 2) mit einer Breite von 140 mm und einer Länge von 180 mm mm völlig aus (kleines Bild).

Die Oberfräse entscheidet über die nötige Spannweite

Für die Festool OF1010 (Bild rechts) würde bereits eine Spannweite beim Werktisch von 135 mm ausreichen. Für die beliebten kleinen Oberfräsen, die baugleich mit der legendären Elu MOF96 sind, reichen sogar schon 115 mm völlig aus (Bild rechts außen).

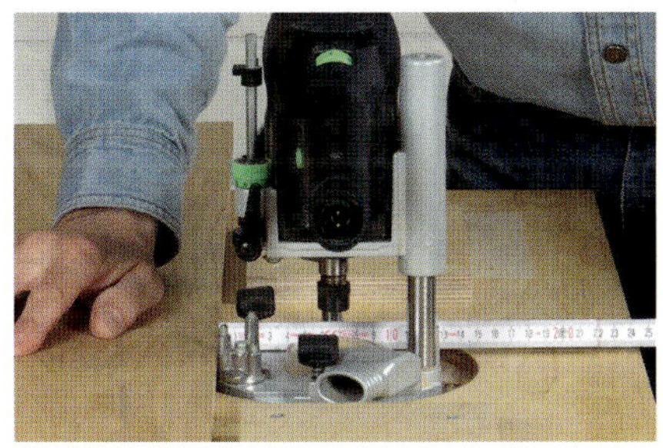

Fräserhöhe bequem per Hebelarm einstellen

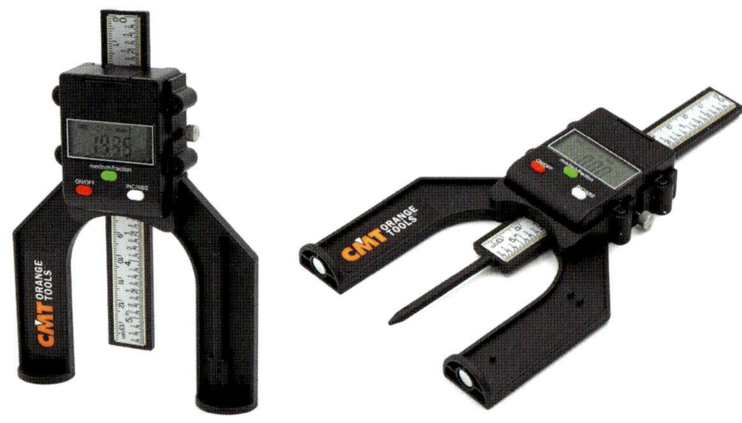

Besonders interessant ist, dass Sie dieses Spanntischmodell ganz einfach mit einer Höhenverstellung ausstatten können. Diese Höhenverstellung in Form eines Hebelarms wird dann für die grobe Voreinstellung der Fräserhöhe eingesetzt, während die Feineinstellung dann über den Drehknopf am Gehäuseende der Maschine erfolgt. Bei der Bosch POF 1400 funktioniert diese Feinjustierung sogar bei arretierter Säulenklemmung und macht so die Höheneinstellung des Fräsers zum reinsten Vergnügen.

Zur Überprüfung der eingestellten Maße sollten Sie sich aber unbedingt noch eine digitale Messbrücke anschaffen. Wenn Sie sich (noch) nicht an den Selbstbau trauen (s. S. 33) dann können Sie so etwas auch fix und fertig kaufen. Mit einer solchen Messbrücke können Sie nicht nur die Höhe, sondern auch den Überstand des Fräsers aus dem Fräsanschlag präzise einstellen. Und mit der aufsteckbaren Stangenspitze erreichen Sie dabei selbst eng und tief profilierte Schneidenbereiche. So stellen sich dann garantiert Jubelschreie bei der ersten Benutzung des Frästisches ein. Denn die absolut präzisen Fräsergebnisse sind am Ende nicht von denen zu unterscheiden, die mit deutlich teureren Lösungen gefräst wurden.

Sägen Sie zuerst die Form des Höhenhebels mit der Stichsäge heraus. Anschließend die Schnittkanten sauber schleifen und mit einem Abrundfräser (hier R = 6 mm) runden.

Auf den Höhenhebel zuerst ein 50 mm hohes Gegenlager aufschrauben und anschließend einen 30 mm Rundstab. Je nach Größe des Oberfräsenmotors muss die Höhe des Gegenlagers möglicherweise etwas verändert werden.

Für den Höheneinstellhebel schrauben Sie zuerst an die hinteren Fußholme je ein Drehlager aus 21 mm dickem Multiplex (Maße s. Zeichnung rechts). Die dafür nötigen Löcher sind bereits vorhanden. Damit sich der Hebel seitlich nicht verschieben kann, schrauben Sie noch eine Abdeckung (130 x 85 mm) aus 12 mm Multiplex auf (kleines Bild).

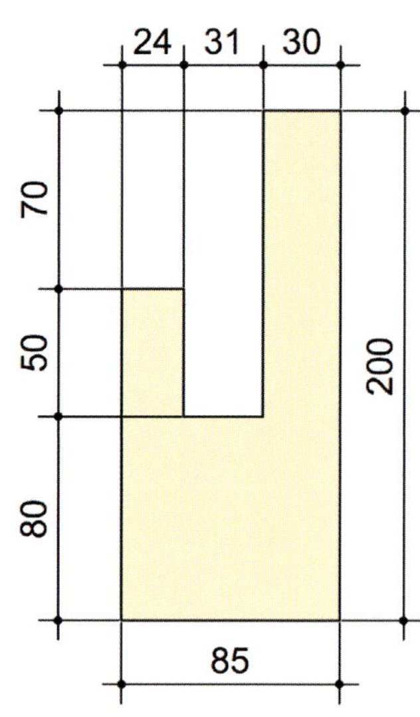

Die Bosch OF 1400 ACE für den Frästisch optimieren

Bei dieser Oberfräse (Bosch POF 1400) wird der Hebel zur Tiefenarretierung über eine Feder immer wieder in den „Feststellmodus“ gezogen. Das ist für den Einsatz im Frästisch extrem unpraktisch. Diese Feder lässt sich jedoch problemlos entfernen und – wenn Sie möchten – ist sie für den Handbetrieb der Fräse auch wieder schnell montiert (s. Bildfolge 1 bis 3).

Auf gar keinen Fall sollten Sie auf den Anbau eines Sicherheitsschalters verzichten. Dazu befinden sich beim Master 200 in der vorderen Blechzarge bereits die beiden passenden Bohrungen (Bild rechts). Dort können Sie den Schalter ganz einfach mit zwei Schlossschrauben und Flügelmuttern befestigen (kleines Bild). Ist der Schalter der Oberfräse arretiert (s. Bild 4) lässt sie sich bequem über diesen Sicherheitsschalter ein- bzw. ausschalten.

Drehen Sie die Schraube am roten Hebel komplett heraus. Jetzt können Sie den Hebel ganz einfach nach vorne abziehen.

Drehen Sie als nächstes die Messingschraube heraus. Bevor Sie die Feder entfernen, am besten für den späteren Rückbau kurz ein Handyfoto von …

… der Position der Feder machen. Drehen Sie die Messingschraube wieder ein und schrauben Sie zum Schluss den roten Hebel wieder fest.

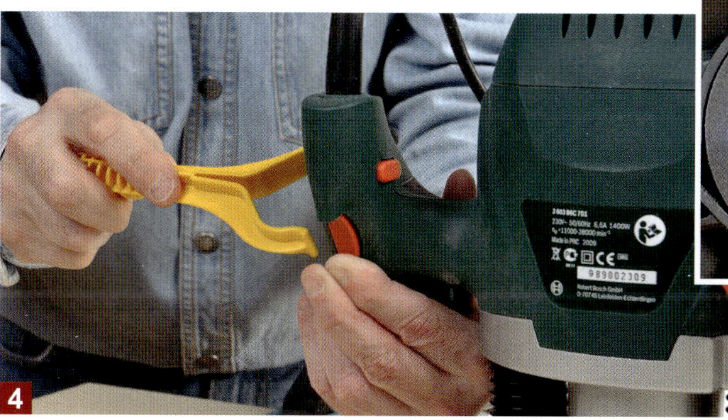

Leider besitzt diese Fräse auch keine direkte Schalterarretierung für den Dauerbetrieb. Das Feststellen des Schalters ist deshalb nur mit einer Einschaltklemme (Art. Nr. 6117000 Fa. Wolfcraft) oder Kabelbinder möglich.

Die extrem hellen LED-Leuchten (kleines Bild oben) blenden den Anwender bei der Arbeit im Frästisch und sollten daher mit mindestens zwei Lagen Klebeband abgedeckt werden.

Der Premium-Frästisch (High-End-Selbstbau)

Weil der vorhin gezeigte Einsteiger-Frästisch ohne teure Zubehörteile auskommt, ist er mit 40 Euro Materialkosten auch unschlagbar günstig. Für diese 40 Euro bekommen Sie im Handel nicht mal eine Befestigungsplatte für die Oberfräse aus Aluminium, die man für den jetzt folgenden Frästisch zwingend benötigt. Auch die Tischplatte kann man noch hochwertiger herstellen, indem man zwei Multiplexplatten zusammenleimt und zusätzlich noch mit strapazierfähigen Hochdrucklaminaten (auch HPL genannt = High Pressure Laminate) beschichtet. Und wenn Sie dann noch dem gesamten Frästisch einen Unterschrank mit fünf lenk- und feststellbaren Rollen spendieren, kann der Frästischbau schnell einige hundert Euro ausmachen.

Sie werden mit einem solchen Frästisch natürlich nicht zwangsläufig zum Frästischprofi, aber es macht einfach riesigen Spaß, mit einem hochwertigen und durchdachten Frästisch zu arbeiten. Und deshalb möchte ich Ihnen auf den nun folgenden Seiten meinen absoluten Lieblingsfrästisch vorstellen. Er hat sich nun schon seit über 10 Jahren im harten und intensiven Praxisalltag bestens bewährt und ich kann durch diese Langzeiterfahrung mit gutem Gewissen behaupten, dass dieser Frästisch bereits in der Grundausstattung alles bietet, was man von einem Premium-Frästisch erwartet (s. Bildfolge 1 bis 7). Und auch das kann ich Ihnen versichern: **Ich würde ihn immer wieder genauso bauen!**

Allerdings habe ich ihn im Laufe der Zeit mit einigen interessanten Komfortfunktionen ergänzt, wie beispielsweise einer Feineinstellung für den Fräsanschlag, einer multifunktionalen Andruckvorrichtung, auswechselbaren Splitterzungen und Kehlbrettern für die Anschlagbacken, einer vielseitigen Anbauplatte zum Horizontalfräsen sowie einer Tischverbreiterung und Tischverlängerungen. Und wie man diesen Premium-Frästisch mit all seinen Komfortfunktionen nachbaut, zeige ich Ihnen natürlich Schritt für Schritt auf den nun folgenden Seiten.

Die sieben wichtigsten Funktionen auf einen Blick

1 Die präzise und einfache Einstellung der Fräserhöhe übernimmt ein günstiger, modifizierter Scherenwagenheber aus dem KFZ-Handel.

Die Bosch OF 1400 ACE für den Frästisch optimieren

Bei dieser Oberfräse (Bosch POF 1400) wird der Hebel zur Tiefenarretierung über eine Feder immer wieder in den „Feststellmodus" gezogen. Das ist für den Einsatz im Frästisch extrem unpraktisch. Diese Feder lässt sich jedoch problemlos entfernen und – wenn Sie möchten – ist sie für den Handbetrieb der Fräse auch wieder schnell montiert (s. Bildfolge 1 bis 3).

Auf gar keinen Fall sollten Sie auf den Anbau eines Sicherheitsschalters verzichten. Dazu befinden sich beim Master 200 in der vorderen Blechzarge bereits die beiden passenden Bohrungen (Bild rechts). Dort können Sie den Schalter ganz einfach mit zwei Schlossschrauben und Flügelmuttern befestigen (kleines Bild). Ist der Schalter der Oberfräse arretiert (s. Bild 4) lässt sie sich bequem über diesen Sicherheitsschalter ein- bzw. ausschalten.

1 Drehen Sie die Schraube am roten Hebel komplett heraus. Jetzt können Sie den Hebel ganz einfach nach vorne abziehen.

2 Drehen Sie als nächstes die Messingschraube heraus. Bevor Sie die Feder entfernen, am besten für den späteren Rückbau kurz ein Handyfoto von …

3 … der Position der Feder machen. Drehen Sie die Messingschraube wieder ein und schrauben Sie zum Schluss den roten Hebel wieder fest.

4 Leider besitzt diese Fräse auch keine direkte Schalterarretierung für den Dauerbetrieb. Das Feststellen des Schalters ist deshalb nur mit einer Einschaltklemme (Art. Nr. 6117000 Fa. Wolfcraft) oder Kabelbinder möglich.

5 Die extrem hellen LED-Leuchten (kleines Bild oben) blenden den Anwender bei der Arbeit im Frästisch und sollten daher mit mindestens zwei Lagen Klebeband abgedeckt werden.

Materialliste, Explosions- und Schnittzeichnungen

Zumindest die Tischfläche und den Winkelanschlag sollten Sie mit einer Oberflächenbehandlung versehen. Ich kann Ihnen dazu ganz besonders das Hartwachs-Öl Rapid der Fa. Osmo empfehlen. Es handelt sich hierbei um eine schnell trocknende Variante, die Sie optimalerweise mit einer Mikrofaser-Farbwalze dünn in Maserrichtung auftragen. Bei einem gleichmäßig dünnen Auftrag entfällt das sonst übliche Abnehmen von überschüssigem Öl mit einem Lappen. Lassen Sie diesen ersten Anstrich etwa 8 Stunden trocknen. Danach schleifen Sie die Fläche in Maserrichtung mit feinem (Körnung 400) und hochwertigem Schleifpapier (mit Schleifmitteln aus Siliziumkarbid). Bevor Sie jetzt die zweite Schicht dünn auftragen, den Schleifstaub unbedingt sorgfältig entfernen. Diesen zweiten Anstrich lassen Sie diesmal aber mindestens 24 Stunden gut durchtrocknen. Wenn Sie eine wirklich spiegelglatte Oberfläche wünschen, schleifen Sie die gesamte Fläche zum Schluss noch mal mit einem extrem feinen Siliziumkarbid-Schleifpapier mit Körnung 800. Doch Vorsicht: Das Ganze ist dann so glatt, dass auch der Fräsanschlag nicht mehr auf der Tischfläche haftet und immer gut gesichert werden muss.

Materialliste: Einsteiger-Frästisch

Pos.	Anz.	Bezeichnung	Maße (mm)	Material
1	1	Tischplatte	900 x 500	21 mm Multiplex
2	2	Einspannplatten	180 x 140	21 mm Multiplex
3	2	Fräsanschlag	1000 x 110	21 mm Multiplex
4	4	Eckversteifung Anschlag	110 x 89	21 mm Multiplex
5	1	Absaugklappe	100 x 80	21 mm Multiplex
6	2	Klemmplatte	100 x 100	21 mm Multiplex
7	2	Klemmleiste	100 x 25	21 mm Multiplex
8	2	Positionsleiste	110 x 25	12 mm Multiplex
9	1	Höheneinstellhebel	500 x 150	21 mm Multiplex
10	1	Hebel-Gegenlager	130 x 50	21 mm Multiplex
11	1	Rundstab	Ø 30 x 557 lang	Kiefer od. Buche

Sonstiges:
Sicherheitsschalter
3 Senkkopfschrauben M4 x 16
2 Schlossschrauben M10 x 80 mit großer U-Scheibe und Flügelmutter
Flachdübel Gr. 20, Holzleim, Spanplattenschrauben, Holzöl

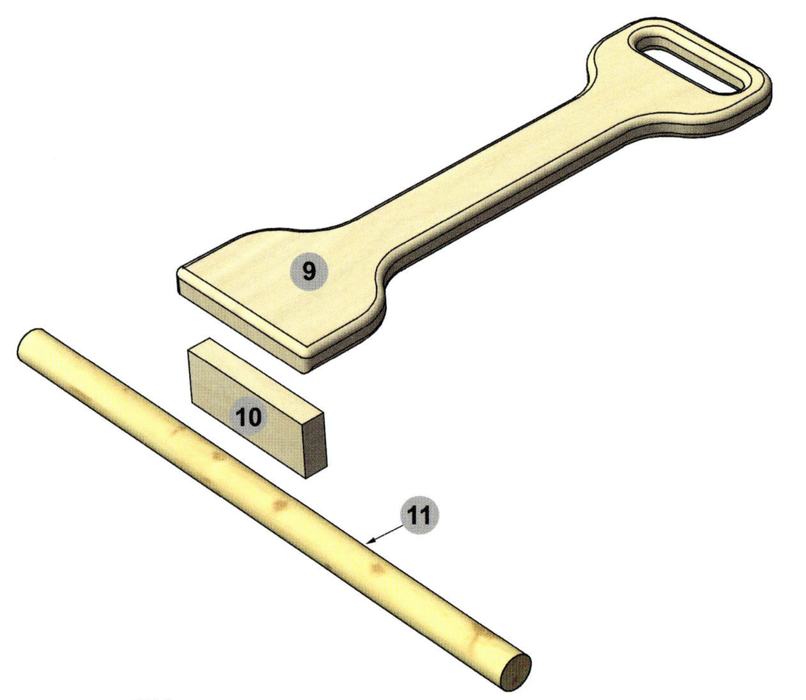

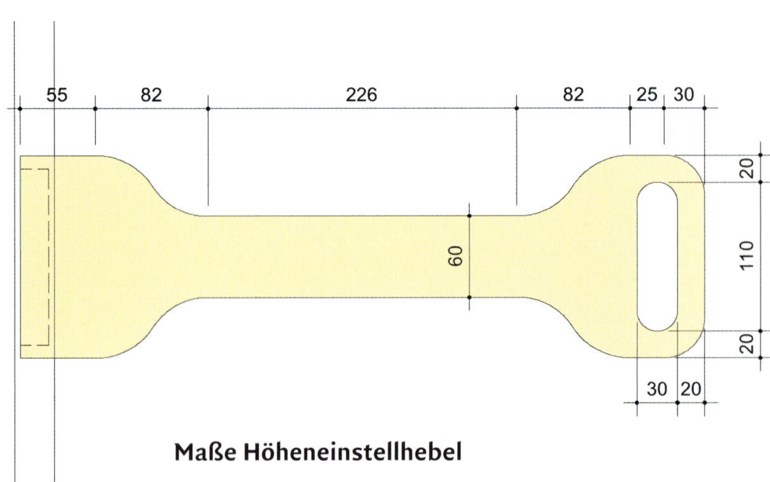

Maße Höheneinstellhebel

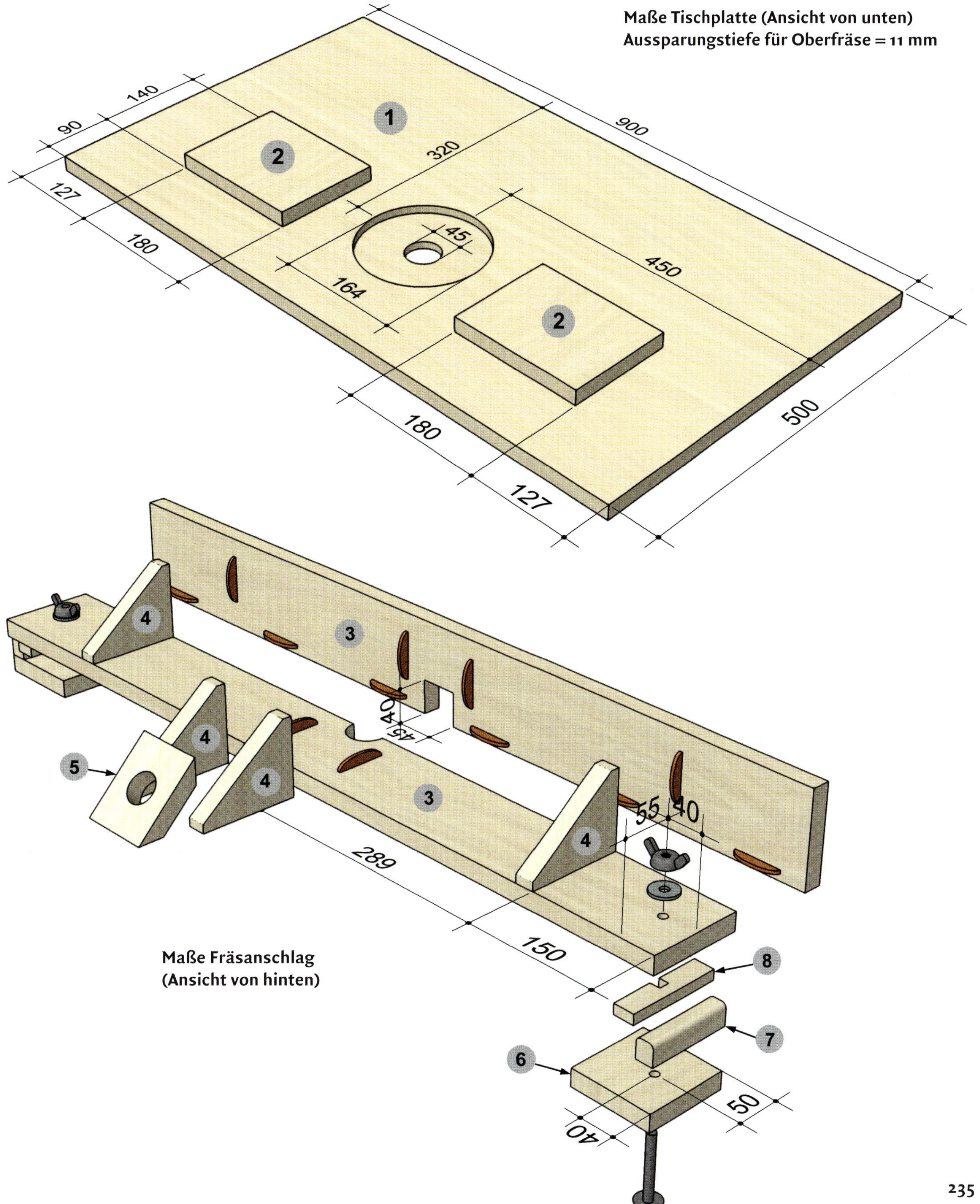
Maße Tischplatte (Ansicht von unten)
Aussparungstiefe für Oberfräse = 11 mm
1
2
2
140
90
320
900
127
180
45
450
164
180
127
500
3
3
4
4
4
4
5
6
7
8
40
45
55
40
289
150
50
40
Maße Fräsanschlag
(Ansicht von hinten)

Der Premium-Frästisch (High-End-Selbstbau)

Weil der vorhin gezeigte Einsteiger-Frästisch ohne teure Zubehörteile auskommt, ist er mit 40 Euro Materialkosten auch unschlagbar günstig. Für diese 40 Euro bekommen Sie im Handel nicht mal eine Befestigungsplatte für die Oberfräse aus Aluminium, die man für den jetzt folgenden Frästisch zwingend benötigt. Auch die Tischplatte kann man noch hochwertiger herstellen, indem man zwei Multiplexplatten zusammenleimt und zusätzlich noch mit strapazierfähigen Hochdrucklaminaten (auch HPL genannt = High Pressure Laminate) beschichtet. Und wenn Sie dann noch dem gesamten Frästisch einen Unterschrank mit fünf lenk- und feststellbaren Rollen spendieren, kann der Frästischbau schnell einige hundert Euro ausmachen.

Sie werden mit einem solchen Frästisch natürlich nicht zwangsläufig zum Frästischprofi, aber es macht einfach riesigen Spaß, mit einem hochwertigen und durchdachten Frästisch zu arbeiten. Und deshalb möchte ich Ihnen auf den nun folgenden Seiten meinen absoluten Lieblingsfrästisch vorstellen. Er hat sich nun schon seit über 10 Jahren im harten und intensiven Praxisalltag bestens bewährt und ich kann durch diese Langzeiterfahrung mit gutem Gewissen behaupten, dass dieser Frästisch bereits in der Grundausstattung alles bietet, was man von einem Premium-Frästisch erwartet (s. Bildfolge 1 bis 7). Und auch das kann ich Ihnen versichern: **Ich würde ihn immer wieder genauso bauen!**

Allerdings habe ich ihn im Laufe der Zeit mit einigen interessanten Komfortfunktionen ergänzt, wie beispielsweise einer Feineinstellung für den Fräsanschlag, einer multifunktionalen Andruckvorrichtung, auswechselbaren Splitterzungen und Kehlbrettern für die Anschlagbacken, einer vielseitigen Anbauplatte zum Horizontalfräsen sowie einer Tischverbreiterung und Tischverlängerungen. Und wie man diesen Premium-Frästisch mit all seinen Komfortfunktionen nachbaut, zeige ich Ihnen natürlich Schritt für Schritt auf den nun folgenden Seiten.

Die sieben wichtigsten Funktionen auf einen Blick

1 Die präzise und einfache Einstellung der Fräserhöhe übernimmt ein günstiger, modifizierter Scherenwagenheber aus dem KFZ-Handel.

Je nach Oberfräsenmodell ist ein bequemer Fräserwechsel über der Tischfläche möglich. Die große Öffnung in der Befestigungsplatte erlaubt zudem Fräserdurchmesser bis zu 96 mm! Das reicht selbst für den Einsatz von extrem großen Abplattfräsern völlig aus.

Der Anschlag ist dank T-Nut-Schienen an jeder Stelle der Tischplatte einsetzbar und die geteilten Anschlagbacken können problemlos jedem Fräserdurchmesser angepasst werden. Eine integrierte Staubabsaugung sorgt außerdem immer für saubere Luft in der Werkstatt.

In der T-Nutschiene im Anschlag und der Nut in der Tischfläche lassen sich schnell und einfach Andruckbögen und -federn befestigen. Das macht die Arbeit nicht nur sicherer, sondern vor allem auch deutlich präziser!

Der selbstgebaute Queranschlag erleichtert das Fräsen von schmalen Werkstücken wie beispielsweise beim stirnseitigen Anfräsen von Zapfen oder Konterprofilen.

Geräumige Schubkästen in den Unterschränken bieten reichlich und übersichtlich Platz für eine große Fräsersammlung und jede Menge Zubehör.

Große stabile Lenkrollen mit Totalfeststeller machen den Frästisch mobil – ideal für die kleine Werkstatt.

Schritt1: Frästischplatte herstellen

Beginnen Sie zunächst mit der Herstellung der Frästischplatte. Obwohl viele kommerzielle Frästische aus kunststoffbeschichteten MDF-Platten (Mitteldichte Faserplatte) hergestellt sind, rate ich persönlich von diesen Platten ab, weil der MDF-Kern in jedem Fall viel weicher und stoßanfälliger ist, als es bei einer Multiplexplatte der Fall ist. Deshalb müssen bei MDF auch die Führungsnuten für Fräsanschlag und Quer- bzw. Winkelanschlag aus Alu-T-Nutprofilen hergestellt werden, da sich das relativ weiche MDF sonst nach längerem Gebrauch abnutzen würde.

Multiplexplatten hingegen bestehen aus vielen quer zueinander verleimten Furnierschichten und erreichen dadurch eine extrem hohe Stabilität, auch im Bereich der Kanten und Ausfräsungen. Allerdings gibt es bei Multiplex sehr große Qualitätsunterschiede. Hochwertige Platten zeichnen sich zunächst einmal durch eine höhere Anzahl von Furnierschichten aus. Ebenso sind die Schicht- bzw. Furnierstärken gleichmäßiger. Das ist nämlich eine Grundvoraussetzung für eine plane Plattenoberfläche. Zusätzlich sind auch die inneren Furnierlagen meist ohne Fehlstellen und sorgfältiger verleimt. Trotz allem kommt es aber sehr häufig vor, dass eine Multiplexplatte nicht hundertprozentig plan ist. Deshalb ist es ratsam, die komplette Tischplatte aus zwei 18 mm dicken Platten zu verleimen.

Dazu prüfen Sie vorher, welche der Plattenseiten rund sind, und markieren sich die Flächen. Danach streichen Sie mit einem Zahnspachtel vollflächig Leim auf eine dieser runden Plattenseiten und legen die Platten aufeinander. Mit einigen langen und starken Balken als Zulagen spannen Sie die Platten mit Zwingen zusammen und lassen den Leim über Nacht gut durchtrocknen bzw. aushärten. Zum Schluss kleben Sie mit Kontaktkleber auf beide Außenflächen noch eine etwa 1 mm dicke glatte Schichtstoffplatte (HPL-Laminat) auf (s. Bild 1). Auf diese Weise erhalten Sie nicht nur eine plane, sondern auch sehr glatte und strapazierfähige Tischoberfläche, die nur noch mit einer Tischplatte aus Aluminium oder Grauguss zu toppen ist. Wenn Sie lieber eine Metalloptik als Tischfläche möchten: Es gibt sogar HPL-Schichtstoffe mit Aluminium-Oberfläche (Fa. Homapal).

Die aus zwei 18 mm dicken Multiplexplatten verleimte Tischplatte wird zusätzlich noch mit einem 1 mm dicken HPL-Schichtstoff versehen. Geben Sie dazu auf beide Teile (Tischplatte und Schichtstoffplatte) Kontaktkleber und lassen Sie ihn trocknen. So paradox es klingen mag: Erst wenn die beiden Klebeflächen nicht mehr kleben (berührtrocken sind), werden beide Teile zusammengefügt. Da sich die Teile nach dem Auflegen nicht mehr korrigieren lassen, sollten Sie unbedingt dünne Stäbe oder Leisten zwischenlegen und nach der korrekten Position des Laminats wieder nacheinander entfernen. Dann die gesamte Fläche mit einer speziellen Andruckwalze (kleines Bild) abrollen, zur Not geht auch eine Tapeten-Andrückrolle. Wichtig: Über die Klebefestigkeit entscheidet nicht wie lange, sondern wie stark sie drücken!

Wem die Herstellung einer mit HPL beschichteten Platte zu aufwändig ist, der kann auch alternativ dazu eine 28 bis 30 mm dicke Siebdruckplatte einsetzen. Dünner sollte die Platte nicht sein und vor allem sollten Sie auf eine hochwertig verleimte Mittellage aus vielen Furnierschichten achten.

Schritt 2: Befestigungsplatte in die Tischfläche einlassen und für die Oberfräse vorbereiten

Nachdem Sie die Tischplatte samt HPL genau rechtwinklig auf Länge und Breite zugeschnitten haben, geht es weiter mit der Befestigungsplatte aus Aluminium. Am einfachsten können Sie eine solche rechteckige oder quadratische Aluplatte mit einem Bündigfräser einlassen, dessen Kugellager am Schaft des Fräsers sitzt. Dieser Bündigfräser kann nämlich ins Holz eintauchen, während das Kugellager an der Schablone entlang fährt. Dazu muss der Fräser aber zumindest über angeschliffene Stirnflächen verfügen. Noch besser ist eine in die Stirnfläche eingelötete Hartmetallschneide. Auf jeden Fall gibt es keine andere Methode, die schneller, präziser und sicherer ist als diese, deshalb lohnt sich der Kauf eines solchen Bündigfräsers auf jeden Fall. Die Fräserschneiden sollten aber nicht länger als 19 mm sein, sonst muss auch die Schablone entsprechend dicker ausfallen.

Wenn Sie die Aussparung gefräst haben, sollten Sie vor dem Entfernen der Schablonenstreifen aus MDF unbedingt die Tiefe der Aussparungen mit einem Messschieber an mehreren Stellen überprüfen. Bei Bedarf könnten Sie so einfach die Frästiefe ein klein wenig vergrößern und noch einmal etwas nachfräsen.

Die Aluplatte besitzt keine Befestigungslöcher für die Oberfräse. Die müssen Sie zunächst genau anzeichnen und danach unbedingt noch mit einem Körner etwas im Alu markieren, damit der Bohrer besser greift und nicht verläuft. Auch wenn Alu ein recht weiches Material ist, sollten Sie die Löcher am besten mit einem hochwertigen HSS-Metallbohrer herstellen und anschließend den Schraubenkopf mit einem Senker großzügig im Alu versenken. Zwei bis maximal drei Schrauben reichen zur Befestigung der Maschine in der Regel völlig aus. Dadurch lässt sie sich auch schnell ein- und ausbauen, wenn sie mal kurz als handgeführte Maschine benutzt werden soll.

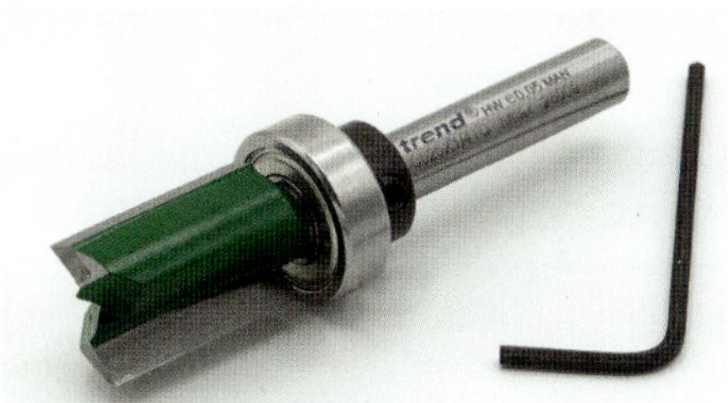

Je kleiner der Eckenradius der Aluplatte (s. Bild 1), umso kleiner muss auch der Durchmesser des Bündigfräsers sein. Mit einem Durchmesser von 12,7 mm und einer Schneidenlänge von 19 mm sind Sie aber in der Regel für die meisten Aluplatten bestens gerüstet.

Diese goldfarbene 6 mm dicke Aluplatte wird nicht mehr hergestellt und ist nur noch in schwarz erhältlich (www.sautershop.de). Wenn Ihr Budget ausreicht, dann empfehle ich Ihnen jedoch den Kauf der 9,5 mm dicken „MagnaLOCK“ Aluplatte der Fa. INCRA, die ich Ihnen bereits auf der Seite 214 vorgestellt habe. Es gibt momentan nichts besseres auf dem Markt!

Spannen Sie zuerst einen 85 mm breiten und 25 mm dicken MDF-Streifen mit Zwingen an der Plattenrückkante fest. Dann legen Sie die Aluplatte gegen diesen Streifen und fügen weitere Streifen links, rechts und oben dazu. Damit die Aluplatte später etwas Luft in der Aussparung hat links und oben je zwei dünne Furnierstücke zwischen legen. Und ganz wichtig: Die Zwingen auf den …

... glatten HPL-Flächen gut festziehen, damit Sie beim Fräsen nicht verrutschen können. Zum Schluss in der Mitte ein um 50 mm kleineres Füllstück aus MDF aufschrauben, damit die Maschine nicht nach innen wegkippen kann.

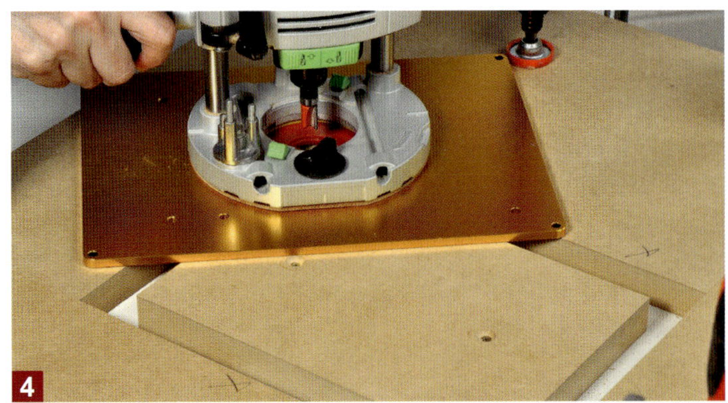

Um die passende Frästiefe einzustellen, legen Sie einfach die Aluplatte unter die Oberfräse und drücken den Fräser nach unten, bis er die weiße Plattenoberfläche berührt. Wichtig – dann noch etwa 0,5 mm zugeben, ...

... denn es wäre später sehr ärgerlich, wenn die Platte nicht tief genug eingelassen wurde und vorsteht! Dann den 25 mm breiten Kanal mit dem Kugellager am MDF anliegend abfahren. Beim Ein- und Austauchen des Fräsers ...

... darauf achten, dass die Schneiden nicht die MDF-Umrandung beschädigen. Im nächsten Schritt bohren Sie an allen vier Eckpunkten ein 10-mm-Loch. Dann sägen Sie mit der Stichsäge den mittleren Teil der Aussparung heraus.

Die Befestigungslöcher für die Oberfräse übertragen Sie am besten, indem Sie die Grundplatte von ihrer Maschine abschrauben und quasi als Markierungsschablone benutzen. Versuchen Sie dabei, die Löcher so sorgfältig wie ...

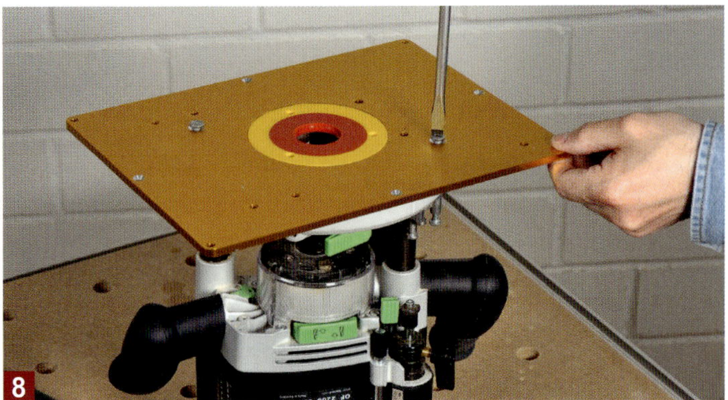

... möglich anzuzeichnen, damit die Frästermitte später auch genau im Lochmittelpunkt der Aluplatte verläuft. Zum Schluss befestigen Sie die Maschine probehalber mal mit passenden Maschinenschrauben unter der Aluplatte.

Schritt 3: T-Nutschienen für Fräsanschlag und U-Profil für Queranschlag einfräsen

T-Nut-Schienen sind zwar die wesentlich teurere Variante als selbst gefräste Langlöcher, dafür bieten Sie aber auch vielfältigere Einsatzmöglichkeiten. So lässt sich nicht nur der Anschlag bequem an jeder beliebigen Position der Tischfläche fixieren, sondern auch weiteres Zubehör wie Andruckfedern oder Stopphölzer zum Einsetzfräsen. Wer also einen Premium-Frästisch herstellen möchte, der sollte keinesfalls auf T-Nutschienen verzichten. Als Führung für den Queranschlag kommt dagegen ein einfaches U-Profil aus Aluminium zum Einsatz, das in jedem gut sortierten Baumarkt erhältlich ist. Kaufen Sie davon auch gleich ein paar laufende Meter mehr, denn neben dem Queranschlag können Sie in dieser Nut auch viele weitere Fräshilfen führen wie beispielsweise die Fingerzinkenvorrichtung aus meinem Handbuch Oberfräse (s. a. S. 191). Das U-Profil muss später wirklich hundertprozentig spielfrei in der Nut laufen. Diese Präzision erreichen Sie am besten mit einer Oberfräse die zwangsgeführt auf einer Führungsschiene läuft. Normalerweise werden Sie keinen Nutfräser im passenden Durchmesser zum U-Profil finden. Deshalb müssen Sie in zwei Arbeitsgängen die Nutbreite mit einem kleineren Nutfräser herausarbeiten. Achten Sie aber darauf, dass Sie nach dem ersten Frässchritt nur die Oberfräse auf der Schiene verschieben und nicht die gesamte Führungsschiene lösen und verschieben. Es ist nahezu unmöglich, die Führungsschiene genau parallel zu verschieben, wird hingegen die Maschine verschoben ist die Parallelität noch gegeben.

Der Queranschlag ist ein extrem nützliches Zubehör, wenn Sie beispielsweise die Stirnkanten eines Rahmenholzes bearbeiten möchten (Konterprofil oder Schlitz und Zapfen). Er wird mithilfe des U-Profils aus Aluminium in der Nut der Tischplatte geführt. Die Herstellung ist sehr einfach, denn er besteht lediglich aus einer drehbaren Platte und einer mit Flachdübeln angeleimten Anschlagleiste, beides aus 18 mm dickem Multiplex. Sie können natürlich auch auf fertige Lösungen zurückgreifen. Eine absolute High-End-Lösung wäre der Queranschlag der Fa. Incra, den ich Ihnen auf der Seite 304 noch sehr genau vorstellen werde. Wenn dieser Queranschlag samt T-Nutschiene noch in Ihr Budget passt, dann sollten Sie hier unbedingt zuschlagen. Für diese hochwertige T-Nutschiene aus Aluminium können Sie auch passende Führungsstangen einzeln kaufen, um damit beispielsweise weitere selbstgebaute Vorrichtungen in der T-Nut führen zu können.

9
Mit einem 20-mm-Nutfräser und mithilfe des Parallelanschlags fräsen Sie einen durchgehenden Falz – passend zur T-Nutschiene – an beide Plattenenden.

10
Anschließend schrauben Sie die T-Nut-Schienen mit 5 bis 6 Schrauben im Falz fest. Die Löcher unbedingt vorbohren und darauf achten, dass der Schraubenkopf in der T-Nut nicht vorsteht.

11
Die 19,5 mm breite Nut für den selbst gebauten Queranschlag fräsen Sie hingegen in zwei Etappen mithilfe einer Führungsschiene und einem 10 bis 14 mm Nutfräser heraus.

Zur Herstellung des Queranschlags fräsen Sie zuerst mit dem Stangenzirkel eine halbkreisförmig verlaufende 8 mm Nut. Den Außenbogen sägen Sie erst mit der Stichsäge rund, nachdem die Anschlagleiste aufgeleimt wurde. Das Ganze wird dann mit M6 x 35 mm Schlossschrauben, Unterlegscheiben und Flügelmuttern mit dem Alu-U-Profil (Fa. Alfer 19,5 x 10) verbunden. Die genaue Maßskizze zum Bau des Queranschlags finden Sie auf S. 245.

Schritt 4: Aluplatte ausrichten und befestigen

Besonders sorgfältig sollten Sie die Aluplatte im Falz der Tischfläche ausrichten und mit Papierschnipsel unterfüttern, bis Alu- und Tischoberfläche genau übereinstimmen. Diese Prozedur müssen Sie auch nur ein einziges Mal machen, lassen Sie sich daher ausreichend Zeit und Muße dafür. Auch ist es ratsam, in der Aluplatte noch vier zusätzliche Befestigungslöcher zu bohren (s. Pfeile). Das ist vor allem dann zwingend notwendig, wenn Sie die Höhenverstellung der Oberfräse mit einem Scherenwagenheber vornehmen möchten. Hier muss die Aluplatte dann bombenfest im Falz verschraubt sein.

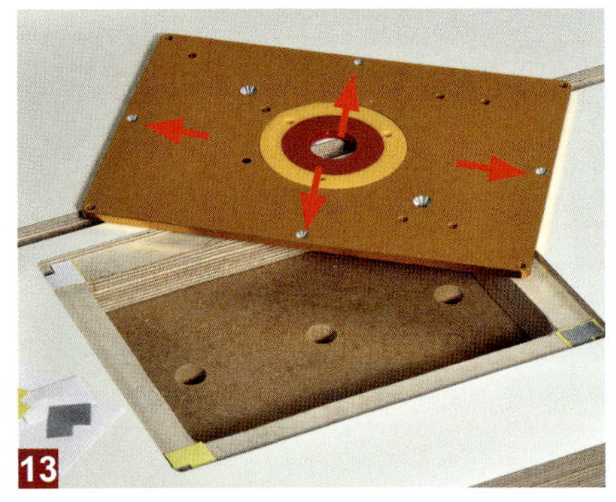

Dort, wo die Aluplatte festgeschraubt wird, unterfüttern Sie die Platte mit dünnem Papier oder Schleifpapierresten. Die Papierschnipsel sollten nicht zu groß sein!

Legen Sie ein Brett über Tisch- und Aluplatte und überprüfen Sie penibel genau, dass beides in einer Ebene liegt. Notfalls nochmal mit dünnem Papier oder Tesafilm® nachhelfen!

Schritt 5: Fräsanschlag herstellen

Der Fräsanschlag besteht aus zwei schmalen Multiplexbrettern, die mithilfe von vier Winkelbrettern zu einem „L" zusammengeleimt werden. Zwei Dinge müssen Sie aber unbedingt beim Zuschnitt beachten: Erstens die Längskante des 24 mm dicken Multiplexstreifen muss wirklich schnurgerade verlaufen und zweitens müssen die Winkelbretter genau einen rechten Winkel haben. Achten Sie dann beim Verleimen noch darauf, dass die Winkelbretter präzise in der Ecke der schmalen Bretter anliegen. Dazu muss jedes Winkelbrett mit mindestens zwei Zwingen in die Ecke gedrückt werden. Das heißt, zum Verleimen benötigen Sie in jedem Fall schon mal 8 Zwingen für die Winkel und nochmal 4 (besser 6) Zwingen für die schmalen und langen Multiplexstreifen. Wenn Sie nicht genügend Zwingen zur Hand haben, können Sie die Winkel auch mit Spanplattenschrauben befestigen. Die Schrauben sind später ja nicht mehr zu sehen, weil Sie von den Anschlagbacken und der Tischfläche verdeckt werden.

Während der Leim trocknet, können Sie schon mal die beiden Anschlagbacken herstellen. Sie werden – wie die Tischplatte – aus zwei 18er Multiplexplatten verleimt und anschließend wieder mit einem HPL-Schichtstoff beklebt. Auch hier nutzen wir wieder eine T-Nutschiene, um die Backen später am Anschlag verschieben zu können. Eine weitere T-Nutschiene auf der Vorderseite der Anschlagbacken dient zur Aufnahme von weiterem Zubehör wie z. B. Andruckfedern und -bögen.

15 Sägen Sie zuerst in die beiden langen Anschlagbretter eine halbrunde und eine rechteckige Ausklinkung für den Fräser.

16 Anschließend verbinden Sie die Anschlagbretter und Winkelversteifungen mit Flachdübeln. Selbstverständlich können Sie dazu auch Runddübel oder …

17 … DOMINOS® verwenden. Sogar einfaches Verschrauben aller Bauteile ist möglich. Zum Schluss bohren Sie in die Anschlagbretter noch vor dem Verleimen die 8-mm-Löcher passend zu den Muttern für die T-Nut-Schienen.

18 Vor dem Verleimen zunächst prüfen, ob alle Flachdübelschlitze richtig gesetzt wurden. Dann das Ganze mit Leim und Zwingen zusammenfügen und dabei den rechten Winkel der beiden Anschlagbretter genau überprüfen.

19 Die Enden der Absaugabdeckung werden zunächst auf 45° abgeschrägt. Danach wird ein Durchgangsloch passend zum Schlauchdurchmesser ihres Saugers gebohrt. Zum Schluss die Abdeckung mit einem Scharnier am Anschlag befestigen.

20 Die Anschlagbacken sägen Sie an einem Ende auf der Tischkreissäge auf 45° ab. Auf der Rückseite fräsen Sie noch eine Nut passend zur T-Nutschiene ein. Zum Schluss fixieren Sie die Schiene mit mehreren Schrauben in der Nut.

Materialliste, Explosions- und Schnittzeichnungen

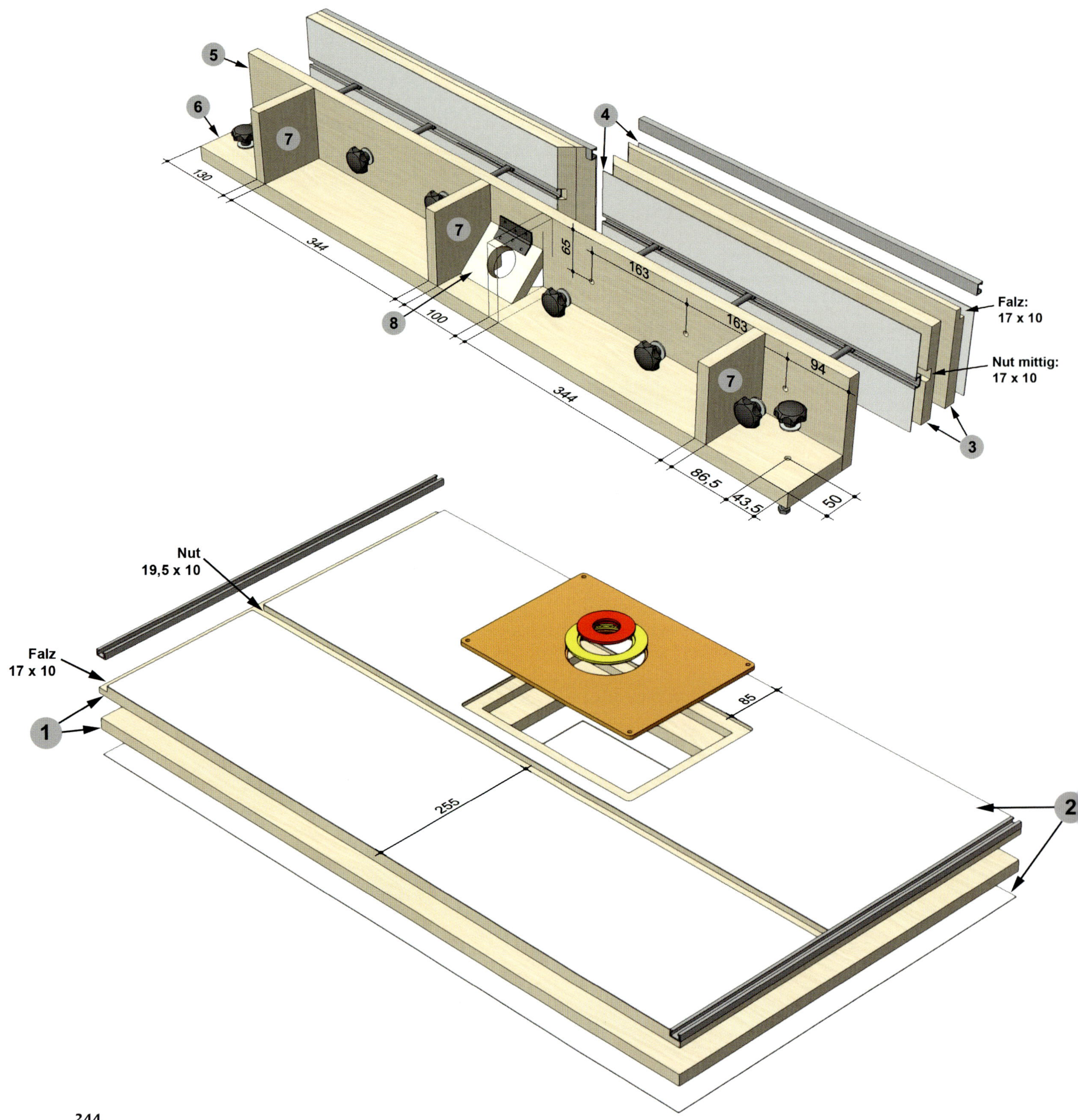

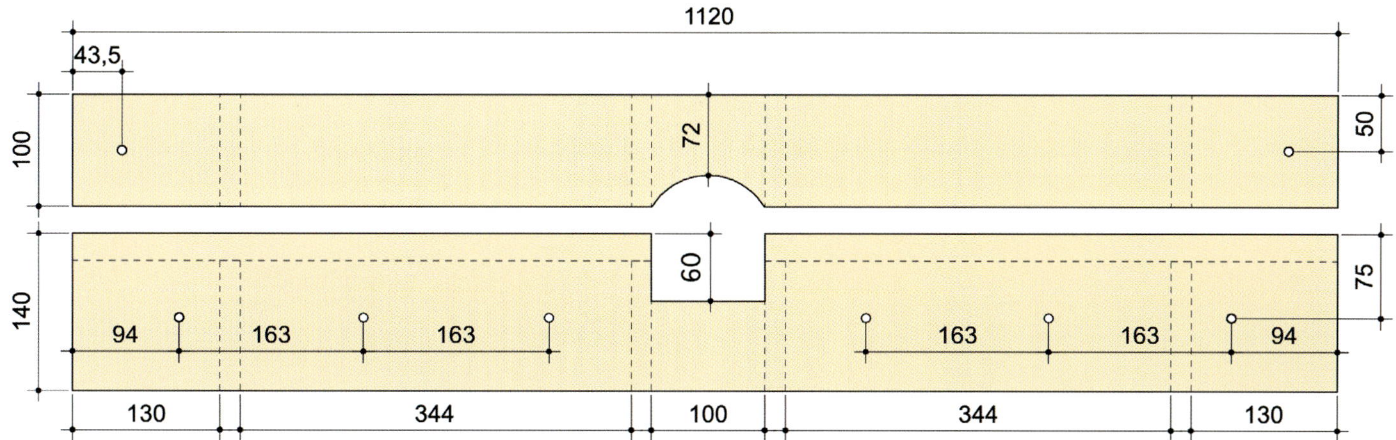

Hier noch mal die Pos. 5 (unten) und Pos. 6 (oben) zusätzlich mit den Maßen der Ausklinkung für die Fräseröffnung. Alle Bohrungen haben einen Durchmesser von 8 mm.

Für den Queranschlag benötigen Sie:
Drehplatte: 220 x 180 mm (18 mm Birke-Multiplex)
Anschlagleiste: 220 x 50 mm (18 mm Birke-Multiplex)
1 U-Profil Aluminium Fa. Alfer 19,5 x 10 mm x 400 mm lang
2 Schlossschrauben M6 x 35 mit Scheibe und Flügelmutter

Materialliste: Frästischaufbau (Premium-Frästisch)

Pos.	Anz.	Bezeichnung	Maße (mm)	Material
1	2	Tischplatte	1050 x 610	18 mm Birke-Multiplex
2	2	Tischflächen	1050 x 610	HPL-Laminat weiß/glatt
3	4	Anschlagbacken	565 x 150	18 mm Birke-Multiplex
4	4	Anschlagflächen	565 x 150	HPL-Laminat weiß/glatt
5	1	Fräsanschlag	1120 x 140	18 mm Birke-Multiplex
6	1	Fräsanschlag	1120 x 100	24 mm Birke-Multiplex
7	4	Winkelstütze	116 x 100	18 mm Birke-Multiplex
8	1	Absaugabdeckung	82 x 100	18 mm Birke-Multiplex

Sonstiges:

1 Befestigungsplatte für die Oberfräse (hier Alu 6 mm dick 306 x 229 mm) erhältlich bei: www.sautershop.de
12 Sechskantschrauben M 8 x 40 mit Scheibe und Flügelmutter
6 Sechskantschrauben M 8 x 30 mit Scheibe und Flügelmutter (Alternativ zur Flügelmutter Sterngriffe der Fa. Ganter: Art. Nr.: 6336-KU-50-M8-K-MS oder 6336.2-40-M8-E-NI)
2 T-Nut-Schienen 610 lang, 2 T-Nut-Schienen 565 lang, 2 T-Nut-Schienen 527 lang, 1 Scharnier 60 mm breit
1 Sicherheitsschalter mit Nullspannungsschutz
Flachdübel Gr. 20, Holzleim, Spanplattenschrauben

Schritt 6: Unterschränke herstellen

Richtig flexibel und mobil wird ein Frästisch erst mit einem fahrbaren Unterschrank. In unserem Fall besteht das Ganze aus zwei schmalen Seiten- und einem niedrigen Mittelschränkchen, die alle zusammen auf eine Grundplatte geschraubt werden. Die Schränkchen sind extrem einfach aufgebaut und außer ein paar Flachdübelschlitze müssen keine weiteren Fräsungen vorgenommen werden. Denn auch die Rückwand ist aus 18 mm starkem Multiplex gefertigt. Das hat den Vorteil, dass Sie dort später problemlos noch eine multifunktionale Anbauplatte befestigen können. Die stelle ich Ihnen auf der Seite 279 noch ausführlich vor.

Wenn Sie eine Holzplatte als Anschlag hochkant an den Werktisch oder in die Hobelbank spannen, können Sie die Flachdübelschlitze besonders präzise und blitzschnell einfräsen. Legen Sie dazu einfach alle Seitenwände hochkant (Bild 1) und die Deckel und Böden flach vor die Anschlagplatte (Bild 2).

Es ist wesentlich einfacher alle Auszugschienen vor dem Verleimen zu montieren (s. Bild 3: Maße im Bauplan). Erst danach geben Sie Leim in die Flachdübelschlitze und stecken die Flachdübel ein. Dann zuerst den Boden, die Rückwand und den Deckel auf eine Seitenwand stecken und zum Schluss die zweite Seitenwand auflegen. Dann das Ganze mit ausreichend Zwingen etwa zwei Stunden fixieren (Bild 4).

Richten Sie den Mittelschrank zusammen mit einem Seitenschrank auf der Grundplatte aus und schrauben Sie die Schränke zuerst auf der Platte und anschließend untereinander fest (Bild 5). Zum Schluss den zweiten Seitenschrank anschrauben. Danach stellen Sie die Schränke auf den Kopf und schrauben die fünf Lenkrollen fest. Um später einen stabilen Stand zu gewährleisten, sollten mindestens die beiden vorderen Lenkrollen über einen Feststeller blockierbar sein (Bild 6). Wichtig: Unbedingt mittig unter den Boden die fünfte Lenkrolle platzieren. So ist die Grundplatte samt Schränken und Tischplatte gegen Durchbiegen geschützt.

Schritt 7: Schubkästen und Blenden

In den Schränken selbst befinden sich insgesamt 9 Schubkästen in denen Sie das gesamte Fräser- und Zubehörprogramm der Oberfräse unterbringen können. Auch die Schubkästen sind konstruktionstechnisch sehr einfach gehalten und werden wieder mit Flachdübeln verbunden. Der 9 mm dicke Multiplexboden sitzt einfach stumpf unter dem Schubkasten und wird zusammen mit den Rollschubführungen festgeschraubt. Beim Einsatz von diesen Schubkastenführungen wäre ein Boden in einer Nut nicht nur wesentlich aufwändiger, sondern durch den höher liegenden Boden in der Nut würden Sie zudem wertvollen Innenraum verlieren. Rollschubführungen sind für Werkstattzwecke ideale Auszugssysteme, weil Sie diesen Konstruktionsvorteil haben und gleichzeitig sehr preiswert sind. Es reicht in den meisten Fällen auch völlig aus, den günstigeren Einfachauszug zu kaufen.

Zur Montage der Schubkastenblenden beginnen Sie mit dem unteren Schubkasten und arbeiten sich dann nach und nach bis zum Obersten vor. Das hat den Vorteil, dass Sie die Blende immer genau mithilfe von Zwingen ausrichten und festspannen können, wenn Sie die Schrauben vom Schubkasteninnenraum eindrehen. Lediglich die beiden obersten Blenden und die Blende im mittleren Schrankteil sollten Sie entweder mit doppelseitigem Klebeband oder zwei kleinen Nägeln mit abgekniffenem Kopf fixieren, um dann von innen die Schrauben einzudrehen. Ganz zum Schluss bohren Sie dann noch die Löcher für die Griffe durch Blende und Schubkastenvorderstück.

Alle Schubkästen bestehen aus zwei langen Seiten mit dazwischen liegenden Vorder- und Rückstücken. Bei den niedrigen Schubkästen reicht ein 20er Flachdübel pro Ecke, bei den höheren fräsen Sie besser zwei ein.

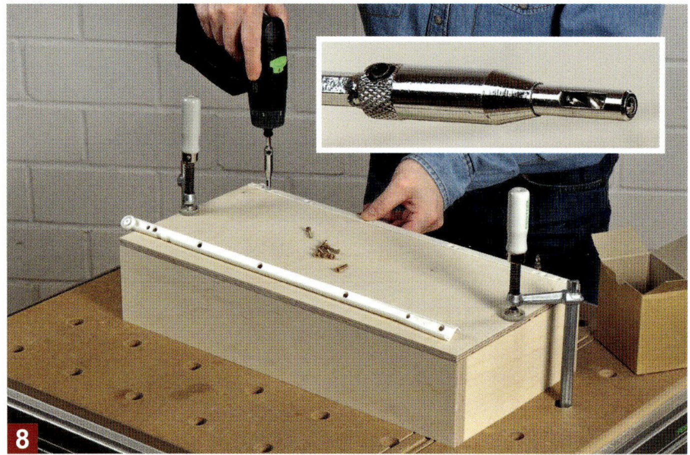

8 Den Schubkastenboden auflegen und mit zwei Zwingen fixieren. Anschließend die Schienen festschrauben. Bohren Sie die Schraublöcher am besten mit einem solchen Zentrierbohrer vor. Ein wirklich ausgezeichnetes Hilfsmittel, das in keiner Möbelbauwerkstatt fehlen sollte!

9 Die Schubkastenblenden werden von unten beginnend mit zwei Zwingen an der Schubfront gehalten und danach von innen mit vier Schrauben befestigt. Zwei 3-mm-Bohrer unter der Blende sorgen für perfekte Fugen und Abstände zwischen den einzelnen Blenden.

Schritt 9: Frästischplatte und Sicherheitsschalter befestigen, sowie Fräser-Höheneinstellung herstellen

Ein hervorragender Sicherheitsschalter mit Nullspannungsschutz (Bild 11 = Standardschalter Modellreihe K700) wird z. B. von der Fa. Klinger und Born (www.klibo.de) gefertigt. Da immer mehr Oberfräsen mit mehr als 2000 Watt Leistung angeboten werden, ist es sinnvoll, sich gleich einen Schalter mit einer Schaltleistung von bis zu 3 kw zu kaufen. Viele Schalter im Baumarkt reichen nur bis maximal 2000 Watt! Einen guten und mit etwa 30 Euro auch sehr günstigen Sicherheitsschalter finden Sie auch im Internet unter dem Suchbegriff „Tripus Sicherheitsschalter“. Damit können Sie ebenfalls große und stark motorisierte Oberfräsen bis 3000 Watt betreiben.

Problematisch ist bei großen und schweren Oberfräsen auch die Einstellung der Fräserhöhe. Denn nur wenige Modelle sind auf den Einsatz im Frästisch zugeschnitten und bieten z. B. eine Höheneinstellung über der Tischfläche mithilfe einer Kurbel an. Die Lösung des Problems ist aber ganz einfach und sehr günstig: ein Scherenwagenheber aus dem KFZ-Handel. Das etwas gröbere Gewinde lässt dabei schnelles und dennoch gefühlvolles Heben und Senken der Oberfräse zu. Und wenn Sie anstelle des Metallschwengels ein selbstgebautes Drehrad montieren (s. Bild 12), haben Sie die perfekte Höhenjustierung für Oberfräsen bis zu einer Tonne Gewicht – das sollte also problemlos für die Zukunft reichen!

10 Die Frästischplatte wird mit der hinteren Kante genau bündig an der Schrankrückwand ausgerichtet, sowie links und rechts gleichmäßig überstehen lassen. Fixieren Sie dann das Ganze mit Zwingen und schrauben Sie die Platte durch die Schränke fest (unbedingt vorbohren und versenken!).

11 Ein absolutes Muss bei stationär betriebenen Elektrowerkzeugen ist der Sicherheitsschalter mit Nullspannungsschutz. Dieser Schutzschalter verhindert, dass die Maschine nach einer Stromunterbrechung wieder selbstständig anläuft. Hierzu muss dann erneut der Einschaltknopf gedrückt werden. Doch Vorsicht: Besitzt die Oberfräse einen eigenen Wiederanlaufschutz, lässt sie sich nicht über einen separaten Schalter wieder einschalten (s. a. S. 212).

12 Für etwa 10 bis 15 Euro finden Sie im gut sortierten KFZ-Handel einen solchen Scherenwagenheber, der sich nach kleineren Umbaumaßnahmen hervorragend zur Höhenjustierung der Oberfräse eignet. Lediglich eine Grundplatte, ein Handrad mit einer drehbaren Kugel und eine kleine Schutzplatte mit vier Schrauben (s. a. Bild 32) und schon ist die perfekte und sehr präzise Höheneinstellung fertig – zu den Kosten gibt es keine bessere Alternative!

13 Damit kein Druck des Wagenhebers direkt auf das Kunststoffgehäuse der Oberfräse einwirkt, stecken Sie einfach ein paar Schrauben mit der Spitze nach außen in die Schraubenöffnungen des Motorgehäuses und markieren sich dann die Schraubenspitzen auf dem Holzklötzchen. Drehen Sie anschließend die Schrauben so tief ins Klötzchen ein, dass nur Druck auf die Schrauben im Motorgehäuse ausgeübt wird und nicht auf den Gehäusekunststoff.

14

15 Damit dieses Holzklötzchen sicher am Ende des Wagenhebers sitzt, stellen Sie sich eine T-förmige Leiste her, die man seitlich in die obere Schlaufe des Wagenhebers schieben kann (Bild 14). Diese Leiste befestigen Sie dann einfach mit zwei Schrauben unter dem Klötzchen. Als Handrad nutzen Sie eine runde Multiplexplatte (Ø 190 x 21 dick) an deren Rückseite Sie eine Leiste anschrauben, die genau in die Schwengelaufnahme des Wagenhebers passt (Bild 15).

Materialliste, Explosions- und Schnittzeichnungen

Der gesamte Unterbau besteht aus einem niedrigen Mittelschrank (220 mm hoch x 360 mm breit), sowie zwei identischen Seitenschränken (750 mm hoch x 301 mm breit). Ist der Nutzer des Frästisches extrem groß, können höhere Seitenschränke ergonomischer sein. Auch die Höhe des Mittelschranks richtet sich nach der Größe der eingesetzten Oberfräse. Meine große Festool OF 2200 benötigt mehr Platz zwischen Wagenheber und Motorgehäuse, so dass der Mittelschrank entsprechend niedriger ausfallen musste. Wichtig: Beim Mittelschrank liegen Deckel und Boden aus optischen Gründen auf den Seitenwänden, damit man von oben eine durchgehende Deckelplatte sieht. Bei den Seitenschränken befinden sich Deckel und Boden zwischen den Seitenwänden! Die Höhenpositionen der Auszugschienen mit den entsprechenden Maßen finden Sie in der Zeichnung rechts.

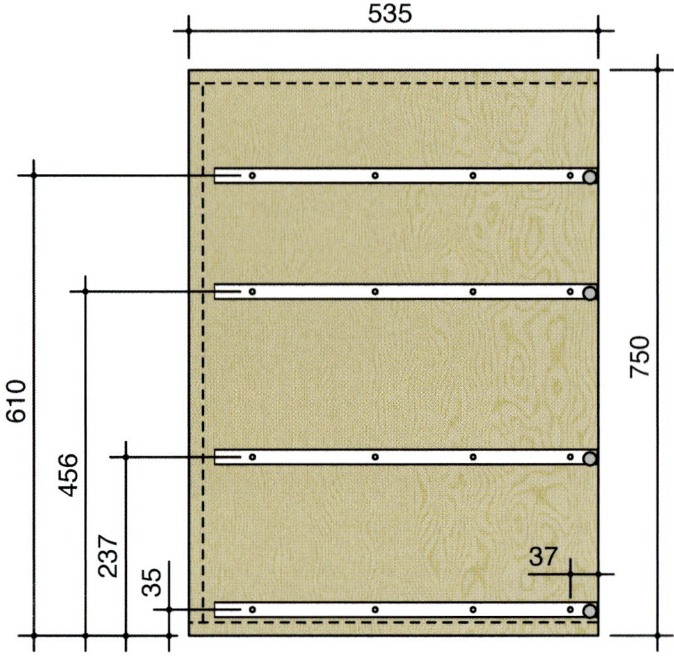

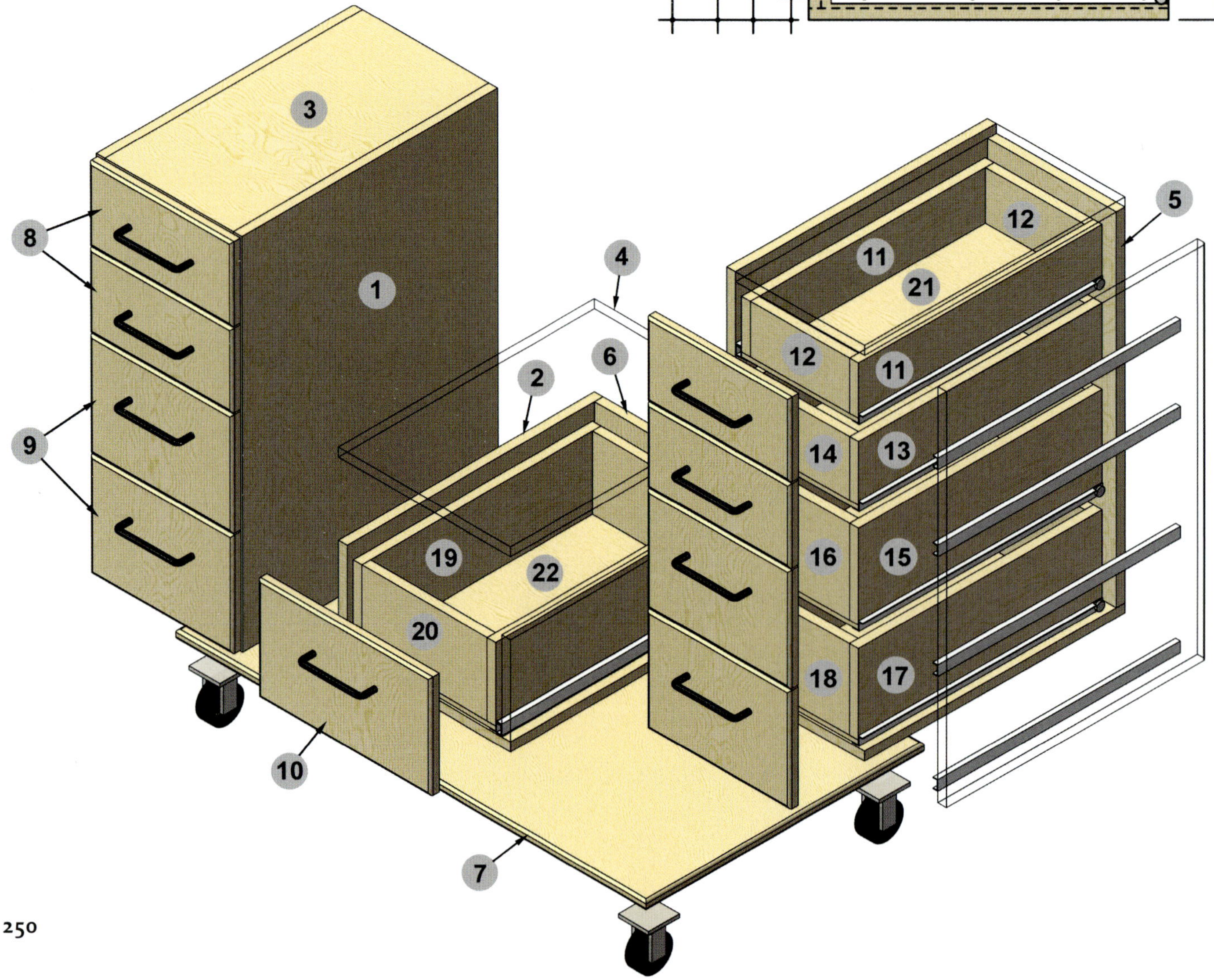

Materialliste: Frästisch-Unterschränke (Premium-Frästisch)

Pos.	Anz.	Bezeichnung	Maße (mm)	Material
1	4	Seitenwand	750 x 535	18 mm Birke-Multiplex
2	2	Seitenwand	184 x 535	18 mm Birke-Multiplex
3	4	Boden/Deckel	265 x 535	18 mm Birke-Multiplex
4	2	Boden/Deckel	360 x 535	18 mm Birke-Multiplex
5	2	Rückwand	714 x 265	18 mm Birke-Multiplex
6	1	Rückwand	184 x 324	18 mm Birke-Multiplex
7	1	Grundplatte	982 x 573	18 mm Birke-Multiplex
8	4	Schubk.-Blende	295 x 153	18 mm Birke-Multiplex
9	4	Schubk.-Blende	295 x 214	18 mm Birke-Multiplex
10	1	Schubk.-Blende	360 x 214	18 mm Birke-Multiplex
11	4	Schubkastenseiten	500 x 100	18 mm Birke-Multiplex
12	4	Schub-Vorder-Rück	204 x 100	18 mm Birke-Multiplex
13	4	Schubkastenseiten	500 x 115	18 mm Birke-Multiplex
14	4	Schub-Vorder-Rück	204 x 115	18 mm Birke-Multiplex
15	4	Schubkastenseiten	500 x 175	18 mm Birke-Multiplex
16	4	Schub-Vorder-Rück	204 x 175	18 mm Birke-Multiplex
17	4	Schubkastenseiten	500 x 165	18 mm Birke-Multiplex
18	4	Schub-Vorder-Rück	204 x 165	18 mm Birke-Multiplex
19	2	Schubkastenseiten	500 x 150	18 mm Birke-Multiplex
20	2	Schub-Vorder-Rück	263 x 150	18 mm Birke-Multiplex
21	8	Schubkastenboden	240 x 500	9 mm Birke-Multiplex
22	1	Schubkastenboden	299 x 500	9 mm Birke-Multiplex

Sonstiges:

9 Rollschubführungen 500 mm lang z. B. Hettich FR 402 (25 kg)
9 Griffe z. B. Hettich Avenio Chromglanz LA 128
5 Lenkrollen (mind. 2 mit Totalfeststeller), Rollen Ø = 100 mm (mind. 70 kg/Rolle)
1 Scherenwagenheber zur Höhenjustierung der Oberfräse mit Drehrad Ø 190 mm aus 21 mm dickem Multiplex
Flachdübel Gr. 20, Holzleim, Spanplattenschrauben

Mit dem Premium-Frästisch können Sie bereits in der Grundausstattung beste Fräsergebnisse erzielen, die weit über das hinausgehen, was man sonst von fertigen Kauflösungen erwarten darf. Auf den nun folgenden Seiten zeige ich Ihnen, wie Sie diesen Frästisch Schritt für Schritt mit vielen weiteren sinnvollen Funktionen ausstatten können. Und ich verspreche Ihnen, Sie werden am Ende genauso begeistert sein wie ich!

Fräsanschlag-Feineinstellung für den Premium-Frästisch

Wenn nur noch ein kleiner „Hauch“ weggefräst werden muss und der Millimeter nicht mehr genau genug ist, dann kommen Feineinstellungen ins Spiel – ein absolutes Muss für jeden Frästischbesitzer. Bei vielen Frästischnutzern kursiert leider oft der Irrglaube, man müsse den Fräsanschlag immer genau parallel zur Tischkante verschieben und deshalb immer beide Anschlagschrauben lösen. Da es sich hier nicht um eine Tischkreissäge mit einem flächig zum Anschlag zeigenden Sägeblatt handelt, sondern um ein aus der Tischfläche ragendes rundes axiales Werkzeug (rotierender Fräser), können Sie beim Frästisch den Anschlag sogar schräg über die Tischfläche spannen und immer noch einen parallel zur Werkstückkante verlaufenden Falz oder Ähnliches fräsen. Einzige Ausnahme: Wenn Sie den Queranschlag in der Tischnut zusammen mit dem Fräsanschlag einsetzen möchten, wie es beispielsweise bei Konterprofilen häufig der Fall ist. Dann müssen Tischnut und Fräsanschlag genau parallel zueinander verlaufen. Um Feineinstellungen am Anschlag vorzunehmen, müssen Sie also nur eine Anschlagschraube lösen und den Anschlag nur dort leicht verändern. Deshalb reicht es in der Regel auch aus, wenn Sie nur eine Seite des Fräsanschlags mit einer Feineinstellung ausstatten. Und falls Sie den Komfort auch auf der anderen Anschlagseite wünschen, können Sie die Feineinstellung dort später noch jederzeit nachrüsten.

Obwohl dieser Vorschlag perfekt zum Premium-Frästisch passt, kann er leicht abgewandelt auch bei anderen Frästischen problemlos eingesetzt werden. Denn in der Regel bestehen solche Feineinstellungen immer aus zwei Teilen: Einem fest mit dem Anschlag verbundenen Holzteil und einem an der Tischfläche verschieb- und arretierbaren Holzteil. Die Baukosten sind mit allerhöchstens 10 Euro extrem niedrig und der riesige Komfortgewinn wird Sie schon nach dem ersten Einsatz restlos überzeugen, da bin ich mir hundertprozentig sicher!

Die Funktionsweise einer Feineinstellung

Damit eine Feineinstellung richtig funktionieren kann, ist es wichtig, dass Sie zuerst immer den Sterngriff (1) an der Feineinstellung festziehen. Danach erst lösen Sie den Sterngriff (2) am Anschlag. Jetzt lässt sich der Anschlag mithilfe der Flügelmutter (3) und der M8er Sechskantschraube sehr präzise in beide Richtungen verschieben (leichtes Gewindespiel ist völlig normal und lässt sich kaum vermeiden). Wenn Sie sich noch eine Maßskala so auf die Tischkante kleben, dass der Nullpunkt genau durch die Fräsermitte läuft, können Sie den Anschlag schon sehr genau auf ein bestimmtes Maß voreinstellen. Die letzten Zehntelmillimeter stellen Sie dann bequem und absolut präzise mit dieser Feineinstellung ein. Und wenn Sie die digitale Messbrücke von Seite 33 nachgebaut haben, dann können Sie dort auch den Zehntel- und sogar Hundertstelmillimeter genau ablesen. Mehr Mess-präzision ist in der Holzbearbeitung jedenfalls nicht nötig.

Und so einfach ist der Bau der Feineinstellung

Wenn Ihr Frästisch auf Unterschränken befestigt ist, dann muss die Tischfläche links und rechts an den Schrankseiten mindestens 45 mm überstehen, damit ausreichend Platz für die Feineinstellung bleibt. Das sollten Sie vorab unbedingt prüfen. Ist das der Fall, schrauben Sie zuerst ein etwa 230 mm langes Stück des T-Nutschienenprofils unter die Tischfläche, und zwar bündig zur Seiten- und Rückkante (s. Bild rechts). Danach fertigen Sie das Anschlagteil exakt nach der Zeichnung an und leimen es einfach stumpf an die untere Anschlagplatte. Ist der Leim getrocknet, ste-

cken Sie die M8 x 100 mm Sechskantschraube mit Unterlegscheiben ein und „kontern" sie mit zwei M8er Muttern. Achten Sie darauf, dass sich die Schraube noch leicht drehen lässt.

Im Anschluss daran fertigen Sie das Tischteil nach der unten stehenden Zeichnung an. Es wird mit der Nut und dem Kopf einer M8er Sechskantschraube in das Alu-T-Nutprofil geschoben (s. Bild rechts). Dann die Schraube des Anschlagteils in die Gewindemuffe des Tischteils eindrehen. Zum Schluss noch eine Mutter und Flügelmutter auf das Gewindeende aufdrehen und beides „kontern". Deutlich besser als der Sechskantkopf gleitet eine sogenannte Hammerkopfschraube (s. kleines Bild). Die finden Sie unter folgendem Suchbegriff im Internet: Hammerkopfschrauben-Sets M8 x 50mm für C-Profile 27x18.

Noch mehr Komfort bietet ein Exzenterspanner

Anstelle einer Sterngriffmutter können Sie auch einen sogenannten Exzenterspanner zum Arretieren des Anschlags einsetzen (Bild li.). Er sollte aber unbedingt eine Stellmutter besitzen (Bild mi.). Damit können Sie die Hebelkraft genau auf die gewünschte Hebelarmposition einstellen (Bild re.). Ein Luxus, auf den Sie schon nach kurzer Zeit nicht mehr verzichten wollen. Hersteller: Ganter Norm®

Produkt: Exzenterspanner mit Innengewinde
Art.-Nr. GN 927-82-M8-A-B

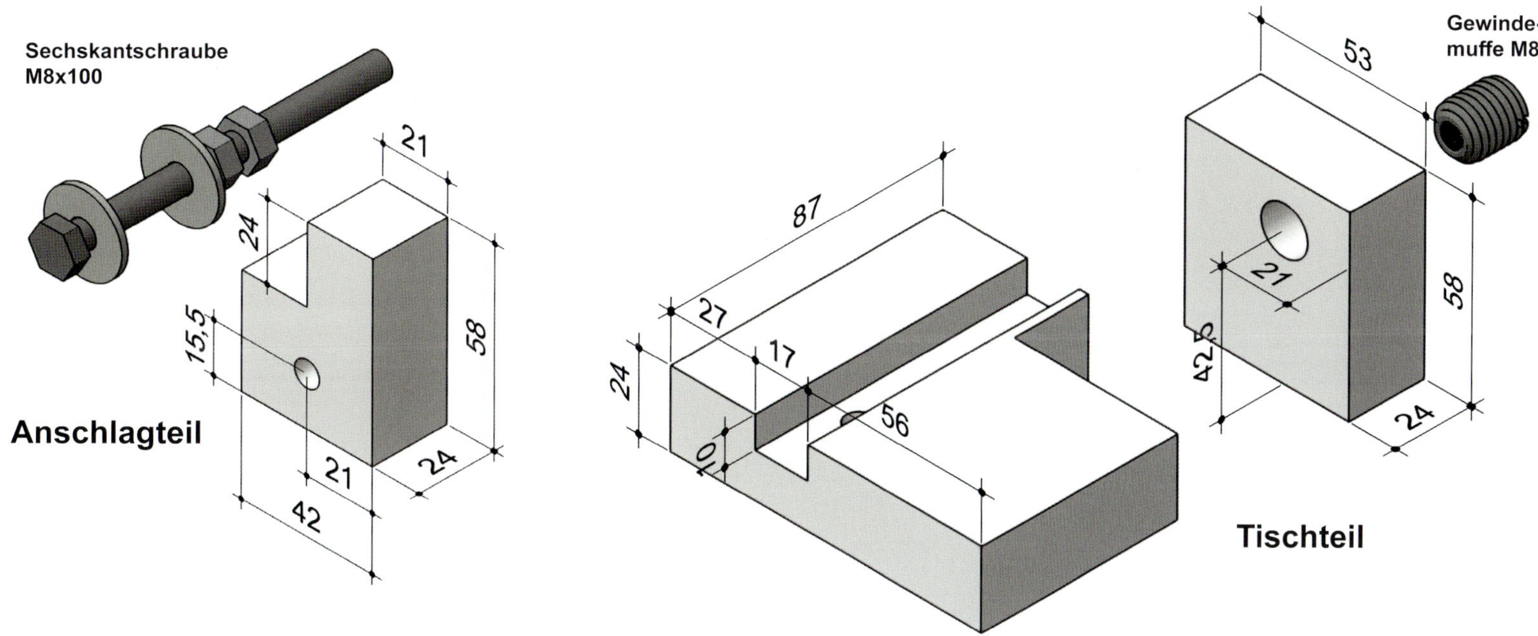

Anschlagbacken mit Splitterzungen und Kehlbrettern ausstatten

Aus Sicherheitsgründen sollten Sie bestimmte Fräsarbeiten wie beispielsweise das Abplatten einer Füllung oder das Anfräsen eines Zapfens nur mit einer durchgehenden Anschlagfläche ausführen (z. B. einem Vorsatzbrett). Für unseren Premium-Frästisch möchte ich Ihnen dazu eine besonders pfiffige Lösung vorstellen und zwar das sogenannte Kehlbrett. Dabei handelt es sich um auswechselbare Multiplexbrettchen, die sich ganz einfach in T-Nutschienen einschieben und dort auch stufenlos in jeder beliebigen Höhe fixieren lassen. Damit können Sie zukünftig in Sekundenschnelle die Lücke zwischen den Anschlagbacken schließen. Und falls Sie mal wieder einen geteilten Anschlag benötigen, dann kommt das Kehlbrett raus und wird durch zwei sogenannte Splitterzungen ersetzt. In Beides kann man auch mal reinfräsen, ohne gleich den gesamten Fräsanschlag zu ruinieren.

Fräsen Sie als Erstes mit einem Falzfräser in mehreren Frässchritten einen 19 mm hohen und 17 mm tiefen Falz in das Ende der Anschlagbacken. Um die große Lücke im Anschlag zu verschließen, dazu unbedingt ein Vorsatzbrett einsetzen und die Anschlagbacken mit dem Queranschlag vorbeiführen.

Im Falz befestigen Sie im nächsten Schritt je eine 150 mm lange T-Nutschiene. Für einen optimalen Halt der Schienen mindestens vier Schrauben pro Schiene einsetzen. Wichtig: Die Schienenlöcher ordentlich versenken, damit die Schrauben nicht vorstehen und später die Gleitmuttern behindern.

Jetzt können Sie die Anschlagbacken wieder am Fräsanschlag montieren. Die beiden T-Nutschienen zeigen zur Fräseröffnung. Dort lassen sich nun Gleitmuttern einschieben und stufenlos über die gesamte Höhe verschieben. Zum Fixieren sollten Sie nur maximal M5er-Senkkopfschrauben (16 mm lang) einsetzen. Passend dazu benötigen Sie auch eine Gleitmutter mit M5er Gewindebohrung. Am besten nutzen Sie anstelle von kantigen Hammerkopf-Muttern die ovalen Gleitmuttern der Fa. Isel (T-Nutenstein Art. Nr. 209001 0021). Die ovale Form erleichtert das Einführen und Gleiten in den Schienen ungemein!

Die Splitterzungen und Kehlbretter werden aus 12 mm dickem Betonsperrholz (z. B. Betoplan) hergestellt. Nach dem Zuschnitt fräsen Sie an die Längskanten einen 18 mm breiten Falz an. Die Falztiefe so anpassen, dass die Brettchen exakt bündig zur Anschlagfläche abschließen. Die Brettchen dürfen auf keinen Fall vorstehen. Zur Not den Falz minimal tiefer fräsen und im Bereich der Schrauben den Falz mit dünnem Klebeband versehen, bis die Splitterzungen und Kehlbretter exakt mit der Anschlagfläche übereinstimmen. Alle wichtigen Maße finden Sie in den beiden Zeichnungen auf der rechten Seite.

Zwei 50 mm breite Splitterzungen (1) und drei Kehlbretter in den Breiten von 100 (2), 120 (3) und 140 mm (4) reichen völlig aus und können mit wenigen Handgriffen in den T-Nutschienen befestigt werden. Das Beste an dieser Lösung ist aber, dass man die Brettchen auch stufenlos in der Höhe verschieben und fixieren kann. Mit einem solchen Kehlbrett haben Sie also im Nu eine durchgehende Anschlagfläche, um beispielsweise an ein schmales …

… Rahmenstück einen Zapfen anzufräsen. Sie können aber auch problemlos wie bei einem Vorsatzbrett in das Kehlbrett hineinfräsen. Das bietet einige Vorteile (s. a. S. 22) und Fehlfräsungen sind so gut wie ausgeschlossen. Und wenn eine Kante des Kehlbretts angefräst wurde, dann können Sie es problemlos auf die andere Kante umdrehen. Diese modulare Bauweise bietet im Gegensatz zum herkömmlichen Vorsatzbrett jedenfalls deutliche Vorteile.

Blitzschnell vom geteilten zum durchgehenden Anschlag

Was mit einem normalen Fräsanschlag und angeschrägten Spitzen unmöglich ist, lässt sich mit wechselbaren und höhenverstellbaren Splitterzungen blitzschnell umsetzen: Einfach die Schrauben lösen und die Splitterzungen bis knapp über dem Falzfräser wieder fixieren. Zum Schluss noch die Fräsbacken zusammenschieben – fertig. Allerdings setzt das sauber ausgerichtete Anschlagflächen voraus, die zusammengeschoben eine absolut plane Führungsfläche ohne Absätze ergeben. Daher sollte man die Spitzen der Splitterzungen in jedem Fall großzügig anfasen bzw. abrunden, damit die Werkstücke nirgends anstoßen und leicht darüber hinweg gleiten können.

Maße: Anschlagbacken, T-Nutschiene, Splitterzungen und Kehlbretter

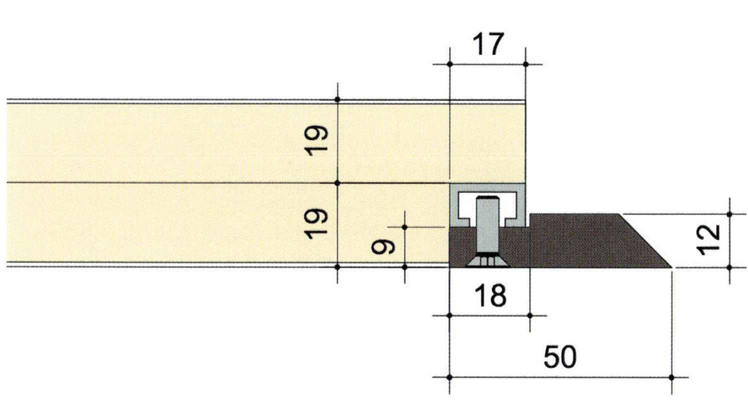

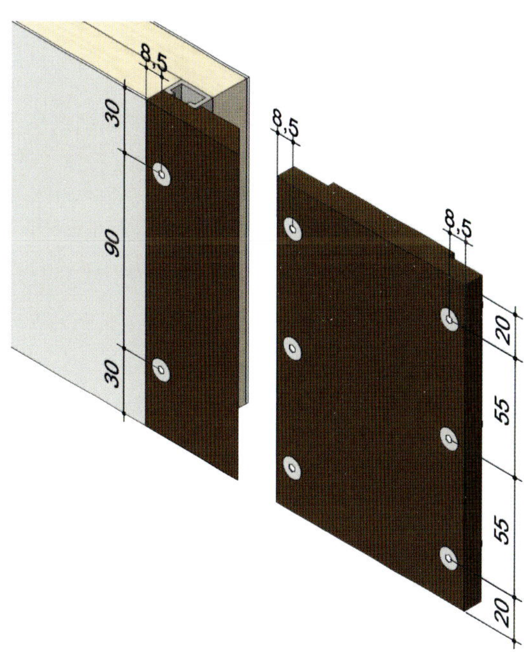

Fräserschutz mit multifunktionalem Andrucksystem

Die Hände oder besser gesagt die Finger sind bei der Arbeit auf einem Frästisch besonders gefährdet. Mit ihnen hält man das Werkstück und schiebt es am Fräsanschlag vorbei. Dabei kommen sie unweigerlich den rotierenden Fräserschneiden sehr nahe und man bekommt dabei schon zwangsläufig ein paar Schweißperlen auf die Stirn. Wenn es Ihnen auch schon mal so ergangen ist, dann fräsen Sie ganz sicher noch ohne einen vernünftigen Fräserschutz samt Andruckvorrichtung.

Aus diesem Grund möchte ich Ihnen auf den folgenden Seiten eine ganz besondere Andruckvorrichtung vorstellen, die heutzutage bei fast jeder großen Tischfräse zur Standardausrüstung gehört. Sie sorgt nicht nur für einen optimalen Druck auf das Werkstück, sondern schirmt auch gleichzeitig den gesamten vorderen Bereich des Fräswerkzeugs ab, so dass es quasi unmöglich ist, mit den Fingern in die Fräserschneiden zu gelangen.

Eine solche Andruckvorrichtung macht die Arbeit aber nicht nur sicherer, sondern sie wird damit auch präziser und gleichmäßiger. Sie müssen also weniger nacharbeiten. Und einen ganz wichtigen Aspekt hätte ich fast noch vergessen: Erst mit einer unkomplizierten und einfach einstellbaren Andruckvorrichtung macht das Fräsen so richtig Spaß!

Denn wer schon mal mit Andruckbögen und Druckkämmen herum hantiert hat, der weiß, wie umständlich und langwierig die Befestigung und Einstellung sein kann (s. a. S. 38). Meine klappbare Andruckvorrichtung lässt sich dagegen mit etwas Übung in weniger als zwei Minuten komplett auf Werkstückbreite und -stärke einstellen. Ein Besuch in der Notaufnahme eines Krankenhauses dauert ganz sicher deutlich länger.

Habe ich Sie überzeugt? Na dann sollten wir gleich mit dem Selbstbau beginnen. Und so ganz nebenbei können Sie damit auch noch jede Menge Geld sparen. Denn die kommerziellen Versionen für die Tischfräse können bis zu 600 Euro kosten, der Nachbau liegt nur bei etwa 60 Euro.

Muss der Fräser etwas nachjustiert werden, lässt sich die Deckelplatte samt Druckelementen blitzschnell hochschwenken. Dabei werden die Einstellungen der Druckelemente nicht verändert. Nach dem Runterschwenken und Verriegeln der Spannschlösser kann gleich weiter gefräst werden.

Gleich zwei Druckebenen in einer einzigen Vorrichtung: Ein federgelagerter vertikaler Druckschuh für die Tischfläche und ein horizontales Druckelement für den Fräsanschlag. Und mit der Schiebeplatte ist jederzeit ein sicherer, konstanter und gleichmäßiger Werkstückvorschub gewährleistet.

Schritt 1: Schablone für die Quadratlöcher des Stahlrohrs herstellen

Die einfachste Methode, eine exakt zum quadratischen Querschnitt des Stahlrohrs passende Schablone herzustellen, ist ein präzise auf Breite ausgehobelter Streifen Leimholz. Die nötige Breite richtet sich nach der Kopierhülse und dem eingesetzten Nutfräser und wird wie folgt berechnet: 17-mm-Hülse und 8-mm-Nutfräser ergibt eine Differenz von 9 mm. Diese 9 mm plus die Größe des Quadratrohrs von 30 mm ergibt jetzt die nötige Quadrataussparung in der Schablone von exakt 39 x 39 mm. Am einfachsten und sehr präzise können Sie den Leimholzstreifen auf dem Abricht-/Dickenhobel herstellen. Aber auch am Parallelanschlag einer Tischkreissäge sollte das mit ein oder zwei Testschnitten und einem guten Messschieber problemlos gelingen.

1 In eine 9 mm dicke Multiplexplatte bohren Sie zuerst ein 30-mm-Loch. Im Abstand von etwa 3 mm zum Lochrand hochkant eine Leiste anschrauben. Ein kurzes Stück des Leimholzstreifens hochkant …

2 … über das Loch positionieren und zuerst links und rechts daneben je ein weiteres rechtwinklig abgelängtes Stück des Leimholzstreifens festschrauben. Zum Schluss noch einen Streifen …

3 … davor platzieren. Jetzt können Sie bequem mit einem Bündigfräser das Quadratloch ausfräsen. Dabei gleitet das Kugellager präzise an den Kanten der Leimholzstreifen vorbei.

Schritt 2: Quadratlöcher in Stangenhalter einfräsen

Entfernen Sie alle Leimholzstreifen und versetzen Sie die 60 mm hohe Anschlagleiste so, dass sie jetzt zur Mitte der quadratischen Aussparung einen Abstand von exakt 30 mm hat. Ein weiteres Anschlagstück (59 x 39 mm) schrauben Sie exakt 60 mm von der Aussparungsmitte entfernt unter die Schablone (s. a. die Skizze auf der nächsten Seite). Auf diese Weise können Sie jetzt die Stangenhalter wiederholgenau unter der Schablone anlegen und die Quadratlöcher ausfräsen (s. Bildfolge 1 bis 4 unten). Lassen Sie dazu den 60 mm breiten Multiplexstreifen (24 mm dick) so lang, dass Sie später immer zwei 120 mm Stangenhalter daraus ablängen können. Auch die beiden Stangenhalter für die Befestigungssäule erst nach der Aussparung auf Endmaß zuschneiden.

1

2

Bohren Sie in den 60 mm breiten und mindestens 250 mm langen Multiplexstreifen (passend für 2 Stangenhalter) jeweils 60 mm vom Ende bis Lochmittelpunkt ein 25-mm-Loch. Legen Sie den Streifen in die Schablone ein (Bild 1) und spannen Sie beides zusammen in den Werktisch ein (Bild 2).

3

4

Die 25er Bohrung sollte sich in etwa mittig zur Schablonenaussparung befinden. Stecken Sie nun den 8-mm-Nutfräser in die Bohrung und schalten Sie die Maschine ein. Führen Sie die Kopierhülse im Uhrzeigersinn dicht an der Schablonenaussparung entlang, bis die komplette Aussparung gefräst ist.

Ist die Aussparung an einem Ende fertig gefräst, drehen Sie den Streifen, um auch die Zweite auszufräsen. In der rechten Skizze finden Sie den Abstand der beiden Anschlagleisten (1 + 2) zum Mittelpunkt der quadratischen Aussparung. Deren Maß beträgt exakt 39 x 39 mm.

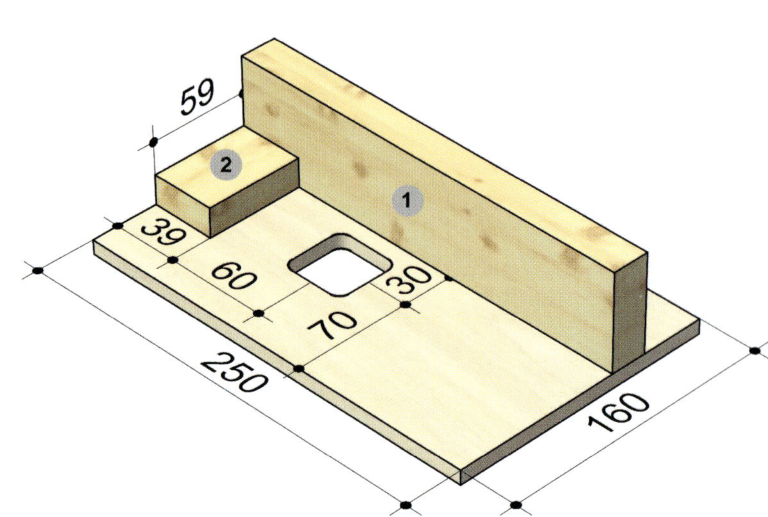

Schritt 3: Einschraubmuffen in Stangenhalter eindrehen

Wenn das verzinkte Stahlrohr (30 x 30 mm) präzise und dennoch leichtgängig in die Quadratlöcher der Stangenhalter passt, können Sie mit dem Einbringen der M8er Einschraubmuffen fortfahren. Den korrekten Durchmesser des Bohrers für das Kernloch können Sie ganz einfach ermitteln, indem Sie vom Außendurchmesser der Muffe exakt 1,5 mm abziehen. Leider gibt es hier kein allgemeingültiges Bohrmaß für eine M8er Muffe, weil es je nach Hersteller leicht unterschiedliche Außendurchmesser gibt. Eine Norm gibt es leider nicht!

1 Bohren Sie als erstes mittig zur Multiplexkante und mittig über dem Quadratloch das zur Muffe passende Kernloch. Setzen Sie dazu einen Bohrständer oder eine Säulenbohrmaschine ein.

2 Bevor Sie die Muffe eindrehen, den Lochrand der Bohrung noch großzügig ansenken. Eine einfache Hartholzleiste hilft dabei, die Muffe exakt senkrecht in die Bohrung einzudrehen.

3 Der Halter für das vertikale Druckmodul bekommt zusätzlich noch zwei seitliche Einschraubmuffen. Für die 10 mm Edelstahlstangen bohren Sie noch links und rechts je ein 10,5 mm Loch.

4 Mit der oberen Flügelschraube kann der Halter auf dem Quadratrohr fixiert und mit den beiden seitlichen Flügelschrauben können die beiden Edelstahlstangen in der Höhe arretiert werden.

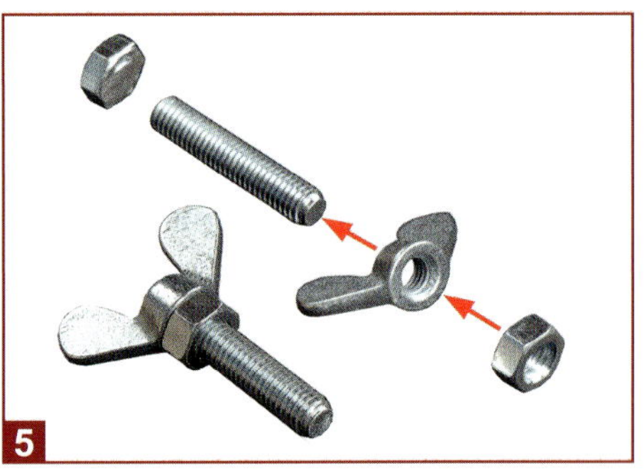

5 Flügelschrauben selbst herstellen: Von einer Sechskantschraube den Kopf absägen. Auf das Gewinde eine Flügelmutter und danach noch eine Sechskantmutter zum Kontern aufdrehen – fertig!

Schritt 4: Vertikale Druckmodule herstellen

Vertikale Druckmodule haben die Aufgabe, das Werkstück immer dicht auf der Tischfläche zu halten. Sie sind dazu federnd gelagert und können sich je nach Anwendung in der Form etwas unterscheiden (s. Infos rechts). Es macht also durchaus Sinn, sich gleich mindestens zwei dieser Druckschuhe herzustellen. Die lassen sich dann später bei Bedarf im Handumdrehen gegen eine andere Form austauschen. Dazu werden einfach die vier Sechskantschrauben über dem Druckschuhhalter (neben den Edelstahlstangen) entfernt und schon lässt sich der Druckschuh samt Federn abziehen. Durch diese modulare Bauweise können Sie relativ einfach für nahezu jede Werkstückform einen passenden Druckschuh herstellen. Und ist der Druckschuh einmal beschädigt, kann man ihn problemlos durch einen Neuen ersetzen.

Für den Anfang reichen diese beiden Druckschuhformen völlig aus. Der linke Druckschuh ist optimal für dünne und schmale Leistchen geeignet, weil er keinen Druck im offenen Fräserbereich ausübt. Der rechte Druckschuh ist ein Allrounder, der für alle anderen Arbeiten zum Einsatz kommt.

Beide Druckschuhformen werden aus je einem 170 x 40 mm großen Stück Multiplex (24 mm dick) hergestellt. Dort zuerst zwei 7-mm-Löcher (!) für die M8er Schlossschrauben einbohren und in eines der Stücke zusätzlich noch einen 12 mm tiefen und 15 mm breiten Falz einfräsen.

Die gefälzte Leiste bekommt im Anschluss zwei bogenförmige Druckflächen aufgezeichnet. Mit einer Farbdose mit 100 mm Durchmesser klappt das am besten. Nach dem Aussägen der Kontur mit der Band- oder Stichsäge die Schnittkanten sauber bearbeiten und alle Kanten etwas abrunden.

Sägen Sie von zwei M8 x 80 mm Schlossschrauben zuerst den Kopf samt Vierkant ab. Mischen Sie sich eine ausreichende Menge an Zwei-Komponenten Epoxidharzkleber an (z. B. Uhu-Plus) und geben Sie den in die beiden 7-mm-Löcher. Dann die Schrauben genau senkrecht und rechtwinklig einklopfen.

Auch die beiden Edelstahlstangen werden mit etwas Epoxidharzkleber in ein 150 x 20 mm großes Multiplexstück (24 mm dick, Pos. 6 Druckschuhhalter) eingeklebt. Vorab nicht vergessen, links und rechts daneben noch je ein 8-mm-Loch einzubohren (für die Schrauben im Druckschuh). Auch hier wieder darauf achten, dass beide Edelstahlstangen exakt senkrecht und rechtwinklig verlaufen.

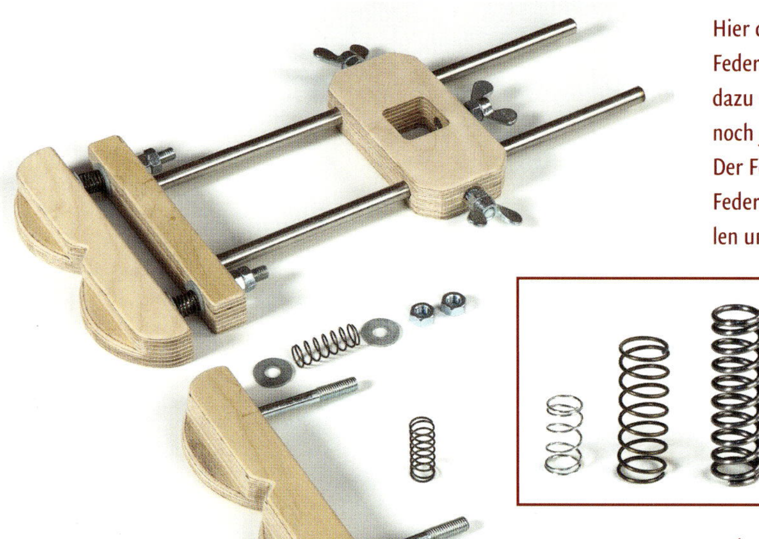

Hier das komplette vertikale Druckmodul samt Stangenhalter. Mit den beiden Federn können Sie die Druckkraft auf das Werkstück regulieren. Die Feder wird dazu einfach auf das Schlossschraubenstück gesteckt. Zusätzlich kann man noch je eine U-Scheibe zwischenlegen, was aber nicht zwingend notwendig ist. Der Federdruck oder besser gesagt die Federkraft wird durch die Länge der Feder und deren Drahtdicke beeinflusst. Solche Druckfedern finden Sie in vielen unterschiedlichen Größen beispielsweise im großen Internet-Kaufhaus.

Die kurze und dünne Feder ganz links im kleinen Bild lässt sich z. B. sehr leicht zusammendrücken, während die Feder ganz rechts außen im Bild aufgrund der Länge und dem deutlich dickeren Draht eine extrem starke Federkraft besitzt. Für unsere Zwecke eignet sich am besten die mittlere Feder mit folgenden Maßen: Außendurchmesser 13 mm, Länge 35 mm und Drahtdicke 1 mm.

Zwischen Druckschuh und Druckschuhhalter sollte noch knapp 20 mm Abstand bleiben, wenn die beiden Kontermuttern angezogen sind. Das erzeugt dann eine recht ausgewogene Vorspannung der Druckfeder. Hier sollten Sie einfach mal mit verschiedenen Werten etwas experimentieren.

Schritt 5: Seitliche (horizontale) Druckmodule herstellen

Während das vertikale Druckmodul das Werkstück auf der Tischfläche hält, sorgt das horizontale Druckmodul dafür, dass es dabei auch noch zusätzlich immer sicher an den Anschlagflächen anliegt. Da sich das horizontale Druckmodul wie eine Art Schutzschild um den gesamten Fräserbereich legt, können die Hände bzw. Finger niemals in den Gefahrenbereich des Fräsers gelangen. Das Schutzschild hängt dabei an zwei Gewindestangen, die genügend Flexibilität besitzen, um einen permanenten Andruck auf das Werkstück auszuüben. Außerdem lässt sich auf diese Weise das Druckschild auch soweit anheben, dass man mit einer 5 mm dicken Schiebeplatte das Werkstück bequem vorschieben kann (s. Bild rechts außen). Als Material eignen sich Makrolon®-Platten aus Polycarbonat am besten. Die sind nahezu unzerbrechlich und bieten somit einen starken Schutz bei der Arbeit an Maschinen für die Holzbearbeitung.

Auch bei den horizontalen Druckmodulen sollten Sie sich gleich zwei unterschiedliche Versionen herstellen. Ein Druckschild aus Makrolon® mit zwei halbrunden Druckleisten aus Hartholz ist das Standard-Druckmodul. Für extrem schmale und komplex profilierte Leistchen wäre dann noch eines mit zwei gebogenen Druckflächen sinnvoll.

Sie können ein solches Druckschild aber auch fix und fertig für unter 20 Euro kaufen (Infos dazu s. Bild 3 nächste Seite). Aber egal ob Selbstbau oder Fertiglösung, für den korrekten Einsatz benötigen Sie in jedem Fall noch eine spezielle Schiebeplatte. Nur damit ist ein sicherer und stetiger Vorschub des Werkstücks möglich.

Zuerst die beiden Kanten einer Hartholzleiste (35 x 22 mm) im Radius von etwa 15 mm abrunden. Von der fertig abgerundeten Leiste zwei 140 mm lange Stücke abschneiden und mit drei Schrauben an einer 5 mm dicken Acrylglasscheibe (250 x 140 mm) befestigen (unbedingt vorbohren und senken).

Dieses Druckschild jetzt mittig und mit etwa 30 mm Überstand zur Unterkante mit vier Schrauben am Haltebrettchen (Pos. 8) befestigen. Auch hier die Acrylglasplatte wieder mit einem Bohrer, der einen halben Millimeter größer ist als der Schraubendurchmesser, vorbohren und den Lochrand gut ansenken.

Dieses fertige Schutzschild gibt es als Ersatzteil zum CMS-Fräsanschlag der Fa. Festool, die Art. Nr. lautet: 464655 (Schutz Basis 5 A). Bei diversen Händlern im Internet ab 12 Euro erhältlich.

Auch das lässt sich ganz einfach mit vier bis sechs Schrauben am Haltebrettchen befestigen. Wichtig: Vorbohren, ansenken und die letzten Millimeter der Schrauben vorsichtig von Hand festziehen.

Anschließend die beiden 330 mm langen M10er Gewindestangen einstecken und mit je zwei Muttern am Haltebrettchen sichern. Zum Schluss dann noch den Stangenhalter aufstecken.

Für die sichere Führung von kleinen oder profilierten Leistchen stellen Sie sich noch einmal exakt den gleichen Druckschuh mit den zwei gebogenen Druckflächen her. Dann noch zwei weitere M10er Gewindestangen zuschneiden. Die werden diesmal fest mit Epoxidharzkleber in zwei 20 mm tiefe 10-mm-Sacklöcher eingeklebt. Die Sacklöcher befinden sich dabei auf der Falzseite und müssen den gleichen Abstand haben wie die Löcher im Stangenhalter. Bis zum Abbinden des Klebers den Stangenhalter provisorisch einstecken, damit die Gewindestangen exakt senkrecht und im richtigen Abstand bleiben (s. Bild rechts).

Schritt 6: Klappbare Befestigungssäule herstellen

Die Befestigungssäule besteht hauptsächlich aus zwei Seitenteilen und einem klappbaren Deckelbrett. Die Höhe von 250 und die Tiefe von 125 mm können Sie genauso auch für jeden anderen Frästisch übernehmen. Lediglich bei der Breite muss man sich ein wenig an die rückseitigen Maße der Staubabsaugung halten. Bei einem selbstgebauten Fräsanschlag befinden sich dort nämlich meist links und rechts je ein winkliges Holzbrettchen. Und genau diesen Abstand gilt es bei der Breite des Deckelbretts zu berücksichtigen, damit man später die Seitenteile daran festschrauben kann (s. a. Bild 7). Als Material kommt auch hier wieder stabiles Multiplex mit einer Materialstärke von 24 mm zum Einsatz.

Bohren Sie 30 mm von der Rückkante und 12 mm von der Oberkante entfernt in beide Seitenteile ein 10-mm-Durchgangsloch für den Edelstahlstab (∅ 10 mm und Länge 50 mm). Seiten und Deckel …

… passgenau zusammenspannen und – geführt durch die Löcher der Seiten – auch in das Deckelbrett je ein 25 mm tiefes Sackloch bohren. Zum Schluss noch je einen Stab ins Loch einschlagen.

Als Auflage für den klappbaren Deckel schrauben Sie innen an die Seitenteile noch je ein 50 mm hohes und 70 mm tiefes Klötzchen. Achten Sie darauf, dass der Deckel dabei schön bündig zu …

… den Seitenteilen abschließt und nirgends übersteht. Zum Anschrauben der Klötzchen einfach das obere Seitenteil samt Deckel nach hinten drehen.

Ein stabiler Spann- bzw. Kistenverschluss sorgt dafür, dass der Deckel nicht ungewollt nach oben klappt. Eine einfache aber sehr effektive und überaus praktische Lösung.

Spann- oder Kistenverschlüsse gibt es in verschiedenen Varianten. Der von mir eingesetzte stammt von der Fa. Hettich (Art. Nr. 00904). Den Verschlusshaken muss man bei diesem Modell allerdings zu einem Winkel zurecht biegen, damit das Ganze auch vernünftig funktioniert (in der Bildmitte zu sehen). Ich werde das zunächst einmal so belassen. Sollte die Spannkraft nachlassen, wird er später durch einen verstellbaren Spannverschluss (links außen im Bild) ersetzt. So etwas finden Sie ebenfalls im großen Internetkaufhaus und der enorme Vorteil ist, dass Sie die Spannkraft bzw. Festigkeit jederzeit über ein Gewinde und zwei Kontermuttern nachstellen können.

6

Die Stangenhalter für die Befestigungssäule sind kürzer und schmaler als die Stangenhalter für die Druckmodule. Sie werden aber erst auf das endgültige Maß von 100 x 45 mm zugeschnitten, wenn das Quadratloch eingefräst wurde. Danach befestigen Sie die Halter mit jeweils zwei Schrauben und etwas Leim einmal vorne und einmal hinten bündig und mittig zur Deckelkante.

7

Damit ist die Befestigungssäule fertig und kann jetzt links und rechts mit den Winkelbrettchen neben der Staubabsaugung verschraubt werden. Möglicherweise müssen Sie vorab noch die beiden Sterngriffmuttern zur Verstellung der Anschlagbacken etwas nach außen versetzen, weil sie sich sonst nicht mehr aufdrehen lassen. Ein Versatz von 30 mm sollte hier völlig ausreichen.

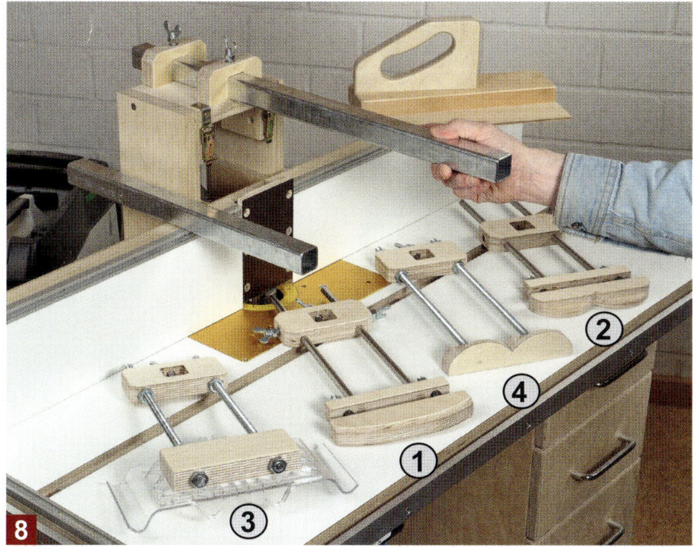

8

Das verzinkte Quadratrohr (30 x 30 mm) aus Stahl kann man im Metallfachhandel kaufen oder im Internet (z. B. www.stahl-shop24.de). Die Kanten sind mit einem Radius von etwa 4 mm gerundet. Das passt perfekt zum 8-mm-Nutfräser, mit dem wir die Quadratlöcher ausgefräst haben. Für die meisten Anwendungen reicht eine Rohrlänge von 400 mm völlig aus. Das Rohr lässt sich aber auch bei Bedarf blitzschnell gegen ein Längeres tauschen. Auf das Rohr schieben Sie dann zuerst einen vertikalen (1 oder 2) und anschließend …

9

… einen horizontalen Druckschuh (3 oder 4). Das Beste an der Andruckvorrichtung ist, dass man sie jederzeit fix und fertig eingestellt nach oben klappen kann, um den Fräser beispielsweise in der Höhe noch mal etwas nachzujustieren. Wird sie dann wieder herunter geklappt und mit den beiden Spannschlössern arretiert, kann sofort weiter gefräst werden. Das ist eine enorme Arbeitserleichterung gegenüber allen anderen Andruckvorrichtungen für den Frästisch. Darauf will man schon nach kurzer Zeit nie wieder verzichten!

Materialliste, Explosions- und Schnittzeichnungen

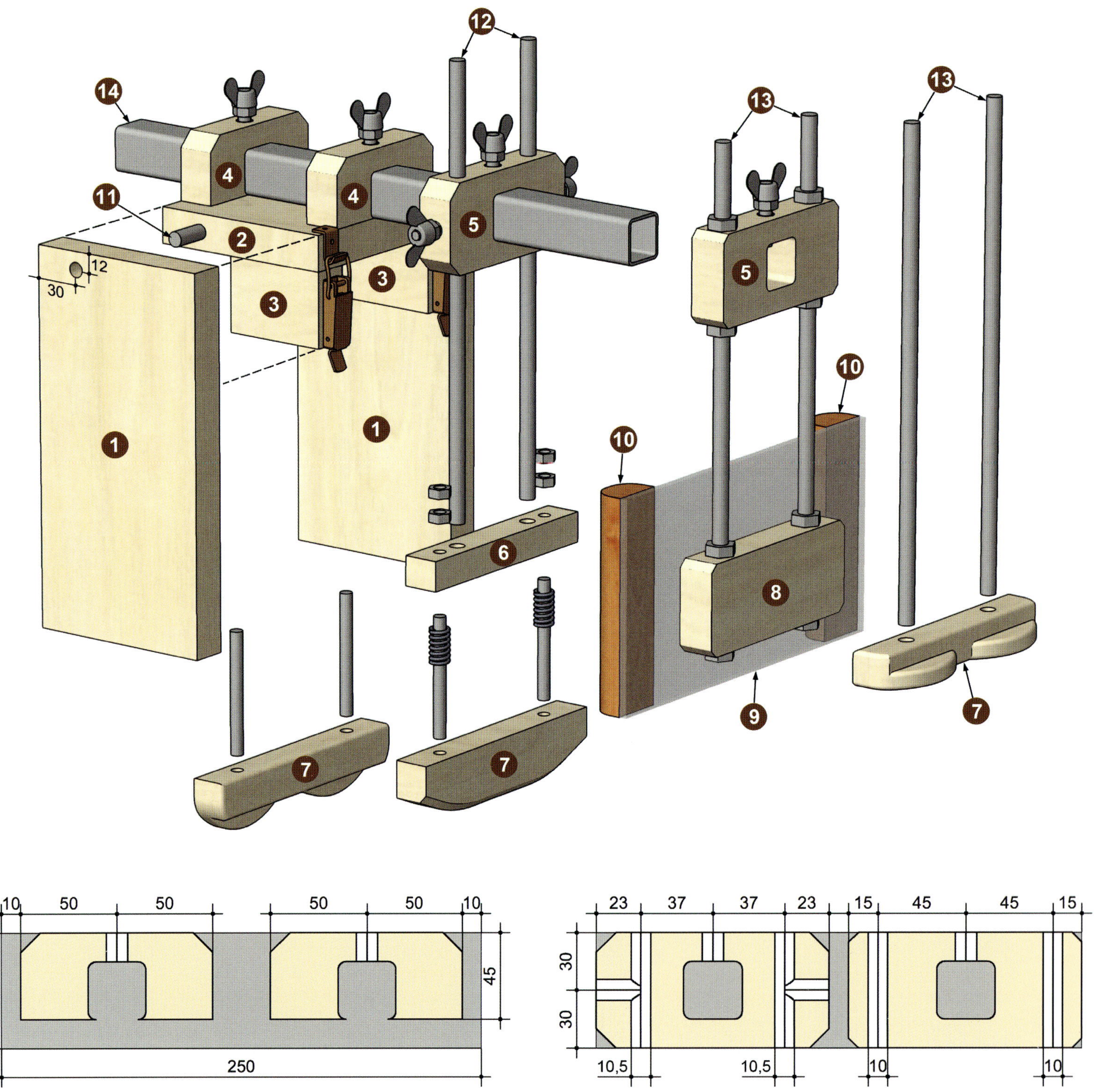

2 x Pos. 4 und 2 x Pos. 5 aus je einem 250 x 60 mm Multiplexstreifen 24 mm dick (in der Zeichnung grau hinterlegt)

Materialliste: Andruckvorrichtung

Pos.	Anz.	Bezeichnung	Maße (mm)	Material
1	2	Seitenteile	250 x 125	24 mm Birke-Multiplex
2	1	Deckelbrett	138 x 125	24 mm Birke-Multiplex
3	2	Aufliegerklötzchen	70 x 50	24 mm Birke-Multiplex
4	2	Stangenhalter für Säule	100 x 45	24 mm Birke-Multiplex
5	2	Stangenhalter für Druckmodule	120 x 60	24 mm Birke-Multiplex
6	1	Druckschuhhalter	150 x 20	24 mm Birke-Multiplex
7	3	Druckschuh	170 x 40	24 mm Birke-Multiplex
8	1	Druckschildhalter	140 x 60	24 mm Birke-Multiplex
9	1	Druckschild	250 x 140	Makrolon® 5 mm dick
10	2	Druckleisten	140 x 35	22 mm Hartholz
11	2	Edelstahlstab	50 lang	Ø 10 mm Edelstahl
12	2	Edelstahlstab	300 lang	Ø 10 mm Edelstahl
13	4	Gewindestange	330 lang	M10 Gewindestange
14	1	Quadratrohr (1000 lang)	400/600 lang	Stahl 30 x 30 mm

Sonstiges:
2 verstellbare Spannverschlüsse
2 Druckfedern: 35 mm lang, 1 mm Drahtdicke, Ø 13 mm
6 Flügelschrauben M8 x 25 (deutsche Form)
6 Einschraubmuffen M8 x 15
4 Schlossschrauben M8 x 80
Sechskantmuttern 4 Stk. M8 und 8 Stk. M10

Wichtig:
Die Positionen 4 und 5 aus jeweils einem 250 mm langen und 60 mm breiten Multiplexstreifen erst nach dem Fräsen des Quadratlochs auf Endmaß zuschneiden! Siehe dazu auch Schnittzeichnung linke Seite unten.

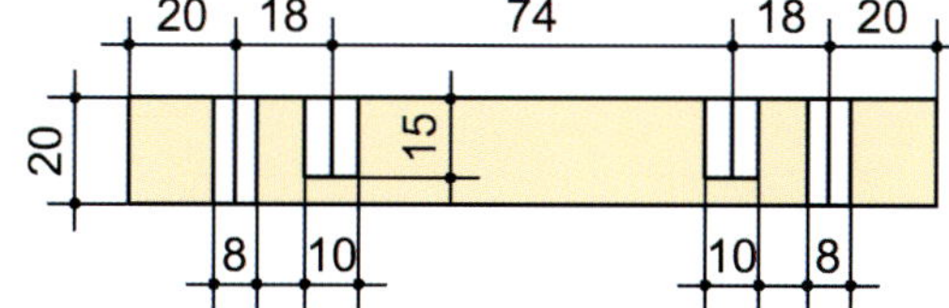

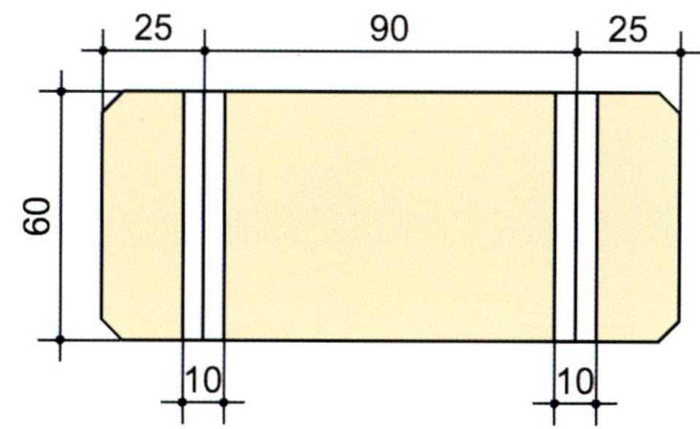

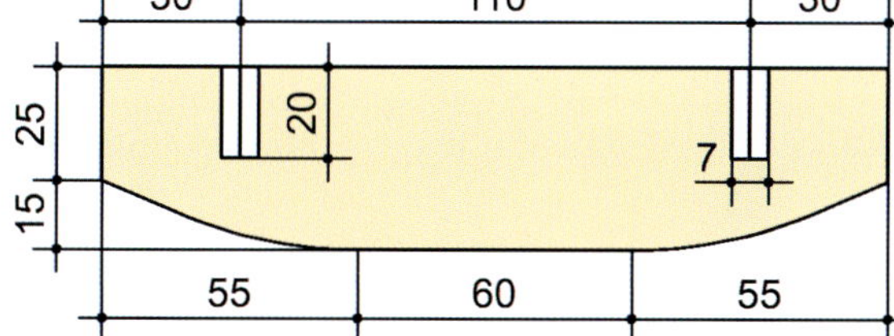

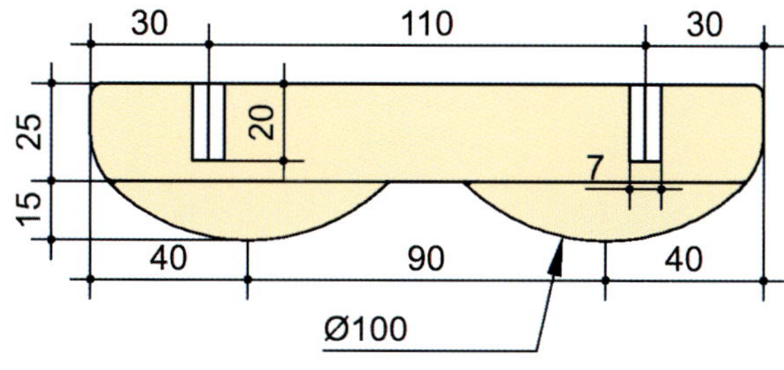

Die Bohrdurchmesser für die Einschraubmuffen bei den Positionen 4 und 5 (s. Zeichnung auf der linken Seite unten) sind bewusst nicht angegeben, weil das je nach Hersteller leicht variieren kann. Auch die Quadratlöcher für das Stahlrohr sollten Sie erst herstellen, wenn das Stahlrohr tatsächlich vorliegt. Die Stangenhalter sollten möglichst spielfrei und trotzdem noch leichtgängig über das Quadratrohr gleiten. Das ist vor allem bei dem horizontalen Druckmodul mit dem Schutzschild besonders wichtig, damit ein optimaler paralleler Andruck auf die Fräsbacken erfolgt.

So einfach ist die Herstellung einer Schiebeplatte

Wenn Sie die auf den vorherigen Seiten vorgestellte Andruckvorrichtung nachgebaut haben, dann werden Sie schnell feststellen, dass Sie eine andere Vorschubhilfe benötigen als den altbewährten Schiebestock. Aus diesem Grund habe ich extra dafür eine ganz spezielle Vorschubhilfe entwickelt: Die Schiebeplatte.

Sie ist quasi ein Muss und dürfte in weniger als einer Stunde hergestellt sein (s. Bildfolge). Mit ihr gelingen Ihnen selbst in kleinste Profilleistchen extrem sichere Fräsungen von höchster Präzision, die Sie nur noch durch den Einsatz eines elektrischen Vorschubapparates überbieten könnten. Und ich verspreche Ihnen: Bereits nach dem ersten Einsatz der Schiebeplatte erleben Sie mal wieder einen dieser Aha-Momente, bei dem Ihnen unweigerlich folgender Satz durch den Kopf schießt: Wie konnte ich nur die ganze Zeit ohne dieses Hilfsmittel auskommen?

Das Prinzip ist simpel und genial: Ein nur 5 mm dickes Sperrholzbrettchen passt unter das Andruckschild und kann so mit seiner Ausklinkung (Pfeil) das Werkstück ohne Unterbrechung nach vorne am Fräser vorbei schieben.

1

Übertragen Sie die Form nach der Zeichnung auf der nächsten Seite auf ein 24 mm dickes Multiplexbrett. Sägen Sie anschließend die schräge Außenkontur mit Band- oder Stichsäge aus. Danach die Schnittkanten und Außenecken gut schleifen und etwas runden.

2

Mit einem 35 mm Forstnerbohrer bohren Sie auf einem Bohrständer die Außenenden des Grifflochs. Werkstück festspannen – nicht festhalten!

3

4

Bild 3: Werkstück in die Vorderzange der Hobelbank einspannen und die beiden Löcher mit einer Stichsäge zu einem ovalen Griffloch „verbinden“.

Bild 4: Mit einer Schleifhülse können Sie anschließend schnell und einfach die Schnittflächen sauber beischleifen.

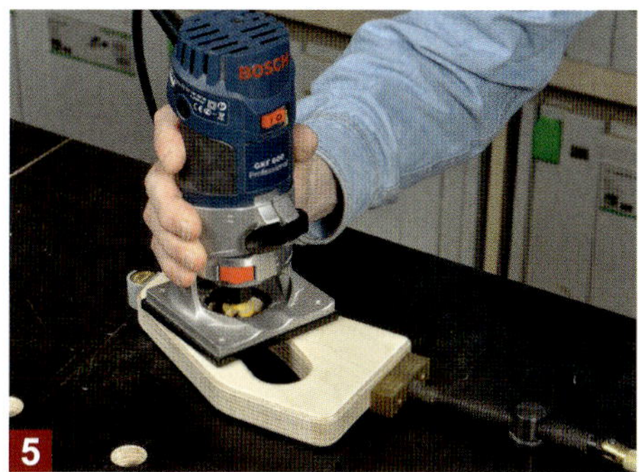

Alle Kanten – außer der langen Unterkante – mithilfe einer Kantenfräse und einem 5 mm Abrundfräser entschärfen. Noch einfacher geht dieser Arbeitsschritt auf dem Frästisch.

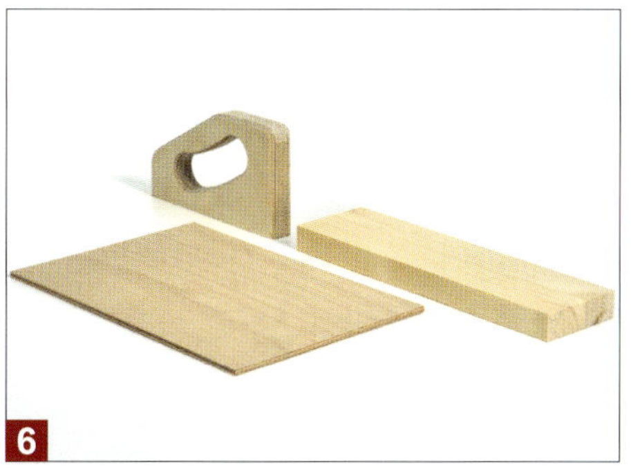

Neben dem Schiebegriff benötigen Sie dann noch eine 5 mm dicke Sperrholzplatte (300 x 160 mm) und zur Stabilisierung der Sperrholzplatte ein ca. 25 mm dickes Stück Massivholz (300 x 80 mm).

Für die 8 mm breite und 270 mm lange Ausklinkung machen Sie auf der Tischkreissäge an die Längskante des Sperrholzbretts einen geraden Sägeschnitt, der 30 mm vor der Brettkante endet.

Den restlichen Teil sägen Sie von Hand mit einer Feinsäge heraus und stechen die Ecke noch einmal sauber mit einem scharfen Stechbeitel nach. In dieser Ausklinkung sitzt später das Werkstück.

Spannen Sie den Griff mit der Rückseite bündig und leicht schräg auf das Massivholzbrett (z. B. Kiefer). Danach schrauben Sie es mit drei Schrauben fest. Für zusätzlichen Halt können Sie …

… beide Teile auch noch verleimen. Ganz zum Schluss schrauben Sie die Sperrholzplatte bündig mit dem Massivholz abschließend fest (die Ausklinkung muss dabei nach links zeigen!).

Den rechten Schiebegriff aus Kunststoff habe ich vor vielen Jahren einmal von der Holz-Berufsgenossenschaft bekommen. Er liegt ausgezeichnet in der Hand und die einfache Form lässt sich auch sehr gut und günstig aus 24 mm dickem Multiplex herstellen. Er kann nicht nur als Handgriff für die Schiebeplatte eingesetzt werden, sondern auch bei vielen anderen Vorrichtungen. Es lohnt sich also gleich ein paar mehr davon herzustellen.

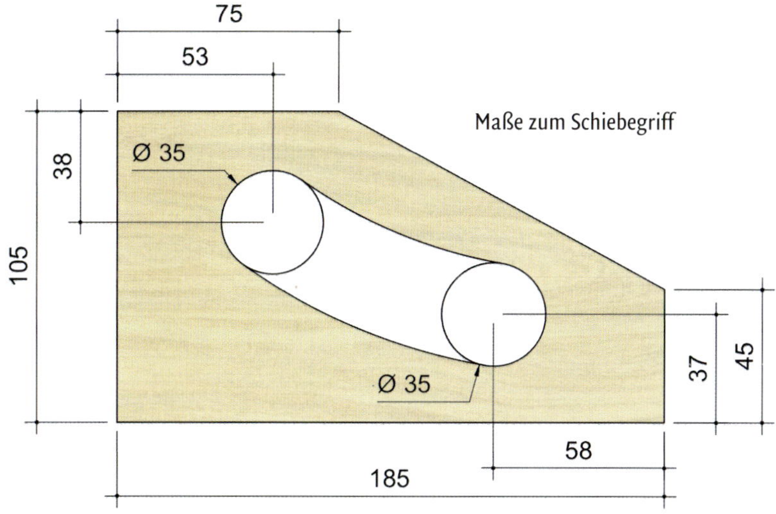

Maße zum Schiebegriff

Einsatz und Einstellung der Andruckvorrichtung

Die beste Andruckvorrichtung ist die, die dauerhaft montiert bleiben und die man einfach und schnell einstellen kann. Nur dann wird man auch regen Gebrauch davon machen. Wenn sich die Vorrichtung zusätzlich noch mit unterschiedlichen Druckmodulen so anpassen lässt, dass selbst kleinste Leistchen extrem sicher und mit höchster Präzision gefräst werden können, dann wird man die üblichen Druckfedern oder Druckbögen nur noch in ganz wenigen Ausnahmefällen einsetzen. In der Bildfolge zeige ich Ihnen daher, wie man bei der Einstellung des Fräsers (hier ein Falzfräser) und den beiden Druckmodulen am besten vorgeht. Wichtig ist dabei, dass Sie die Druckkraft der beiden Module immer nur so stark einstellen, dass Sie das Werkstück noch bequem mit der Schiebeplatte am Anschlag vorbeiführen können. Immer daran denken: Vertikaler und horizontaler Druck addieren sich.

1 Stellen Sie als erstes die gewünschte Fräsertiefe ein, also wie weit der Fräser aus dem Fräsanschlag vorstehen soll. Mit einer digitalen Messbrücke geht das besonders genau und langwierige …

2 … Probefräsungen sind in aller Regel nicht mehr nötig. Im nächsten Schritt senken Sie den Fräser so weit ab, dass er nicht mehr über der Tischfläche vorsteht. Jetzt können Sie das Werkstück (hier …

3 … eine Profilleiste) dicht an den Fräsanschlag legen und den vertikalen Druckschuh auf die Leiste absenken. Stellen Sie den gewünschten Druck ein und arretieren Sie die seitlichen Flügelschrauben.

4 Schieben Sie jetzt das horizontale Druckschild auf die Quadratstange bis sie dicht an der Leiste anliegt. In dieser Position den oberen Stangenhalter noch ein paar Millimeter nach hinten schieben …

5 … und mit der Flügelschraube fixieren. Spannverschlüsse öffnen und Druckmodule nach oben klappen. Die Fräserhöhe einstellen und Druckmodule wieder nach unten klappen und verriegeln (Bild 6).

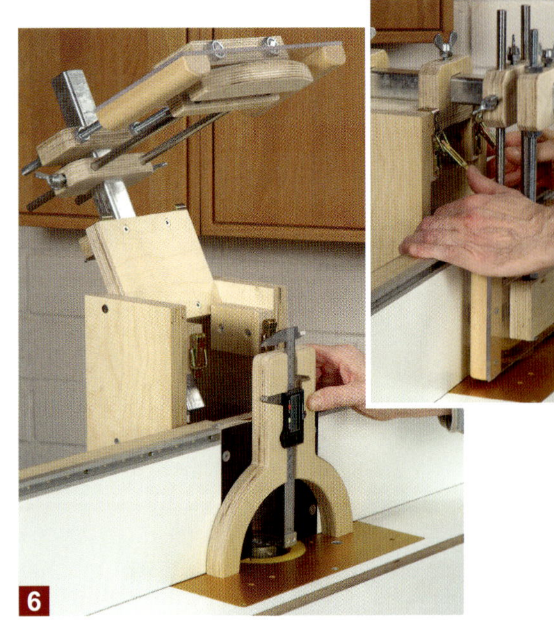

6

Wenn Sie die beiden Druckmodule richtig und nicht zu stark eingestellt haben, dann können Sie in diese schmale und üppig profilierte Glashalteleiste einen absolut präzisen Falz einfräsen. Die korrekte Einstellung und Druckkraft der Module können Sie beispielsweise sehr gut testen, wenn der Fräser noch abgesenkt ist (s. Bild 4). So können Sie leicht feststellen, ob eines der Druckmodule möglicherweise etwas fester oder lockerer eingestellt werden muss.

Hier sieht man noch mal sehr schön die beiden Druckmodule: Das horizontale Druckschild mit den beiden gerundeten Harthölzern und den dazwischen liegenden vertikalen (federgelagerten) Druckschuh. Beide zusammen sorgen zuverlässig dafür, dass die Leiste im Bereich des Fräsers immer dicht auf der Tischfläche und gleichzeitig am Anschlag gehalten wird. Und die Schiebeplatte samt Griff ermöglicht einen stetigen und gefahrlosen Vorschub der Leiste.

Durchgehende Anschlagflächen erhöhen die Sicherheit und Präzision beim Fräsen

Immer wenn es die Fräsung und das Werkstück zulässt, sollten Sie möglichst mit einer durchgehenden Anschlagfläche arbeiten. Neben einem einfachen Vorsatzbrett (s. a. S. 22) können Sie bei meinem Premiumfrästisch die Lücke zwischen den Anschlagbacken blitzschnell mit solchen Brettchen (Kehlbrett) komplett verschließen. Dazu werden einfach die beiden Splitterzungen (s. Bild 2) aus der T-Nutschiene entfernt und an deren Stelle das Brettchen eingeschoben und mit vier Schrauben fixiert – fertig!

Sie können entweder in das Brettchen reinfräsen wie bei einem Vorsatzbrett oder das Brettchen bis knapp über den Fräser einstellen. In beiden Fällen liegen selbst kleinste filigrane Leistchen immer sicher am Anschlag und können sich nicht in einer zu großen Fräseröffnung verhaken. Eine tolle Erweiterung zu allen selbstgebauten Fräsanschlägen (mehr Infos dazu s. S. 254).

Bogenförmige Druckmodule: Druck nur dort, wo er Sinn macht!

Druck auf das Werkstück sollte möglichst immer nur dort erfolgen, wo er auch von der Tischfläche oder dem Fräsanschlag abgefangen werden kann. Wird hingegen direkt im Bereich des Fräsers Druck ausgeübt, können vor allem bei dünnen und schmalen Leisten schnell Fehlfräsungen entstehen, weil sie quasi in den Fräser hinein gedrückt werden. Für filigrane und/oder stark profilierte Werkstücke sollten Sie daher besser bogenförmige Druckmodule einsetzen. Deren Scheitel- und Druckpunkte liegen 90 mm auseinander, so dass die Druckkraft selbst bei großen Fräsern immer außerhalb des Fräserbereichs erfolgt.

Die beiden Druckpunkte des horizontalen Druckschilds (1) liegen mit einem Abstand von 215 mm für dünne Leistchen schon recht weit auseinander. Bei filigranen Leistchen sollte man daher das Druckschild durch ein bogenförmiges Druckmodul (2) ersetzen. Die Form ist mit dem vertikalen Druckmdodul (3) identisch und die Module lassen sich im Falzbereich auch sehr eng übereinander verschieben. So lassen sich eine Vielzahl dünner Leisten präzise fräsen.

Die scharfen Kanten der bogenförmigen Druckschuhe sind zudem mit einem 2-mm-Radius abgerundet. Dadurch kann beispielsweise die Unterkante des horizontalen Druckschuhs auch dicht in der Hohlkehle der Glashalteleiste anliegen und dort Druck ausüben, ohne dabei die Hohlkehle zu beschädigen. Beide Druckschuhe zusammen stabilisieren das Werkstück derart gut, dass man sogar ohne Stützleiste (s. a. S. 62) arbeiten kann.

Auch bei dieser Anordnung ist der gesamte Fräserbereich komplett abgedeckt und die Hände sind zu keiner Zeit in Gefahr. Ist der Druckschuh soweit abgesenkt, dass die Schiebeplatte nicht mehr drunter passt, können Sie die Profilleiste auch gefahrlos mit einer Restholzleiste durchschieben.

Den optimalen Druckpunkt bei den horizontalen Druckleisten einstellen

Die horizontalen Druckflächen sollten beim Andruck möglichst parallel zur Anschlagfläche stehen und sich nicht – wie hier zu sehen – nach oben hin verjüngen. Das erreichen Sie am einfachsten, …

… wenn Sie den unteren Bereich zwischen Acrylglas und Druckschildhalter (Pfeil Bild 1) etwas unterfüttern. Hier reichen bereits drei bis vier Lagen Klebeband (1–2 mm) direkt im Bereich …

… der Schrauben völlig aus, um den Druckpunkt ans untere Ende der Druckleisten zu verlagern. So ist bei jeder Werkstückhöhe stets ein optimaler Druck auf die gesamte Höhe gewährleistet.

Anstelle von Klebeband können Sie das Druckschild (hier das der Fa. Festool) auch sehr gut mit Schleifpapierresten unterfüttern. Wichtig: Immer nur den unteren Bereich an den Schrauben unterfüttern. Meist reichen schon eine oder maximal zwei Lagen aus. Am besten experimentieren und testen Sie hier ein wenig mit unterschiedlich hohen Werkstücken. Der Hauptdruckpunkt sollte sich auch bei sehr hohen Werkstücken möglichst am unteren Ende des Druckschilds befinden.

Werkstückhöhen von bis zu 270 mm lassen sich mit der Andruckvorrichtung bearbeiten

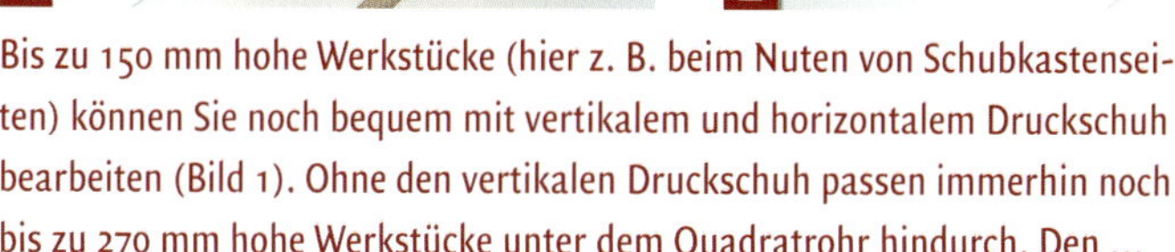

Bis zu 150 mm hohe Werkstücke (hier z. B. beim Nuten von Schubkastenseiten) können Sie noch bequem mit vertikalem und horizontalem Druckschuh bearbeiten (Bild 1). Ohne den vertikalen Druckschuh passen immerhin noch bis zu 270 mm hohe Werkstücke unter dem Quadratrohr hindurch. Den …

… Druck auf die Tischfläche übernimmt dann die linke Hand (Bild 2). Sollen höhere Werkstücke gefräst werden, klappen Sie die Andruckvorrichtung samt Druckschuh einfach nach oben weg und nutzen Federkämme (Bild 3), die sich einfach werkzeuglos in einer 19-mm-Tischnut befestigen lassen (s. a. S. 40).

Einsatz von Tischverlängerungen am Premium-Frästisch

Wer öfters große und schwere Werkstücke im Alleingang bearbeiten muss, der weiß Tischverlängerungen und Tischverbreiterungen ganz besonders zu schätzen. Mit diesen praktischen Helfern vergrößern Sie im Handumdrehen die Arbeitsfläche einer Maschine, egal ob Frästisch, Band- oder Kreissäge. Und mehr Auflagefläche erhöht nicht nur die Sicherheit beim Fräsen, sondern senkt auch deutlich das Risiko von Fehlfräsungen.

Aufgrund ihrer durchgehenden, langen Auflagefläche sollten Sie zur Abstützung langer und breiter Werkstücke immer Tischverlängerungen und keine sogenannten Rollenböcke einsetzen. Außerdem sind Tischverlängerungen im Gegensatz zu Rollenböcken immer fest mit dem Arbeitstisch des Frästisches verbunden und können somit auch niemals umfallen, was bei Rollenböcken sehr schnell passieren kann. Wenn Sie eine kommerzielle Tischverlängerung kaufen, dann sollten Sie vor allem darauf achten, dass sie universell an viele Ihrer Maschinen angebaut werden kann und eine Nut zur Aufnahme verschiedener Vorrichtungen (z. B. ein Rückschlagbrett) besitzt.

Mit zwei Tischverlängerungen lassen sich selbst lange und schwere Spanplatten absolut sicher und ohne Kippgefahr am Fräser vorbeiführen. Leider sind kommerzielle Tischverlängerungen mit Preisen ab 180 Euro recht teuer und lohnen sich in der Regel erst, wenn man sie auch noch an anderen Maschinen (z. B. Band- und Tischkreissäge) in der Werkstatt einsetzen kann.

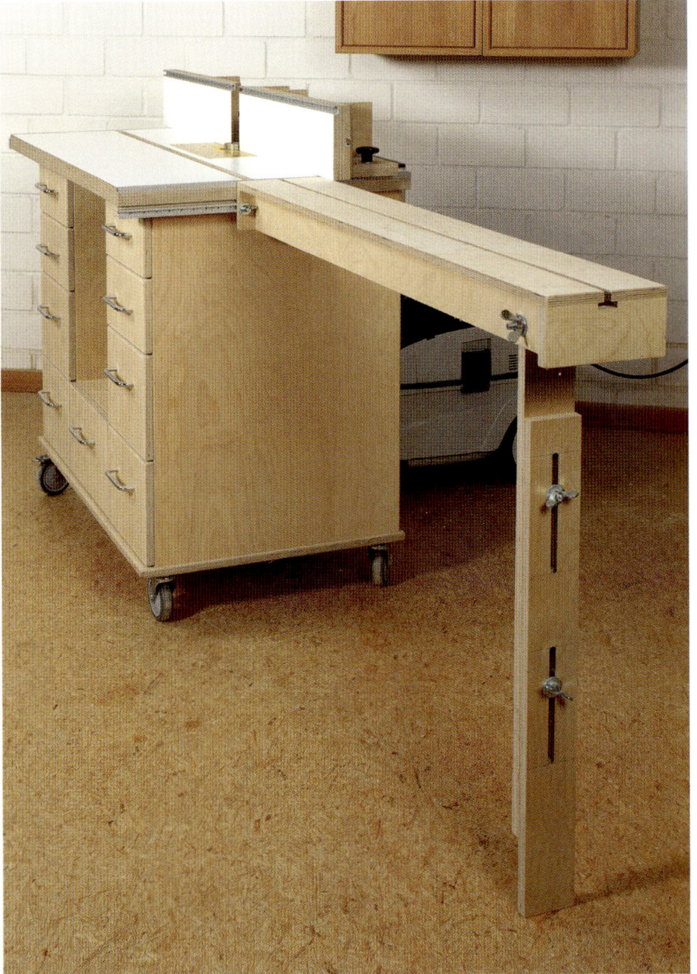

Sie können sich aber auch leicht selbst eine solche Tischverlängerung bauen. Mit einer T-Nut versehen, lässt sich dort auch zum Einsetzfräsen ein Brett als Rückschlagsicherung einschieben und an jeder beliebigen Stelle fixieren. Sie steht also der Kauflösung in Punkto Funktionalität in nichts nach. Mehr zum Bau und zur Befestigung erfahren Sie ab Seite 274.

Eine kommerzielle Tischverlängerung anbauen

Extrem komfortabel und blitzschnell einsatzbereit ist die Tischverlängerung der Fa. Aigner. Zur Aufnahme bietet der Hersteller passende Befestigungsschienen an, die einfach an die Tischkante der Maschine geschraubt werden. Darin lässt sich das Ende der Tischverlängerung einhängen und mit einem Klemmhebel fest arretieren. Zum Schluss müssen Sie nur noch die Höhe des Stützfußes einstellen (s. Bild rechts oben). Das Ganze dauert höchstens zwei Minuten!

Anstelle der herstellereigenen Befestigungsschienen können Sie auch sehr gut günstige 10 mm dicke Flachstangen aus Aluminium einsetzen. Die gibt es mittlerweile auch problemlos als Flachprofil in verschiedenen Breiten und Stärken in Internet-Shops zu kaufen. Ich habe mir gleich mehrere zwei Meter lange Stangen mit einem Querschnitt von 30 x 10 mm für etwa 15 Euro pro Stück gekauft. Eine dieser Stangen reicht für die 1050 mm lange Tischvorderkante und aus dem Rest können Sie noch zwei 460 mm lange Stangen für die beiden kurzen Tischenden zuschneiden.

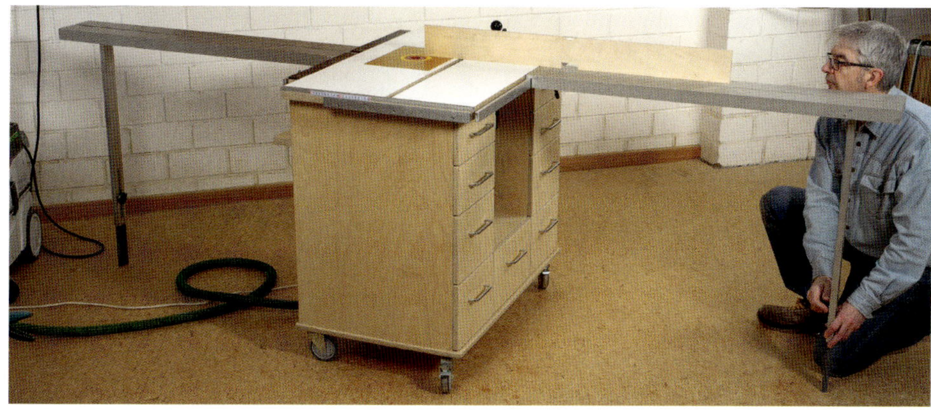

Die 5 mm Befestigungslöcher müssen 20 bzw. 10 mm von den Längskanten entfernt gebohrt und anschließend gründlich gesenkt werden, damit der Schraubenkopf nicht vorsteht.

Als Abstandshalter zwischen Tischkante und Flachstange dienen kleine 9 mm dicke Multiplexstücke (30 x 16 mm). Für die kurzen Tischenden reichen drei Spanplattenschrauben 4,5 x 60 mm völlig aus.

Zur Montage fixieren Sie die Flachstange zuerst mit zwei Zwingen, hängen danach die Tischverlängerung ein und richten die Stange samt Tischverlängerung bündig zur Frästischfläche aus. Erst dann schrauben Sie die Stange endgültig fest.

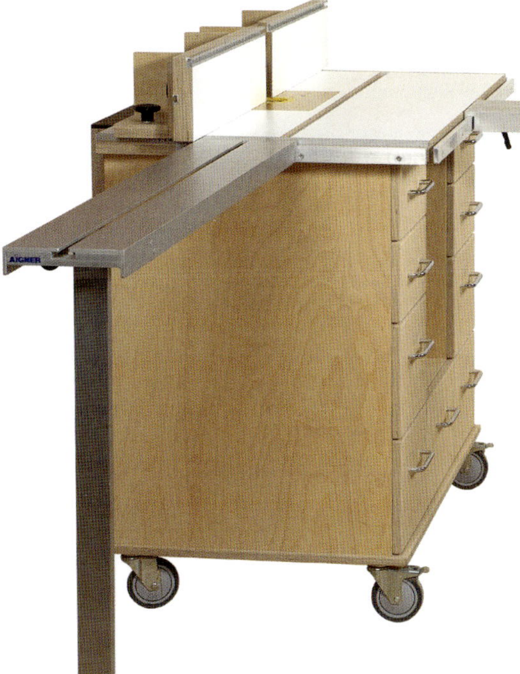

Die Auflagefläche genau dort vergrößern, wo sie benötigt wird. Mit den langen Flachstangen ist das jetzt kein Problem mehr, denn dort können Sie die Tischverlängerung an jeder beliebigen Stelle blitzschnell einhängen und mit einem kurzen Dreh des Klemmhebels sicher fixieren.

Eine selbst gebaute Tischverlängerung mit Anschlagbrett

Eine fertige Tischverlängerung (z. B. der Fa. Aigner) mit Anschlagbrett und Befestigungsschiene kostet etwa 210 Euro (Stand 2021). Und da man in aller Regel gleich zwei von den Dingern benötigt, sind dann schon mal 420 Euro weg, die man auch sehr gut in hochwertige Fräser investieren könnte. Deshalb möchte ich Ihnen auf den folgenden Seiten einen einfachen Selbstbau vorstellen, der mit etwa 35 Euro Materialkosten (pro Stück!) eine ebenso funktionale und komfortable Lösung darstellt, wie Sie es auch von einem fertigen Produkt erwarten dürfen. Außerdem ist der Nachbau wirklich sehr einfach und dürfte nicht mehr als drei bis vier Stunden in Anspruch nehmen. Wenn Sie gleich in die Serienfertigung gehen und zwei Tischverlängerungen bauen, sparen Sie nicht nur Zeit, sondern gegenüber der Kauflösung auch noch satte 350 Euro! Und sollte das als Ansporn nicht ausreichen, möchte ich noch darauf hinweisen, dass Sie diese beiden Tischverlängerungen natürlich auch problemlos bei vielen anderen Stationärmaschinen, wie Bandsäge, Kreissäge oder einer Säulenbohrmaschine einsetzen können. Überzeugt? Na dann legen wir los!

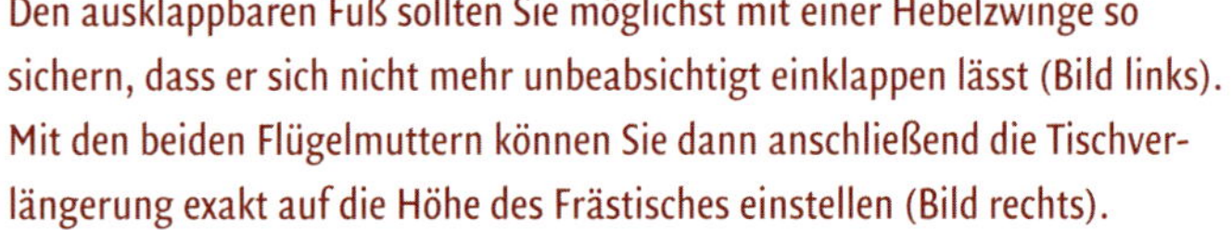

Den ausklappbaren Fuß sollten Sie möglichst mit einer Hebelzwinge so sichern, dass er sich nicht mehr unbeabsichtigt einklappen lässt (Bild links). Mit den beiden Flügelmuttern können Sie dann anschließend die Tischverlängerung exakt auf die Höhe des Frästisches einstellen (Bild rechts).

Die Tischfläche besteht aus zwei 85 mm breiten Plattenstreifen. Der Abstand dazwischen ist so gewählt, dass der Vierkantkopf einer M10er-Schlossschraube bequem dazwischen passt. Auf diese Weise lässt sich dann auch ein Anschlagbrett stufenlos verschieben und an jeder beliebigen Stelle fixieren.

Das Anschlagbrett kann sowohl längs als auch quer mit jeweils zwei Schlossschrauben auf der Tischverlängerung befestigt werden. Die zweite Schraube ist sehr wichtig, denn sie verhindert, dass sich das Anschlagbrett bei Gegendruck bzw. einem Rückschlag verdrehen kann.

Und so einfach ist der Bau der Tischverlängerung

In die beiden 15 mm dicken Multiplexstreifen (1200 x 85 mm), die die Tischfläche bilden, fräsen Sie sieben Flachdübelschlitze (Gr. 20) ein. Dazu stellen Sie den Streifen hochkant gegen den Fräsanschlag und legen eine 30 mm dicke ...

... Platte unter die Flachdübelfräse. Um die Gegenschlitze einzufräsen, befestigen Sie die beiden Zargenstreifen (Pos. 2) jeweils flach auf dem Werktisch und fräsen in die Kante ebenfalls die sieben Flachdübelschlitze ein.

In die hintere kurze Querzarge sägen Sie noch eine ca. 30 x 9 mm große Aussparung hinein, durch die später der Kopf der Schlossschraube hindurch passen muss (s. dazu. a. Bild Mitte rechts vorherige Seite).

Sind alle Flachdübelschlitze gefräst, starten Sie zuerst einen Testversuch ohne Leim. Falls dabei Ungenauigkeiten auftreten, können Sie den einen oder anderen Flachdübelschlitz problemlos noch mal etwas nachfräsen.

Einfache Klemmzwingen aus Holz reichen für den Pressdruck völlig aus. Die kurzen Querzargen können Sie auch sehr gut mit ein paar Schrauben an den Längszargen befestigen, wenn Ihre Zwingen nicht lang genug sind.

Auf die Stirnfläche des Lagerblocks zunächst ein diagonal verlaufendes Kreuz aufzeichnen. Anschließend durch den Schnittpunkt ein genau senkrecht verlaufendes 10 mm großes Loch auf dem Bohrständer einbohren.

7 Anschließend auch im hinteren Bereich der Längszargen je ein 10-mm-Loch auf dem Bohrständer einbohren. Dort sitzt später der Lagerblock samt Stützfuß, der sich mithilfe einer Schlossschraube dann ein- und ausklappen lässt.

8 Schrauben Sie den Lagerblock mit vier Schrauben an den oberen Teil des Stützfußes. Die Endkante (Pfeil) des Stützfußes müssen Sie anschließend noch etwas runden, damit sie beim Einklappen nicht gegen die Tischfläche stößt.

9 Damit sich der Stützfuß stufenlos in der Höhe verstellen lässt, fräsen Sie in den unteren Teil noch zwei Langlöcher (Nuten) ein. Das geht am einfachsten mit der Oberfräse und einem 10-mm-Nutfräser. Damit die Oberfräse nicht wegdriften kann und quasi zwangsgeführt ist, benutzen Sie einfach einen doppelten Parallelanschlag. In den oberen Teil des Stüzfußes (der mit dem Lagerblock) bohren Sie dann nur noch die beiden passenden 10-mm-Löcher ein (s. dazu Pos. 4 in der Zeichnung auf der rechten Seite).

Materialliste: Tischverlängerung

Pos.	Anz.	Bezeichnung	Maße (mm)	Material
1	2	Tischfläche	1200 x 85	15 mm Multiplex
2	2	Längszargen	1162 x 80	18 mm Multiplex
3	2	Querzargen	180 x 80	
4	1	Stützfuß oben	780 x 84	
5	1	Stützfuß unten	720 x 84	
6	1	Lagerblock	84 x 58	50 mm Massivholz
7	1	Anschlagbrett	350 x 180	40 mm Multiplex

Sonstiges:
1 Schlossschraube M10 x 130; 2 Schlossschrauben M10 x 80; 2 Schlossschrauben M10 x 50; 5 U-Scheiben groß und Flügelmuttern M10; 4 Schrauben 5 x 60 mm;

Die Außenmaße der Bauteile entnehmen Sie bitte der Materialliste. Die Positionen der Bohrungen und Fräsungen sind in der Explosionszeichnung angegeben. Weitere Maßangaben und Infos zum Bau finden Sie in den Bildtexten der Bauanleitung.

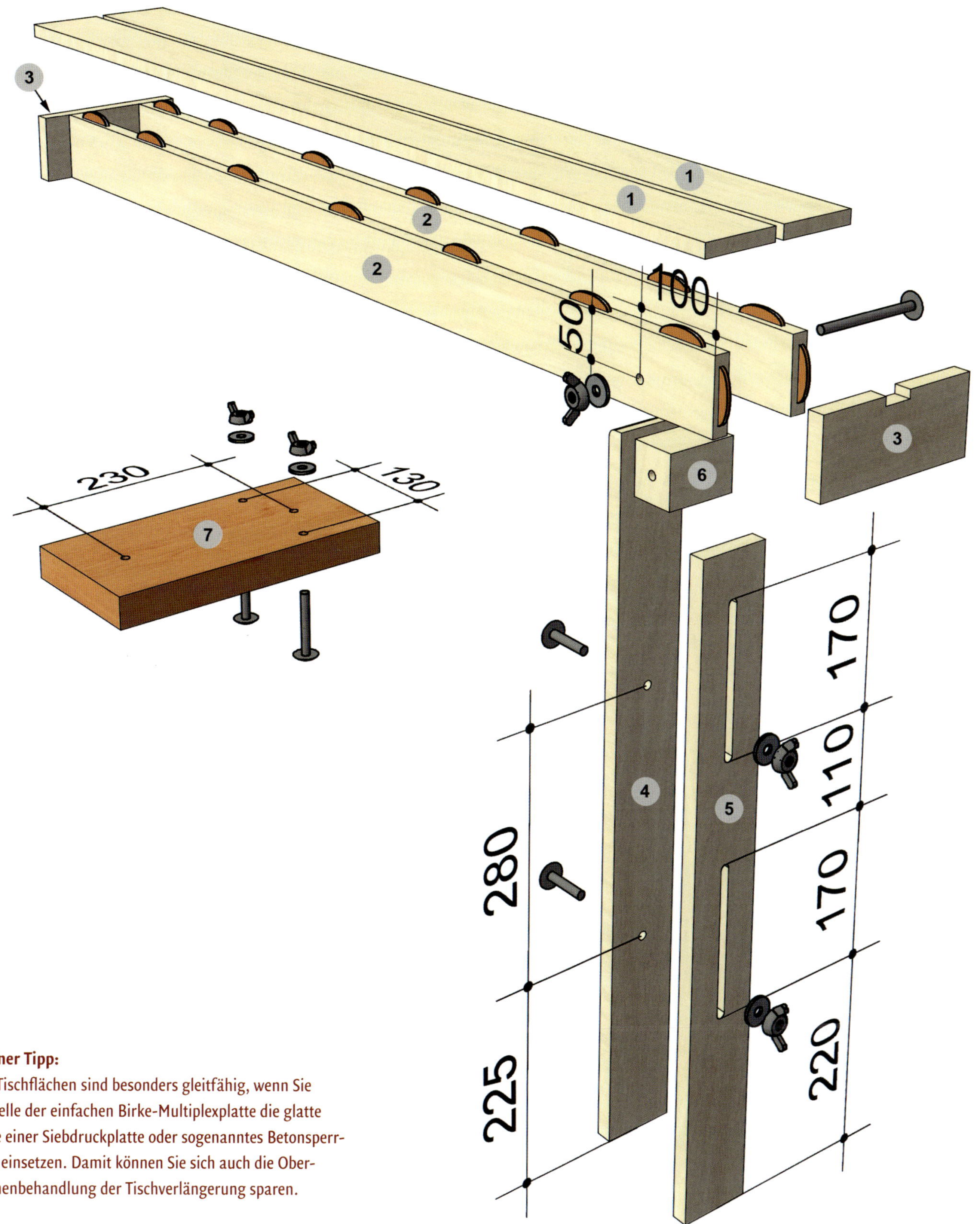

Kleiner Tipp:

Die Tischflächen sind besonders gleitfähig, wenn Sie anstelle der einfachen Birke-Multiplexplatte die glatte Seite einer Siebdruckplatte oder sogenanntes Betonsperrholz einsetzen. Damit können Sie sich auch die Oberflächenbehandlung der Tischverlängerung sparen.

Und so einfach ist die Kopplung der selbstgebauten Tischverlängerung am Frästisch

Die selbstgebaute Tischverlängerung lässt sich am besten in einer T-Nutschiene befestigen. Dazu sind lediglich zwei Bohrungen nötig (s. Bild 3). Das geht zwar nicht ganz so elegant und schnell wie das Einhängen in eine Flachstange, ist dafür aber besonders einfach nachzubauen. Außerdem können Sie solche T-Nutschienen samt Multiplexleiste in ähnlicher Art und Weise auch sehr gut an anderen Maschinen einsetzen, beispielsweise an der selbstgebauten Tischauflage einer Säulenbohrmaschine. Aber auch an die Seitenzargen von Werktisch oder Hobelbank können Sie solche T-Nutschiene anschrauben und somit die Auflagefläche bei Bedarf nochmals deutlich erweitern. Vor allem in der kleinen Hobbywerkstatt ist das eine platzsparende Lösung.

1 Schrauben Sie zuerst die T-Nutschiene an die Kante einer 21 bis 24 mm dicken und etwa 35 mm breiten Leiste aus Multiplex. Die Außenfläche der T-Nutschiene sollte dabei bündig zu einer Multiplexfläche verlaufen.

2 Anschließend befestigen Sie diese Leiste (hier 460 mm lang) mit drei Schrauben unter der Tischfläche. So können Sie die Tischverlängerung stufenlos über die gesamte Länge der T-Nutschiene positionieren und fixieren.

3 Dazu benötigen Sie lediglich links und rechts von der Seitenzarge je eine 8-mm-Bohrung für eine Hammerkopfschraube M8 x 40 mit großer U-Scheibe und Flügelmutter (kleines Foto). So lässt sich die Tischverlängerung mit den beiden Hammerköpfen voraus seitlich in die T-Nutschiene einschieben und mit den Flügelmuttern sicher in der gewünschten Position halten. Zum Schluss noch den Stützfuß (rechtes Bild) auf die richtige Höhe einstellen – fertig!

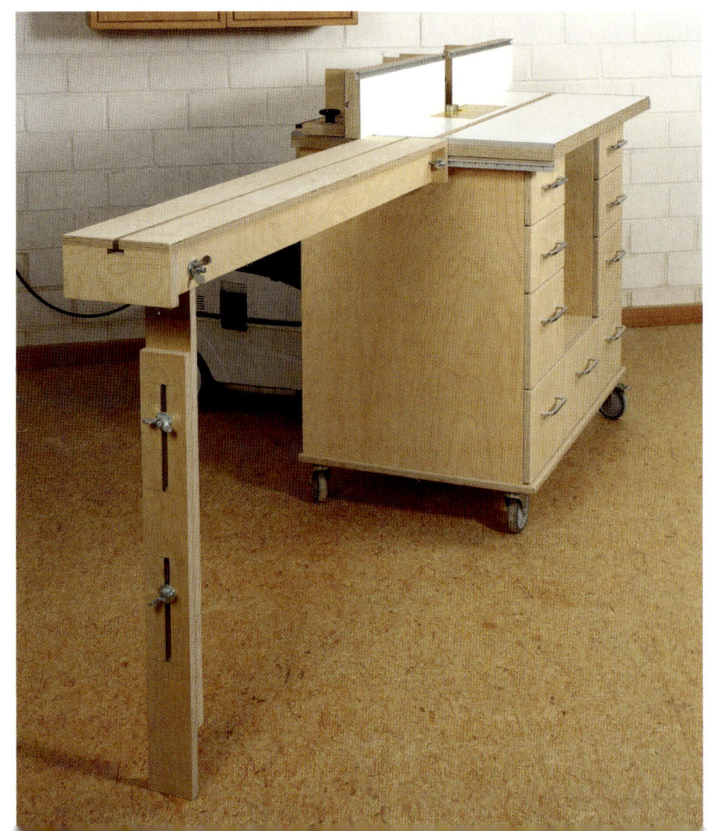

Multifunktions-Anbauplatte (nicht nur) für den Premium Frästisch

Eine solche Anbauplatte ist sehr einfach nachzubauen und kann an jedem Frästisch befestigt werden, der über zwei seitliche Unterschränke mit mindestens 16 mm dicken Rückwänden verfügt. Die Rückwandflächen müssen dazu allerdings exakt bündig mit der Rückkante der Frästischplatte abschließen. Ich habe daher bewusst auf offene Ablageboxen als Staubfänger oder sonstigem fest angebauten Schnick-Schnack auf der Rückseite des Frästisches verzichtet. Zumal es auf der Vorderseite ja bereits jede Menge staubgeschützten Stauraum in den Schubkästen gibt. Die Rückseite bietet nämlich jede Menge Potential, um dort viele weitere sinnvolle Erweiterungen zu montieren, getreu dem Motto: Ein schöner Rücken kann auch entzücken!

Einige dieser Möglichkeiten werde ich Ihnen auf den folgenden Seiten noch ganz ausführlich vorstellen. Aber vielleicht fallen Ihnen auch selbst noch ein paar Ideen ein, wie Sie die Rückseite ihres Frästisches noch vielseitiger nutzen können. Mit dieser multifunktionalen Anbauplatte haben Sie auf jeden Fall schon mal für die richtige Grundlage gesorgt. Und ich verspreche Ihnen: Wenn Sie die erst mal hergestellt und montiert haben, werden Sie sich ganz sicher fragen, warum Sie das nicht schon viel früher gemacht haben. Meine Antwort: Besser spät als nie! Und als weiteren Motivationsschub sollten Sie sich unbedingt noch das begleitende Video dazu auf Holzwerken-TV anschauen.

Die beiden T-Nutschienen sind das Herzstück der Anbauplatte. Dort können Sie nicht nur eine weitere Oberfräse anbringen oder den Fräsanschlag parken (s. Bilder unten), sondern auch Tischverlängerungen oder -verbreiterungen blitzschnell einhängen und sicher fixieren. Und wenn es unbedingt sein muss, dann könnten Sie dort auch problemlos offene Ablageboxen befestigen.

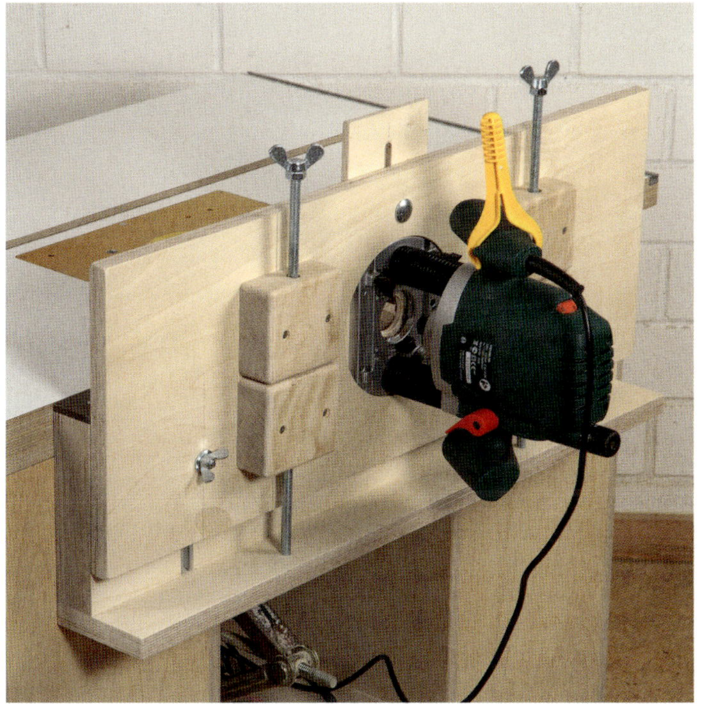

Eine tolle Ergänzung zu jedem herkömmlichen (vertikalen) Frästisch ist diese Horizontalfräsplatte (links im Bild). Denn anstatt das Werkstück um 90° zu drehen und hochkant am Fräsanschlag vorbei zu führen, montieren Sie einfach die Oberfräse um 90° versetzt an die Rückwand. Schon können Sie das Werkstück wieder flach über die Tischfläche am Fräser vorbeiführen. Was Sie alles mit der Horizontal-Fräsplatte machen können, erfahren Sie ab der Seite 291. Auf der Anbauplatte können Sie aber auch bei Bedarf den kompletten Fräsanschlag auflegen und dort im Nu mit zwei Flügelmuttern sichern (oben im Bild). So bleibt beispielsweise ausreichend Platz auf der Tischfläche zum Fräsen von geschweiften Werkstücken an einem Bogenfräsanschlag.

Beginnen Sie mit dem Bau der Horizontal-Fräsplatte

1 In eine 21 mm dicke Anschlagplatte, an der später die Oberfräse festgeschraubt wird, fräsen Sie zuerst mithilfe eines maximal 10 mm dicken Sperrholzbrettchens eine 12 mm tiefe kreisrunde Nut passend zum Durchmesser der Grundplatte Ihrer Oberfräse. Das Sperrholzbrettchen besitzt eine Bohrung …

2 … passend zur Kopierhülse und im entsprechenden Abstand dazu einen Nagel als Drehachse. Als Beispiel: Bei einem Durchmesser der Kreisnut von 164 mm und einem 12er-Nutfräser beträgt der Abstand von Mitte Bohrung bis Mitte Nagel 76 mm (2 x 76 mm plus 12 mm = 164 mm).

3 Anschließend fräsen Sie den Rest einfach frei Hand in mehreren Etappen heraus. Lassen Sie innen noch einen Kreis von 35 mm Durchmesser stehen, damit die Oberfräse noch einen Auflagepunkt hat und nicht nach innen abkippt.

4 Legen Sie danach die Laufsohle in die Aussprung und übertragen Sie mindestens drei Befestigungslöcher (je nach Maschinengewicht besser vier bis fünf).

5 Mit der Lochsäge oder einem 40-mm-Forstnerbohrer bohren Sie zum Schluss noch den kleinen Kreis in der Mitte der Aussparung heraus. Dieser Durchmesser reicht in der Regel auch für große vertikale Abplattfräser völlig aus. Je zwei Führungsblöcke, in einem steckt eine M10er Einschlagmutter, sowie eine …

6 … 420 mm lange M10er Gewindestange bilden links und rechts von der Maschine die einfache, aber sehr präzise Höheneinstellung. Dazu werden die Blöcke einfach in der Kante mittig mit einem 12-mm-Bohrer durchbohrt, dort passt dann auch die Einschlagmutter rein.

Materialliste und Explosionszeichnung zur Horizontal-Fräsplatte

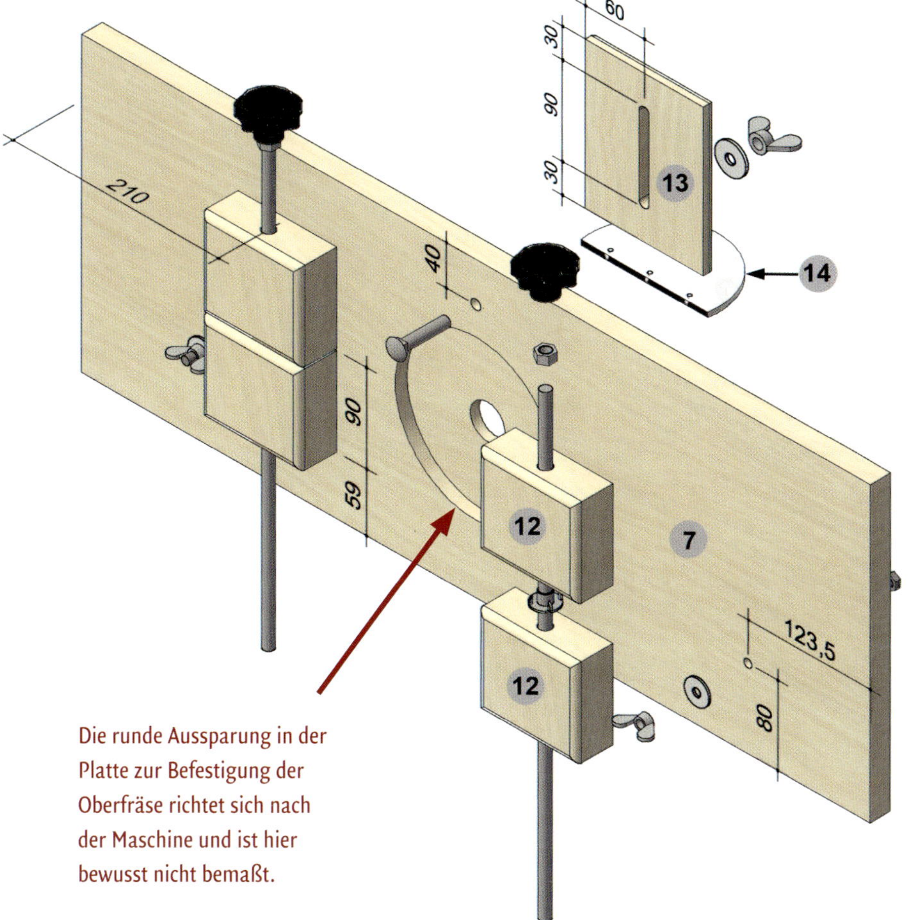

Die runde Aussparung in der Platte zur Befestigung der Oberfräse richtet sich nach der Maschine und ist hier bewusst nicht bemaßt.

Damit man auch an der Horizontal-Fräsplatte Andruckfedern oder sonstiges Zubehör befestigen kann, sollten Sie an die obere Längskante noch einen 17 mm breiten und 10 mm tiefen Falz anfräsen. Dort können Sie dann eine T-Nutschiene (17 x 10 mm) mit Schrauben befestigen, in der Sie eine Vielzahl nützlicher Andruckvorrichtungen oder Fräserabdeckungen blitzschnell befestigen können.

Materialliste: Horizontal-Fräsplatte

Pos.	Anz.	Bezeichnung	Maße (mm)	Material
7	1	Anschlagplatte	800 x 300	21 mm Multiplex
12	4	Führungsblock	100 x 90 x 38	Hartholz (Buche)
13	1	Fingerschutz	150 x 120	12 mm Multiplex
14	1	Fingerschutz-Sichtfenster	130 x 75	5 mm Acrylglas

Sonstiges:
2 St. 10 mm Gewindestangen 470 mm lang;
2 St. Einschlagmuttern M10;
2 St. Sterngriffe M10 (alternativ Flügelmutter M10);
2 St. Muttern M10;
2 St. Sechskantschrauben M8 x 40 mit U-Scheibe und Fügelmutter;
1 St. Schlossschraube M10 x 50 mit U-Scheibe und Fügelmutter; Spanplattenschrauben

Weiter gehts mit dem Bau der Anbauplatte

Tragen Sie den Leim vollflächig mit einem gezahnten Leimspachtel auf eine der beiden Rückplatten (24 mm Multiplex) auf. Danach sofort beide Platten aufeinander legen und an den Kanten zwei Zwingen ansetzen, die alles in Position halten.

Jeweils zwei starke Kanthölzer (mind. 60 x 60 mm) unter und über die Platten positionieren und alles mit Zwingen zusammenpressen. Pressdruck und Leim sind ausreichend, wenn an der Kante eine kleine gleichmäßige Leimwulst zu sehen ist.

Die Rückplatte bekommt mittig eine schräg nach unten verlaufende 40 mm breite Aussparung (Absaugkanal) für den Saugschlauch. Dazu zuerst mit einem 40er Forstnerbohrer an der Kante eine Bohrung setzen und den Außenrand schräg nach …

… unten mit der Handsäge einsägen. Anschließend alle 2 mm weitere schräg verlaufende Schnitte nach innen setzen. Wenn Sie eine oszillierende Säge besitzen, dann können Sie die Schnitte auch damit herstellen. Einfach mal ausprobieren.

Sind die Schnitte gesetzt, entfernen Sie die Einschnitte mit einem schmalen Stechbeitel (6 mm). Danach den schräg verlaufenden halbrunden Grund des Absaugkanals mit Raspel und Feile nacharbeiten.

Die Positionen der beiden 8 mm Befestigungslöcher (Pfeile) in der Horizontal-Fräsplatte übertragen Sie jetzt auf die Rückplatte. Genau mittig dazu werden dort die beiden 17 mm breiten und 10 mm tiefen T-Nutschienen eingefräst.

Setzen Sie dazu am besten die Oberfräse zusammen mit einer Führungsschiene ein. Die Schiene unbedingt mit einem Winkel genau rechtwinklig zur Oberkante ausrichten und mit den Schienenzwingen festspannen.

Am einfachsten können Sie die Nut für die T-Nutschiene (17 x 10 mm) mit einem dazu passenden 17-mm-Nutfräser in zwei Tiefenzustellungen von jeweils 5 mm herstellen. 17-mm-Nutfräser gibt es mittlerweile in guter Qualität ab 18 Euro.

Die beiden T-Nutschienen schön bündig und nicht zu tief einfräsen, sonst können sich später bei Belastung die Befestigungschrauben raushebeln. Sollte die Schiene doch zu tief liegen, die Unterseite einfach mit dünnem Klebeband unterfüttern.

Befestigen Sie die T-Nutschienen mit mindestens vier Schrauben. Die Schraubenköpfe dürfen in der T-Nut nicht vorstehen. Daher mit einem geeigneten Senker die Löcher präzise ansenken und mit einem Zentrierbohrer vorbohren.

Der Bodenstreifen bekommt zwei Löcher für die beiden Gewindestangen in der Horizontalfräsplatte. Dazu am besten einmal Bodenstreifen, Rückplatte und Horizontalfräsplatte zusammenbauen und die Position der Gewindestangen anzeichnen.

Sind die beiden Sacklöcher im Bodenstreifen gebohrt, können Sie ihn mit fünf Schrauben direkt unter der Rückplatte befestigen. Testen Sie vorab, ob sich die Gewindestangen in den Bohrungen auch leicht drehen lassen, sonst etwas aufbohren.

Die beiden Einlegestreifen aus Pertinax befestigen Sie einfach mit jeweils drei Spanplattenschrauben auf der Oberkante der Rückplatte. Wichtig: Die Streifen sollten mit der Rückplattenfläche möglichst bündig abschließen und nirgends vorstehen.

Jetzt die komplette Anbauplatte an der Frästischrückseite mittig und exakt bündig zur Tischfläche ausrichten. Das Ganze mit Zwingen fixieren und zum Schluss vom Schrankinnenraum aus mit je vier Schrauben dauerhaft befestigen.

Es ist ratsam, die beiden Einlegestreifen im Bereich der T-Nutschienen noch etwas auszuklinken. Das erleichtert das „Einfädeln" solcher Hammerkopfschrauben oder M8er-Sechskantmuttern. Die können Sie dann direkt von oben einschieben.

Die Horizontalfräsplatte lässt sich auf diese Weise in Sekundenschnelle in den T-Nutschienen befestigen und sogar stufenlos auf jeder beliebigen Höhe mit einer Flügelmutter sicher und fest arretieren.

Wenn es die Oberfräse zulässt, dann sollten Sie unbedingt die Kunststoffgleitplatte entfernen, bevor Sie die Oberfräse an die Horizontalfräsplatte festschrauben. Dadurch erreichen Sie z. B. bei dieser Oberfräse bereits 5 mm mehr an Frästiefe.

Für einen sicheren Fräsbetrieb sollten Sie die Oberfräse mit mindestens drei Maschinenschrauben befestigen. Alle wichtigen Infos zum Bau der Horizontalfräsplatte finden Sie ab Seite 280.

Die Horizontalfräsplatte samt angebauter Oberfräse lässt sich dank der beiden M10er Gewindestäbe jetzt sehr präzise und feinfühlig in der Höhe verstellen. Dazu einfach die beiden seitlichen M8er Flügelmuttern (Pfeil) etwas lösen und die gewünschte Höhe mithilfe der beiden Gewindestangen einstellen.

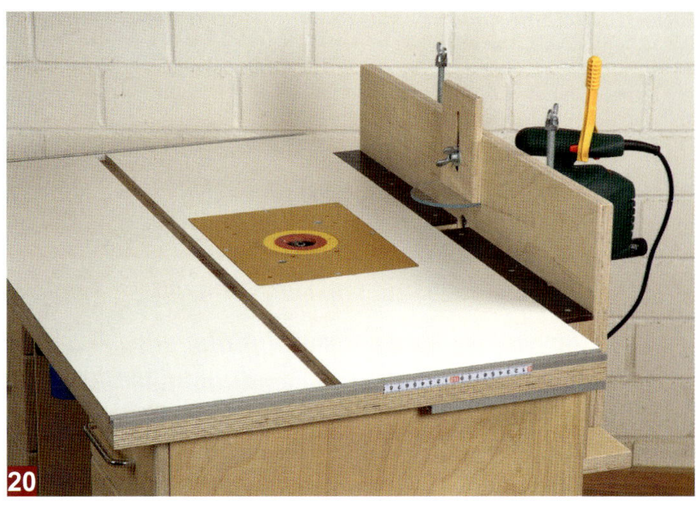

Vorne bietet die Platte eine 800 mm lange Anschlagfläche für das Werkstück und eine höhenverstellbare Fräserabdeckung mit Acrylglasscheibe. Ein weiteres Sicherheitsplus: In der großen halbrunden Aussparung der Anbauplatte lässt sich der Teil des Fräsers absenken, der nicht zum Fräsen benötigt wird.

Mit den Einlegestreifen aus Pertinax wird das Bündigfräsen von Massivholzanleimern zum reinsten Vergnügen

Entfernen Sie zuerst den linken Einlegestreifen. Danach stellen Sie die Horizontalfräsplatte in der Höhe so ein, dass sich die Schneide (Schneidenflugkreis) des Nutfräsers (hier Ø 20 mm) exakt bündig zur Oberkante des rechten Einlegestreifens befindet (s. Bild 2). Zur Sicherheit können Sie die Schneide auch einen „kleinen Hauch“ tiefer einstellen, so laufen Sie nicht Gefahr, ins Furnier der Spanplatte zu fräsen. Nach Einstellung der Höhe nicht vergessen, die Horizontalfräsplatte wieder fest zu arretieren!

Wichtig: Diesmal wird das Werkstück von links nach rechts an der Anschlagplatte vorbeigeführt (Bild 3)! Der überstehende Anleimer liegt dabei links im Spalt (ohne Einlegestreifen). Sobald er vom Nutfräser bündig abgefräst wurde (kleines Bild), kann er wieder satt auf dem rechten Einlegestreifen aufliegen. Mit einem hochwertigen Nutfräser, vorzugsweise ab 20 mm Durchmesser, lassen sich Anleimer sehr einfach und extrem sauber bündig fräsen (Bild 4).

Explosions- und Schnittzeichnungen

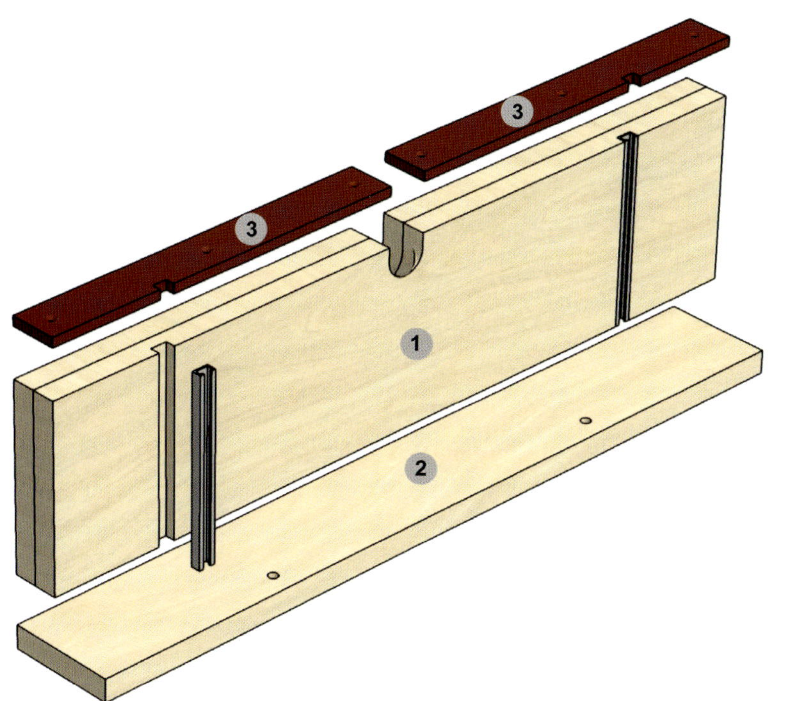

Materialliste: Anbauplatte

Pos.	Anz.	Bezeichnung	Maße (mm)	Material
1	2	Rückplatte	800 x 190	24 mm Multiplex
2	1	Bodenstreifen	800 x 110	24 mm Multiplex
3	2	Einlegestreifen	380 x 48	8 mm Pertinax®

Sonstiges:
2 St. T-Nutschienen (17 x 10 mm) 190 mm lang
2 St. Hammerkopf- oder Sechskantschrauben M8 x 40 mit U-Scheibe und Fügelmutter
Holzleim, Spanplattenschrauben, Holzöl

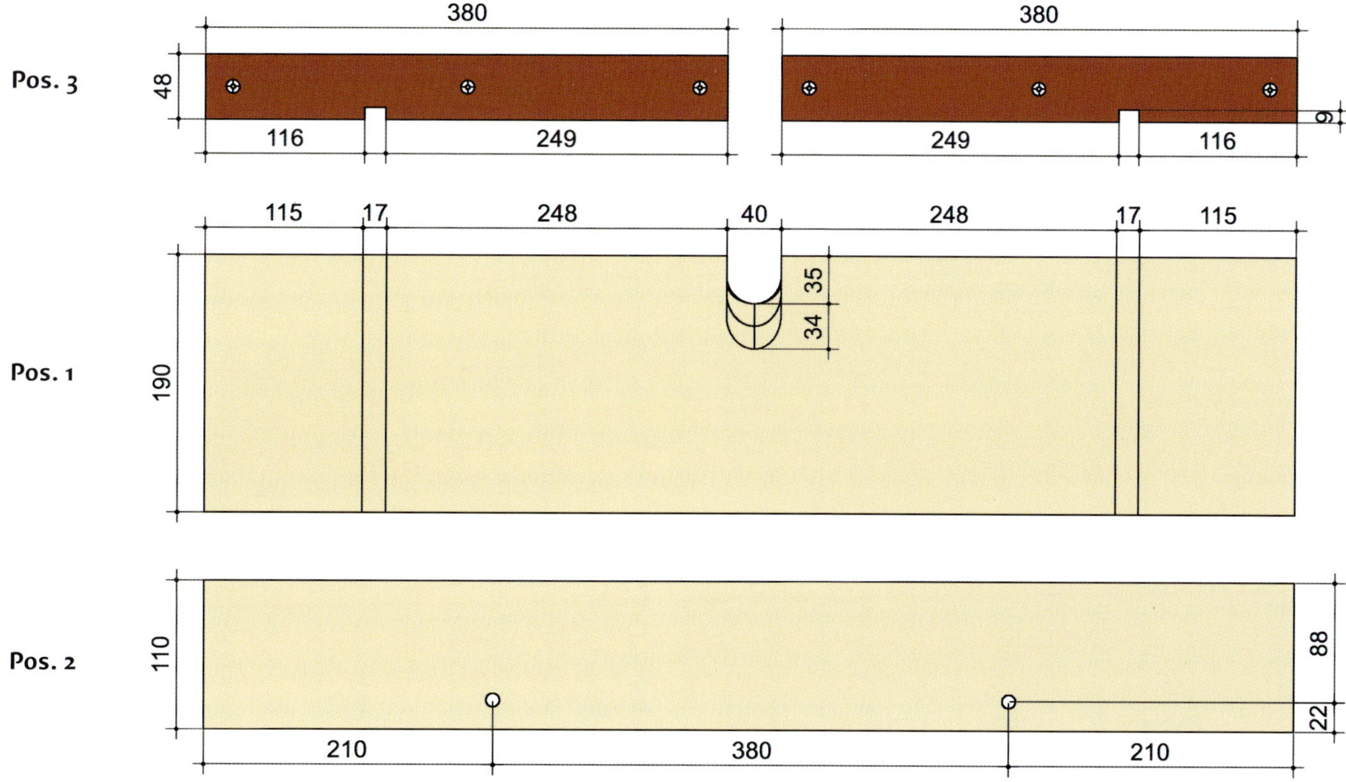

Die Anbauplatte zum Parken des Fräsanschlags nutzen

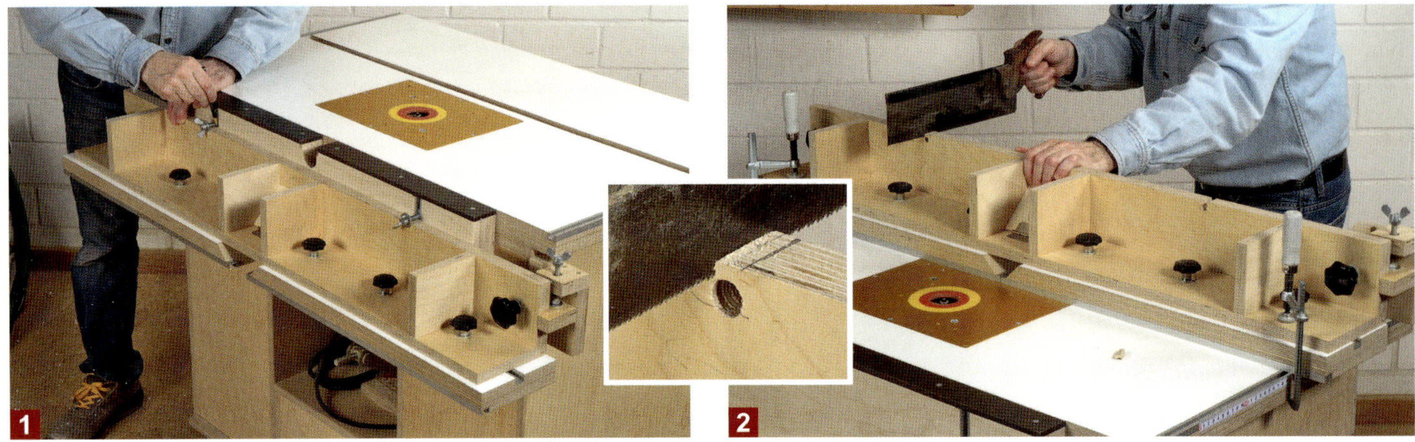

1 Legen Sie den Fräsanschlag mit den Fräsbacken nach unten auf die Anbauplatte. Lassen Sie ihn links und rechts an der Anbauplatte gleichmäßig überstehen und markieren Sie sich die Positionen der beiden T-Nutschienen bzw. Hammerkopfschrauben (oder Sechskantschrauben).

2 An diesen Stellen wird die Rückkante des Fräsanschlags für die beiden Schrauben 9 mm breit und 15 mm tief ausgeklinkt. Dazu am besten zuerst mit einem 9er Bohrer ein Loch bohren und das dann links und rechts vom Rand der Bohrung mit einer Handsäge einschneiden (s. kleines Bild).

3 Die beiden kurzen Einschnitte haben keinerlei Einfluss auf die Stabilität des Fräsanschlags. Sie reichen auch völlig aus, um den kompletten Fräsanschlag absolut sicher auf der Anbauplatte in Position zu halten. Das Ganze geht wirklich fix: Einfach den Fräsanschlag vom Frästisch abziehen und mit den Anschlagbacken nach unten zeigend auf die Anbauplatte legen. Zum Schluss zwei Hammerkopf- oder einfache Sechskantschrauben mit U-Scheibe und Flügelmutter in die T-Nuten schieben und in die Ausklinkungen absenken. Flügelmutter anziehen – fertig! Mit keiner anderen Möglichkeit können Sie den Fräsanschlag schneller, Platz sparender und sicherer parken. Probieren Sie es aus, Sie werden begeistert sein!

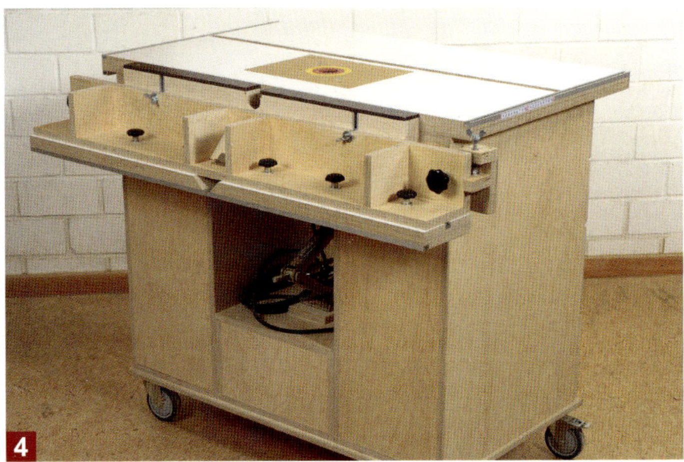

4

5 Haben Sie den Fräsanschlag an der Anbauplatte eingehängt, können Sie beispielsweise die gesamte Tischfläche für die Bearbeitung von geschweiften Bauteilen nutzen. Auch für die Montage des enorm wichtigen Bogenfräsanschlags bleibt jetzt genügend Platz und mit zwei Schrauben ist er auch blitzschnell auf der Aluplatte montiert (mehr Infos dazu s. S. 134).

Die Anbauplatte zur Vergrößerung der Tischfläche nutzen

Schmale Tischverlängerungen und stabile großflächige Tischverbreiterungen sind extrem nützliche Hilfsmittel und dürfen daher auch beim Frästisch nicht fehlen. Damit Sie davon auch regen Gebrauch machen, ist es jedoch sehr wichtig, dass sich diese Anbau-Tischflächen auch wirklich schnell, präzise und ohne zusätzliches Werkzeug anbauen lassen. Und genau hier kommt wieder unsere geniale Anbauplatte auf der Rückseite des Frästisches ins Spiel. Die können Sie nämlich nicht nur zum Einhängen von kommerziellen oder selbstgebauten Tischverlängerungen einsetzen (s. Bilder unten), sondern dort auch blitzschnell eine feste Tischverbreiterung anbauen. Den Bau dieser Tischverbreiterung kann ich Ihnen nur wärmstens ans Herz legen, vor allem dann, wenn Sie schon immer nach einem Fräsanschlagsystem der Superlative gesucht haben.

Bohren Sie in eine 800 mm lange Aluflachstange (40 x 10 mm – Vollmaterial) zwei 8-mm-Löcher passend zum Abstand der beiden T-Nutschienen. Diese Stange können Sie jetzt im Handumdrehen mit zwei Hammerkopfschrauben (M8 x 40) samt Flügelmutter und U-Scheibe in den T-Nutschienen sicher befestigen. Für den nötigen Abstand zwischen Flachstange und Anbauplatte sorgen 10 mm dicke Distanzscheiben aus Kunststoff (oder selbstgebaut aus Holz).

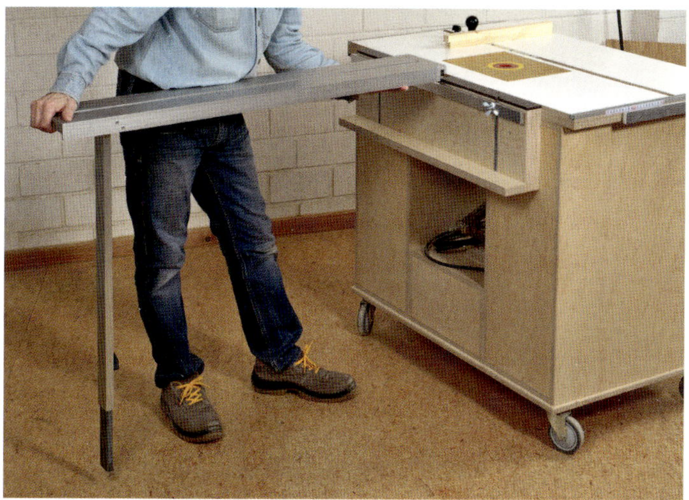

In die Flachstange können Sie nun beispielsweise die Tischverlängerungen der Fa. Aigner blitzschnell einhängen und arretieren. Selbstverständlich können Sie an die Anbauplatte auch eine selbstgebaute Tischverlängerung, deren Bau ich auf der Seite 274 ausführlich beschrieben habe, anbringen. An- und Abbau der Tischverlängerungen dauern höchstens zwei Minuten und fördern nicht nur die Sicherheit, sondern auch die Präzision beim Fräsen.

Auch wenn man die Tischverlängerung auf der gesamten Länge der Aluflachstange stufenlos positionieren kann, macht sie am meisten Sinn, wenn sie (wie hier) einigermaßen mittig zur Fräserachse montiert wird. Nach dem Einhängen sollten Sie zuerst die Höhe des Stützfußes so einstellen, dass alles mit der Frästischfläche fluchtet. Erst danach arretieren Sie die Tischverlängerung mit dem Klemmhebel an der Aluflachstange. Dabei den Klemmhebel nicht zu fest anziehen! Mit zwei Tischverlängerungen an den Längskanten der Frästischplatte haben Sie dann insgesamt eine Auflagefläche von stolzen 280 cm!

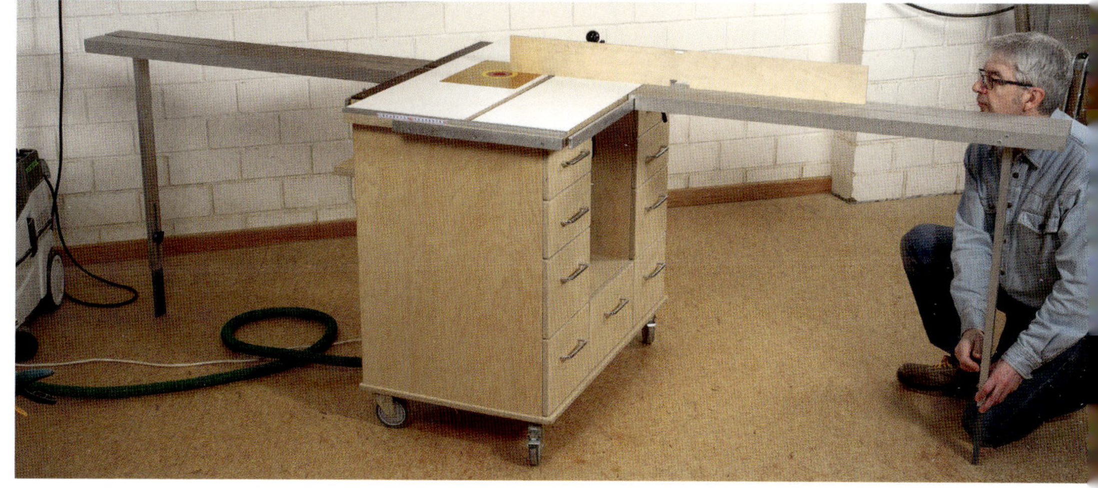

Und so einfach ist der Bau einer Tischverbreiterung

Zum Aufkleben des HPL-Schichtstoffs unbedingt einen flüssigen Kontaktkleber einsetzen. Diese flüssige Konsistenz lässt sich nämlich mit einer Rolle schön gleichmäßig auf die HPL-Rückseite und die Multiplexflächen auftragen. Danach gut ablüften lassen, bis die Flächen nicht mehr an den Fingern kleben (berührtrocken). Erst dann das HPL auflegen und mit einer Andruckrolle unter hohem Druck „festwalzen". Für eine hohe Klebekraft ist ausschließlich ein (kurzzeitiger) hoher Pressdruck erforderlich. Diese Andruckrolle mit 19 cm breiter Rollfläche findet man häufig im Internet unter der Bezeichnung „ausziehbare Andrückrolle für Vinyl-Böden (Vinyl-Roller)". Und ganz wichtig: Immer beide Plattenseiten mit Schichtstoff bekleben, sonst wird die Multiplexplatte krumm und schüsselt sich.

Schneiden Sie die fertig beklebte Platte zuerst auf das exakte Maß zu (800 x 500 mm). Anschließend fräsen Sie in die Plattenunterseite an der Längskante fünf Flachdübelschlitze (Gr. 20) ein. Maschine dazu hochkant auf die Platten setzen und mit dem Klappanschlag dicht an die Kante anlegen.

Passend dazu fräsen Sie dann auch in den Rückwandstreifen die fünf Flachdübelschlitze ein. Diesmal den Klappanschlag der Maschine dicht auf der Plattenfläche halten und die Flachdübelschlitze in die Plattenkante einfräsen.

Spannen Sie als nächstes die Stützwinkelstreifen mit einem Abstand von 224 mm auf dem Rückwandstreifen fest. Mit einem solchen Lineal mit verschiebbarem Anschlag oder einem langen Streichmaß geht das besonders wiederholgenau. Denn genau diese Einstellung wird mehrfach benötigt.

Zum Einfräsen der beiden Flachdübelschlitze zuerst die Maschine immer hochkant an den Stützwinkelstreifen anlegen und die Schlitze in den Rückwandstreifen fräsen (Bild 5). Erst danach die Maschine flach hinlegen und auch die Gegenschlitze in die Kante des Stützwinkels fräsen.

Mithilfe des Lineals mit Anschlagkante können Sie auch auf der Tischplatte wieder die Stützwinkel positionsgenau festspannen, um die restlichen Flachdübelschlitze zu fräsen. Dann alle Teile erst mal ohne Leim zusammenstecken.

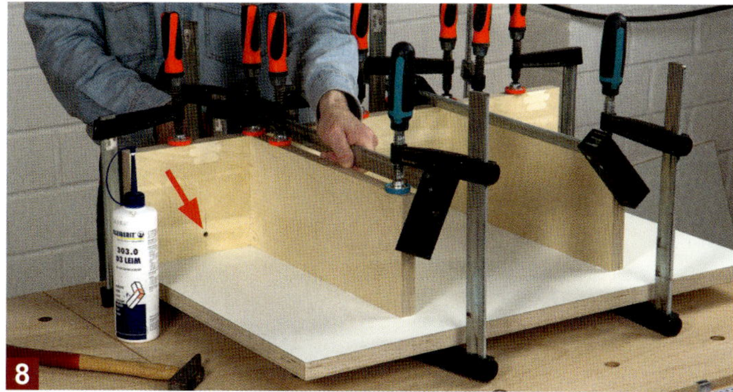

Vor dem Verleimen nicht vergessen, die beiden 8-mm-Löcher (Pfeil) im Rückwandstreifen zu bohren. Ganz wichtig: Damit die Zwingen keine Druckstellen in der HPL-Fläche hinterlassen unbedingt Zulagen verwenden.

Mit zwei Hammerkopf- oder einfachen Sechskantschrauben (M8 x 40) lässt sich die Tischverbreiterung in den beiden T-Nutschienen einschieben und mit zwei Flügelschrauben samt U-Scheibe (s. Bild 10) sicher in Position halten.

Die Tischfläche darf nach dem Einschieben ruhig ein wenig tiefer sitzen. Das kann man leicht mit ein paar Papierlagen (Pfeil) oder Klebestreifen unter dem Rückwandstreifen ausgleichen. Steht die Fläche bereits vor, geht das nicht!

Im nächsten Schritt prüfen Sie dann noch mit einer Aluleiste oder Wasserwaage, ob die Tischverbreiterung beispielsweise am Ende absinkt. Sollt das der Fall sein, dann können Sie das ebenfalls mit Klebeband am Rückwandstreifen …

… leicht korrigieren. Etwas Klebeband im unteren Bereich des Rückwandstreifens sorgt dafür, dass sich die Tischfläche außen etwas anhebt. Klebebandstreifen im oberen Bereich lassen die Tischfläche außen etwas absinken.

Explosionszeichnung und Materialliste zur Tischverbreiterung

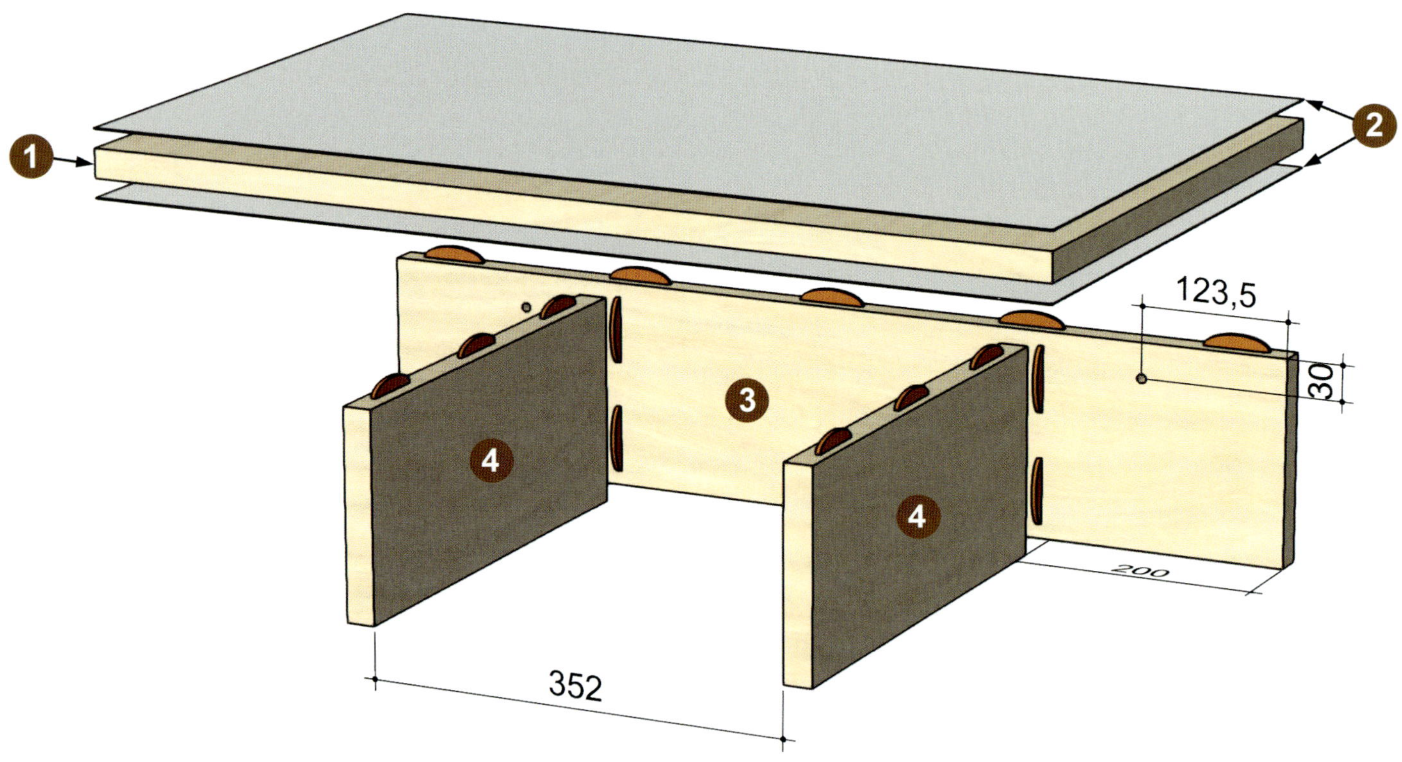

Die wirklich einfach nachzubauende Tischverbreiterung eignet sich auch perfekt zur Aufnahme und Montage des genialen Anschlagsystems der Fa. INCRA (LS-Positioner). Denn dazu benötigt man beispielsweise für die kleine 17-Zoll-Variante (hier im Bild) von der Fräsermitte aus gemessen mindestens 74 cm zusätzliche Tischfläche nach hinten. Und wie dieses extrem vielseitige Fräsanschlagsystem funktioniert und was Sie damit alles anstellen können, zeige ich Ihnen ab der Seite 294. Lassen Sie sich begeistern!

Materialliste: Tischverbreiterung

Pos.	Anz.	Bezeichnung	Maße (mm)	Material
1	1	Tischplatte	800 x 500	24 mm Multiplex
2	2	HPL-Flächen	800 x 500	1 mm HPL
3	1	Rückwandstreifen	800 x 172	24 mm Multiplex
4	2	Stützwinkelstreifen	400 x 172	24 mm Multiplex

Sonstiges:
2 St. Sechskantschrauben M8 x 40 mit U-Scheibe und Fügelmutter; Flachdübel Gr. 20 und Holzleim

Weitere Anwendungsbeispiele für die Horizontal-Frästischplatte

Wenn Sie mit der Horizontal-Frästischplatte arbeiten, sollten Sie immer folgende Grundregeln beachten:

1. Den Fräser in die Tischfläche absenken und das Werkstück immer von unten mit dem Fräser bearbeiten.
2. Damit Sie dabei im sicheren und rückschlagfreien Gegenlauf fräsen, müssen Sie das Werkstück immer von links nach rechts an der horizontalen Frästischplatte vorbei schieben. Also genau umgekehrt, wie Sie es sonst vom vertikalen Frästisch gewohnt sind.
3. Wenn möglich sollten Sie das Werkstück zusätzlich noch mit einer Andruckfeder auf die Tischfläche drücken. Das schirmt gleichzeitig den Fräserbereich ab und die Hände sind zu jeder Zeit bestens geschützt. Ist das nicht möglich, sollten Sie den Fräserbereich mindestens mit dem halbrunden höhenverstellbaren Fingerschutz abdecken.

Noch zwei weitere Anwendungsbeispiele in Kombination mit der Horizontalfräsplatte finden Sie auf Seite 103 (Gefederte Außenecken) und Seite 106 (Gehrungsverleimfräser).

1. Anwendungsbeispiel: Zapfen mit Spiralnutfräsern anfräsen

Große und tiefe Zapfen können Sie am besten mit dem großen Falzfräser anfräsen (s. a. S. 174). Zapfenlängen bis zu 50 mm lassen sich aber auch sehr gut mit einem hochwertigen Spiralnutfräser herstellen. Sein ziehender Schnitt sorgt dabei für sehr saubere Zapfenflanken. Für Einfachzapfen (Bild rechts) setzen Sie am besten einen möglichst großen Durchmesser (z. B. 12 mm) ein. Der Zapfen wird dann wie beim großen Falzfräser immer von beiden Werkstückseiten aus ins Stirnholz gefräst und befindet sich so auch automatisch in der Werkstückmitte. Möchten Sie einen Doppelzapfen herstellen (s. Bilder unten), muss der Fräserdurchmesser entweder exakt der Schlitzweite entsprechen oder kleiner sein. Mit Spiralnutfräsern ab 8 mm Durchmesser können Sie auf diese Weise bis zu 42 mm tiefe oder genauer gesagt lange Doppelzapfen herstellen.

Neben einem Winkelbrett zur sicheren Führung des schmalen Werkstücks sollten Sie unbedingt noch eine Andruckfeder einsetzen.

Bei einem Doppelzapfen kann man die obere und untere Zapfenflanke noch gut mit einem großen Falzfräser anfräsen. Die mittleren Zapfenflanken lassen sich aber nur mit einem Nutfräser herstellen. Auch die größten Scheibennutfräser für die Oberfräse können nur Zapfentiefen bis 27 mm herstellen.

2. Anwendungsbeispiel: Gratnut und passenden Gratzapfen anfräsen

Diese recht unkonventionelle Verbindung habe ich bereits in meinem Handbuch Oberfräse beim Einsatz der „Zauberkiste“ vorgestellt (s. dort S. 180). Mit einer horizontalen Frässplatte können Sie das jetzt auch ohne „Zauberkiste“ herstellen. Diese schwalbenschwanzförmigen Zapfen werden in der Fachsprache auch als Einzinker bezeichnet. Die oberen, schmalen Querrahmenstücke (Traversen) bei einem Möbel in Stollenbauweise werden häufig auf diese Weise mit den Pfosten (Stollen) verbunden.

Alles, was Sie dazu benötigen, ist ein Gratnutfräser mit einer Schneidenschräge von mindestens 10° oder mehr. Flachere Schrägen bieten dem Zapfen nach dem Einstecken nicht genügend Festigkeit und Stabilität. Als Nuttiefe reicht in aller Regel etwa ein Drittel der Holzstärke völlig aus. Damit Gratnut und Zapfen exakt zusammenpassen, sollten Sie beides immer mithilfe der Horizontalfräsplatte und demselben Gratnutfräser herstellen.

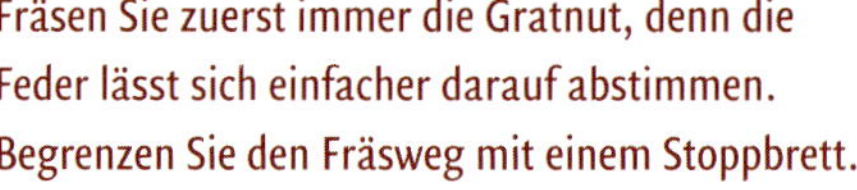

Fräsen Sie zuerst immer die Gratnut, denn die Feder lässt sich einfacher darauf abstimmen. Begrenzen Sie den Fräsweg mit einem Stoppbrett.

Mit demselben Gratnutfräser (ohne die Frästiefe zu verändern!) stellen Sie im nächsten Schritt auch den Zapfen bzw. Einzinker her. Lediglich die Höhe des Fräsers müssen Sie neu einstellen. Da Sie das Werkstück immer von beiden Seiten bearbeiten, können Sie durch Heben und Senken des Fräsers ganz einfach den Gratzapfen exakt auf die vorhin gefräste Gratnut anpassen.

Das Ende der Gratnut ist durch den Fräser leicht gerundet (s. kleines Bild ganz oben). Aus diesem Grund wird auch eine Schmalkante des Zapfenstücks noch etwas angefräst. Dazu führen Sie das Werkstück einfach hochkant am Winkelbrett anliegend über den Fräser.

Der Zapfen darf nur so stramm sitzen, dass Sie ihn noch bequem von Hand in die Nut einschieben können. Schmale Zargen bis zu einer Höhe von 80 mm können Sie auch problemlos noch zusätzlich in der Gratnut fest verleimen.

3. Anwendungsbeispiel: Lange und breite Seitenwände nuten für eine Rückwand

Sollen schmale Nuten sauber und ausrissfrei gefräst werden, dann ist ein Scheibennutfräser unübertroffen (s. ab S. 71). Problematisch wird das Nutfräsen jedoch, wenn besonders breite Werkstücke hochkant am Fräsanschlag vorbeigeführt werden müssen. Hier ist die Horizontalfräsplatte wirklich eine tolle Sache. Denn mit der seitlich angebauten Oberfräse und einem Scheibennuter können Sie auch extrem breite und lange Platten wieder sicher auf die Tischfläche auflegen. Das Ganze ähnelt dann einer Tischkreissäge mit kleinem Sägeblatt, allerdings mit dem entscheidenden Unterschied, dass Sie beim Scheibennuter aus einer großen Auswahl an unterschiedlichen Scheibendicken wählen können. Mit den kleinen Nutscheiben sollten Sie aber nur Platten aus Massivholz nuten oder welche, die mit Echtholz furniert sind. Für kunststoffbeschichtete Spanplatten sind diese Nuter nicht geeignet, weil sie dort erhebliche Ausrisse in der Beschichtung hinterlassen. Je nach Werkstückgröße sollten Sie unbedingt noch zwei Tischverlängerungen einsetzen. Denn Sie müssen während der gesamten Fräsung penibel darauf achten, dass die Plattenkante immer dicht an der Horizontalfräsplatte anliegt und nicht wegdriftet.

Spannen Sie einen Scheibennutfräser passend zur Rückwanddicke ein. Indem Sie die Fräsplatte mithilfe der beiden Gewindestangen heben oder senken, stellen Sie die Nuttiefe ein. Den gewünschten Abstand der Nut zur Rückkante der Seitenwand stellen Sie über die Säulen und Tiefeneinstellung der Oberfräse ein.

Wenn die Scheibendicke einigermaßen zur Rückwanddicke passt (bis zu 0,5 mm Luft ist sogar hilfreich), haben Sie auf diese Weise die Rückwand mit nur einem Arbeitsgang sauber eingenutet. Passende Nutscheiben gibt es bei der Fa. CMT übrigens in 16 (!) verschiedenen Dicken von 1,5 bis maximal 6,4 mm.

4. Anwendungsbeispiel: Füllungen mit vertikalem Abplattfräser herstellen

Um tiefe und üppige Profile in Füllungen einzufräsen, gibt es mächtige horizontale Abplattfräser mit bis zu 89 mm Durchmesser. Dafür benötigt man nicht nur eine starke Oberfräse mit 12 mm Schaftaufnahme und Drehzahlregulierung, sondern auch eine große Frästischöffnung, in die man den kompletten Fräser auch absenken kann. Vertikale Abplattfräser (s. Bilder rechts) gibt es hingegen bereits mit 8-mm-Schaft und einem Durchmesser von nur 32 mm. Wird dieser Fräser in Verbindung mit der Horizontalfräsplatte genutzt, können Sie die Füllung wieder wie gewohnt flach aufliegend über den Fräser führen. Allerdings sollten Sie vor allem bei Weichhölzern das gesamte Profil unbedingt in mehreren Etappen (mindestens drei!) herausarbeiten, sonst sind besonders quer zur Faser erhebliche Ausrisse zu erwarten.

Für saubere Fräsergebnisse sollten Sie zum Schluss nur noch einen „kleinen Hauch" von maximal einem halben Millimeter abfräsen.

Das Anschlagsystem der Fa. Incra (Incra-LS-Positioner)

Technik, die begeistert! Ein Werbeslogan, den Sie sicher auch kennen und der auf diesen Fräsanschlag ohne die geringste Übertreibung hundertprozentig zutrifft. Ich kenne jedenfalls kein anderes Fräsanschlagsystem, das mit einer derartigen Präzision und Wiederholgenauigkeit von sage und schreibe 0,05 mm arbeitet. Ja Sie haben richtig gelesen – kein Druckfehler! Diesen Fräsanschlag können Sie auf 0,05 mm jederzeit wiederholgenau (!) einstellen. Und als wäre das nicht schon spektakulär genug, verschiebt er sich dabei immer exakt parallel zur Tischnut mit dem darin geführten Queranschlag. Wenn Sie also beispielsweise Zapfen mit dem Queranschlag herstellen und die Zapfenlänge über den Fräsanschlag einstellen möchten, dann entfällt das sonst lästige parallele Ausrichten der Anschlagfläche zur Tischnut.

Natürlich hat diese Präzision ihren Preis und bei etwa 530 Euro für das komplette Anschlagsystem in der 17-Zoll-Variante (s. Bild oben rechts) werden viele Holzwerker erst mal – völlig zu Recht – tief durchatmen müssen. Allerdings handelt es sich hier nicht nur um einen super präzisen Fräsanschlag, sondern zusätzlich noch um ein komplettes Verbindungssystem, mit dem man nicht nur Fingerzinken (s. Bildfolge unten), sondern auch halbverdeckte und (mit etwas Nacharbeit) sogar offene Schwalbenschwanzzinken herstellen kann. Ein einzelnes Zinkengerät mit all den dazu notwendigen Schablonen würde mit Sicherheit deutlich mehr kosten. Es lohnt sich also, dieses Anschlagsystem und seine Funktionsweise einmal genauer unter die Lupe zu nehmen. Und ich bin mir absolut sicher: Wenn Sie erst mal diesen traumhaft verarbeiteten Fräsanschlag in Aktion erleben konnten, spielt der Preis nur noch eine Nebenrolle und Sie wollen das Teil unbedingt besitzen! Schließlich ist es mir auch so ergangen und ich habe den Kauf zu keinem Zeitpunkt bereut.

Das Herzstück ist die Linearführung (kleines Bild), in die man einen langen Linearschlitten einschieben kann. Dort befindet sich seitlich eine Art Gewindestange. Passend dazu gibt es in der Führung ein Zahnsegment, das – mit einem Hebel betätigt – in das Gewinde eingreift und den Schlitten in der gewünschten Position hält.

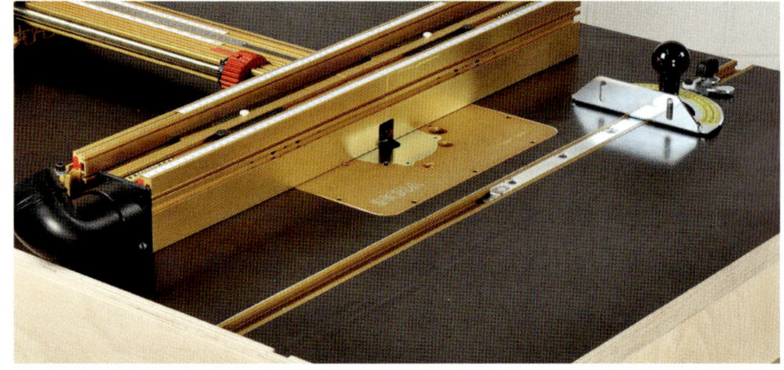

Passend zum hochwertigen Anschlagsystem sollten Sie sich auch gleich den INCRA-Gehrungsanschlag V120 gönnen. Beides zusammen katapultiert Sie in ein Präzisionslevel, das alles bisherige in den Schatten stellt (mehr ab S. 304).

Zum Fingerzinken werden die Bretter an einem 90°-Schlitten festgespannt, der am Fräsanschlag eingehängt ist und sich so spielfrei an der Anschlagfläche und dem Fräser vorbei schieben lässt.

Weltmeister in Schnelligkeit und Präzision: Wenn Sie mögen, können Sie auch gleich alle vier Seiten einer Box hintereinander mit Versatz festspannen und in einem Arbeitsgang die Zinken einfräsen.

Wird ein hochwertiger Spiralnutfräser zum Zinken eingesetzt, passen die Bauteile auf Anhieb ohne jegliche Probefräsung und mit der optimalen Festigkeit zusammen (mehr dazu ab S. 300).

Ausrichten und Montage des Incra-Fräsanschlags auf der Tischverbreiterung

Zur Montage des Incra-Fräsanschlags benötigen Sie hinter dem Fräser eine ausreichend große Tischfläche. Am einfachsten geht das mit unserer Tischverbreiterung (Bauplan ab S. 288). Das mitgelieferte Handbuch und eine Video-DVD zeigen Schritt für Schritt die vielfältigen Anwendungsmöglichkeiten.

1 Für die 17-Zoll-Variante sollte der Abstand zwischen Frásermitte und Vorderkante der Linearführung etwa 500 mm (exakt sind es 19,75 Zoll) betragen. Achten Sie auch darauf, dass die Linearführung in etwa mittig zur Fräserachse ausgerichtet ist. In dieser Position erst mal nur mit Zwingen festspannen.

2 Den Linearschlitten samt komplett montiertem Anschlag in die Führung einschieben und verriegeln. Prüfen, ob die Fräserbacken exakt in einer Flucht verlaufen, andernfalls nachjustieren.

3 Im nächsten Schritt überprüfen Sie, ob die Anschlagbacken exakt parallel zur Tischnut verlaufen. Das geht am besten mit einem Kombinationswinkel. Dazu den Anschlag dicht in die Tischnut …

4 … einlegen und das verschiebbare Lineal bis dicht an die Anschlagbacken stoßen. Dann an beiden Enden der Anschlagbacken überprüfen, ob der Abstand absolut identisch ist.

5 Passt alles, markieren Sie sich die Mitte der sechs Bohrungen in der Linearführung. Anschließend 6,5 mm Löcher bohren für die vier mitgelieferten 1/4 Zoll (!) Maschinenschrauben.

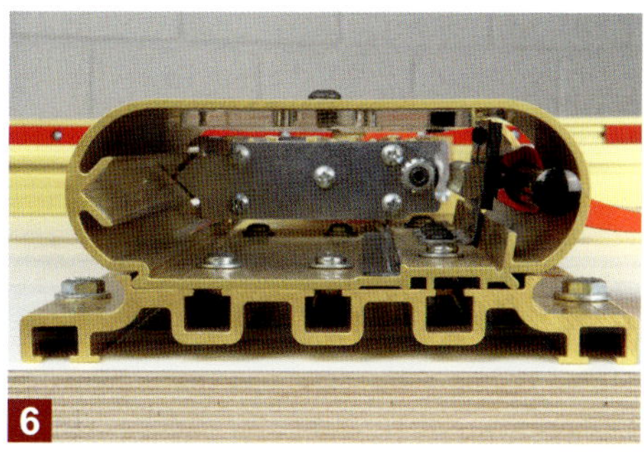

6 Ich habe mich dazu entschieden die Linearführung durch die Bohrungen hindurch mit den Schrauben zu befestigen. Sie können aber auch die T-Nuten nutzen (s. kleines Bild auf der linken Seite oben).

7 Zum finalen Ausrichten den Linearschlitten wieder einschieben, arretieren und, wie in Bild 4 und 5 zu sehen, die Parallelität überprüfen. Erst dann die Schrauben in der Linearführung festziehen.

Die Schlittenklemmung: Diese drei Hebelpositionen müssen Sie kennen

1 Wenn Sie den Hebel an der Linearführung nach unten in die offene Stellung drücken, können Sie den Linearschlitten frei hin und her verschieben.

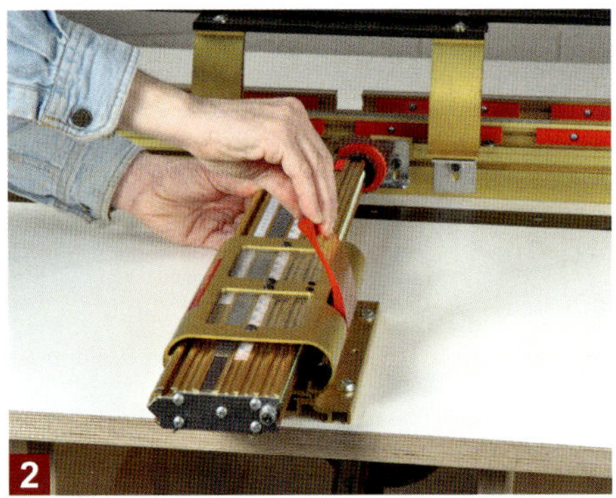

2 Ist die gewünschte Position erreicht, ziehen Sie den Hebel ganz nach oben in eine senkrechte Stellung. Der Schlitten ist sicher festgeklemmt.

3 Wenn Sie den Hebel nur bis zur mittleren Position hochziehen, können Sie mit dem roten Drehrad Feineinstellungen am Anschlag vornehmen.

Die Feineinstellung mit einer sagenhaften Genauigkeit von 0,05 mm

Mit dem roten Drehrad können Sie den Fräsanschlag nochmals in 0,05 mm Schritten feineinstellen. Bei jedem Schritt rasten dabei Kugeln mit einem deutlich hörbaren Klicken in entsprechende Aussparungen des Drehrads ein. An 20 langen Strichen der schwarzen Skala vor dem Drehrad lässt sich jeder 0,05-mm-Schritt genau ablesen. Eine volle Umdrehung des Drehrads bewegt den Anschlag somit um exakt einen Millimeter. Die schwarze Skala lässt sich zudem – unabhängig vom Drehrad – an jeder Position auf Null stellen.

Die Zusatzskalen und das Ablesefenster

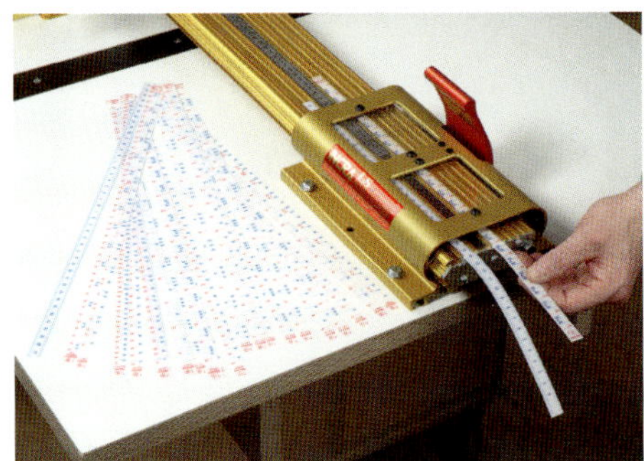

Der Linearschlitten besitzt vier Kanäle, in die Sie spezielle (mitgelieferte) Hilfsskalen einschieben können. Auf den Hilfsskalen sind alle wichtigen Abstandsmaße aufgedruckt, die man bei der Herstellung einer Holzverbindung (Fingerzinken oder Schwalbenschwanzzinken) benötigt.

Die Hauptskala aus rostfreiem Stahl kann nach Anheben auf dem Magnetstreifen problemlos verschoben werden. Wenn Sie beispielsweise den Flugkreis eines Fräsers auf die Anschlagfläche ausgerichtet haben, müssen Sie nur noch die 0-Markierung der Skala exakt auf die Haarlinie im …

… vorderen Sichtfenster einstellen und schon können Sie über die Skala auf den Millimeter genau festlegen, wie weit der Fräser aus dem Anschlag vorstehen soll. Auch alle anderen Skalen bedienen sich dieser Haarlinie und über die beiden großen Sichtfenster behalten Sie immer den Überblick.

Der maximal mögliche Verstellbereich

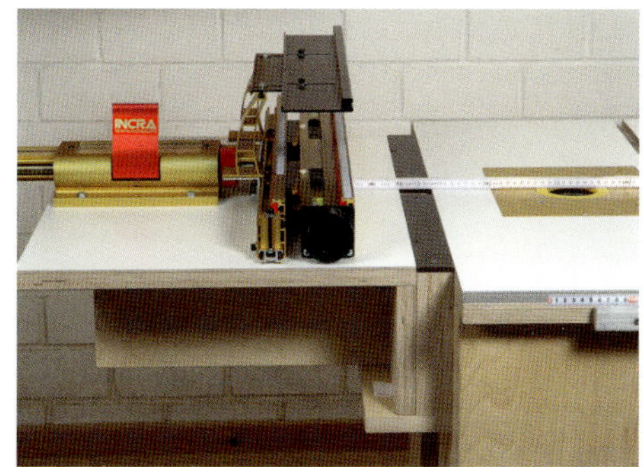

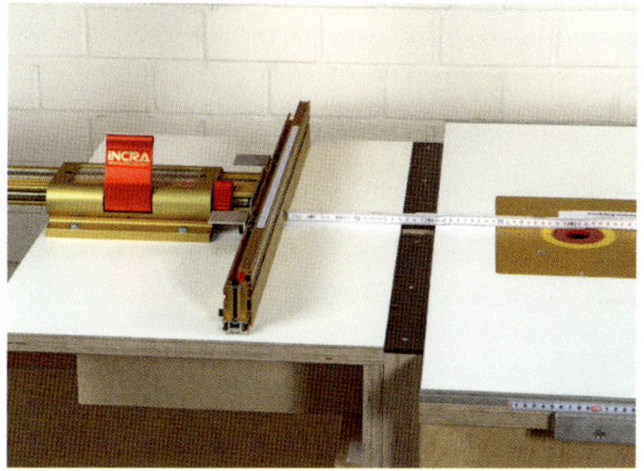

Sind die beiden geteilten Anschlagbacken (Wonder Fence) am Fräsanschlag montiert, ergibt sich beim 17-Zoll-Modell zwischen Fräsermitte und Anschlagbacken ein maximal möglicher Abstand von etwa 320 mm (Bild links außen). Benötigen Sie mehr Abstand, können Sie die Anschlagbacken auch ganz einfach entfernen und der Abstand vergrößert sich dann auf etwa 410 mm (Bild Mitte). Diese Werte reichen in der Praxis für die allermeisten Anwendungen völlig aus.

Anschlagbacken gegeneinander verschieben (Abricht- bzw. Füge-Funktion)

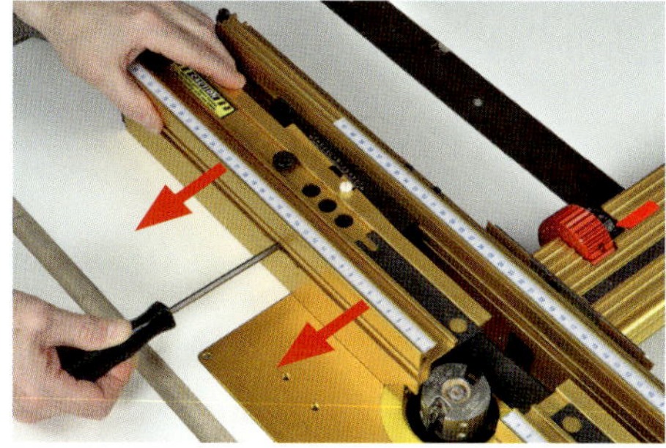

Jede Anschlagbacke lässt sich nicht nur nach links oder rechts verschieben, sondern kann über eine keilförmige Schräge auch vor und zurück verstellt werden. Über eine Skala lässt sich der Wert des Versatzes ablesen (jede Zahl entspricht 0,254 mm).

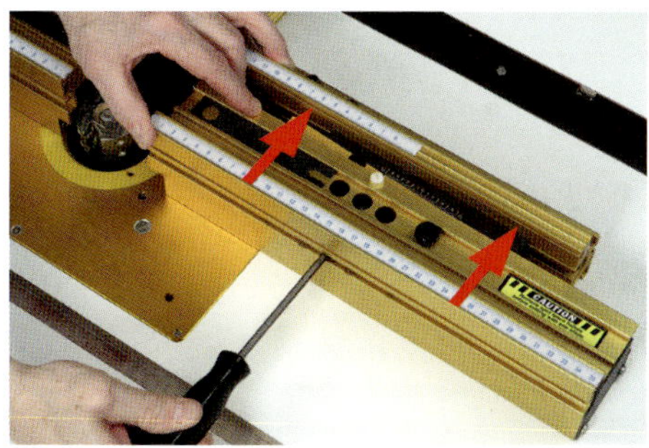

Wird beispielsweise die linke Anschlagbacke nach vorne auf „+ 7“ verschoben und die rechte um „-7“ nach hinten, ergibt sich der maximal mögliche Versatz von gut 3,5 mm. Mehr als ausreichend, um selbst starke Ausrisse sauber nachzufräsen.

Die Fräserschneide (Schneidenflugkreis) muss jetzt nur noch exakt zur linken Anschlagfläche eingestellt werden. Mit einer geraden Leiste und der Feineinstellung geht das nicht nur blitzschnell, sondern auch super präzise!

Mit versetzt eingestellten Anschlagbacken können Sie jetzt beispielsweise ausgerissene Schnittkanten von Spanplatten extrem präzise und völlig ausrissfrei abfräsen. Diese Anwendung entspricht im Prinzip dem Fügen einer Werkstückkante auf einer Abrichthobelmaschine. Auch hier wird die gesamte Werkstückkante bearbeitet und von der gesamten Kantenlänge etwas abgehobelt bzw. in unserem Fall etwas abgefräst.

Wenn Sie dazu einen hochwertigen Falzkopf mit HW-Wendeplatten einsetzen, ist die Präzision der abgefrästen Plattenkante (an der linken Anschlagbacke) völlig makellos und absolut ausrissfrei. Die Ausrisse (rechts vom Fräser), die oft beim Zuschnitt einer Platte ohne Vorritzer entstehen, lassen sich mit dieser Methode auf jeden Fall komplett beseitigen. Eine ausführliche Anleitung zum Fügen auf einem Frästisch finden Sie ab Seite 84.

Der obere Hilfsanschlag

Im Lieferumfang des „Super Fräsanschlagsystems“ befindet sich neben den beiden geteilten Anschlagbacken (Wonder Fence) auch ein hoher Zusatzanschlag. Dazu werden zwei Stützen im Abstand von etwa 194 mm an der Anschlagrückseite befestigt. Zur Verbesserung der Stabilität liegen noch zwei Metallwinkel bei, die direkt unter die Stützen montiert werden.

Der Hilfsanschlag ist normalerweise für die Führung hoher Werkstücke gedacht. Er kann aber auch sehr gut für die Aufnahme von Andruckkämmen genutzt werden. Die Kämme können Sie dabei nicht nur seitlich frei in der T-Nut hin und her schieben, sondern durch Verschieben des oberen Blechs sogar noch vor und zurück bewegen (von der Anschlagfläche weg nach außen).

Verschiedene Anschlagbacken bzw. Hilfsanschlagflächen einsetzen

Für die meisten Anwendungen reichen die hochwertigen Aluminium-Anschlagbacken des Wonder Fence sicher völlig aus. Trotzdem kann der Einsatz von austauschbaren Anschlagflächen aus Multiplex oder MDF viele Fräsarbeiten noch präziser und vor allem sicherer machen. Anschlagflächen aus Holz haben nämlich im Gegensatz zu Aluanschlägen einen riesigen Vorteil: Man kann dort problemlos hineinfräsen! So kann man beispielsweise mit dem laufenden Fräser in einen durchgehenden Hilfsanschlag aus MDF eine exakt zur Fräserform passende Aussparung einfräsen. Dadurch ergibt sich eine durchgehende Anschlagfläche mit einer perfekten Nullfuge zu den Fräserschneiden (mehr dazu s. S. 22). Fehlfräsungen oder Ausrisse sind damit völlig ausgeschlossen und aufwändiges Nacharbeiten oder Ausflicken gibt es auch nicht mehr. Es ist also nicht verwunderlich, dass die Alubacken am Wonder Fence mit einer T-Nut ausgestattet sind, in die man mit wenigen Handgriffen unterschiedliche Anschlagflächen befestigen kann. Und ich kann Ihnen schon jetzt versichern, auf die werden Sie nicht mehr verzichten wollen.

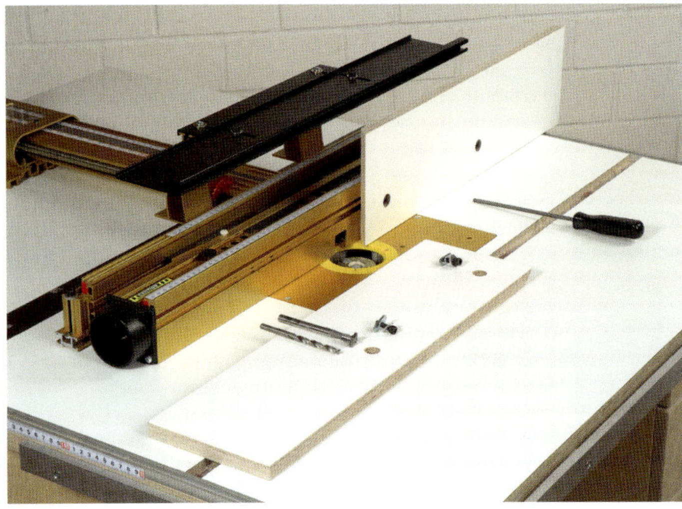

Eine tolle Ergänzung zum Incra-Anschlag sind diese beiden 530 mm langen und 150 mm hohen Anschlagbacken aus 18 mm dickem Multiplex mit aufgeleimten Gleitflächen aus HPL-Schichtstoff. Befestigt werden sie mit je zwei mitgelieferten Schrauben samt Gleitmuttern. Dazu bohren Sie jeweils zwei Sacklöcher (Ø 20 x 9,5 mm tief) mit zwei Durchgangslöchern (Ø 8 mm).

Vorsatzbrett aus MDF

Auf die gleiche Weise lässt sich auch ein Vorsatzbrett aus 19 mm dickem MDF (1000 x 150 mm) am Wonder Fence befestigen. Für eine Nullfugenöffnung zum Fräser einfach das Vorsatzbrett mithilfe des Linearschlittens von hinten (s. Pfeilrichtung) in den laufenden Fräser (hier ein großer Falzfräser) schieben.

Mit einer solchen durchgehenden Anschlagfläche können Sie beispielsweise Zapfen sicher, präzise und wiederholgenau an schmale Rahmenstücke anfräsen. Als Fingerschutz sollten Sie aber unbedingt noch eine höhenverstellbare Acrylglasscheibe über dem Fräser anbringen (Maße dazu s. S. 281).

Hohe durchgehende Anschlagfläche aus MDF montieren und einsetzen

Mit zwei weiteren Schrauben und Gleitmuttern in der T-Nut des oberen Alu-Hilfsanschlags können Sie auch sehr hohe Anschlagflächen in weniger als einer Minute sicher und absolut eben fixieren.

Auch wenn die 250 mm hohe und ein Meter lange MDF-Platte (19 mm dick) eine absolut ausreichende Gleitfähigkeit besitzt, ist eine MDF-Platte mit (weißer) Grundierfolie noch einen Tick besser.

Hohe Anschlagflächen müssen Sie unbedingt noch mit einem hochwertigen Winkel auf exakt 90° ausrichten. Nutzen Sie dazu einfach das verschiebbare Alublech des oberen Hilfsanschlags.

An dieser hohen Anschlagfläche können Sie nun breite (hohe) Werkstücke präzise anlegen und hochkant am Fräser vorbeiführen. Absolut sicher und ohne Kippgefahr fräsen Sie aber nur, wenn Sie zusätzlich noch einen doppelten Federkamm einsetzen. Damit halten Sie nicht nur das Werkstück immer dicht an der Anschlagfläche, sondern der große Druckkamm schirmt auch den gefährlichen Fräserbereich ab und wirkt als Fingerschutz. Auf diese Weise können Sie beispielsweise Schrankseitenwände absolut sicher und sehr sauber mit einem Scheibennutfräser (kleines Bild) nuten. Die MDF-Platte (Anschlagfläche) müssen Sie allerdings zuvor mit einer entsprechenden Aussparung für den Scheibennutfräser versehen.

Arbeiten mit dem Winkelschlitten (Anwendungsbeispiel: Fingerzinken)

Passend zum Alu-Profil des Fräsanschlags liegt dem Set auch ein Winkelschlitten bei. Der wird in die Oberkante des Profils eingehängt und mit zwei Schrauben lässt sich sein Lauf absolut spielfrei einstellen. Er wird hauptsächlich bei der Herstellung von Finger- und Schwalbenschwanzzinken eingesetzt. Jedem Fräsanschlag liegt dazu ein sehr gutes englischsprachiges (!) Video bei. Ich beschränke mich daher nur auf die grundlegenden Funktionen des Winkelschlittens beim Fingerzinken. Wenn Sie dazu einen Spiralnutfräser anstelle eines geraden Nutfräsers einsetzen, dann benötigen Sie in aller Regel auch kein zusätzliches Splitterholz hinter dem Werkstück. Beim Fingerzinken sollten Sie aber in jedem Fall den Fräser ein klein wenig höher als die Werkstückdicke einstellen (s. kleines Bild rechts).

Das Befestigen der Werkstücke geht besonders bequem mit einem solchen Schnellspanner. Der lässt sich mit zwei Gleitmuttern direkt in den T-Nuten (Pfeile) des Winkelschlittens fixieren.

Den mitgelieferten Anschlagstopp können Sie oben im Anschlagprofil in ein Zahnprofil einhängen. Er lässt sich dort mit einer Schraube (Pfeil) noch zusätzlich bei Bedarf feinjustieren.

Arbeiten Sie keinesfalls ohne diesen Anschlagstopp! Er verhindert, dass Sie den Winkelschlitten zu weit nach vorne schieben können und der Fräser dann die Holzgleiter unter dem Schlitten beschädigt.

Bei einem 8-mm-Spiralnutfräser sollte die Brettbreite auch durch 8 teilbar sein. Den Abstand zwischen Anschlag und Fräser stellen Sie für die erste Nut auch auf exakt 8 mm ein. Zum 8er Raster …

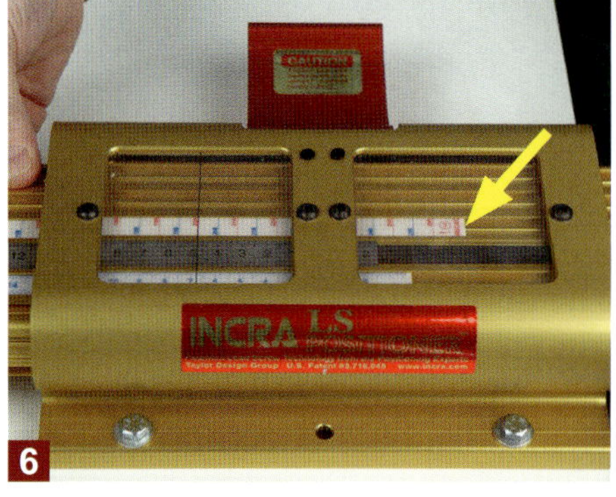

… schieben Sie auch die passende 8-mm-Fingerzinken-Skala ein und richten Sie auf die „roten A-Striche“ aus. Ist die erste Nut gefräst, verschieben Sie den Anschlag auf den nächsten roten A-Strich.

Die Abstände zwischen den A-Strichen betragen exakt 16 mm. Dadurch ergibt sich dann immer eine Nut und ein Fingerzinken von je 8 mm, exakt passend zum 8-mm-Spiralnutfräser (kleines Bild).

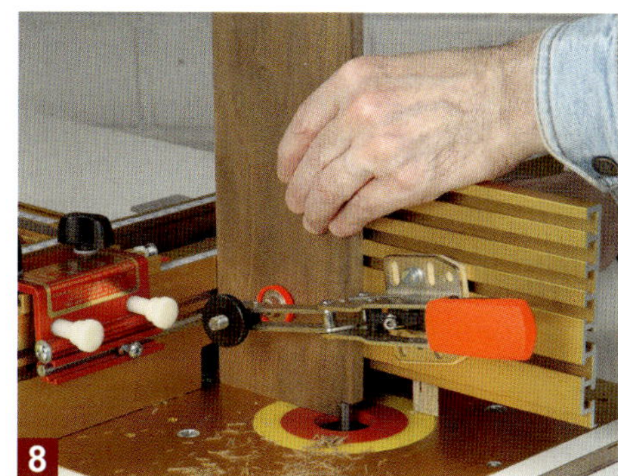

Danach das Gegenbrett einspannen und den Anschlag auf den nächsten blauen B-Strich einstellen. Damit wird der Anschlag um 8 mm versetzt und die erste äußere Ausklinkung wird gefräst.

Die „blauen B-Striche“ sind immer für das Gegenbrett und haben ebenfalls 16 mm Abstand zueinander bzw. 8 mm Abstand zu den roten A-Strichen. Wichtig: Rote und blaue Striche nicht verwechseln.

Den Anschlag also nach und nach auf alle blauen Striche verschieben und die passenden Gegenzinken ins Brett einfräsen. Das Gegenbrett besitzt an den Ecken zwei Ausklinkungen (s. kleines Bild).

Beide Teile passen auf Anhieb perfekt zusammen und Sie benötigen für diese Präzision keinerlei Testfräsungen. Auch die Festigkeit der Zinken ist optimal eingestellt und muss nicht angepasst werden (Bild 11 + 12). Dem Incra-Fräsanschlag liegen noch weitere Fingerzinken-Skalen in anderen Abständen und Fräserdurchmessern (z. B. 6, 8, 10 und 12 mm) bei. Auch spezielle Skalen für die Herstellung von verdeckten und sogar offenen Schwalbenschwanzzinken sind beigefügt, bedürfen aber auch der passenden Gratfräser (in Deutschland erhältlich bei: www.feinewerkzeuge.de).

Alternative Werkstückbefestigungen

In der Anleitung und den Videos des Herstellers tauchen immer wieder diese extrem vielseitigen Parallel-Holzzwingen auf. Zu finden im Internet unter dem Namen: winkelvariable Holzzwinge.

Auch mit solchen Gripzangen (auch Schnellspannzwingen oder FaceClamps genannt) können Sie die Bretter schnell und bombenfest am Winkelschlitten befestigen.

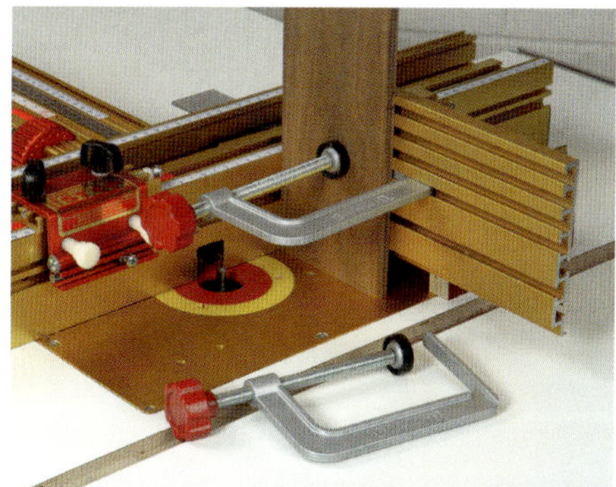

Viele Zwingen, die eigentlich für den Einsatz in einer Säge-Führungsschiene gedacht sind, lassen sich nach leichten Anpassungen oftmals auch in T-Nuten mit Zoll-Maßen einsetzen.

Andruckvorrichtung für den Incra-Fräsanschlag

Auch den Incra-Fräsanschlag können Sie ganz leicht mit der genialen Andruckvorrichtung von den Seiten 256 bis 265 ausstatten. Alles, was Sie dazu benötigen, ist eine auf den Fräsanschlag angepasste Befestigungssäule. Alle anderen Komponenten oberhalb der klappbaren Deckelsäule wie Stangenhalter, Quadratrohr und Andruckelemente können Sie wieder genauso herstellen wie beschrieben. Eine wirklich tolle Erweiterung für den Incra-Fräsanschlag, mit dem vor allem das Fräsen kleinster Leistchen so richtig Spaß macht. Aufwändige Stützleisten (s. S. 62) oder sonstige Hilfsmittel sind jedenfalls nicht mehr nötig.

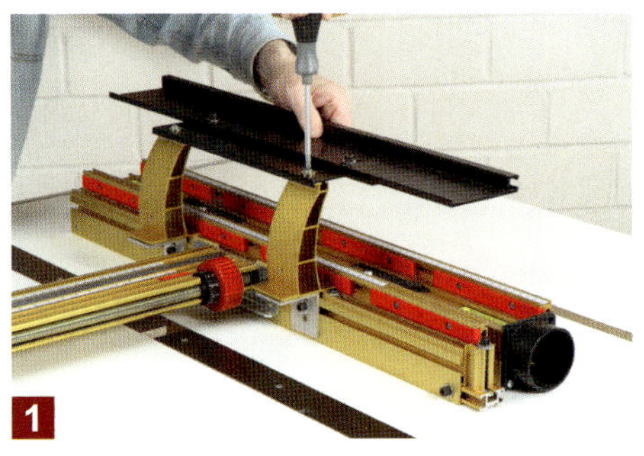

1 Zur Befestigung der Säule kommen die beiden Stützen für den Hilfsanschlag zum Einsatz. Nur das obere Blech (Hilfsanschlag) müssen Sie nach Lösen der Schrauben von den Stützen entfernen.

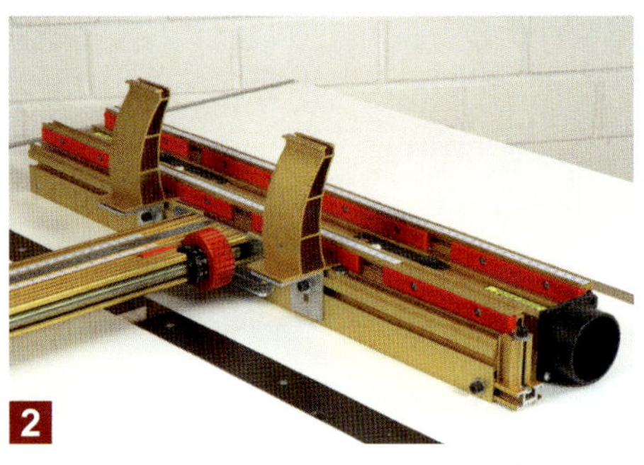

2 Die fertige Säule sollte mit den Außenmaßen exakt zwischen die beiden Stützen passen. Das können Sie leicht anpassen, indem Sie die Stützen seitlich in den T-Nuten entsprechend verschieben.

3

4 Die Säule besitzt links und rechts mehrere Haltebretter, die passgenau an den beiden Stützen anliegen. Sie werden einfach mit Spanplattenschrauben an den Seitenteilen befestigt. Dadurch ist nur noch im unteren Bereich eine Sicherung in Form von je einer M5 x 35 mm Senkkopfschraube samt Scheibe und Mutter nötig, um die komplette Säule auch …

5

6 … bei Gegendruck sicher in Position zu halten. So können Sie die Säule nach Lösen von nur zwei Schrauben bei Bedarf auch wieder schnell und einfach entfernen. Die Seitenteile sind an der unteren Vorderkante noch bogenförmig etwas ausgeklinkt. Das erleichtert den Blick und die Einstellung auf die geteilten Anschlagflächen des Wonder Fence.

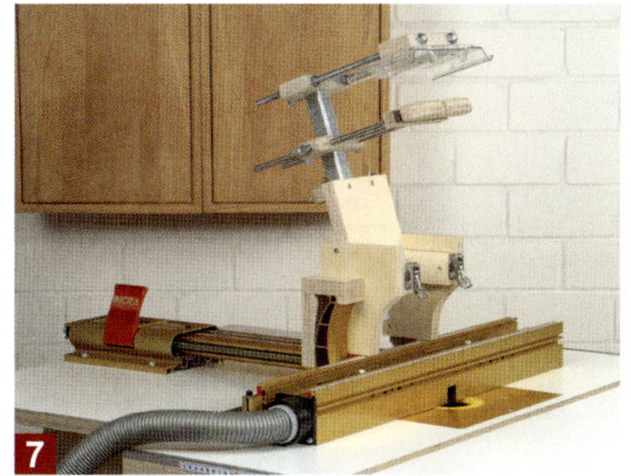
7

8

Auch bei dieser Säule können Sie den Deckel samt fertig eingestellten Andruckelementen nach oben wegklappen (Bild 7). Als „Scharnier“ und Drehpunkt kommt links und rechts wieder je ein 10 mm dicker stabiler Edelstahlstab zum Einsatz.
Wird der Deckel herunter geklappt, hält ein starkes verstellbares Spannschloss den Deckel sicher in Position (Bild 8). Die Andruckelemente können wie gewohnt über das Quadratrohr verschoben und auch stufenlos in der Höhe verstellt werden.

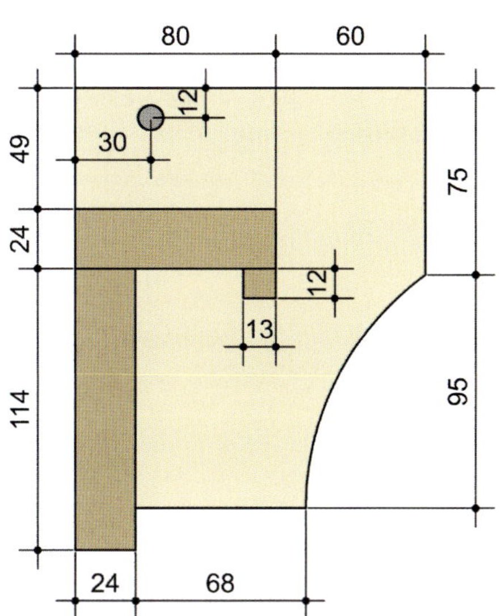

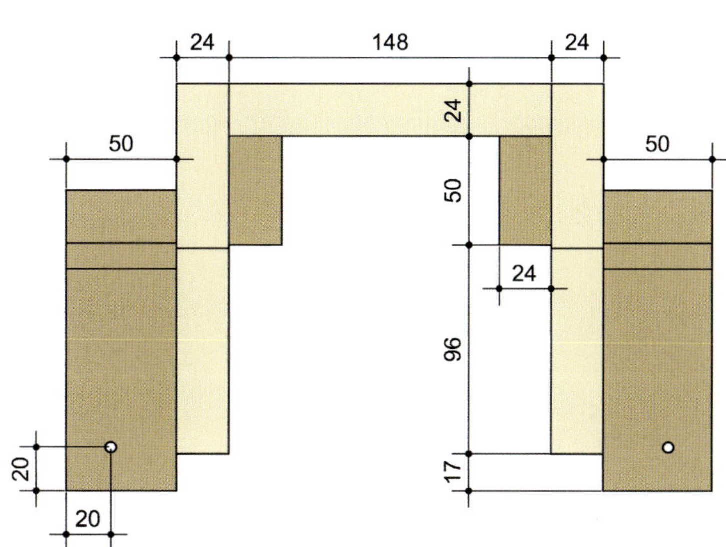

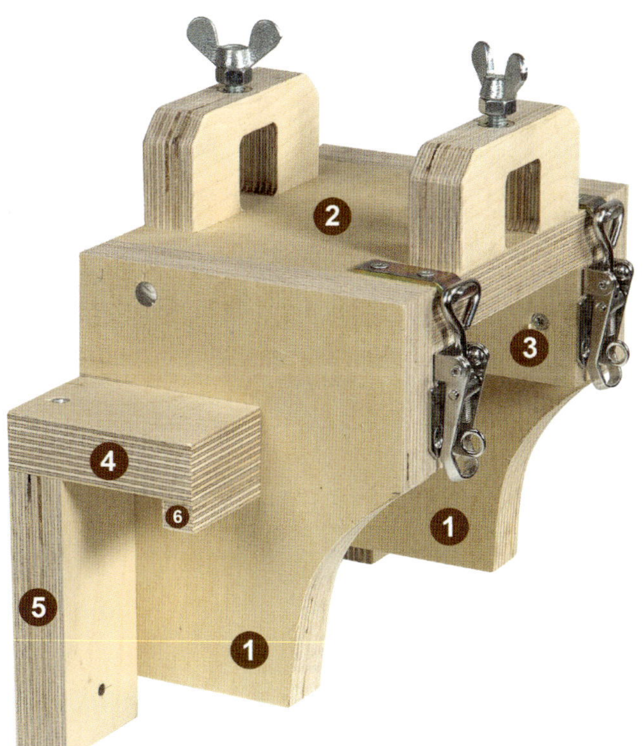

Materialliste: Befestigungssäule (INCRA)

Pos.	Anz.	Bezeichnung	Maße (mm)	Material
1	2	Seitenteile	170 x 140	24 mm Multiplex
2	1	Deckelbrett	148 x 140	24 mm Multiplex
3	2	Aufliegerklötzchen	90 x 50	24 mm Multiplex
4	2	Deckelhalter	80 x 50	24 mm Multiplex
5	2	Rückhalter	114 x 50	24 mm Multiplex
6	2	Halteleiste	50 x 13	12 mm Multiplex

Sonstiges:
2 St. Edelstahlstab Ø 10 mm x 50 mm lang, 2 St. Spannschloss, 2 St. M5 x 35 Senkkopfschrauben mit U-Scheibe und Mutter

Der Quer- und Gehrungsanschlag der Fa. Incra (Incra-V120)

Wenn Sie sich für den Incra-Fräsanschlag entschieden haben, dann sollten Sie sich auch gleich einen Gehrungsanschlag des gleichen Herstellers dazu kaufen. Denn einer der größten Vorteile des Fräsanschlags ist, dass er bei jeder Verstellung immer seine perfekte parallele Ausrichtung zur Tischnut behält. Das wiederum bedeutet, dass Sie den Fräsanschlag ohne langwierige parallele Justierungen jederzeit zusammen mit dem Gehrungsanschlag nutzen können. Das spart vor allem beim Anfräsen von Zapfen einiges an Einstellarbeit (s. a. S. 23).

Die Fa. Incra bietet verschiedene Gehrungsanschläge ab etwa 80 Euro an. Alle basieren auf dem gleichen Funktionsprinzip: Lasergeschnittene Auskerbungen an der Rückkante des halbrunden Tellers zum wiederholgenauen Einstellen verschiedener Winkel. Mit etwa 100 Euro bietet der V120 das beste Preis-Leistungs-Verhältnis. Er lässt sich gradgenau um bis zu 60° nach links oder rechts schwenken. Anstelle der 22°- und 23°-Kerbe befinden sich zwei nützlichere Auskerbungen bei exakt 22,5°, die beispielsweise bei der Herstellung von achteckigen Rahmen zum Einsatz kommen. Zusammen mit der passenden T-Nut-Führungsschiene von Incra für etwa 30 Euro (s. Bilder unten) sind Sie jedenfalls für alle Winkelfräsungen bestens gerüstet.

Zwei, die sich perfekt ergänzen: Der Incra Fräsanschlag mit präziser Parallelverschiebung und der Gehrungsanschlag V120 (Bild oben). Den Gehrungsanschlag können Sie natürlich auch mit jedem selbstgebauten Fräsanschlag nutzen (Bild links). Die Wiederholgenauigkeit der Winkeleinstellungen können mich jedenfalls immer wieder aufs Neue begeistern.

Einlassen der passenden T-Nutschiene

Für die passende T-Nutschiene muss eine 12,7 mm tiefe (= 0,5 Zoll) und 28,6 mm breite (= 1,125 Zoll) Nut eingefräst werden. Dazu sollte die Frästischplatte mindestens 28 mm dick sein, damit noch genügend Material stehen bleibt. Die Oberfräse unbedingt zwangsgeführt auf einer Führungsschiene einsetzen und die Nut schrittweise mit einem Nutfräser (ab Ø 10 mm) herausfräsen. Zum Verbreitern der Nut niemals die Schiene versetzen, sondern immer nur die …

… Oberfräse über die Führungsstangen seitlich verschieben. Die T-Nutschiene sollte möglichst spielfrei und minimal tiefer in der Nut sitzen. Sie darf auf gar keinen Fall vorstehen! Lieber etwas tiefer fräsen und die T-Nutschiene bei Bedarf einfach rückseitig mit etwas Klebeband unterfüttern. Die Schiene besitzt vorgebohrte und versenkte Löcher, durch die man sie direkt mit der Nut verschrauben kann.

Sie haben die Wahl: Mit oder ohne T-Nutschiene

Die T-Nutschiene ist sicher robuster als eine Multiplexnut. Aufgrund der Größe kann man Sie auch noch jederzeit nachträglich in die Tischfläche einfräsen. Die T-Nutschiene muss aber am rechten Ende (Pfeil) bis zur Tischkante reichen, damit …

… man den Gehrungsanschlag zusammen mit der Kipplasche (Pfeil) einsetzen kann. Die soll verhindern, dass sich der Anschlag aus der Schiene heraus hebelt. Mit vier Dehnscheiben und Senkkopfschrauben lässt sich der Anschlag exakt spielfrei …

… auf die T-Nut einstellen. Wird die Kipplasche entfernt, kann man auf diese Weise den Anschlag sogar in dieser 19,5 mm breiten Nut absolut spielfrei einstellen. Breiter darf die Nut aber nicht sein, sonst greifen die Dehnscheiben nicht mehr.

Funktionsweise und Erst-Kalibrierung des Gehrungsanschlags (hier zu sehen die alte Version des V120!)

Stellen Sie den Gehrungsanschlag zuerst exakt auf 0° ein und schrauben Sie noch eine sauber ausgehobelte Leiste an (Bild 1). Benutzen Sie einen hochwertigen Winkel und überprüfen Sie nun den rechten Winkel zwischen Leiste und Gleitschiene. Sollte das nicht der Fall sein, lösen Sie die vier Schrauben hinter dem Stahlwinkel bzw. der Holzleiste. Stellen Sie den Stahlwinkel rechtwinklig zur Gleitschiene ein und fixieren Sie die Schrauben wieder. Stecken Sie den Gehrungswinkel in die Tischnut ein und überprüfen Sie jetzt auch den rechten Winkel zwischen Tischfläche und Holzleiste (kleines Bild 2). Bei der alten Version kleben Sie einfach schmales Klebeband auf den Metallwinkel (s. Pfeile Bild 3) und sorgen so für eine Neigung der Holzleiste. Bei der neuen Version lässt sich auch die Neigung mit zwei Justierschrauben einstellen.

Symbole

A

B

C

D

E

F

G

H

I

J

K

L

M

N

O

P

Q

R

S

T

U

Bauprojekte und Vorrichtungen

Bauprojekte:

Vorrichtungen:

Alle Arbeitsregeln und Sicherheitshinweise im Überblick

Nimm's selbst in die Hand!

Noch mehr Know-how von Guido Henn

384 Seiten, 23,1 x 27,2 cm, gebunden Video-DVD (180 Min. Laufzeit)

Best.-Nr. 21392

ISBN 978-3-7486-0324-5

Mehr zum Buch:

Ein konzentrierter Überblick über alle (Hand-)Elektrowerkzeuge für das Arbeiten mit Holz. Guido Henn stellt die relevanten Werkzeugtypen vor, zeigt, welche Unterschiede es gibt und worauf man achten muss. Und vor allem wie man damit arbeitet!

Aus dem Inhalt:

- Werkstatteinrichtung und Handwerkzeuge
- Schrauben, Bohren, Sägen, Hobeln, Fräsen, Schleifen
- „Bügeln", Saugen, Sprühen
- Multiwerkbänke
- Zubehör: Was gibt es und was ist sinnvoll
- Anwendung der Werkzeugmaschinen in praktischen Projekten
- Inklusive Video-DVD (180 Min. Laufzeit)

288 Seiten, 23,1 x 27,2 cm, gebunden Video-DVD (120 Min. Laufzeit)

Best.-Nr. 9155

ISBN 978-3-86630-949-4

Mehr zum Buch:

Alles, was man über die Oberfräse wissen muss! Schritt für Schritt erklärt Guido Henn alles Wesentliche zu Modellen, Typen und Fräsern, zu Bedienung und Wartung.
Es folgen fundierte Anleitungen zum praktischen Arbeiten mit vielen Beispielen. Auf der beiliegenden DVD zeigt Guido Henn anschaulich und detailliert die Arbeit mit den selbstgebauten Vorrichtungen und Schablonen.

Aus dem Inhalt:

Teil 1: Oberfräse und Fräser

- Die Oberfräse: Modelle und Typen, Bedienung, Wartung
- Fräswerkzeuge und Fräsertypen
- Qualitätsmerkmale
- Grundausstattung
- Reinigen und Schärfen

Teil 2: Praktisches Arbeiten

- Die wichtigsten Führungsmittel im praktischen Einsatz
- Selbstgebaute und kommerzielle Vorrichtungen und Schablonen
- Stationäres Fräsen auf dem Frästisch

HolzWerken
Wissen. Planen. Machen.

Vincentz Network GmbH & Co. KG HolzWerken 65341 Eltville · Deutschland